de Gruyter Lehrbuch

Pichler · Mathematische Systemtheorie

# Mathematische Systemtheorie

## Dynamische Konstruktionen

von

Franz Pichler

Mit 29 Abbildungen

Walter de Gruyter · Berlin · New York 1975

*Franz Pichler*
Ing., Dr. phil., o. Professor für Systemtheorie und Vorstand des Institutes für Statistik und Informatik an der Hochschule für Sozial- und Wirtschaftswissenschaften in Linz

 Printed in Germany. Satz: Fotosatz Tutte, Salzweg-Passau. Druck: Grafik + Druck, München. Bindearbeiten: Lüderitz & Bauer, Berlin.
Library of Congress Catalog Card Number: 74-79155
ISBN 3 11 003909 5

# Vorwort

Dieses Buch soll als Lehrbuch zur Benutzung neben Vorlesungen, aber auch zum Selbststudium dienen. Daneben sollte es auch als Diskussionsbeitrag zum Aufbau einer mathematisch orientierten Systemtheorie gesehen werden. Die Stoffauswahl berücksichtigt vor allem die Konstruktion dynamischer Input-Output Systeme. Diese Einschränkung erscheint berechtigt: Die dynamischen Input-Output Systeme haben in gut funktionierenden Modellen, stammend aus den verschiedensten wissenschaftlichen Gebieten (Elektrotechnik, Nachrichtentechnik, Regelungstechnik, Informatik, Biologie, Ökonomie, Betriebswirtschaft u. a.), ihren sicheren Anwendungsbereich, und sie sind heute bereits gut erforscht.

Bei der Zusammenstellung des Stoffes kamen mir vor allem die mehrjährigen Erfahrungen zugute, die ich aus meinen Vorlesungen über Systemtheorie an der Hochschule Linz gewinnen konnte. Solche Vorlesungen wurden regelmäßig für Studenten der technischen Mathematik und der Informatik sowie der Sozial- und Wirtschaftswissenschaften gehalten. Weitere Lehrerfahrung erbrachten Intensivkurse im Rahmen der Österreichischen Studiengesellschaft für Kybernetik in Wien und ein Hochschul-Kolleg der Standard Elektrik Lorenz AG. Stuttgart, in welchem Ingenieure aus praktischer Sicht den Stoff dieses Buches testeten. An mathematischen Kenntnissen wird vom Leser wenig vorausgesetzt. Allerdings ist ein gutes Verständnis der wichtigsten mengentheoretischen Begriffsbildungen (Menge, Relation, Funktion) erforderlich. Sollte ein Leser den Inhalt des Buches zu „abstrakt" finden, so müßte er prüfen, ob er mit „abstrakt" nicht etwa „ungewohnte Darstellung" meint. Der Anhang dieses Buches kann jedoch über „mathematische Hürden" hinweghelfen.

Die Systemtheorie hat viele Wurzeln in Europa, im besonderen auch im deutschsprachigen Raum. Ich erwähne zum letzteren die beiden Pioniere Ludwig von Bertalanffy und Karl Küpfmüller. Das von mir in diesem Buch behandelte Gebiet der Systemtheorie ist in neuerer Zeit vor allem in den USA stark entwickelt worden. Ich möchte deshalb hier auf die Darstellungen von Mesarovic, Kalman, Klir, Windeknecht, Wymore und Zadeh-Desoer, welche mir als Vorbilder dienten, mit Dankbarkeit hinweisen.

Zum Schluß sei noch persönlich gedankt: Den Professoren der Technisch-Naturwissenschaftlichen Fakultät der Hochschule Linz und zwar den Herren Adolf Adam und Hans Knapp für langjährige Förderung meiner Interessen für Systemtheorie, Herrn Arno Schulz für seine Vermittlung zum Verlag und Herrn Bruno Buchberger für Verbesserungsvorschläge. Meinem Freund, Herrn Prof. Dr. Robert Trappl, Universität Wien, danke ich für den Gedankenaustausch und für die gegebene Ermutigung zu diesem Unternehmen, den Studenten Roland Wagner, Karl Kellermayr und A Min Tjoa für das Anfertigen der Zeichnungen und für das Korrekturlesen, Frau Erika Reischl für das mehrmalige Umschreiben des Manuskripts und schließlich dem Verlag für die verständnisvolle und gute Zusammenarbeit.

Linz, im März 1975 Franz Pichler

# Inhaltsverzeichnis

# Einleitung

Zur Abgrenzung des Themas ist es zunächst notwendig, einige Vorstellungen herauszuarbeiten, die man heute in der Wissenschaft mit dem Begriff Systemtheorie verbindet. Sie sind mit der Beantwortung folgender Fragen zu umreißen: „Was ist Systemtheorie?“, „Was will die Systemtheorie?“ und „Was leistet die Systemtheorie?“.

Die Entwicklung der Wissenschaften zeigt deutlich eine Tendenz zu einer Auffächerung und zu einer damit verbundenen Spezialisierung. Während früher für den Gesamtbereich wissenschaftlicher Forschung noch wenige Fachgebiete ausreichten, gibt es gegenwärtig eine Vielzahl von wissenschaftlichen Disziplinen; zweifellos eine Folge der stürmischen Entwicklung der Wissenschaften – besonders der Natur- und Ingenieurwissenschaften – im letzten Jahrhundert. Allerdings ist heute bereits ein Stand erreicht, bei dem es gilt, die Konzepte, die in den einzelnen Disziplinen letztlich die Bausteine für das erreichte Gebäude darstellen, in einheitlicher systematischer Weise zusammenzufassen, um sie als interdisziplinär brauchbare Werkzeuge zur Verfügung zu haben. Des weiteren verlangt die Tatsache, daß heute Probleme im Vordergrund stehen, die nur durch Zusammenarbeit von mehreren wissenschaftlichen Disziplinen gelöst werden können (man denke hier an die anstehenden Probleme im Zusammenhang mit unserer Umwelt), diese Konzeptsuche.

Bei der Frage nach den den Modellen zugrundeliegenden Konzepten kann man auch der Meinung sein, daß diese bereits in vollständiger Weise durch unsere Fähigkeiten, logisch richtig zu denken und die so entstehenden Gedankenprodukte in sprachlicher oder schriftlicher Form zur Weitervermittlung festzulegen, gegeben sind. Vielleicht will man noch die „höher“ einzuschätzenden Fähigkeiten, mathematische und formal logische Denkspiele entwickeln und durchführen zu können, hier zusätzlich berücksichtigen. Heute können aber diese „klassischen“ Werkzeuge für den Modellbau allein nicht mehr ausreichen. Sie bedürfen darüber hinaus der Ergänzung durch weitere Konzepte, die wir *Systeme* nennen. Diese in geeigneter Form bereitzustellen, ist die Aufgabe der Systemwissenschaft. Diese soll also den einzelnen Wissenschaften in Form der Systeme geeignete Werkzeuge für die Analyse und Synthese ihrer fachspezifischen Modelle (d.h. Wissen über die gemachten Modelle bzw. über die Machbarkeit) bereitstellen. Unter „Werkzeuge“ seien hier allgemein Mittel verstanden, die zur Auffindung von Lösungen der an das Modell herangetragenen Probleme mit Vorteil verwendet werden können (z.B. sprachliche oder zeichnerische Darstellungsmittel und zugehörige Kalküle). Das Teilgebiet der Systemforschung, dem die Aufgabe der eigentlichen Werkzeugherstellung zufällt, also die Aufgabe Systeme zu konstruieren und eine zugehörige Theorie aufzustellen, heißt die *Systemtheorie.* Im speziellen Fall, wenn es sich bei den Systemen um mathematische Objekte handelt, sprechen wir von der *Mathematischen Systemtheorie.* Die Erprobung der Systeme an Modellen sowie die Schaffung des nötigen Wissens um die Anwendbarkeit der Systeme in den einzelnen wissenschaftlichen Disziplinen und bei interdisziplinären Problemstellungen ist Aufgabe der *Systemtechnik.*

Nachdem wir nun die Aufgaben der Systemwissenschaft und ihre Einteilung in Systemtheorie und Systemtechnik in erster Weise kennengelernt haben, stellt sich unwillkürlich die Frage, wie es den einzelnen Disziplinen gelingen konnte, offensichtlich ohne eine eigentliche Systemwissenschaft zu dem hohen Stand zu kommen. Tatsächlich waren und sind in jeder Disziplin mit den dort arbeitenden Fachleuten mehr oder weniger zugleich Systemwissenschaftler am Werk. Jedem Modell liegen Systeme in unserem Sinne zugrunde. Auch bei jeder praktischen Tätigkeit, die zur Lösung eines „Problems" führt, mag sie noch so routinemäßig geschehen, werden „Systeme" verwendet. Es ist aber eine Erkenntnis der neueren Zeit (als Geburtsstunde könnten etwa die in den dreißiger Jahren von Ludwig von Bertalanffy an der Wiener Universität gehaltenen Vorlesungen über „Theoretische Biologie" gelten), daß diesen so entstandenen „fachspezifischen Systemen" oft ein universeller Charakter bescheinigt werden kann. Mit dieser Erkenntnis erschien es zweckmäßig, der Systemwissenschaft eine Eigenständigkeit zuzubilligen, und heute ergänzen „allgemeine" Systemforscher, deren Forschungsobjekte die Systeme an sich und ihre Beziehung zu verschiedenen Modellen sind, das Team der „fachspezifischen" Systemforscher.

Betrachten wir die Entwicklung der mathematisch orientierten Systemwissenschaft, so ist an ihren Anfang zweifellos die Mathematik selbst zu setzen. Ihr verdankt man die großartigen Erfolge, wie sie sich mit den mathematischen Modellen der Astronomie und Physik für die Menschheit ergaben. Die Entwicklung der Technischen Wissenschaften und der Sozial- und Wirtschaftswissenschaften, haben aber zu Modellen geführt, zu deren systemtheoretischer Behandlung (=Auffinden der zugrundeliegenden strukturellen Konzepte in Form der Systeme) das existierende Gebäude der Mathematik allein nicht mehr ausreichte. Es waren hier vor allem „fachspezifische" Systemforscher, die zu einer Weiterentwicklung einen Beitrag leisteten. Man kann dabei etwa an die Nachrichtentechnik oder an die Regelungstechnik denken, deren Systemtheorien der Systemforschung wesentliche Impulse gaben und auch heute noch geben. Erst in jüngster Zeit hat sich die Mathematik im Rahmen der Entwicklung von Methoden zur automatisierten Datenverarbeitung, also bei der Entwicklung der Informatik, wieder stärker dafür engagiert.

Nach diesen einleitenden Bemerkungen wollen wir nun einige grundsätzliche Problemstellungen der Systemtheorie andeuten. Wir nehmen an, daß ein Modell M, also eine wissenschaftliche Beschreibung eines realen Geschehens, vorgelegt sei und wir uns über die Aussagekraft, über die Grenzen des Modells, im klaren sind. Eine Aufgabe der Systemtheorie kann dann in dem Versuch liegen, formalwissenschaftliche Konstruktionen zu entwerfen, die in der Lage sind, zusammen mit der zugehörigen Theorie das Verhalten des Modells in abstrakter Weise zu simulieren. Im allgemeinen wird man zu dem vorgegebenen Modell M eine ganze Anzahl von verschieden reich strukturierten Konstruktionen zu betrachten haben. Den einfacheren Verhaltensweisen des Modells werden Konstruktionen mit ärmerer Struktur, den komplizierteren Verhaltensweisen Konstruktionen mit reicherer Struktur entsprechen. Bei dieser Aufgabenstellung ist die Systemtheorie in dem Sinne passiv, daß sie sich an den gerade vorhandenen Modellen, also am Stand der jeweiligen Wissenschaften zu orientieren hat. Ihr gegenüberzustellen wäre eine aktiv orientierte Systemtheorie. Sie entwickelt formalwissenschaftliche Konstruktionen und zugehörige Theorien und schlägt diese als Denkgrundlagen für den Bau von Modellen den Wissenschaften vor. Hier geht es also darum, möglichst „vernünftige" Konstruktionen durchzuführen und zugehörige „vernünftige" Theorien aufzustellen, für deren Anwendung im Modellbau gute Chancen vorhanden sind. Man kann sagen, daß durch diese beiden hier angeführten Aufgabenstellungen die ganze Thematik der Systemtheorie schon charakterisiert ist. Wenn zur Lösung dieser Aufgaben die Mathematik als Formalwissenschaft herangezogen wird, sprechen wir von der Thematik der Mathematischen Systemtheorie. Mit dieser Charakterisierung der Systemtheorie bietet sich der Begriff des Systems von selbst an: *Jede formalwissenschaftliche Konstruktion, die auf Grund einer der beiden genannten Aufgabenstellungen der Systemtheorie gewonnen wurde, nennen wir ein System.* Im ersteren Fall ist also ein System eine Konstruktion, die imstande ist, ein bestimmtes Modellverhalten in abstrakter Weise zu simulieren; im zweiten Fall ist ein System eine Konstruktion, die zusammen mit einer zugehörigen Theorie einer Wissenschaft als Denkgrundlage zum Bau von Modellen in konkreter Weise vorgeschlagen wird. Handelt es sich dabei um eine mathematische Konstruktion, so sprechen wir von einem mathematischen System.

Die Frage „Was will die Systemtheorie?" zielt auf ihre Zweckbestimmung. Die Systemtheorie, und damit auch im speziellen die Mathematische Systemtheorie möchte in erster Linie eine Hilfe für die Realwissenschaften darstellen. Man kann dabei an folgende drei grundsätzliche Situationen denken:

*Situation* 1: Gegeben sei ein Modell $M$ und eine Menge von darauf bezogenen Problemstellungen (Modellfragenmenge $X(M)$). Gesucht seien die Lösungen, die das Modell zu den einzelnen Problemstellungen zu liefern imstande ist (Modellantwortenmenge $Y(M)$). In Abbildung 1 ist dargestellt, wie ein zum Modell $M$ zugehöriges System $S$ zur Auffindung der zu den gegebenen Problemstellungen gehörigen Lösungen beitragen kann. Jede Problemstellung (Modellfrage, Modellinput) aus $X(M)$ wird zunächst in einen Systeminput (Systemfrage) aus der beim System $S$ in Betracht gezogenen Inputmenge $X(S)$ umkodiert. Mit Hilfe der für das System $S$ existierenden Theorie $T(S)$ kann für jeden Systeminput der zugehörige Systemoutput (Systemantwort) in der Outputmenge $Y(S)$ des Systems $S$ berechnet werden. Dieser wird dann in die zugehörige Lösung (Modellantwort, Modelloutput) rückkodiert. Die Konstruktion des Systems $S$ muß dabei so ausgelegt sein, daß jede auf diese Weise über das System $S$ erhaltene Lösung mit der Lösung übereinstimmt, die das Modell allein liefern würde. Wir sagen dann auch, daß das System $S$ das Modell $M$ simuliert. Speziell wollen wir bei dieser Situation von einer Modell-Input-Output-Analyse mittels System-Input-Output-Analyse sprechen.

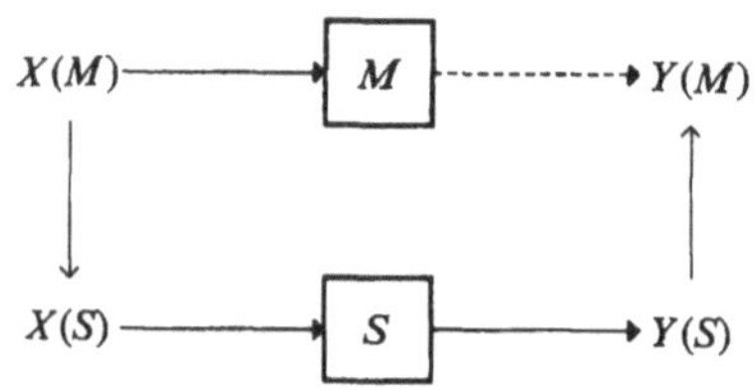


Abb. 1. Input-Output Analyse

Der Vorteil einer solchen Vorgehensweise ist dann gegeben, wenn uns mit dem System eine leistungsfähige Theorie mitgeliefert wird und daraus Methoden resultieren, welche den zum Modell gehörigen Methoden überlegen sind.

*Situation* 2: Gegeben sei wieder ein Modell $M$, jetzt aber zusammen mit einer Menge $Y(M)$ von gewünschten Lösungen (Modellantworten, Modelloutputs). Gesucht ist die Menge $X(M)$ von Problemstellungen (Modellfragen, Modellinputs), welche genau diese Lösungen erzeugen. Diese Situation tritt immer dann auf, wenn bei bekannten Wirkungen nach deren Ursachen gefragt wird, z. B. bei Meßvorgängen allgemeiner Art; dazu gehören auch Steuerungsprobleme. Auch hier kann ein zum Modell *M* gehöriges System *S* eine Hilfe darstellen. Abbildung 2 zeigt das dabei zugrundegelegte Schema.

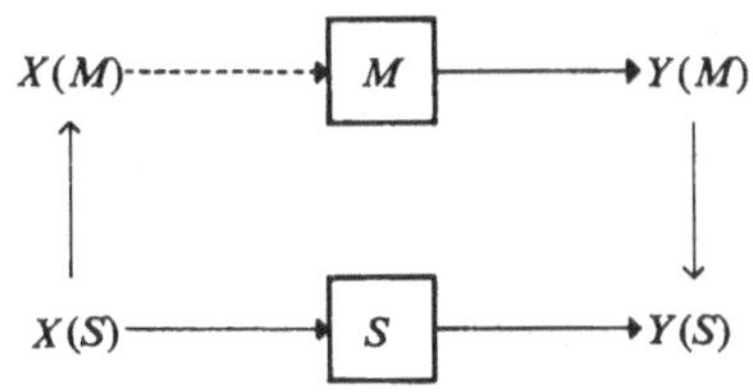


Abb. 2. Output-Input Analyse

Jede Lösung aus $Y(M)$ wird in einen entsprechenden Systemoutput aus $Y(S)$ kodiert. Mit Hilfe der zum System *S* gehörigen Theorie werden sodann die Systeminputs berechnet, die genau die gewünschten Systemoutputs erzeugen. Durch Rückkodierung der erhaltenen Inputs gewinnen wir die gesuchten Problemstellungen (Modellinputs). Auch hier sagen wir, daß das System *S* das Modell *M* simuliert, genauer sprechen wir aber in diesem Fall von einer Modell-Output-Input Analyse mittels einer System-Output-Input Analyse. Der Vorteil dieser Vorgehensweise wurde schon in der „Situation 1" begründet.

*Situation* 3: Die Modellsynthese. Dabei geht es darum, zu vorgegebenen gewünschten Eigenschaften eines zu erstellenden Modells, also zu einem vorgegebenen Schema von Problemstellungen und zugehörigen Lösungen, das Modell festzulegen, das diese Eigenschaften besitzt. Wenn dies geschehen ist, so kann die Einrichtung einer Wirklichkeit entsprechend dem gewonnenen Modell vorgenommen werden. Die Situation der Modellsynthese ist besonders für Aufgabenstellungen der Ingenieurwissenschaften typisch. Wie in Situation 1 und 2 kann auch hier eine systemtheoretische Vorgehensweise oft eine wesentliche Hilfe darstellen. In Abbildung 3 ist das dafür in Betracht kommende Diagramm gezeigt.

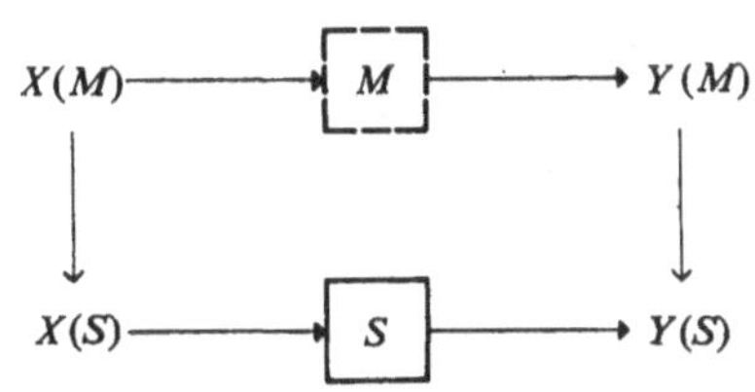


Abb. 3. Synthese

Zunächst ist es notwendig, das vorgegebene Schema von Problemstellungen aus $X(M)$ und zugehörigen gewünschten Lösungen aus $Y(M)$ von der „Modellsprache" in die „Systemsprache" zu kodieren, d.h. es wird diesem Schema ein Schema von Systeminputs und zugehörigen Systemoutputs – eine Input-Output Relation – zugeordnet. Danach ist eine Systemkonstruktion zu finden, die einerseits genau dieses Schema von Inputs und Outputs erzeugt, andererseits aber noch Eigenschaften hat, die sie für den späteren Modellbau als geeignet erscheinen lassen (Berücksichtigung der Realisierungsbedingungen des Modells). Die Durchführung einer solchen Konstruktion bezeichnet man als Systemsynthese. Auf der Grundlage des so entwickelten Systems wird dann das Modell erstellt. Der Vorteil dieser Vorgehensweise ist dann gegeben, wenn für die Systemsynthese ausgearbeitete Methoden zur Verfügung stehen. Dies ist häufig der Fall.
Damit haben wir drei wesentliche Situationen angedeutet, in denen ein System Vorteile für das Arbeiten mit Modellen bringen kann. Die nachfolgend aufgeführten Gesichtspunkte weisen auf weitere Vorteile hin.

(a) Die modelltheoretischen Begriffe erhalten im allgemeinen durch die Zuordnung zu systemtheoretischen Begriffen eine weitere Präzisierung. Damit Hand in Hand werden auch die Modellaussagen präziser.
(b) In den meisten Fällen wird ein zu einem vorliegenden Modell gehöriges System zu weiteren Modellen in Korrespondenz treten können, auch wenn diese aus anderen wissenschaftlichen Disziplinen stammen. Damit bekommt die Systemtheorie einen universellen Charakter, und sie kann einen wertvollen Beitrag für den interdisziplinären Gedankenaustausch leisten.
(c) Die Systemtheorie bemüht sich, Systeme mit den verschiedensten strukturellen Eigenschaften zu betrachten. Das eröffnet die Möglichkeit, zu jedem Modell ein für die gerade vorliegenden Fragestellungen maßgeschneidertes System anzugeben. Dementsprechend ist dann auch die zugehörige Theorie den Fragestellungen angepaßt. Überflüssige Strukturen treten nicht auf.
(d) Schließlich erleichtert die Benutzung systemtheoretischer Methoden im allgemeinen die Programmierung der Modellprobleme an elektronischen Datenverarbeitungsanlagen. Dies gilt sowohl für die Analog- als auch für die Digitalrechner. Zum Teil stehen für das Arbeiten mit gewissen Systemen sogar eigene Programmiersprachen zur Verfügung (z.B. CSMP für die Programmierung linearer zeitinvarianter Differentialsysteme an Digitalrechnern).

Nunmehr kann auf die eingangs gestellte Frage „Was will die Systemtheorie?" folgende zusammenfassende Antwort gegeben werden:

*Die Systemtheorie will den einzelnen Wissenschaften für die Arbeit mit den dort bestehenden Modellen eine Hilfestellung anbieten: bei der Modellanalyse, indem sie einen möglichst vollständigen Katalog von Systemen zusammen mit einer für die Problemstellungen relevanten Theorie aufstellt und des weiteren zu diesen Systemen die Korrespondenzregeln angibt, welche den Bezug zu den Modellen herstellen; bei der Modellsynthese, indem sie Syntheseverfahren für Systeme entwickelt, wobei gewisse Nebenbedingungen berücksichtigt werden, die für die Realisierung der Modelle in der Wirklichkeit wesentlich sind.*

An dieser Stelle sollten wir kurz auf den Begriff des Analogiemodells eingehen, wie wir ihn nun in unserem Zusammenhang sehen können. Vorher schon hatten wir bemerkt, daß zu einem gegebenen Paar $(M, S)$, bestehend aus einem Modell $M$ und einem zugehörigen System $S$, oft weitere Modelle aus anderen Wissenschaften gefunden werden, denen das System $S$ ebenfalls zugeordnet werden kann.

Bezeichnet nun $M'$ ein solches Modell, so kann man sich folgendes vorstellen: Zwischen dem Modell $M$ und dem Modell $M'$ wird eine derartige Korrespondenz hergestellt, daß das Modell $M'$ das Modell $M$ in Fragen der Modellanalyse und Modellsynthese simuliert. Das Modell $M'$ nimmt dann gewissermaßen in Fragen der Problemlösung den Platz des Systems $S$ ein. Wir nennen ein solches Modell $M'$ ein *Simulationsmodell* oder auch ein Analogiemodell von $M$. Das Heranziehen von Simulationsmodellen ist bei vielen Problemstellungen sehr nützlich.

Die dritte der eingangs gestellten Fragen „Was leistet die Systemtheorie?" kann hier nur andeutungsweise und unter Beschränkung auf das Gebiet der Mathematischen Systemtheorie beantwortet werden, wobei wir auch nur jene Teile betrachten, die auf Grund von Modellen der Ingenieurwissenschaften entstanden sind. Spätere Ausführungen werden den Leser eingehender und konkreter informieren.

Wir haben schon erwähnt, daß für gewisse Naturwissenschaften, wie etwa die Physik und die Astronomie, mit dem Gebäude, wie es durch die Mathematik dargestellt wird, wesentliche mathematische Systeme zur Verfügung stehen. Vor allem gilt das für das Gebiet der Differentialgleichungen. Des weiteren gibt es für die Ingenieurwissenschaften größtenteils verbindliche Systemtheorien. Diese sind aber vorwiegend außerhalb der Mathematik auf Grund „fachspezifischer" Systemforschung entstanden. Als Beispiele dafür seien etwa die Netzwerktheorie, die Informations- und Codierungstheorie, die Automaten- und Schaltwerkstheorie, die Theorie linearer zeitinvarianter Differential- und Differenzensysteme und die Theorie allgemeiner dynamischer Input-Output Systeme

genannt. Für Wissenschaften, in denen der Mensch und seine Umwelt selbst in die Modelle einbezogen sind, wie etwa in der Biologie und in den Sozial- und Wirtschaftswissenschaften, sind solche Theorien oft nur beschränkt anwendbar und es gilt, passende Systemtheorien dafür aufzustellen. Die Erfolge in dieser Richtung sind heute, obwohl es eine Spieltheorie, eine Entscheidungstheorie und andere Ansätze gibt, eher noch als bescheiden anzusehen. Umso notwendiger erscheint es, die Systemforschung in der Zukunft darauf zu konzentrieren.
Neben diesen „Serviceleistungen" an die verschiedenen Fachgebiete darf aber auf eines nicht vergessen werden: Die Systemtheorie hat durch die Entwicklung einheitlicher Systemvorstellungen für verschiedene physikalische und technische Modelle heute bereits ein erstes Fundament für die Systemtechnik (engl. *systems engineering*) gelegt, also für diejenige Ingenieurdisziplin, die sich mit der systematischen Realisierung von Modellen zur Lösung interdisziplinärer Probleme befaßt. Es ist heute schon zu erkennen, daß dieses Ingenieurfach in der Zukunft eines der wichtigsten sein wird.
Zum Abschluß des einleitenden Abschnitts wollen wir noch kurz typische Fragestellungen skizzieren, mit denen sich die Mathematische Systemtheorie im Zusammenhang mit einem gegebenen System auseinandersetzt. Sie interessiert sich für das Verhalten, für die Struktur und für die bestehenden Kombinationsmöglichkeiten mit anderen Systemen.
Die Theorie, die sich mit den verschiedenen Verhaltensweisen befaßt, kann man *Verhaltenstheorie* nennen. Zu ihr gehören vor allem das Input-Output-Verhalten, des weiteren das Stabilitätsverhalten, das Lernverhalten u. ä.
Mit der Erfassung der Struktur eines gegebenen mathematischen Systems setzt sich die *Strukturtheorie* auseinander. Sie untersucht die einzelnen Teilstrukturen eines Systems und zeigt deren Beziehung zum Systemganzen auf. Wichtige Ergebnisse gehen auf diese Theorie zurück. Damit bildet sie eine wesentliche Grundlage der Mathematischen Systemtheorie.
Bei Vorliegen mehrerer Systeme ist die Frage interessant, welche Kombinationsmöglichkeiten vorhandener Systeme zur Entstehung eines neuen Systems führen. Die Theorie, die sich mit diesen oder ähnlichen Problemen beschäftigt, nennt man *Schaltungstheorie*. Sie ist für die Konstruktion komplexer Systeme von grundlgender Bedeutung. Ein wichtiges Schaltungsprinzip in ihr ist das der Rückkopplung.
Neben den hier beschriebenen drei Fragenkomplexen ist noch das Problem möglicher Optimierungen von Interesse, die man an einem System vornehmen kann. Je nach dem Systemtyp haben sich verschiedene Optimierungstheorien herausgebildet, so z. B. die Entscheidungstheorie, die Informationstheorie, die Codierungstheorie, die Theorie der optimalen Steuerung, die Spieltheorie, die

Theorie der linearen Optimierung, die Zuverlässigkeitstheorie u. a.
Im Rahmen dieses Buches haben wir natürlich keine Gelegenheit, die Mathematische Systemtheorie in der ganzen Breite zu behandeln. Wie der Untertitel ankündigt, wird die Konstruktion dynamischer Systeme im Vordergrund des Interesses stehen. Dieser Systemtyp hat sich bei vielen wichtigen Problemen der Ingenieurwissenschaften, dort besonders in der Nachrichtentechnik, der Regelungstechnik und in der Informatik, als äußerst nützlich erwiesen.
Zu jeder angegebenen Konstruktion werden wir Ansätze aus der zugehörigen Verhaltens-Struktur bzw. Schaltungstheorie kennenlernen. Weiters wird nach Möglichkeit auf die Anwendungen in Modellen aufmerksam gemacht. Obwohl der von uns hier in den Vordergrund geschobene Systemtyp „allgemeines dynamisches System mit Input und Output" und dessen Verallgemeinerungen und Spezialisierungen sicherlich kein „Allheilmittel" sein können, ist doch zu hoffen, daß durch eine bessere systemtheoretische Kenntnis Brücken für erfolgreiche Anwendungen in Gebieten, welche außerhalb der traditionellen Ingenieurwissenschaften liegen, etwa im Gebiet der Sozial- und Wirtschaftswissenschaften oder der Umwelttechnik, geschlagen werden können. Dabei mitzuhelfen ist ein Ziel dieses Buches.

# I. Allgemeine Input-Output Konstruktionen

Unter einem Input-Output System wollen wir ein mathematisches System verstehen, bei dem gewisse Ausdrücke als Inputgrößen bzw. als Outputgrößen gekennzeichnet sind. Wir haben bereits in der Einleitung festgestellt, daß man jede Problemstellung an einem Modell mit der Vorstellung einer Input-Output-Situation verbinden kann (Probleme als Input, Lösungen als Output). Oft wird jedoch der Input im Modell tatsächlich eine Größe zu beschreiben haben, die „hineingeht", und der Output eine Größe, die „herauskommt". Manchmal findet man auch die Bezeichnung **„offenes System"** in der Bedeutung unseres Input-Output Systems (*Bertalanffy*) und „geschlossenes System" für ein System, bei dessen Beschreibung die Begriffe Input und Output keine Rolle spielen.

Bei jedem Input-Output System sind die Problemstellungen, wie sie schon mit den Situationen 1, 2 und 3 beschrieben wurden, von großem Interesse. Wir wollen diese Gedanken noch einmal aufgreifen.

Die Situation 1 stellt sich systembezogen wie folgt dar: Bei bekanntem System und bei bekanntem Systeminput soll mit Hilfe der für das System bekannten Theorie der Systemoutput bestimmt werden. Dies ist die wohl am häufigsten vorkommende Situation. In ihrer theoretischen Behandlung läuft sie auf das Problem hinaus, den Systemoperator zu bestimmen, der den Einfluß der Inputgrößen auf die Outputgrößen beschreibt. Die Schwierigkeit der Aufgabe ist von der Art der Systemkonstruktion abhängig.

Die Situation 2 kann bezüglich des zugrundeliegenden Systems als das Umkehrproblem der Situation 1 gesehen werden. Kennt man den „Input-Output Operator" des Systems, so verlangt sie die Bestimmung des dazu „inversen Operators" (des Output-Input Operators), anders ausgedrückt, die Lösung der zugehörigen Urbildprobleme.

Sowohl die Situation 1 als auch die Situation 2 sind Situationen der **Analyse**: Bei grundsätzlich bekanntem System soll mit Hilfe der zugehörigen Theorie seine Funktionsweise analysiert werden. Die Situation 3 ist, bezogen auf das System, gänzlich andersartig. In ihr geht es darum, bei Kenntnis der zugehörigen Input- und Outputgrößen eine Konstruktion (eine abstrakte Maschine) zu entwickeln, die zusammen mit der zugehörigen Theorie die vorgegebenen Input-Output Schemata erzeugt. Es ist die Situation der **Synthese** eines Systems (black-box Situation).

In den folgenden Ausführungen wollen wir für verschiedene Typen von Systemkonstruktionen, wie allgemeine Systeme, allgemeine Zeitsysteme, endliche Automaten u.a., Fragen der Analyse und der Synthese behandeln. Den theoretischen Hintergrund dafür werden uns Ergebnisse aus der jeweiligen Verhaltenstheorie, der Strukturtheorie und der Schaltungstheorie liefern. Die von uns gegebenen Anwendungsbeispiele haben keinen fertigen Charakter, sondern sollen mehr zur Illustration der Begriffe, aber auch als Hinweise für deren tatsächliche „harte" Anwendung gesehen werden.

Als erstes fassen wir für Input-Output Systeme mathematische Konstruktionen ins Auge, die im wesentlichen zu ihrer Formulierung nur die Mittel der Mengenlehre benützen. Es ist einleuchtend, daß solche Konstruktionen wegen ihres relativ unspezifischen Charakters einen sehr weit gestreuten Anwendungsbereich haben können. In der Systemtheorie hat sich daher für Systeme dieser Art die Bezeichnung „*allgemeine Systeme*" eingebürgert. Allgemeine Systeme finden in vielen Fällen Anwendung im Zusammenhang mit noch wenig formalisierten Modellen (das sind Modelle, für die wir noch wenige zugehörige Systeme kennen). Daneben stellen sie das Grundskelett für reicher strukturierte Systeme dar. Leider ist auch heute noch die Theorie der allgemeinen Systeme unterentwickelt und wenig in Gebrauch. Wir haben genügend Beispiele in der Wissenschaft, wo an sich einfache Modellmechanismen, für deren Behandlung die Betrachtung allgemeiner Systeme ausreichend wäre, mit mathematisch reich strukturierten Systemkonzepten und einer anspruchsvollen Theorie bearbeitet werden. Dem Modellbauer selbst ist daraus kein Vorwurf zu machen: Er benützt die konstruktiven Hilfsmittel, die er kennengelernt hat und von denen er weiß, daß sie in anderen Gebieten erfolgreich angewandt worden sind (z. B. Differentialgleichungen).

Erst durch den Aufbau einer Systemtheorie, die auf die Erfordernisse in den einzelnen Wissenschaften Rücksicht nimmt und die jeden Systemtyp in bezug auf seine relevanten Teilstrukturen untersucht, kann hier ein Wandel geschaffen werden. Vom Bild einer solchen Systemtheorie sind wir aber heute noch weit entfernt. Die besten Fortschritte in dieser Richtung sind bis heute für gegewisse Typen von Systemen erzielt worden, die vor allem in den Ingenieurwissenschaften mit Erfolg Anwendung gefunden haben. Es sind das Systeme, die man oft als „dynamische Systeme" bezeichnet. Auch unsere Diskussion wird sich, wie wir schon früher bemerkt haben, hauptsächlich auf solche Systeme beschränken.

Wir beginnen mit der Darstellung des Konzeptes des „allgemeinen Systems" als eine besonders einfache Input-Output Konstruktion eines Systems in Gestalt einer zweistelligen Relation. Anschließend behandeln wir Konstruktionen, in denen bereits eine Zeitskala definiert ist (*allgemeine Zeitsysteme*). In manchen Wissenschaften werden solchen Systemen zugehörige Modelle bereits als „dynamisch“ bezeichnet (im Gegensatz zu den „statischen“, bei denen keine zeitlich fortschreitende Betrachtungsweise vorliegt). Im Zusammenhang mit allgemeinen Zeitsystemen werden wir die Eigenschaften „dynamisch“ und „statisch“ in mehr spezifischer Weise festlegen. Ähnliches wird für die Eigenschaft „kausal“ für uns gelten. Ein wesentlicher Punkt unserer Vorgehensweise ist, daß wir das Hauptaugenmerk auf die Konstruktion von *Darstellungen* allgemeiner Systeme und allgemeiner Zeitsysteme legen, also auf die Konstruktion von „Maschinen“, die solche erzeugen.

## 1. Allgemeine Input-Output Systeme

### 1.1 Definition

Ein Tripel $(X, Y, S)$ nennen wir ein **allgemeines Input-Output System** (kurz allgemeines System), wenn gilt:

(1) $X$ und $Y$ sind Mengen.

(2) $S$ ist eine nichtleere Relation $S \subset X \times Y$.

Ist $(X, Y, S)$ ein allgemeines System, so heißt $X$ die **Inputmenge,** jedes Element daraus ein **Inputsignal** oder auch einfach **Input,** $Y$ heißt die **Outputmenge,** jedes Element daraus ein **Outputsignal** oder ein **Output.** $S$ heißt die zu $(X, Y, S)$ gehörige **Input-Output Relation.** Ein Paar $(x,y) \in X \times Y$, für das auch gilt $(x,y) \in S$ heißt ein **Input-Output Paar** von $(X, Y, S)$. Bei einem Input-Output Paar $(x,y)$ sagen wir auch, „$y$ wird in $(X, Y, S)$ von $x$ aus erreicht“ und „$x$ ist in $(X, Y, S)$ ein für $y$ möglicher Input“. Für ein beliebiges $x \in X$ sei mit $xS$ die Menge

$$xS := \{y : y \in Y \wedge xSy\}$$

bezeichnet. Wir nennen $xS$ die von $x$ aus **erreichbare Menge** von Outputsignalen. In ähnlicher Weise sei für ein beliebiges $y \in Y$ mit $Sy$ die Menge

$$Sy := \{x : x \in X \wedge xSy\}$$

bezeichnet. $Sy$ nennen wir die für $y$ **mögliche Menge** von Inputsignalen. In Abbildung 4 ist ein Schaltbildsymbol sowie eine graphische Veranschaulichung für ein allgemeines System gezeigt.

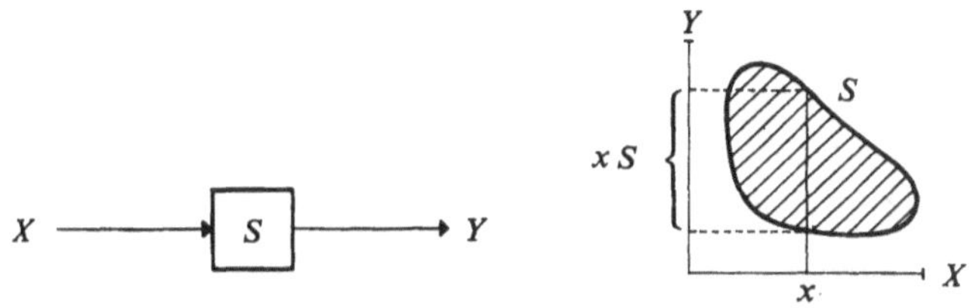


Abb. 4. Schaltbildsymbol und graphische Veranschaulichung eines allgemeinen Systems $(X, Y, S)$

Mit dem Konzept der „erreichbaren Menge“ und der „möglichen Menge“ liegt die Einführung folgender Abbildungen $(.)S$ und $S(.)$ nahe:

$$(.)S : {}_1S \to P(Y) : x \mapsto (.)S(x) := xS.$$

$$S(.) : {}_2S : \to P(X) : y \mapsto S(.)(y) := Sy.$$

$(.)S$ nennen wir die zu $(X, Y, S)$ gehörige **Vorwärtsabbildung**; $S(.)$ heißt die zu $(X, Y, S)$ gehörige **Rückwärtsabbildung.**

## 1.2 Eigenschaften

Betrachten wir ein allgemeines System $(X, Y, S)$ im Sinne unserer gerade gegebenen Definition, so ist uns klar, daß es dazu kaum einer Theorie bedarf. Die beiden Abbildungen $(.)S$ und $S(.)$ reichen vollständig für dessen Analyse aus, die Synthesesituation ist trivial gelöst, denn bei Kenntnis der Input-Outputdaten sowie der zugrundeliegenden Inputmenge und Outputmenge ist auch das allgemeine System bereits bekannt. Indem wir zusätzlich zu $(X, Y, S)$ gewisse Definitionen festlegen, schaffen wir die Grundlage für den Aufbau einer „interessanteren“ Theorie. In diesem Paragraphen seien dazu einige Eigenschaften angeführt, die sich auf die „Qualität“ allgemeiner Systeme beziehen. $(X, Y, S)$ sei ein gegebenes allgemeines System. Wir nennen es

**funktional** $:\Leftrightarrow S$ ist eine funktionale Relation.

**zerlegend** $:\Leftrightarrow \bigwedge_{x, x' \in {}_1S} x \neq x' \Rightarrow xS \cap x'S = \emptyset.$

**alternativ** $:\Leftrightarrow \bigwedge_{x \in {}_1S} \bigvee_{x' \in {}_1S} x \neq x' \wedge xS \cap x'S \neq \emptyset.$

**schachtelnd** $:\Leftrightarrow \bigwedge_{x, x' \in X} xS \subset x'S \vee x'S \subset xS.$

**teilmengenleer** $:\Leftrightarrow \bigwedge_{x,x' \in_1 S} xS \subset x'S \Rightarrow xS = x'S.$

**konstant** $:\Leftrightarrow \bigwedge_{x' x' \in_1 S} xS = x'S.$

**inputfrei** $:\Leftrightarrow card_1 S = 1.$

**outputfrei** $:\Leftrightarrow card_2 S = 1.$

In Abbildung 5 sind diese Eigenschaften an Hand graphischer Darstellungen von allgemeinen Systemen des Typs ($\mathbb{N}$, $\mathbb{R}$, $S$) veranschaulicht.

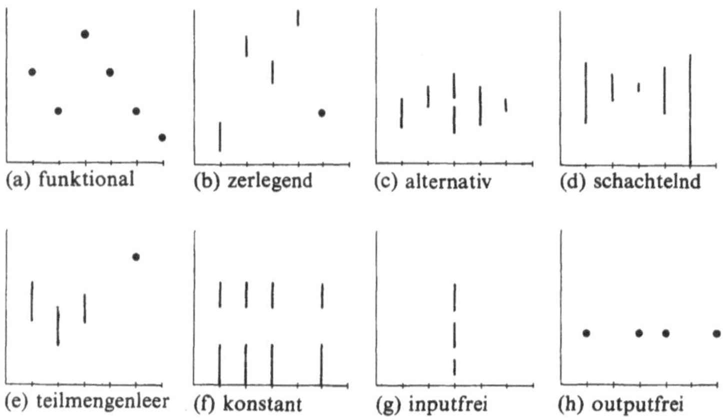


Abb. 5. Eigenschaften allgemeiner Systeme

## 1.3 Simulation

Es seien $(X, Y, S)$ und $(X', Y', S')$ zwei gegebene allgemeine Systeme. Wir nennen dann ein Paar $(\alpha, \beta)$ von Abbildungen $\alpha: X \to X'$ und $\beta: Y' \to Y$ eine **Simulationszuordnung** von $(X, Y, S)$ zu $(X', Y', S')$, wenn dafür gilt:

$$\bigwedge_{x \in X} \bigwedge_{y \in Y} xSy \Rightarrow \bigvee_{y' \in Y'} \alpha(x) S' y' \wedge \beta(y') = y.$$

Existiert von $(X, Y, S)$ zu $(X', Y', S')$ eine Simulationszuordnung, so sagen wir, $(X, Y, S)$ wird von $(X', Y', S')$ **simuliert,** und wir nennen in diesem Fall $(X', Y', S')$ ein **Simulationssystem** von $(X, Y, S)$.
Bei einer Simulationszuordnung $(\alpha, \beta)$ wird also verlangt, daß für ein beliebiges $x \in X$ die davon in $(X, Y, S)$ erreichten Outputs $y \in xS$ auch im Umweg über

das System $(X', Y', S')$ erreicht werden können. Wir können diese Forderung auch in folgender Weise ausdrücken: Für eine Simulationszuordnung $(\alpha, \beta)$ muß gelten:

$$\bigwedge_{x \in X} xS \subset \{y : y \in Y \wedge \bigvee_{y' \in Y'} y' \in \alpha(x)S' \wedge y = \beta(y')\}.$$

Der Vorteil einer Systemsimulation in dem gerade definierten Sinne kann darin liegen, daß das Arbeiten mit dem Simulationssystem angenehmer ist. Abbildung 6 zeigt im Diagramm die von uns definierte Simulation.

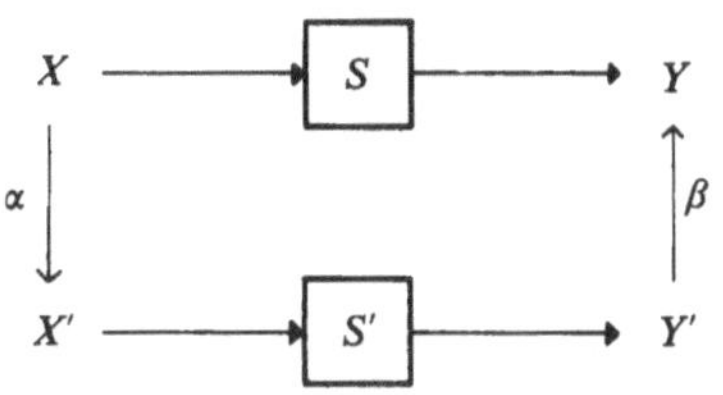


Abb. 6. Simulation von $(X, Y, S)$ durch $(X', Y', S')$

## 1.4 Schaltungen

$(X_1, Y_1, S_1)$ und $(X_2, Y_2, S_2)$ bezeichnen gegebene allgemeine Systeme. Wir definieren dann folgende Schaltungen zwischen ihnen:

(a) Das **kartesische Produkt** $(X_1, Y_1, S) \otimes (X_2, Y_2, S_2)$ ist definiert als das allgemeine System $(X, Y, S)$ mit

$$X := X_1 \times X_2,\ Y := Y_1 \times Y_2,\ S := \{((x_1, x_2), (y_1, y_2)) : x_1 S_1 y_1 \wedge x_2 S_2 y_2\}.$$

Diagramm:

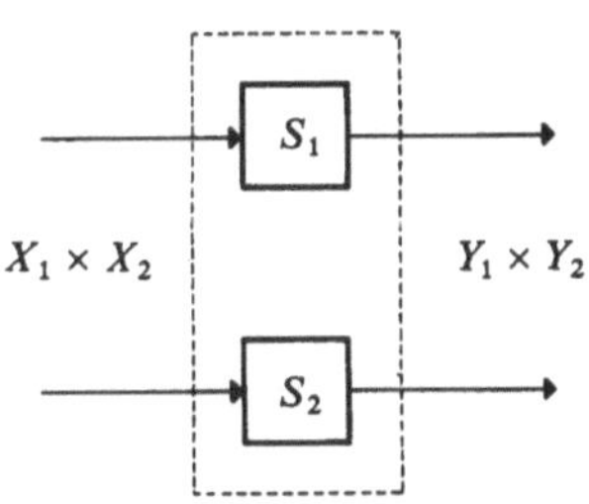


(b) Die **Serienschaltung** $(X_1, Y_1, S_1) \ominus (X_2, Y_2, S_2)$ ist definiert als das allgemeine System $(X, Y, S)$ mit

$$X := X_1; \quad Y := Y_2; \quad S := S_1 \circ S_2.$$

Diagramm:

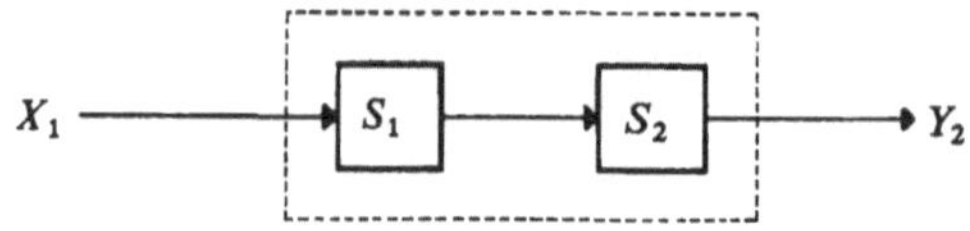


(c) Der **Input-Durchschnitt** $(X_1, Y_1, S_1) \text{Ⓓ}_1 (X_2, Y_2, S_2)$ ist definiert als das allgemeine System $(X, Y, S)$ mit

$$X := X_1 \cap X_2;\; Y := Y_1 \times Y_2;\; S := \{(x, (y_1, y_2)) : xS_1 y_1 \wedge xS_2 y_2\}.$$

Diagramm:

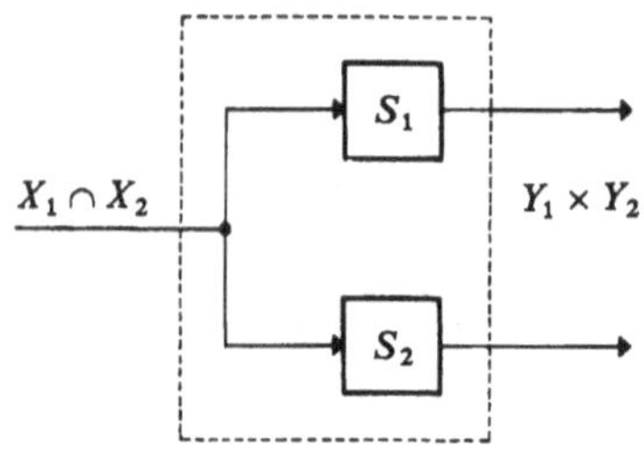


(d) Der **Output-Durchschnitt** $(X_1, Y_1, S_1) \text{Ⓓ}_2 (X_2, Y_2, S_2)$ ist definiert als das allgemeine System $(X, Y, S)$ mit

$$X := X_1 \times X_2;\; Y := Y_1 \cap Y_2;\; S := \{((x_1, x_2), y) : x_1 S_1 y \wedge x_2 S_2 y\}.$$

Diagramm:

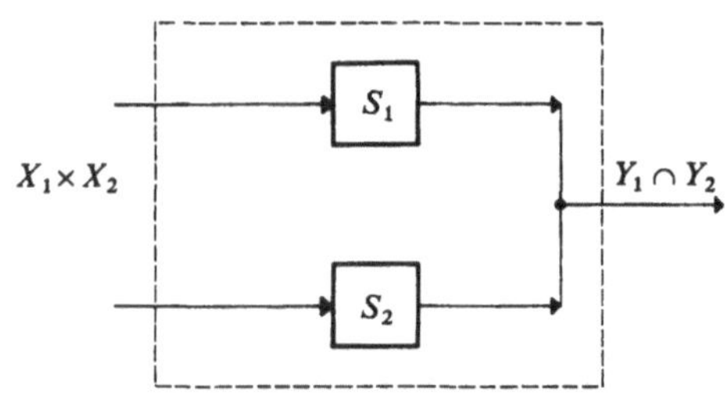


(e) Der (Input-Output) **Durchschnitt** $(X_1, Y_1, S_1) \text{Ⓓ} (X_2, Y_2, S_2)$ ist definiert als das allgemeine System $(X, Y, S)$ mit

$$X := X_1 \cap X_2;\; Y := Y_1 \cap Y_2;\; S := S_1 \cap S_2.$$

Diagramm:

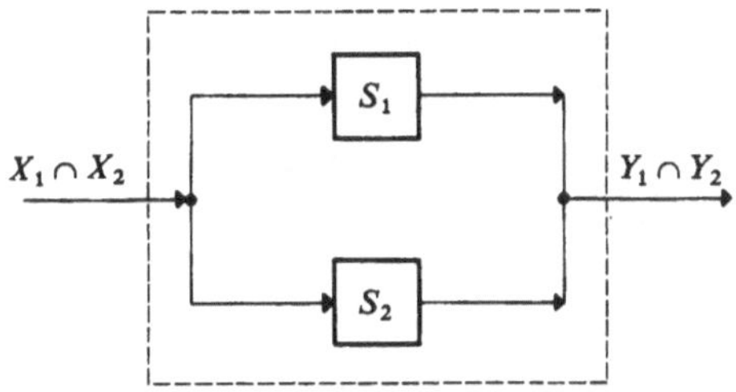


(f) Die (Input-Output) **Vereinigung** $(X_1, Y_1, S_1) \circledcup (X_1, Y_1, S_1)$ ist definiert als das allgemeine System $(X, Y, S)$ mit

$$X := X_1 \cup X_2; \quad Y := Y_1 \cup Y_2; \quad S := S_1 \cup S_2.$$

Diagramm:

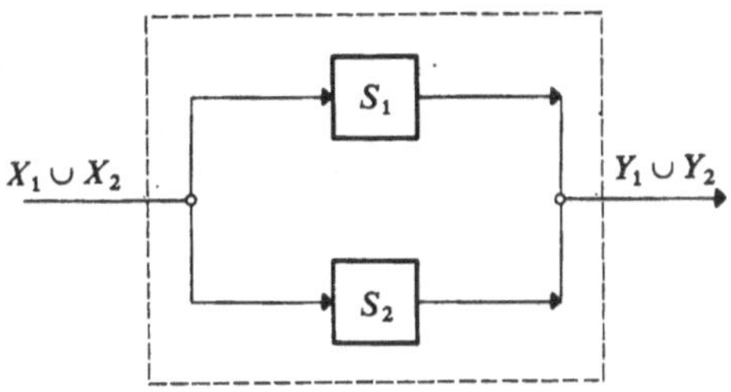


(g) Die **Rückkopplungsschaltung** $(\bar{X}, \bar{Y}, \bar{S}) \circlearrowright (X_R, Y_R, S_R)$ eines Output-Durchschnitts $(\bar{X}, \bar{Y}, \bar{S}) = (X_1, Y_1, S_1) \circledparallel_2 (X_2, Y_2, S_2)$ mit einem „Regler" $(X_R, Y_R, S_R)$ ist definiert als das allgemeine System $(X, Y, S)$ mit

$$X := X_1; \; Y := Y_1 \cap Y_2; \; S := \{(x, y) : x S_1 y \wedge y S_R \circ S_2 y\}.$$

Diagramm:

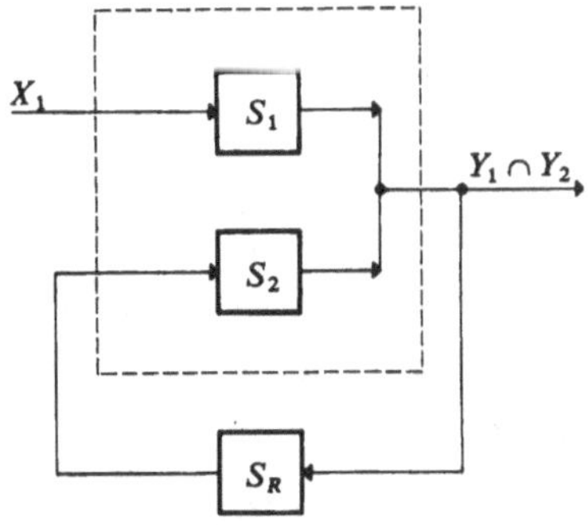

Das zu einem allgemeinen System $(X, Y, S)$ **inverse System** $(X, Y, S)^{-1}$ ist definiert durch das allgemeine System $(Y, X, S^{-1})$. Des weiteren sei für eine beliebige Menge $M \subset X \times Y$ die **Einschränkung** (Restriktion) von $(X, Y, S)$ auf $M$ definiert durch das allgemeine System $(X, Y, S \cap M)$.
Es sei $(X, Y, S)$ ein allgemeines System dessen Outputmenge $Y$ ein kartesisches Produkt $Y = Y_1 \times Y_2$ ist. Wir erklären dann die **Projektionen** $(X, Y_1, S_1)$ und $(X, Y_2, S_2)$ durch

$$S_1 := \{(x, y_1) : x \in X \wedge y_1 \in Y_1 \wedge \bigvee_{y_2 \in Y_2} xS(y_1, y_2)\} \quad \text{und}$$

$$S_2 := \{(x, y_2) : x \in X \wedge y_2 \in Y_2 \wedge \bigvee_{y_1 \in Y_1} xS(y_1, y_2)\}.$$

Offenbar gilt für die Projektionen $(X, Y_1, S_1)$ und $(X, Y_2, S_2)$ von $(X, Y, S)$ die Beziehung $(X, Y_1, S_1) \oplus_1 (X, Y_2, S_2) = (X, Y, S)$.
Damit haben wir für allgemeine Systeme die wichtigsten Schaltungen angegeben. Durch deren Kombination gewinnen wir komplexer aufgebaute allgemeine Systeme. Umgekehrt können wir versuchen, ein gegebenes „komplexes" allgemeines System in eine Kombination von Schaltungen „einfacher" allgemeiner Systeme zu zerlegen.

## 1.5 Anwendungsbeispiele

**Beispiel 1:** Straßenkreuzung als allgemeines System $(X, Y, S)$.

**Modell**

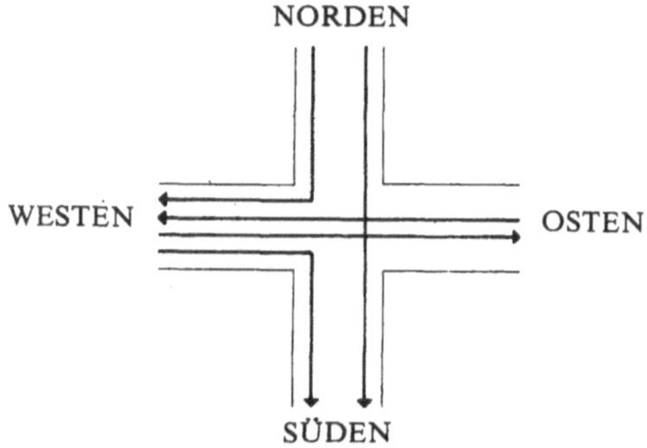


Zur Beschreibung dieses Modells können wir folgendes, allgemeines System $(X, Y, S)$ zugrundelegen:

$$X := \{N, S, O, W\}; \quad Y := \{N, S, O, W, SO, WS\};$$
$$S := \{(N, W), (N, S), (O, W), (W, O), (W, SO), (N, WS)\}.$$

**Modell-System Interpretation**

| Input | Modellbezeichnung | Output | Modellbezeichnung |
|---|---|---|---|
| *N* | Norden | *N* | Norden |
| *S* | Süden | *S* | Süden |
| *O* | Osten | *O* | Osten |
| *W* | Westen | *W* | Westen |
| | | *SO* | Süden und Osten |
| | | *WS* | Westen und Süden |

Die Aussage $xSy$ bekommt im Modell dabei die Bedeutung „von $x$ ist Verkehr nach $y$ möglich".

**Beispiel 2:** Schalternetzwerk

**Modell**

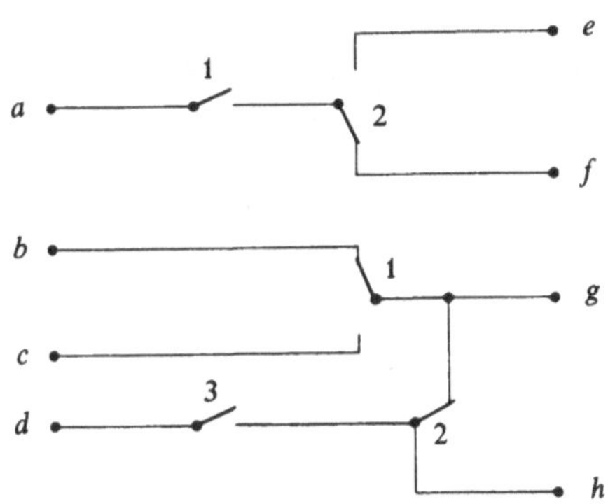


Das System $(X, Y, S)$ soll die möglichen Verbindungen zwischen den Kontaktstellen $a, b, c, d$ und den Kontaktstellen $e, f, g, h$ beschreiben, die über die Schalter hergestellt werden können. Wir wählen dazu

$$X := \{a, b, c, d\}; \quad Y := \{e, f, g, h\}; \quad S := \{ae, af, bg, cg, dg, dh\}$$

Dabei bekommt die Aussage $xy \in S$ im Modell die Bedeutung „von der Kontaktstelle $x$ gibt es eine Verbindung zur Kontaktstelle $y$".

Beide von uns angeführten Beispiele sind natürlich vom Standpunkt der Anwendung äußerst einfach. Sie zeigen jedoch bereits das Wesentliche auf.

## 1.6 Übungsbeispiele

(Ü1) Gib fünf weitere, interessant erscheinende Eigenschaften für allgemeine Systeme an.

(Ü2) Überlege die Richtigkeit von:

$(X, Y, S)$ alternativ $\Rightarrow (X, Y, S)$ nicht zerlegend.

(Ü3) Überlege die Richtigkeit von:

$card\, X \geqq 1 \wedge {}_1S = X \wedge (X, Y, S)$ schachtelnd $\Rightarrow (X, Y, S)$ alternativ.

(Ü4) Überlege die Richtigkeit von:

$(X, Y, S)$ zerlegend $\Rightarrow (X, Y, S)$ teilmengenleer.

(Ü5) Gib ein einfaches Beispiel für die Simulation eines allgemeinen Systems an.

(Ü6) Konstruiere zu den von uns eingeführten Schaltungen (a) bis (g) allgemeiner Systeme je ein einfaches Beispiel.

(Ü7) Es sei $X_1 = X_2 = \ldots = X_5 = Y_1 = Y_2 = \ldots = Y_5 = \{a, b, c, d, e, f\}$.
Die Relationen $S_1 \subset X_1 \times Y_1, S_2 \subset X_2 \times Y_2 \ldots S_5 \subset X_5 \times Y_5$ seien durch folgende Tabelle angegeben:

| | $a$ | $b$ | $c$ | $d$ | $e$ | $f$ |
|---|---|---|---|---|---|---|
| $S_1$ | $b, c$ | $f, e$ | – | $a, b$ | $e, f$ | $c, b$ |
| $S_2$ | $a, f$ | $f, e$ | $a$ | $e$ | $a$ | – |
| $S_3$ | $b$ | $e, f$ | – | $e$ | $a, b$ | – |
| $S_4$ | $c$ | – | – | $b, c$ | – | $a$ |
| $S_5$ | $a$ | – | – | – | $a, f$ | $c, d$ |

Die damit gegebenen allgemeinen Systeme $(X_1, Y_1, S_1)$, $(X_2, Y_2, S_2)$, $\ldots$, $(X_5, Y_5, S_5)$ seien gemäß dem untenstehenden Diagramm zusammengeschaltet.

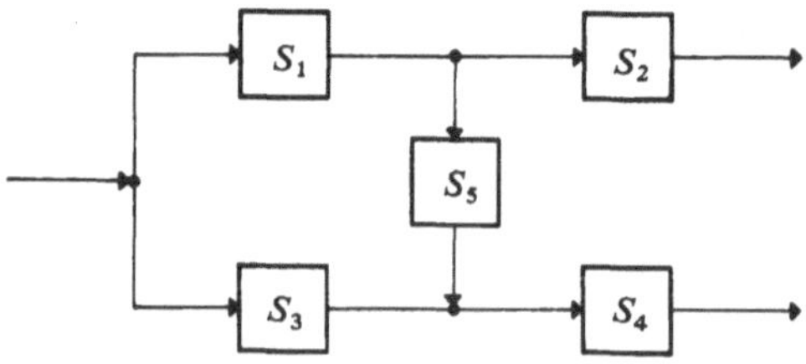

Berechne das aus dieser Schaltung resultierende allgemeine System $(X, Y, S)$.

Lösung: $X = \{a, b, c, d, e, f\}$; $Y = \{a, b, c, d, e, f\} \times \{a, b, c, d, e, f\}$
$S = \{(b, (a, a)), (e, (a, c))\}$.

(Ü8) Finde weitere einfache Anwendungsbeispiele für allgemeine Systeme.

(Ü9) Versuche ein Anwendungsbeispiel für eine Schaltung allgemeiner Systeme zu finden.

## 1.7 Bemerkungen und Literaturhinweise

Jeder Menge von Input-Output Daten entspricht ein allgemeines Input-Output System. Für die Theorie stellt die Mathematik die Theorie der Relationen zur Verfügung. Diese wiederum läßt sich in die Mengenlehre einbetten. Viele Fragestellungen können aber auch mit Hilfe der Graphentheorie angegangen werden. Für alle diese Theorien gibt es in der Mathematik einschlägige Darstellungen, auf die wir hier nicht besonders hinweisen müssen. Als Fürsprecher für das Konzept eines „allgemeinen Input-Output Systems" kann vor allem *Mesarovic* [ME 1, ME 2, ME 3] genannt werden. Unsere Vorgehensweise lehnt sich an die Dissertation von *Salovaara* [SA 1] an, in der versucht wird, das von *Zadeh-Desoer* [ZA 1] angegebene Konzept eines allgemeinen dynamischen Input-Output Systems mengentheoretisch zu formulieren. Wir möchten hier des weiteren die ausführliche Darstellung von *Blomberg* [BL 1] erwähnen. Indem man (wie wir es hier tun) das Konzept eines allgemeinen Input-Output Systems als Ausgangspunkt zum Aufbau einer mathematisch orientierten Systemtheorie nimmt, ist bereits die theoretische Methode in wesentlicher Weise vorgezeichnet, die sich daraus für den Modellbau ergibt. Im Rahmen der „General System Theory" haben sich daneben auch andere Gesichtspunkte bewährt. Es ist hier die Gelegenheit, auf *Bertalanffy* [BE 1] und *Klir* [KL 1] hinzuweisen. Einen Überblick über neuere Entwicklungen erhält man auch durch die Aufsatzsammlungen von *Klir* [KL 2] und *Hammer* [HA 1]. Neuere Ansätze zu einer Strukturtheorie allgemeiner Input-Output Systeme stammen von *Goguen* [GO 1] und *Ehrig* [E 1] u. a. Eine interessante Verallgemeinerung des Konzeptes eines allgemeinen Input-Output Systems ist durch den Übergang zu einer Fuzzy-Mengenlehre [ZA 2] möglich.

## 2. Zustandsparametrisierungen

Bei einem allgemeinen System $(X, Y, S)$ wird zwischen den Inputgrößen und den Outputgrößen im allgemeinen nur ein relationaler Zusammenhang hergestellt, d.h., im allgemeinen wird die zu einem Input $x \in X$ gehörige Menge $xS$ aller davon erreichbaren Outputs aus mehr als einem Element bestehen. Wir sprechen hier auch von einer nichtdeterministischen Input-Output Beziehung. Im folgenden wollen wir an einem allgemeinen System $(X, Y, S)$ zusätzliche Konstruktionen anbringen, so daß damit eine „Input-Output Maschine" entsteht, die einen funktionalen Zusammenhang zwischen den Inputgrößen und den Outputgrößen aufweist und die das allgemeine System darstellt. Das dazu verwendete Konzept der Zustandsparametrisierung eines allgemeinen Systems ist einfach. Es handelt sich dabei um die Zerlegung der Relation $S$ in eine Schar von funktionalen Relationen (Parameterlinien, Schichtenlinien), die in ihrer Gesamtheit $S$ überdecken. (Vergleiche dazu die entsprechenden Ausführungen im Anhang B 2.)

### 2.1 Definition

Ein Quadrupel $(X, Y, Z, p)$ nennen wir eine **Zustandsparametrisierung** des allgemeinen Systems $(X, Y, S)$, wenn $p$ eine Parametrisierungsabbildung

$$p: Z \to P(X \times Y)$$

von $S$ bedeutet, d.h. wenn gilt:

$$\bigwedge_{z \in Z} p(z) \text{ ist funktional} \quad \text{und} \quad \bigcup_{z \in Z} p(z) = S$$

$(P(X \times Y)$ bezeichnet die Potenzmenge von $X \times Y)$. Ist $(X, Y, Z, p)$ eine Zustandsparametrisierung von $(X, Y, S)$, so heißt $Z$ die zugehörige **Zustandsmenge**; $p$ nennen wir die **Zustandsparametrisierungsabbildung.** Gilt $xp(z)y$, so sagen wir, die Zustandsparametrisierung $(X, Y, Z, p)$ gibt im Zustand $z$ als Antwort zum Input $x$ den Output $y$ ab. Gilt in einem Zustand $z \in Z$ für einen Input $x \in X$ die Beziehung $xp(z) = \emptyset$, so sagen wir, die Zustandsparametrisierung gibt im Zustand $z$ zum Input $x$ keinen Output ab.
Zu einer gegebenen Zustandsparametrisierung $(X, Y, Z, p)$ definieren wir die zugehörige **Outputrelation** $\lambda$ von $Z \times X$ in $Y$ durch

$$\lambda \subset (Z \times X) \times Y: (z, x) \lambda y :\Leftrightarrow xp(z)y.$$

$\lambda$ ist offenbar eine funktionale Relation. Oft ist es zweckmäßig, in einer Zustandsparametrisierung $(X, Y, Z, p)$ statt der Parametrisierungsabbildung $p$ die Outputrelation $\lambda$ anzugeben. Wenn wir dies tun, wollen wir von der **Outputform** der Zustandsparametrisierung $(X, Y, Z, p)$ sprechen und das Symbol $(X, Y, Z; \lambda)$ dafür verwenden. In Abbildung 7 ist das Schaltbildsymbol und eine graphische Veranschaulichung für eine Zustandsparametrisierung $(X, Y, Z, p)$ angegeben.

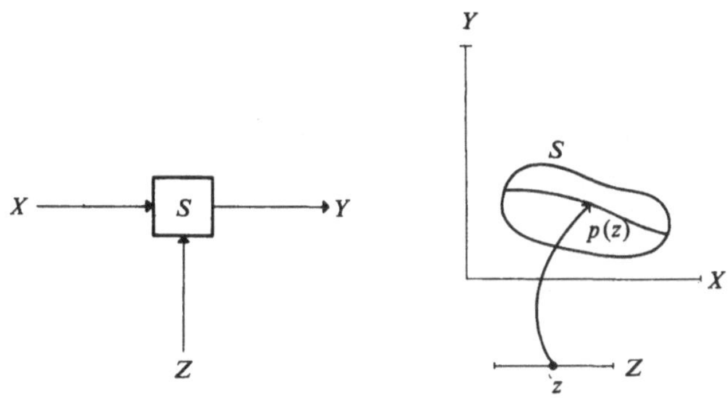


Abb. 7. Schaltbildsymbol und graphische Veranschaulichung von $(X, Y, Z, p)$

Neben dem Symbol $(X, Y, Z, p)$ sei als Symbol noch *parS* für eine Zustandsparametrisierung eines allgemeinen Systems $(X, Y, S)$ eingeführt.

**Beispiel:** Das allgemeine System $(X, Y, S)$ sei gegeben durch

$$X := \{a, b, c, d\}; \quad Y := \{A, B, C\};$$
$$S := \{aA, aB, bC, cA, cB\}.$$

Eine Zustandsparametrisierung $parS = (X, Y, Z, p)$ von $(X, Y, S)$ ist dann gegeben durch

$$Z := \{1, 2\};$$
$$p : \{1, 2\} \to P(X \times Y) : 1 \mapsto p(1) := \{aA, cB\}; 2 \mapsto p(2) := \{aB, bC, cA\}.$$

Die Outputrelation $\lambda$ von *parS* wird durch folgende Tabelle angegeben:

| $\lambda$ | $a$ | $b$ | $c$ | $d$ |
|---|---|---|---|---|
| 1 | $A$ | – | $B$ | – |
| 2 | $B$ | $C$ | $A$ | – |

## 2.2 Eigenschaften von Zustandsparametrisierungen

Die Eigenschaften einer Zustandsparametrisierung $(X, Y, Z, p)$ eines allgemeinen Systems $(X, Y, S)$ werden durch Eigenschaften der zugehörigen Zustandsparametrisierungsabbildung $p: Z \to P(X \times Y)$ geprägt. Wir können also alle Eigenschaften betrachten, die wir für Abbildungen an sich kennen, oder speziell für solche, bei denen der Wertebereich eine Menge von funktionalen Relationen ist. Grundsätzlich ist hier zu sagen, daß das Auffinden geeigneter Eigenschaften, also das Festlegen gewisser qualitativer Merkmale einer Zustandsparametrisierung, eine systemtheoretisch wichtige Aufgabe ist.
Es bezeichne $parS = (X, Y, Z, p)$ eine gegebene Zustandsparametrisierung eines allgemeinen Systems $(X, Y, S)$. $\lambda$ bezeichne die zugehörige Outputrelation. Wir definieren dann:

*parS* heißt **vollständig** $:\Leftrightarrow \bigwedge_{x \in {}_1S} \bigwedge_{z \in Z} x \in {}_1p(z)$.

Im Falle, daß *parS* vollständig in diesem Sinne ist, gilt also ${}_1\lambda = Z \times {}_1S$.

*parS* heißt **diskret** $:\Leftrightarrow \bigwedge_{z \in Z} card(p(z)) \in \{0, 1\}$.

Ist eine Zustandsparametrisierung *parS* diskret, so ist also für jeden Zustand $z \in Z$ die bei $p$ zugeordnete funktionale Relation $p(z)$ entweder leer, oder sie besteht nur aus einem einzigen Paar $(x, y) \in S$. Anders ausgedrückt, bei einer diskreten Zustandsparametrisierung *parS* gibt es zu jedem Zustand $z \in Z$ von *parS* höchstens einen Input $x \in X$, bei dem ein Output abgegeben wird.
Als Beispiele für weitere Eigenschaften, die man bei einer Zustandsparametrisierung betrachten kann, seien folgende angegeben:

*parS* heißt **nichtabschaltend** $:\Leftrightarrow \bigwedge_{z \in Z} p(z) \neq \emptyset$.

*parS* heißt **zerlegend** $:\Leftrightarrow \bigwedge_{z, z' \in Z} z \neq z' \Rightarrow p(z) \cap p(z') = \emptyset$.

*parS* heißt **alternativ** $:\Leftrightarrow \bigwedge_{z \in Z} \bigvee_{z' \in Z} z \neq z' \wedge p(z) \cap p(z') \neq \emptyset$.

*parS* heißt **teilmengenleer** $:\Leftrightarrow \bigwedge_{z, z' \in Z} p(z) \subset p(z') \Rightarrow p(z) = p(z')$.

*parS* heißt **parallel** $:\Leftrightarrow \bigwedge_{x, x' \in X} \bigwedge_{y, y' \in Y} \bigwedge_{z \in Z} x p(z) y \wedge x' p(z) y' \Rightarrow y = y'$.

*parS* heißt **invertierbar** $:\Leftrightarrow \bigwedge_{z \in Z} p(z)^{-1}$ ist funktional.

*parS* heißt **zustandsminimal** $:\Leftrightarrow \bigwedge_{z \in Z} (X, Y, Z \setminus \{z\}, p \mid Z \setminus \{z\})$ ist keine Zustandsparametrisierung von $(X, Y, S)$.

*parS* heißt **zustandsreduziert** $:\Leftrightarrow \bigwedge_{z, z' \in Z} p(z) = p(z') \Rightarrow z = z'$.

In jedem Fall ist der Leser in der Lage, die Bedeutung dieser Eigenschaften für die Funktionsweise der Zustandsparametrisierung selbst zu erkennen.

**Beispiele:** Das allgemeine System $(X, Y, S)$ sei gegeben durch

$$X := \{a, b, c\};$$
$$Y := \{A, B, C\};$$
$$S := \{aA, aB, bC, cA, cB\}.$$

Wir betrachten dann folgende Zustandsparametrisierungen $par_1S, par_2S, \ldots, par_5S$ von $(X, Y, S)$, die wir mit den Tabellen der zugehörigen Outputrelationen $\lambda_1, \lambda_2, \ldots, \lambda_5$ angeben und durch Venndiagramme veranschaulichen:

$par_1S := (X, Y, \{1, 2, 3, 4, 5\}; \lambda_1)$

| $\lambda_1$ | $a$ | $b$ | $c$ |
|---|---|---|---|
| 1 | $A$ | – | – |
| 2 | $B$ | – | – |
| 3 | – | $C$ | – |
| 4 | – | – | $B$ |
| 5 | – | – | $A$ |

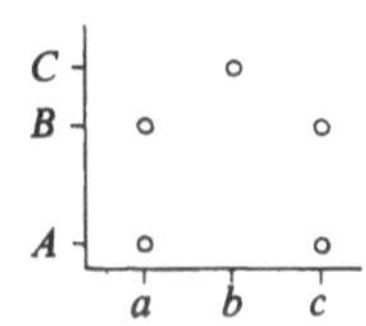


$par_2S := (X, Y, \{1, 2, 3\}; \lambda_2)$

| $\lambda_2$ | $a$ | $b$ | $c$ |
|---|---|---|---|
| 1 | $A$ | – | $A$ |
| 2 | $B$ | – | $B$ |
| 3 | – | $C$ | – |

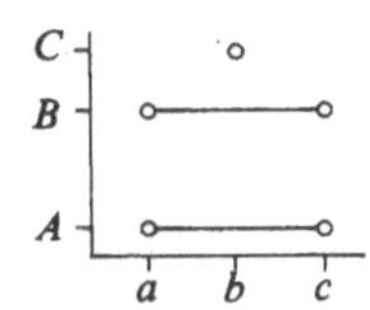


$par_3S := (X, Y, \{1, 2\}; \lambda_3)$

| $\lambda_3$ | $a$ | $b$ | $c$ |
|---|---|---|---|
| 1 | $A$ | $C$ | $A$ |
| 2 | $B$ | $C$ | $B$ |

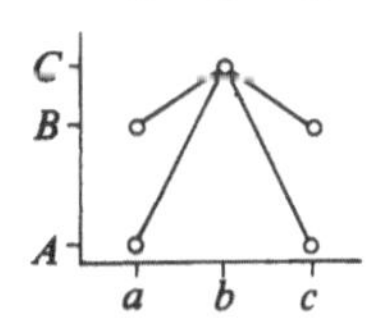


$par_4S := (X, Y, \{1, 2\}; \lambda_4)$

| $\lambda_4$ | $a$ | $b$ | $c$ |
|---|---|---|---|
| 1 | $A$ | – | $B$ |
| 2 | $B$ | $C$ | $A$ |

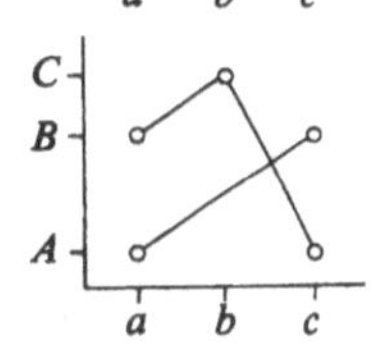

$par_5S := (X, Y, \{1, 2, 3, 4\}; \lambda_5)$

| $\lambda_5$ | $a$ | $b$ | $c$ |
|---|---|---|---|
| 1 | $A$ | – | $A$ |
| 2 | $A$ | – | $A$ |
| 3 | $B$ | $C$ | $B$ |
| 4 | $B$ | – | $B$ |

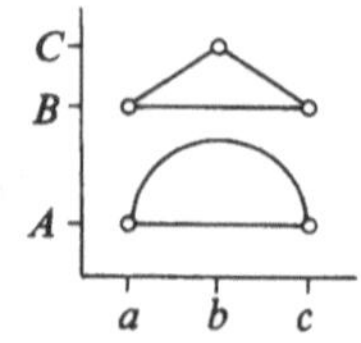


In der folgenden Tabelle sind die Eigenschaften angekreuzt, die die Zustandsparametrisierungen $par_1S, par_2S, \ldots, par_5S$ haben.

| Eigenschaft | $par_1S$ | $par_1S$ | $par_3S$ | $par_4S$ | $par_5S$ |
|---|---|---|---|---|---|
| vollständig | | | × | | |
| diskret | × | | | | |
| nichtabschaltend | × | × | × | × | × |
| zerlegend | × | × | | × | |
| alternativ | | | × | | × |
| teilmengenleer | × | × | × | × | |
| parallel | × | × | | | |
| invertierbar | × | | | × | |
| zustandsminimal | × | × | × | × | |
| zustandsreduziert | × | × | × | × | |

## 2.3 Simulation von Zustandsparametrisierungen

Es bezeichne $parS = (X, Y, Z, p)$ und $parS' = (X', Y', Z', p')$ zwei gegebene Zustandsparametrisierungen der allgemeinen Systeme $(X, Y, S)$ beziehungsweise $(X', Y', S')$. In ähnlicher Weise wie in 1.3 nennen wir nun ein Tripel $(\alpha, \beta, \gamma)$ von Abbildungen $\alpha: X \rightarrow X'$, $\beta: Y' \rightarrow Y$ und $\gamma: Z \rightarrow Z'$ eine **Simulationszuordnung** von $parS$ zu $parS'$, wenn dafür gilt:

$$\bigwedge_{x \in X} \bigwedge_{y \in Y} \bigwedge_{z \in Z} xp(z)y \Rightarrow \bigvee_{y' \in Y'} \alpha(x)p'(\gamma(z))y' \wedge \beta(y') = y.$$

Existiert eine Simulationszuordnung $(\alpha, \beta, \gamma)$ von $parS$ zu $parS'$, so sagen wir, $parS$ wird von $parS'$ **simuliert**. Wir nennen dann $parS'$ eine **Simulation-Zustandsparametrisierung** von $parS$.
In Abbildung 8 ist das Diagramm einer solchen Simulation gezeigt.

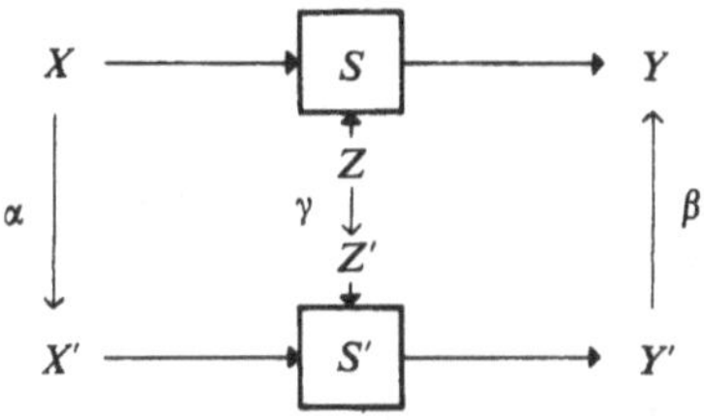


Abb. 8. Simulation von *par S* durch *par S'*

## 2.4 Zustandsreduktion

Für eine gegebene Zustandsparametrisierung $parS = (X, Y, Z, p)$ von $(X, Y, S)$ definieren wir auf der Zustandsmenge $Z$ folgende Relation $\sim$

$$\sim \subset Z \times Z : z \sim z' :\Leftrightarrow p(z) = p(z').$$

Die Relation $\sim$ ist offenbar eine Äquivalenzrelation; wir nennen sie die **Reduktionsäquivalenz** von *parS*. Durch Übergang zum „Quotienten" von *parS* bezüglich der Reduktionsäquivalenz erhalten wir die **Quotientenzustandsparametrisierung** $(parS)\sim$, die definiert ist durch

$$(parS)\sim := (X, Y, Z/\sim, p/\sim),$$

wobei $Z/\sim$ die Quotientenmenge von $Z$ bezüglich $\sim$ bedeutet und $p/\sim$ die „Quotientenabbildung" ist, die definiert ist durch

$$p/\sim : Z/\sim \rightarrow P(X \times Y) : [z] \mapsto p/\sim([z]) := p(z).$$

Es ist unmittelbar einsichtig, daß für jede Quotientenzustandsparametrisierung $(parS)\sim$ von *parS* die folgende Aussage richtig ist:

**Satz:** Die Quotientenzustandsparametrisierung $(parS)\sim$ einer Zustandsparametrisierung *parS* ist zustandsreduziert.

Weiter können wir leicht feststellen:

**Satz:** *parS* wird über $(\alpha, \beta, \gamma)$ mit $\alpha := id_X$, $\beta := id_Y$ und $\gamma : Z \rightarrow Z : z \mapsto \gamma(z) := [z]$ von $(parS)\sim$ simuliert.

Zum Beweis brauchen wir uns nur zu überlegen, daß wegen $p/\sim([z)] = p(z)$ aus $xp(z)y$ stets folgt $xp/\sim([z])y$. Wir nennen die in diesem Satz angesprochene Simulation von *parS* die **kanonische Simulation**.

## 2.5 Schaltungen von Zustandsparametrisierungen

Es bezeichne $parS_1 = (X_1, Y_1, Z_1, p_1)$ eine Zustandsparametrisierung von $(X_1, Y_1, S_1)$ und $parS_2 = (X_2, Y_2, Z_2, p_2)$ eine solche von $(X_2, Y_2, S_2)$. Wir definieren dann zwischen $parS_1$ und $parS_2$ folgende Schaltungen:

(a) Das **kartesische Produkt** $parS_1 \otimes parS_2$ ist definiert als die Zustandsparametrisierung $parS := (X, Y, Z, p)$ von $(X, Y, S) := (X_1, Y_1, S_1) \otimes (X_2, Y_2, S_2)$, die gegeben ist durch

$$Z := Z_1 \times Z_2;$$
$$p: Z_1 \times Z_2 \to P\big((X_1 \times X_2) \times (Y_1 \times Y_2)\big): (z_1, z_2) \mapsto p(z_1, z_2) :=$$
$$:= \{\big((x_1, x_2), (y_1, y_2)\big): x_1 p_1(z_1) y_1 \wedge x_2 p_2(z_2) y_2\}.$$

(b) Die **Serienschaltung** $parS_1 \ominus parS_2$ ist definiert als die Zustandsparametrisierung $parS := (X, Y, Z, p)$ von $(X_1, Y_1, S_1) \ominus (X_2, Y_2, S_2)$, die gegeben ist durch

$$Z := Z_1 \times Z_2;$$
$$p: Z_1 \times Z_2 \to P(X_1 \times Y_2): (z_1, z_2) \mapsto p(z_1, z_2) := p_1(z_1) \circ p_2(z_2).$$

In Abbildung 9 sind die Schaltbildsymbole dieser beiden Schaltungen gezeigt:

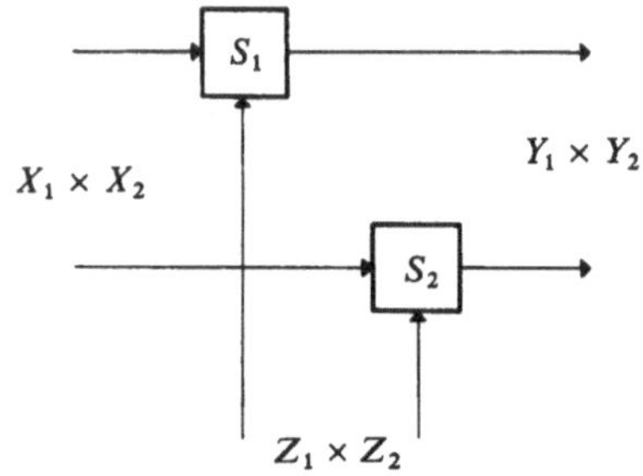


(a) kartesisches Produkt $parS_1 \otimes parS_2$

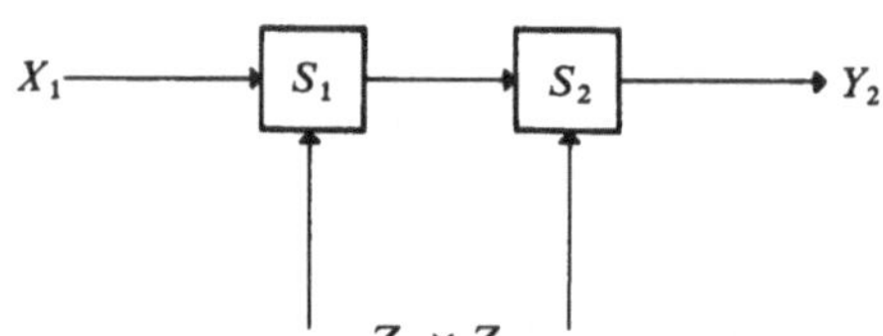


(b) Serienschaltung $parS_1 \ominus parS_2$

Abb. 9. Schaltungen von Zustandsparametrisierungen

Wenn die Zustandsparametrisierung $parS = (X, Y, Z, p)$ eines allgemeinen Systems $(X, Y, S)$ invertierbar ist, läßt sich in folgender Weise die dazu **inverse Zustandsparametrisierung** $(parS)^{-1} := (Y, X, Z^{-1}, p^{-1})$ des inversen allgemeinen Systems $(Y, X, S^{-1})$ definieren:

$$Z^{-1} := Z;$$
$$p^{-1} : Z \to P(Y \times X) : z \mapsto p^{-1}(z) := p(z)^{-1}.$$

Die **Einschränkung** $(parS)|M$ einer Zustandsparametrisierung $parS = (X, Y, Z, p)$ von $(X, Y, S)$ auf $(X, Y, S \cap M)$ wird in natürlicher Weise definiert durch $(parS)|M := (X, Y, Z, p')$ mit

$$p' : Z \to P(X \times Y) : z \mapsto p'(z) := p(z) \cap M.$$

## 2.6 Anwendungsbeispiele

**Beispiel 1:** Zugrundegelegt sei die Straßenkreuzung und das allgemeine System $(X, Y, S)$ von 1.5, Beispiel 1. Wir haben also

$$X = \{N, S, O, W\}; \quad Y = \{N, S, O, W, SO, WS\};$$
$$S = \{(N, W), (N, S), (O, W), (W, O), (W, SO), (N, WS)\};$$

oder durch einen gerichteten Graphen ausgedrückt:

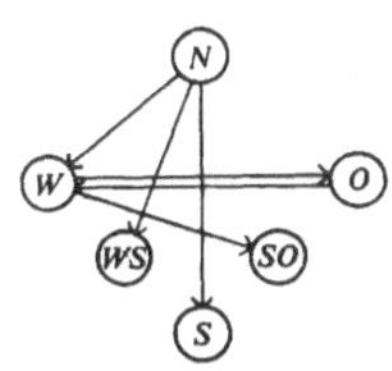


Wir geben für das allgemeine System $(X, Y, S)$ eine Zustandsparametrisierung an, so daß deren Zustände den gerade erlaubten Verkehrsfluß in der Straßenkreuzung festlegen. Wir definieren dazu $(X, Y, Z, p)$ durch

$$Z := \{1, 2, 3, 4, 5\};$$
$$\begin{aligned} p : Z \to P(X \times Y) : 1 &\mapsto p(1) := \{(N, WS)\}, \\ 2 &\mapsto p(2) := \{(N, W)\}, \\ 3 &\mapsto p(3) := \{(W, O), (O, W)\}, \\ 4 &\mapsto p(4) := \{(W, SO), (O, W), (N, W)\}, \\ 5 &\mapsto p(5) := \{(N, S)\}. \end{aligned}$$

Eine übersichtliche graphische Darstellung dieser Zustandsparametrisierung ist auch gegeben durch

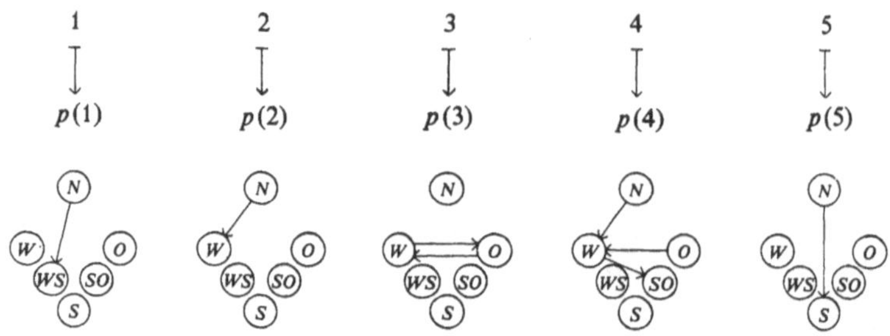


Man kann sich als zweckmäßig vorstellen, die Straßenkreuzung durch eine gewisse zeitliche Abfolge dieser Zustände zu regeln. Man beachte dabei auch: Die gewählte Zustandsparametrisierung muß die „Realisierbarkeitsbedingung" erfüllen, daß für jeden Zustand $z \in Z$ der mit $p(z)$ zugeordnete Verkehr kreuzungsfrei verläuft.

**Beispiel 2:** Zugrundegelegt sei das Schalternetzwerk und das zugehörige allgemeine System $(X, Y, S)$ nach 1.5, Beispiel 2. Eine Zustandsparametrisierung $parS = (X, Y, Z, p)$ ist dann gegeben durch

$$Z := \{0, 1, 12, 123, 3\};$$

$$\begin{aligned} p: Z \to P(X \times Y):\quad & 0 \mapsto p(0) := \{bg\}, \\ & 1 \mapsto p(1) := \{af, cg\}, \\ & 12 \mapsto p(12) := \{ae, cg\}, \\ & 123 \mapsto p(123) := \{ae, cg, dh\}, \\ & 3 \mapsto p(3) := \{dg, bg\}. \end{aligned}$$

Die Symbole für die Zustände wurden dabei so gewählt, daß sie die Schalter angeben, die sich in Arbeitsstellung befinden. Der Zustand 0 bedeutet, daß sich kein Schalter in Arbeitsstellung befindet (gezeichneter Zustand). Die Zustandsparametrisierung dieses Beispiels wurde ohne Bezug auf eine etwaige Anwendung aufgestellt. Man kann sich aber vorstellen, daß das Konzept bei der Entwicklung solcher „Input-Output Schalternetzwerke" eine brauchbare Anwendung finden kann.

## 2.7 Übungsaufgaben

(Ü1) Überlege die Richtigkeit von:

*parS* vollständig ∧ *parS* parallel ∧ *parS* zustandsreduziert ⇒ *parS* zerlegend.

(Ü2) Überlege die Richtigkeit von:

*parS* zustandsminimal ⇒ *parS* zustandsreduziert.

(Ü3) Überlege die Richtigkeit von:

*parS* zerlegend ⇒ *parS* teilmengenleer.

(Ü4) Stelle weitere interessant erscheinende Eigenschaften für Zustandsparametrisierungen auf.

(Ü5) Lege die übrigen in 1.4 definierten Schaltungen allgemeiner Systeme zur Entwicklung weiterer Schaltungen von Zustandsparametrisierungen zugrunde (definiere also z. B. den Input-Durchschnitt von Zustandsparametrisierungen usw.). Hinweis: Verwende dabei zur Definition der Zustandsmenge das Konzept der direkten Vereinigung von Mengen.

(Ü6) Gib ein einfaches Beispiel für den Durchschnitt von Zustandsparametrisierungen an.

(Ü7) Gib ein einfaches Beispiel für die Serienschaltung von Zustandsparametrisierungen an.

(Ü8) Finde weitere Anwendungsbeispiele für Zustandsparametrisierungen (etwa Beschreibung einer Elektronenröhre mittels Kennlinien oder Beschreibung eines Gases mittels des Druck-Volumen-Diagramms bei verschiedener Temperatur u. a.).

## 2.8 Bemerkungen und Literaturhinweise

Das Konzept der Zustandsparametrisierung hält sich stark an die Vorstellung von Parameterlinien (Höhenlinien, Schichtenlinien, Projektionen), wie sie allgemein in Modellen Verwendung finden. Mit diesem Konzept ist es möglich, von einem allgemeinen Input-Output System einen Teilaspekt desselben (einen gewissen Zustand, eine gewisse Situation) zu beschreiben, wobei auf die Eindeutigkeit (funktionales Verhalten) des Outputs Wert gelegt wird. In der Praxis ist das Auffinden geeigneter Zustandsparametrisierungen die Arbeit des jeweiligen Fachmannes. Die Systemtheorie schlägt die Konzepte dafür vor. Man kann den Übergang von einem allgemeinen Input-Output System zu einer zugehörigen Zustandsparametrisierung auch als Übergang von einer nichtdeterminierten globalen Beschreibung zu einer Familie von determinierten partiellen Beschreibungen sehen. Wir hielten uns in unserer Darstellung im wesentlichen an *Salovaara* [SA 1].

## 3. Allgemeine Zeitsysteme

Im folgenden erweitern wir den Begriff eines allgemeinen Systems $(X, Y, S)$ um eine zusätzliche Konstruktion, die uns eine zeitliche Betrachtungsweise ermöglicht. Dazu ist erst einmal erforderlich, die Zeitbeschreibung selbst in eine mathematische Form zu bringen. Dies erreichen wir durch die Definition einer Zeitmenge, deren Elemente die Zeitpunkte darstellen sollen und die eine gewisse mathematische Struktur aufweist. Je nach den ins Auge gefaßten Anwendungen wird die eine oder andere strukturelle Annahme dabei von Vorteil sein. Die von uns hier gewählte Definition ist sehr allgemein gehalten, so daß die damit erhaltene Zeitmenge auch als Gerüst für reicher strukturierte Zeitmengen gelten kann. Ein Charakteristikum unserer Zeitmenge ist die Annahme eines Startzeitpunktes. Damit wird jede Zeitbeschreibung bei uns einen genau definierten Anfang haben. Eine Ausnahme bilden die Überlegungen von Kapitel 6, wo wir von einer Zeitmenge ohne Startzeitpunkt ausgehen werden.

### 3.1 Zeitmenge

Ein Tripel $(T, \leqq, t_0)$ nennen wir eine **Zeitmenge,** wenn dafür gilt

(1) $T$ bezeichnet eine Menge.

(2) $\leqq$ ist eine vollständige Ordnungsrelation auf $T$.

(3) $t_0$ ist das minimale Element in $(T, \leqq)$.

Das minimale Element $t_0 \in T$ nennen wir auch die **Startzeit** der Zeitmenge $(T, \leqq, t_0)$. Als Abkürzung für eine Zeitmenge sei auch das Symbol „*time*" gewählt.
Es bezeichne $time = (T, \leqq, t_0)$ eine gegebene Zeitmenge. Für eine beliebige Menge $U$ betrachten wir dann die von $(T, \leqq)$ induzierte Ordnungsstruktur $(T', \leqq')$, die gegeben ist durch

$$T' := T \cap U \quad \text{und} \quad \leqq' \subset T' \times T' : t' \leqq' t'' :\Leftrightarrow t' \leqq t''.$$

Existiert in $(T', \leqq')$ ein minimales Element $t_0' \in T'$, dann stellt $(T', \leqq', t_0')$ eine Zeitmenge mit Startzeit $t_0'$ dar. Wir nennen sie die **Einschränkung** der Zeitmenge *time* auf die Menge $U$ und bezeichnen sie mit $time|U$. Man kann sich vorstellen, daß das Konzept der Einschränkung von Zeitmengen ein bequemes Mittel zur Beschreibung des Überganges von einer Zeitbeschreibung zu einer zugehörigen „gröberen" Zeitbeschreibung ist (z.B. der Übergang von einer „kontinuierlichen" zu einer „diskreten" Beschreibung). Im folgenden seien für eine gegebene Zeitmenge $time = (T, \leqq, t_0)$ und für die Mengen $T^t$ mit $t > t_0$, $T_t$ mit $t \in T$ und $T_{t,t'}$ mit $t < t'$, die definiert sind durch

$$T^t := \{t'' : t'' \in T \wedge t'' < t\},$$
$$T_t := \{t'' : t'' \in T \wedge t \leqq t''\},$$
$$T_{t,t'} := \{t'' : t'' \in T \wedge t \leqq t'' < t'\},$$

die zugehörigen Einschränkungen $time|T^t$ $time|T_t$ und $time|T_{t,t'}$ besonders herausgehoben. Die Zeitmenge $time|T^t = (T^t, \leqq, t_0)$ (wir verzichten auf ein eigenes Symbol für die induzierte Ordnungsrelation) nennen wir die **Vergangenheit** von $t$, die Zeitmenge $time|T_t = (T_t, \leqq, t)$ nennen wir die **Zukunft** von $t$, und $time|T_{t,t'} = (T_{t,t'}, \leqq, t)$ heißt das **Zeitintervall** mit **Startzeit** $t$ und **Stopzeit** $t'$.

**Beispiele für Zeitmengen:** Bezeichnet $\mathbb{N}_0$ die Menge der natürlichen Zahlen einschließlich der Null, $\mathbb{R}_+$ die Menge der nichtnegativen reellen Zahlen, $[a, b]$ ein abgeschlossenes Intervall aus $\mathbb{R}_+$ und $\leqq$ jeweils die übliche Ordnungsrelation in diesen Mengen, dann sind $(\mathbb{N}_0, \leqq, 0)$, $(\mathbb{R}_+, \leqq, 0)$ und $([a, b], \leqq, a)$ Zeitmengen. Wir wollen sie der Reihe nach mit den Symbolen $time(\mathbb{N}_0)$, $time(\mathbb{R}_+)$ und $time([a, b])$ bezeichnen. Die Zeitmenge $time(\mathbb{N}_0)$ und auch jede Einschränkung davon nennt man eine **diskrete Zeitmenge**. Die Zeitmenge $time(\mathbb{R}_+)$ und jede Einschränkung auf ein Intervall davon nennt man eine **kontinuierliche Zeitmenge.**

## 3.2 Zeitfunktionen

Jede Funktion $f$, deren Definitionsbereich die Menge $T$ einer Zeitmenge $time = (T, \leqq, t_0)$ ist, wollen wir eine **Zeitfunktion**, genauer eine Zeitfunktion über der Zeitmenge *time*, nennen. Statt Zeitfunktion sagen wir manchmal auch **Signal**. Zeitfunktionen stellen für uns ein einfaches, aber wichtiges Konzept zur Beschreibung einer zeitlichen Aufeinanderfolge von Elementen einer Menge dar. Um uns eine bequeme Sprechweise für das Arbeiten mit Zeitfunktionen zu beschaffen, wollen wir ein wenig weiter ausholen. Es sei $f: T \rightarrow M$ eine Zeitfunk-

tion über $time = (T, \leqq, t_0)$ mit Wertebereich $M$. Wir nennen dann das kartesische Produkt $T \times M$ die der Zeitfunktion $f$ zugrundeliegende **Phasenmenge**, jedes Element $(t, m) \in T \times M$ nennen wir eine **Phase.**
Gilt für eine Phase $(t, m)$ die Beziehung $(t, m) \in f$, so sagen wir, das Element $m \in M$ wird bei $f$ zur Zeit $t$ **erreicht**. Für die Einschränkungen von $f: T \to M$ auf die Mengen $T^t, T_t$ und $T_{t,t'}$ wollen wir eigene Symbole $f^t, f_t$ und $f_{t,t'}$ einführen. Es ist

$$f^t := f | T^t, f_t := f | T_t \text{ und } f_{t,t'} := f | T_{t,t'}.$$

Die Einschränkungen $f^t, f_t$ und $f_{t,t'}$ einer Zeitfunktion $f: T \to M$ sind offenbar ebenfalls Zeitfunktionen.
**Verknüpfung von Zeitfunktionen.** Es bezeichne $time \to M$ die Menge aller Zeitfunktionen über $time = (T, \leqq, t_0)$ mit Wertebereich $M$, also

$$time \to M := \{f : f : T \to M\}.$$

Für einen beliebigen Zeitpunkt $t \in T$ definieren wir dann die **Konkatenation** $\underset{t}{\circ}$ von Zeitfunktionen aus $time \to M$ durch

$$\underset{t}{\circ} : (time \to M) \times (time \to M) \to (time \to M) : (f, g) \mapsto f \underset{t}{\circ} g,$$

wobei gilt $f \underset{t}{\circ} g | T^t := f^t$ und $f \underset{t}{\circ} g | T_t = g_t$. Das Konkatenationsprodukt $f \underset{t}{\circ} g$ von $f$ und $g$ ist also bildlich gesprochen diejenige Funktion aus $time \to M$, die über $T^t$ wie $f$ und über $T_t$ wie $g$ „ausschaut". Statt $f \underset{t}{\circ} g$ schreiben wir auch deshalb $f^t g_t$. Die Gültigkeit der folgenden Eigenschaften der Konkatenationsverknüpfung $\underset{t}{\circ}$ ist leicht einzusehen. Für beliebige $t \in T$ und beliebige Zeitfunktionen $f, g, h \in time \to M$ gilt

(1) $f \underset{t}{\circ} f = f$,

(2) $(f \underset{t}{\circ} g) \underset{t}{\circ} h = f \underset{t}{\circ} (g \underset{t}{\circ} h)$,

(3) $(f \underset{t}{\circ} g)^t = f^t$,

(4) $(f \underset{t}{\circ} g)_t = g_t$,

(5) $f \underset{t}{\circ} g = g$.

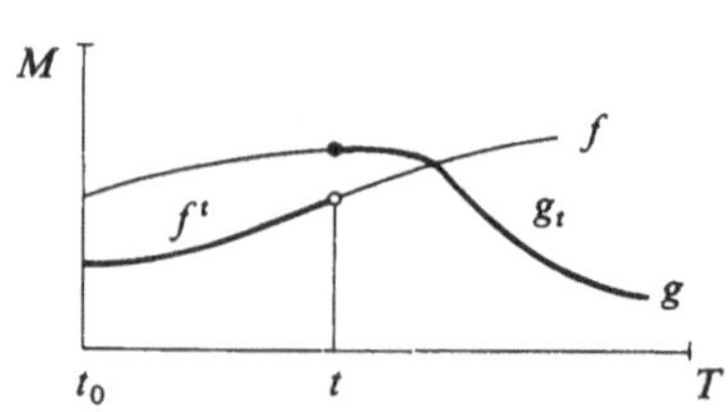


Abb. 10. Konkatenation von Zeitfunktionen

In Abbildung 10 ist das Konzept der Konkatenation von Zeitfunktionen veranschaulicht.

Als weitere Verknüpfung sei das **direkte Produkt** von Zeitfunktionen eingeführt. Für eine Zeitmenge $time = (T, \leqq, t_0)$ und zwei Mengen $A$ und $B$ betrachten wir dazu die Funktionenmengen $time \to A$, $time \to B$ und $time \to (A \times B)$ und die Abbildung $\boxtimes$, die gegeben ist durch

$$\boxtimes : (time \to A \times time \to B) \to (time \to A \times B) : (x, y) \mapsto x \boxtimes y,$$

wobei gilt:

$$x \boxtimes y : T \to A \times B : t \mapsto x \boxtimes y(t) := (x(t), y(t)).$$

Die Abbildung $\boxtimes$ nennen wir das direkte Produkt von Zeitfunktionen; statt des Symbols $x \boxtimes y$ schreiben wir einfacher $xy$. Die Operation des direkten Produktes von Zeitfunktionen ermöglicht in vielen Fällen bequemere Schreibweisen. Wir werden dies später erkennen.

## 3.3 Prozesse

Allgemein versteht man unter einem Prozeß einen sich zeitlich abspielenden Vorgang. Für unsere Zwecke legen wir die Bedeutung des Wortes „Prozeß" eindeutig fest. Wir definieren: Jede Teilmenge $P$ einer gegebenen Menge $time \to M$ von Zeitfunktionen heißt ein *time*-**Prozeß** mit Wertebereich $M$. Liegt die Zeitmenge fest zugrunde, so sprechen wir auch einfacher von einem **Prozeß**. Ein Prozeß ist also bei uns eine Menge von Zeitfunktionen (Signalen), denen alle dieselbe Zeitmenge zugrundeliegt. Strukturell gesehen ist dieses Konzept eines Prozesses offenbar sehr einfach gehalten. Es kann aber als Grundgerüst für reicher strukturierte Konstruktionen von Prozessen dienen.
Mit dem Konzept der Einschränkung von Zeitfunktionen ist bereits klar, wie man die Einschränkung von Prozessen in natürlicher Weise definiert: Für eine beliebige Einschränkung $time|U$ einer Zeitmenge $time = (T, \leqq, t_0)$ auf die Menge $U$ sei die **Einschränkung** $P|U$ eines Prozesses $P \subset time \to M$ definiert durch

$$P|U := \{f' : \bigvee_{f \in P} f' = f | T \cap U\}.$$

Für die Fälle, daß die Einschränkung der Zeitmenge *time* gegeben ist durch $time|T^t$, $time|T_t$ oder durch $time|T_{t,t'}$, wollen wir für die Einschränkung eines Prozesses $P \subset time \to M$ auf diese Zeitmengen die bequemere Bezeichnung

$P^t$, $P_t$ und $P_{t,t'}$ verwenden, also

$$P^t := P|T^t,\quad P_t := P|T_t \text{ und } P_{t,t'} := P|T_{t,t'}.$$

Es gilt dann offenbar auch

$$P^t = \{f^t : f \in P\},\quad P_t = \{f_t : f \in P\} \text{ und } P_{t,t'} = \{f_{t,t'} : f \in P\}.$$

Bei $P^t$ kann man auch von der **Vergangenheit** des Prozesses $P$ bezüglich $t$, bei $P_t$ von der **Zukunft** des Prozesses $P$ bezüglich $t$ und bei $P_{t,t'}$ vom **Intervall** des Prozesses $P$ mit Startzeit $t$ und Stopzeit $t'$ sprechen.

Mit dem Konzept der Phasenmenge von vorher ist es auch naheliegend von den Phasen eines Prozesses $P$ zu sprechen. Es sei $P$ ein Prozeß über der Zeitmenge $time = (T, \leqq, t_0)$ mit Wertebereich $M$, also $P \subset time \rightarrow M$. Der zum Prozeß $P$ zugehörige **Phasenschlauch** $P^\circ$ ist definiert als diejenige Teilmenge der Phasenmenge $T \times M$, die gegeben ist durch

$$P^\circ := \{(t, m) : \bigvee_{f \in P} (t, m) \in f\}.$$

Der Phasenschlauch eines Prozesses besteht also aus der Menge aller Phasen, die in mindestens einer Zeitfunktion aus dem Prozeß enthalten sind. Beachte, daß verschiedene Prozesse gleiche Phasenschläuche haben können.

Mit dem Konzept der Konkatenation und des direkten Produktes von Zeitfunktionen können wir auch die entsprechenden Verknüpfungen für Prozesse einführen. Es bezeichne $P$ und $Q$ jeweils einen Prozeß über $time = (T, \leqq, t_0)$ und mit Wertebereich $M$, also $P \subset time \rightarrow M$ und $Q \subset time \rightarrow M$. Für beliebiges $t \in T$ ist dann das **Konkatenationsprodukt** $P \underset{t}{\circ} Q$ von $P$ und $Q$ erklärt als der Prozeß $P \underset{t}{\circ} Q \subset time \rightarrow M$, der gegeben ist durch

$$P \underset{t}{\circ} Q := \{f : \bigvee_{p \in P} \bigvee_{q \in Q} f^t = p^t \wedge f_t = q_t\}.$$

Statt $P \underset{t}{\circ} Q$ verwenden wir auch das Symbol $P^t Q_t$.

Das direkte Produkt $PQ$ der beiden Prozesse $P$ und $Q$ ist in natürlicher Weise erklärt durch

$$PQ := \{f : \bigvee_{p \in P} \bigvee_{q \in Q} f = pq\}.$$

Die direkte Produktbildung von Prozessen bietet sich bei der Betrachtung „synchroner“ Prozesse als ein sehr bequemes Hilfsmittel an. Da das direkte Produkt $PQ$ in seiner Aussagekraft dem kartesischen Produkt $P \times Q$ gleichkommt, sei auf den Unterschied, auf den es dabei gerade ankommt, hingewiesen: Während jedes Element $pq \in PQ$ eine Zeitfunktion $pq : T \rightarrow M \times M$ ist, han-

delt es sich bei einem Element $(p, q) \in P \times Q$ um ein Paar von Zeitfunktionen $p: T \to M$ und $q: T \to M$.
In der Praxis wird unser Konzept eines Prozesses oft mit dem Datenmaterial zu sehen sein, das man auf Grund von Messungen (im weitesten Sinne) zu verschiedenen Zeitpunkten erhalten hat.

### 3.4 Allgemeines Zeitsystem

Im folgenden verbinden wir unser Konzept eines allgemeinen Systems $(X, Y, S)$ mit dem gerade eingeführten Konzept eines Prozesses zum Konzept des „allgemeinen Zeitsystems". Die Vorgehensweise dazu bietet sich unmittelbar an: Wir nehmen an, daß die Inputmenge $X$ und die Outputmenge $Y$ von $(X, Y, S)$ Prozesse über derselben Zeitmenge $time = (T, \leqq, t_0)$ sind. Ihre zugehörigen Wertebereiche $A$ bzw. $B$ können aber verschieden voneinander sein. Grundsätzlich wäre die Forderung entbehrlich, daß dem „Inputprozeß" $X$ und dem „Outputprozeß" $Y$ die gleiche Zeitmenge zugrundeliegt. Wir wollen aber hier auf die Betrachtung des allgemeineren Falles verschiedener Zeitmengen verzichten, da unsere später betrachteten Konstruktionen von Systemen, wie endliche Automaten und Differentialsysteme ebenfalls nur eine „Zeitskala" besitzen.

**Definition:** Eine Liste $(A, B, X, Y, S, time)$ heißt ein **allgemeines Zeitsystem** (allgemeines Input-Output Zeitsystem), wenn gilt

(1) $(X, Y, S)$ ist ein allgemeines System,
(2) $time$ ist eine Zeitmenge $time = (T, \leqq, t_0)$,
(3) $A$ und $B$ bezeichnet eine Menge,
(4) $X$ ist ein Prozeß über $time$ mit Wertebereich $A$,
(5) $Y$ ist ein Prozeß über $time$ mit Wertebereich $B$.

Für ein allgemeines Zeitsystem $(A, B, X, Y, S, time)$ verwenden wir auch kürzer das Symbol $time\,S$. Die Inputmenge $X$ von $(X, Y, S)$ heißt auch der **Inputprozeß**, die Outputmenge $Y$ der **Outputprozeß** von $time\,S$. Die Menge $A$ heißt der **Inputbereich**, die Menge $B$ der **Outputbereich** von $time\,S$.
Jedem allgemeinen Zeitsystem $time\,S = (A, B, X, Y, S, time)$ läßt sich in umkehrbar eindeutiger Weise ein Prozeß $S(XY) \subset XY$ durch die Definition

$$S(XY) := \{f: \bigvee_{x \in X} \bigvee_{y \in Y} f = xy \wedge xSy\}$$

zuordnen. Wir nennen $S(XY)$ den zum allgemeinen Zeitsystem *timeS* gehörigen **Input-Output Prozeß.**
Da ein allgemeines Zeitsystem auch ein allgemeines System ist, stehen uns dafür alle Begriffe und Eigenschaften des letzteren zur Verfügung. Weil ein allgemeines Zeitsystem eindeutig durch seinen zugehörigen Input-Output Prozeß charakterisiert ist, können wir des weiteren auch alle Begriffsbildungen und Eigenschaften, die wir für Prozesse kennengelernt haben, auf allgemeine Zeitsysteme beziehen. Wir wissen also damit z. B., wie die „Konkatenation allgemeiner Zeitsysteme", das „direkte Produkt allgemeiner Zeitsysteme" oder der „Phasenschlauch" eines allgemeinen Zeitsystems *timeS* über seinen zugeordneten Input-Output Prozeß $S(XY)$ zu definieren ist. Auf eine neuerliche schriftliche Fixierung dieser Definitionen können wir hier verzichten.

## 3.5 Anwendungsbeispiele

**Beispiel 1:** Wir betrachten wieder das Schalternetzwerk nach 1.5, Beispiel 2. Wir nehmen an, daß die Schalter 1, 2 und 3 nun in einer gewissen zeitlichen Folge geschlossen oder geöffnet werden und daß wir darauf keinen Einfluß haben. Wir kennen auch nicht die Schalterstellungen in den verschiedenen Zeitpunkten. Folgendes „Input-Output Experiment" ist uns am Schalternetzwerk jedoch möglich: Wir können die Eingangskontaktstellen $a, b, c$ und $d$ jeweils mit einem elektrischen Potential der Größe 0 oder 1 belegen und die sich darauf an den Ausgangskontaktstellen $e, f, g$ und $h$ einstellenden Potentiale messen. Die folgende Tabelle ist das Ergebnis eines solchen Input-Output Experiments über 5 Zeitpunkte $t_1, t_2, \ldots, t_5$

| Zeitpunkte | $t_1$ | $t_2$ | $t_3$ | $t_4$ | $t_5$ |
|---|---|---|---|---|---|
| Eingangskontaktstellen | *abcd* | *abcd* | *abcd* | *abcd* | *abcd* |
| Potentialbelegung | 1010 | 1010 | 1011 | 1011 | 1011 |
| Ausgangskontaktstellen | *efgh* | *efgh* | *efgh* | *efgh* | *efgh* |
| Potentialbelegung | 0000 | 0110 | 1010 | 1011 | 0010 |

Dieses Input-Output Experiment kann folgendermaßen in Form eines allgemeinen Zeitsystems $timeS=(A, B, X, Y, S, time)$ beschrieben werden:

$$time=(T, \leqq, t_0):=(\{1,2,3,4,5\}, \leqq, 1),$$
$$A:=A_a \times A_b \times A_c \times A_d \text{ mit } A_a:=\{0,1\}, A_b:=\{0,1\}, A_c:=\{0,1\}, A_d:=\{0,1\},$$

$B := B_e \times B_f \times B_g \times B_h$ mit $B_e := \{0,1\}$, $B_f := \{0,1\}$, $B_g := \{0,1\}$, $B_h := \{0,1\}$,
$X := time \rightarrow A$, $Y := time \rightarrow B$, $S := \{(x, y)\}$,

wobei $x: \{1, 2, 3, 4, 5\} \rightarrow \{0, 1\}^4$ gegeben ist durch $x(1) := x(2) := 1010$ und $x(3) := x(4) := x(5) := 1011$, und $y: \{1, 2, 3, 4, 5\} \rightarrow \{0, 1\}^4$ gegeben ist durch $y(1) := 0000$, $y(2) := 0110$, $y(3) := 1010$, $y(4) := 1011$, $y(5) := 0010$.
Es ist klar, daß man auf Grund dieses Input-Output Experiments nur wenige Aussagen über das „Innere" des Schalternetzwerkes machen kann. Das konstruierte allgemeine Zeitsystem *timeS* wird also nicht sehr leistungsfähig sein. Hier kann eine „Vergrößerung" des Experiments (längere Zeitskala, mehr Inputzeitfunktionen betrachten) und damit verbunden die Konstruktion eines „größeren" allgemeinen Zeitsystems die Situation verbessern.

**Beispiel 2:** Nachtwächterplan von Peterseil

Ein Nachtwächter einer Firma hat im ganzen 7 Objekte *a, b, c, d, e, f, g* zu kontrollieren. Die Kontrollgänge sind so angelegt, daß er dabei jeweils 4 Objekte passiert, die nicht notwendigerweise verschieden voneinander sein müssen. An diesen Objekten ist von ihm jeweils eine der Kontrollhandlungen 1, 2, 3, 4, 5 durchzuführen (z. B. 1 ... Tor prüfen, 2 ... Türschloß kontrollieren, 3 ... keine Kontrolle, ...). Von der Firmenleitung ist vorgesehen, daß pro Arbeitswoche folgende Kontrollgänge $x_1 x_2 x_3 x_4$ (als erstes Objekt $x_1$, dann Objekt $x_2$ anschließend Objekt $x_3$ und zuletzt Objekt $x_4$) mit zugehörigen Kontrollhandlungen $y_1 y_2 y_3 y_4$ mindestens einmal durchgeführt werden müssen:

| | | | | | | |
|---|---|---|---|---|---|---|
| *abcb* | *adff* | *aacb* | *deff* | *bbfe* | *efgc* | *bbcb* |
| 4125 | 2334 | 2334 | 4152 | 5252 | 4152 | 2334 |
| 5252 | | 4152 | 2312 | | | 5252 |
| | | 2312 | | | | 4125 |

Dieser Plan kann auch durch folgendes allgemeines Zeitsystem $timeS = (A, B, X, Y, S, time)$ beschrieben werden:

$time = (T, \leqq, t_0) := (\{1, 2, 3, 4\}, \leqq, 1)$,
$A := \{a, b, c, d, e, f, g\}$,
$B := \{1, 2, 3, 4, 5\}$,
$X := time \rightarrow A$, $Y := time \rightarrow B$,
$S := \{(abcb, 4125), (abcb, 5252), (adff, 2334), (aacb, 2334), (aacb, 4152), (aacb, 2312), (deff, 4152), (deff, 2312), (bbfe, 5252), (efgc, 4152), (bbcb, 2334), (bbcb, 5252), (bbcb, 4125)\}$.

Im nächsten Kapitel werden wir auf dieses Beispiel zurückkommen und dann auch die Zweckmäßigkeit der Darstellung durch ein allgemeines Zeitsystem besser erkennen.

**Beispiel 3:** Einem elektrischen Vierpol $V$, an dessen beiden Eingangsklemmen zeitveränderlich elektrische Spannungen angelegt werden und dessen Ausgangsklemmen mit einem (komplexen) Widerstand $\mathfrak{Z}$ abgeschlossen sind, kann folgendes allgemeines Zeitsystem $\mathit{time}S = (A, B, X, Y, S, T, \leqq, t_0)$ zugeordnet werden.

$$A := \mathbb{R}^2,$$
$$B := \mathbb{R}^2,$$
$$(T, \leqq, t_0) := ([0, \infty), \leqq, 0),$$
$$X := [0, \infty) \to \mathbb{R}^2,$$
$$Y := [0, \infty) \to \mathbb{R}^2.$$

$xSy :\Leftrightarrow$ Für alle Zeitpunkte $t$ stellt $y(t) = (y_1(t), y_2(t))$ die elektrische Spannung $y_1(t)$ und den elektrischen Strom $y_2(t)$ dar, die sich als Reaktion des Vierpols auf die Eingangsspannung $x_1$ und den Eingangsstrom $x_2$ $(x(t) := (x_1(t), x_2(t)))$ am Abschlußwiderstand $\mathfrak{Z}$ ergeben.

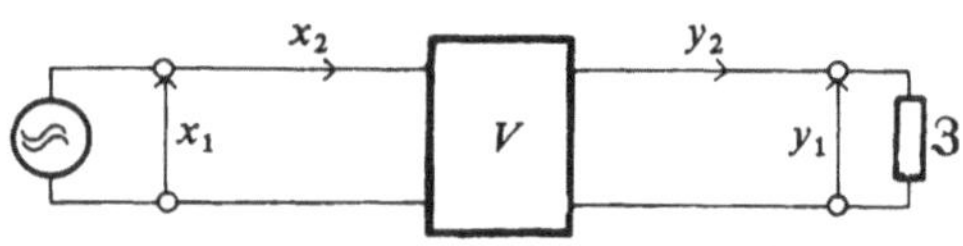


### 3.6 Übungsaufgaben

(Ü1) Überlege die Richtigkeit von:

$$f^t g_t = f^t \cup g_t,$$
$$f_{t,t'} = f^{t'} \cap f_t.$$

(Ü2) Überlege die Richtigkeit von:

$$\bigwedge_{t \in T} (\mathit{time} \to M, \underset{t}{\circ}) \text{ ist eine Halbgruppe.}$$

(Ü3) Überlege die Richtigkeit von:

$$\bigwedge_{t,t' \in T} t \leqq t' \Rightarrow (f \underset{t}{\circ} g) \underset{t'}{\circ} h = f \underset{t}{\circ} (g \underset{t'}{\circ} h).$$

(Ü4) Überlege die Richtigkeit von:

$$(xy)^t = x^t y^t,$$
$$(xy)_t = x_t y_t,$$
$$(xy)_{t,t'} = x_{t,t'} y_{t,t'}.$$

(Ü5) Gib den Phasenschlauch $S(XY)^\circ$ des zum allgemeinen Zeitsystem von Beispiel 2 gehörigen Input-Output Prozesses an.

(Ü6) Gib weitere Beispiele für die Anwendung eines allgemeinen Zeitsystems an.

### 3.7 Bemerkungen und Literaturhinweise

Allgemeine Zeitsysteme kommen in zahlreichen Modellen vor, und jedermann kennt Beispiele dafür. Wir möchten auf zwei naheliegende Verallgemeinerungen aufmerksam machen. Unser Konzept der Zeitmenge besitzt eine Startzeit. Man kann in vielen Fällen darauf verzichten und definiert dann als Zeitmenge einfach eine vollständig geordnete Menge. Verzichtet man aber auf die Eigenschaft „vollständig“, so kommt man zu einer Beschreibung der Zeit, die stark von dem abweicht, was man gewöhnt ist. Zwei „Zeitpunkte“ $t$ und $t'$ sind dann möglicherweise nicht mehr miteinander vergleichbar. Eine weitere Verallgemeinerung betrifft den Inputprozeß $X$ und den Outputprozeß $Y$ eines allgemeinen Zeitsystems *time S*. Bei uns liegt beiden Prozessen die gleiche Zeitmenge zugrunde. Dies ist bequem, aber oft nicht notwendig. Man könnte daher allgemeine Zeitsysteme einführen, denen zwei verschiedene Zeitmengen zugrundeliegen. Oft tritt dieser Wunsch von der praktischen Modellsituation her auf (z. B. bei der Beschreibung eines Analog-Digitalwandlers). Wenn aber ein Ordnungshomomorphismus zwischen den beiden Zeitmengen möglich ist, kann man durch eine entsprechend erweiterte Interpretation auf unseren Fall zurückkommen. Allgemeine Zeitsysteme wurden in der Vergangenheit ausgiebig studiert. Wir verweisen hier auf *Mesarovic* [ME 3] und *Windeknecht* [WI 1].

## 4. Parzessoren

Da jedes allgemeine Zeitsystem auch zugleich die Struktur eines allgemeinen Systems im Sinne unserer in 1.1 gegebenen Definition hat, können wir dafür auch die in 2. für allgemeine Systeme eingeführten Parametrisierungskonzepte anwenden. Wir kommen damit zum Begriff des zustandsparametrisierten allgemeinen Zeitsystems oder – wie wir dann auch sagen werden – Parzessors eines allgemeinen Zeitsystems. Dieser Begriff erweist sich als sehr nützlich.

### 4.1 Definition

Eine Liste $(A, B, X, Y, Z, p, T, \leqq, t_0)$ heißt eine **Zustandsparametrisierung** oder auch ein **Parzessor** eines allgemeinen Zeitsystems $(A, B, X, Y, S, T, \leqq, t_0)$, wenn gilt:

$(X, Y, Z, p)$ ist eine Zustandsparametrisierung des allgemeinen Systems $(X, Y, S)$.

Für einen Parzessor eines allgemeinen Zeitsystems *timeS* verwenden wir auch das Symbol *partimeS*.

**Beispiel 1:** Das allgemeine Zeitsystem $timeS = (A, B, X, Y, S, T, \leqq, t_0)$ sei gegeben durch

$$(T, \leqq, t_0) := (\{1, 2, 3\}, \leqq, 1),$$
$$A := \{a, b, c\},$$
$$B := \{\alpha, \beta, \gamma\},$$
$$X := \{aab, abb, aac, abc, cbc\},$$
$$Y := (T, \leqq, t_0) \rightarrow B,$$
$$S := \{(aab, \alpha\beta\gamma), (abb, \alpha\alpha\gamma), (abb, \alpha\beta\gamma), (aac, \alpha\beta\alpha), (aac, \alpha\alpha\beta), (abc, \alpha\beta\beta), (abc, \alpha\alpha\alpha), (cbc, \gamma\alpha\beta), (cbc, \alpha\beta\beta)\}.$$

Ein diesem allgemeinen Zeitsystem *timeS* zugehöriger Parzessor $partimeS = (A, B, X, Y, Z, p, T, \leqq, t_0)$ ist gegeben durch

$Z := \{1, 2\}$;

$p: Z \rightarrow P(X \times Y)$ dargestellt durch die folgende Tabelle:

| $\lambda$ | *aab* | *abb* | *aac* | *abc* | *cbc* |
|---|---|---|---|---|---|
| 1 | $\alpha\beta\gamma$ | $\alpha\alpha\gamma$ | $\alpha\beta\alpha$ | $\alpha\beta\beta$ | $\gamma\alpha\beta$ |
| 2 | – | $\alpha\beta\gamma$ | $\alpha\alpha\beta$ | $\alpha\alpha\alpha$ | $\alpha\beta\beta$ |

### 4.2 Eigenschaften von Parzessoren

Neben den Eigenschaften, die ein Parzessor auf Grund der Tatsache besitzt, auch eine Zustandsparametrisierung eines allgemeines Systems zu sein, können wegen des Vorliegens der Zeitstruktur weitere interessante Eigenschaften eingeführt werden. Als erstes betrachten wir dabei seine Eigenschaft, nichtantizipativ, d.h. nichtvorgreifend zu sein. Bei einem Parzessor mit dieser Eigenschaft ist für beliebige Zeitpunkte $t \in T$ der Wert $y(t)$ einer Outputzeitfunktion $y \in Y$ von allen „zukünftigen" Werten $x(t')$, $t < t'$, einer zugehörigen Inputzeitfunktion $x \in X$ unabhängig. Die zweite Eigenschaft trifft auf den Fall zu, bei dem für beliebige $t \in T$ der Wert $y(t)$ einer Outputzeitfunktion $y$ nur vom Zustand $z \in Z$ und vom Wert $x(t)$ der zugehörigen Inputzeitfunktion abhängt. Einen Parzessor mit dieser Eigenschaft nennen wir statisch.

**Definition:** Ein Parzessor $partimeS = (A, B, X, Y, Z, p, time)$ eines allgemeinen Zeitsystems $timeS$ heißt **nichtantizipativ**, wenn gilt:

$$\bigwedge_{z \in Z} \bigwedge_{x, x' \in X} \bigwedge_{y, y' \in Y} \bigwedge_{t \in T} x^t = x'^t \wedge x(t) = x'(t) \wedge xp(z)y \wedge x'p(z)y' \Rightarrow y(t) = y'(t).$$

**Definition:** Ein Parzessor $partimeS = (A, B, X, Y, Z, p, time)$ heißt **statisch**, wenn gilt:

$$\bigwedge_{z \in Z} \bigwedge_{x, x' \in X} \bigwedge_{y, y' \in Y} \bigwedge_{t \in T} x(t) = x'(t) \wedge xp(z)y = x'p(z)y' \Rightarrow y(t) = y'(t).$$

Offenbar ist die Eigenschaft eines Parzessors, statisch zu sein, stärker als die Eigenschaft, nichtantizipativ zu sein. Wir haben also den folgenden Satz:

**Satz:** Jeder statische Parzessor ist auch nichtantizipativ.

Für jedes allgemeine Zeitsystem $timeS$ stellt ein zugehöriger Parzessor $partimeS$ eine „Maschine" dar, durch die es erzeugt wird. Man kann sich die Frage stellen, ob man für jedes beliebige allgemeine Zeitsystem $timeS$ stets eine Darstellung durch einen nichtantizipativen oder durch einen statischen Parzessor finden kann. Der folgende Satz bejaht dies.

**Satz:** Für jedes allgemeine Zeitsystem $timeS$ kann eine Darstellung durch einen statischen (und damit auch nichtantizipativen) Parzessor $partimeS$ gefunden werden.

Beweis: Für $timeS = (A, B, X, Y, S, time)$ ist $partimeS = (A, B, X, Y, Z, p, time)$ gegeben durch $Z := S$, $p: S \rightarrow P(X \times Y): (x, y) \mapsto p((x, y)) := \{(x, y)\}$, offenbar ein statischer Parzessor.

**Beispiel 2:** Der in Beispiel 1 angegebene Parzessor ist offenbar antizipativ. Wir geben im folgenden für das gleiche allgemeine Zeitsystem $timeS$ einen nichtantizipativen Parzessor $partimeS$ an:

$Z := \{1, 2\}$,

$p: Z \to P(X \times Y)$ gegeben durch die folgende Tabelle:

| $\lambda$ | $aab$ | $abb$ | $aac$ | $abc$ | $cbc$ |
|---|---|---|---|---|---|
| 1 | $\alpha\beta\gamma$ | $\alpha\beta\gamma$ | $\alpha\beta\alpha$ | $\alpha\beta\beta$ | $\gamma\alpha\beta$ |
| 2 | – | $\alpha\alpha\gamma$ | $\alpha\alpha\beta$ | $\alpha\alpha\alpha$ | $\alpha\beta\beta$ |

**Beispiel 3:** Der in Beispiel 2 angegebene nichtantizipative Parzessor ist offenbar nicht statisch. Mit der folgenden Tabelle wird ein statischer Parzessor für dieses allgemeine Zeitsystem festgelegt

| $\lambda$ | $aab$ | $abb$ | $aac$ | $abc$ | $cbc$ |
|---|---|---|---|---|---|
| 1 | $\alpha\beta\gamma$ | $\alpha\alpha\gamma$ | $\alpha\beta\alpha$ | $\alpha\alpha\alpha$ | – |
| 2 | – | $\alpha\beta\gamma$ | $\alpha\alpha\beta$ | $\alpha\beta\beta$ | $\alpha\beta\beta$ |
| 3 | – | – | – | – | $\gamma\alpha\beta$ |

### 4.3 Zeiteinschränkung von Parzessoren

Es sei $partime S = (A, B, X, Y, Z, p, time)$ ein zum allgemeinen Zeitsystem $time S = (A, B, X, Y, S, time)$ gehöriger Parzessor. Wir untersuchen dann, in welcher natürlichen Weise der gegebene Parzessor für die Zeiteinschränkungen $(time S)_t = (A, B, X_t, Y_t, S_t, time T_t)$, $t \in T$, von $time S$ Parzessoren induziert. Die Antwort dafür gibt die folgende Definition:

**Definition:** Für beliebiges $t \in T$ definieren wir den zum Parzessor $partime S = (A, B, X, Y, Z, p, time)$ gehörigen Parzessor $(partime S)_t := (A, B, X_t, Y_t, Z_t, p_t, time | T_t)$ der **Zeiteinschränkung** $(time S)_t$ von $time S$ durch

$$(1) \quad Z_t := \begin{cases} Z & \text{für } t_0 = t \\ \{(z, x^t) : z \in Z \wedge x \in X \wedge x \in_1 p(z)\} & \text{für } t_0 < t; \end{cases}$$

$$(2) \quad p_t := \begin{cases} p & \text{für } t_0 = t \\ p_t : Z_t \to P(X_t \times Y_t) : (z, x^t) \mapsto p_t((z, x^t)) := \\ = \{(u_t, y_t) : u \in X \wedge y \in Y \wedge x^t u_t p(z) y\} & \text{für } t_0 < t. \end{cases}$$

Wir nennen $(partime S)_t$ auch die **t-Einschränkung** von $partime S$.

**Beispiel:** Wir konstruieren für den in 4.1, Beispiel 1 angegebenen Parzessor $partime S$ die zugehörigen Einschränkungen $(partime S)_1$, $(partime S)_2$ und $(partime S)_3$.

$(t = 1)$ $(partime S)_1 = partime S = (A, B, X, Y, Z, p, time)$

$(t = 2)$ $(partime S)_2 = (A, B, X_2, Y_2, Z_2, p_2, time|T_2)$ mit
$time|T_2 = (\{2, 3\}, \leqq, 2)$,
$X_2 = \{ab, bb, ac, bc\}$,
$Y_2 = \{\beta\gamma, \alpha\gamma, \beta\alpha, \beta\beta, \alpha\beta, \alpha\alpha, \gamma\alpha, \gamma\beta, \gamma\gamma\}$,
$Z_2 = \{(1, a), (1, c), (2, a), (2, c)\}$,
$p_2: Z_2 \to P(X_2 \times Y_2)$ gegeben durch die folgende Tabelle:

| $\lambda_2$ | $ab$ | $bb$ | $ac$ | $bc$ |
|---|---|---|---|---|
| $(1, a)$ | $\beta\gamma$ | $\alpha\gamma$ | $\beta\alpha$ | $\beta\beta$ |
| $(1, c)$ | – | – | – | $\alpha\beta$ |
| $(2, a)$ | – | $\beta\gamma$ | $\alpha\beta$ | $\alpha\alpha$ |
| $(2, c)$ | – | – | – | $\beta\beta$ |

$(t = 3)$ $(partime S)_3 = (A, B, X_3, Y_3, Z_3, p_3, time|T_3)$ mit
$time T_3 = (\{3\}, \leqq, 3)$,
$X_3 = \{b, c\}$,
$Y_3 = \{\alpha, \beta, \gamma\}$,
$Z_3 = \{(1, aa), (1, ab), (1, cb), (2, aa), (2, ab), (2, cb)\}$,
$p_3: Z_3 \to P(X_3 \times Y_3)$ gegeben durch die folgende Tabelle:

| $\lambda_3$ | $b$ | $c$ |
|---|---|---|
| $(1, aa)$ | $\gamma$ | $\alpha$ |
| $(1, ab)$ | $\gamma$ | $\beta$ |
| $(1, cb)$ | – | $\beta$ |
| $(2, aa)$ | – | $\beta$ |
| $(2, ab)$ | $\gamma$ | $\alpha$ |
| $(2, cb)$ | – | $\beta$ |

## 4.4 Anwendungsbeispiele

Wie schon bei den früheren Beispielen so soll auch hier nur das Prinzip angedeutet werden, wie ein Parzessor in der konkreten Situation eines Modells enthalten sein kann.

**Beispiel 1:** Wir betrachten wieder den „Nachtwächterplan“ von 3.5, Beispiel 2, der bisher in Form eines Zeitsystems *timeS* vorliegt. Dieses stellt den Wunsch der Firmenleitung dar, welche grundsätzlichen Kontrollgänge (Inputzeitfunktionen) und zugehörigen Kontrollhandlungen (Outputzeitfunktionen) durchzuführen sind. Mit der Angabe eines Parzessors *partimeS* kann der endgültige Kontrollplan für eine Woche festgelegt werden.
Nehmen wir als Zustandsmenge $Z$ die Tage einer Woche, also $Z := \{$Mo, Di, Mi, Do, Fr, Sa, So$\}$, so ist ein zugehöriger Parzessor durch die folgende Tabelle festgelegt:

| $\lambda$ | *abcb* | *adff* | *aacb* | *deff* | *bbfe* | *efgc* | *bbcb* |
|---|---|---|---|---|---|---|---|
| Mo | 4125 | – | 2334 | 4152 | 5252 | 4152 | 2334 |
| Di | 5252 | 2334 | 2334 | – | – | – | 5252 |
| Mi | 4125 | – | 4152 | 4152 | – | 4152 | 4125 |
| Do | 5252 | – | 2312 | 2312 | 5252 | – | – |
| Fr | – | 2334 | 4152 | 2312 | – | 4152 | 4125 |
| Sa | 4125 | – | 4152 | 4152 | – | 4152 | 5252 |
| So | 4125 | 2334 | – | – | 5252 | 4152 | 2334 |

**Beispiel 2:** Echowand vom Königsee

Wir betrachten folgende „reale“ Situation: Mit einer Trompete werden an verschiedenen Stellen des Königsees in die gleiche Richtung Melodien geblasen; als Antwort darauf ertönt bei günstigen Bedingungen dieselbe Melodie als Echo. Das folgende allgemeine Zeitsystem $timeS = (A, B, X, Y, S, time)$ gibt eine Substruktur für dieses reale Phänomen an:

(1) $A := B := \mathbb{R}$,

(2) $time := (\mathbb{R}_+, \leqq, 0)$,

(3) $X := Y := \mathbb{R}_+ \to \mathbb{R}$,

(4) $S \subset X \times Y : xSy :\Leftrightarrow x$ ist der zu einer Melodie gehörige Schalldruck am Trichter der Trompete und $y$ der Schalldruck, den das zugehörige ankommende Echo erzeugt.

Im allgemeinen werden hier zu gleichem $x$ mehrere verschiedene $y$ gehören, d. h., $S$ ist im allgemeinen nicht funktional. Man kann sich vorstellen, daß eine Parametrisierung dieses allgemeinen Zeitsystems erreicht wird, wenn als Zustandsmenge $Z$ die Menge $Z := \mathbb{R}^2 \times \mathbb{R}^2$ genommen wird. Jeder Zustand $z = (z_1, z_2)$ besteht darin aus zwei Komponenten $z_1, z_2$, die den Ort, an dem sich der Trompeter auf dem See befindet ($z_1$), sowie die Richtung und Stärke des Windes ($z_2$) angeben. Der Leser stoße sich nicht an der Einfachheit der skizzierten „Lösung“; sie dient nur der Demonstration (obgleich unter Umständen die Kenntnis eines solchen funktionierenden Parzessors dem Fremdenverkehr am Königsee dienlich sein könnte; eine ähnlich gelagerte Situation liegt bei der Beschreibung des „Jedermann Echos“ der Salzburger Festspiele vor).

**Beispiel 3:** Steuerung einer Straßenkreuzung

Grundlage sei wieder die Straßenkreuzung, die wir in 1.5, Beispiel 1, als allgemeines System und in 2.6, Beispiel 1, als Zustandsparametrisierung beschrieben haben. Wir sind diesmal nicht nur an den dabei möglichen Verkehrsrichtungen interessiert, die gleichzeitig von den Verkehrsteilnehmern in Anspruch genommen werden können, sondern wir wollen eine einfache Steuerung des Verkehrsflusses beschreiben, wobei wir aber von stark idealisierten Verhältnissen ausgehen.

Wir nehmen an, daß dem realen Verkehr eine getaktete Zeitskala zugrundeliegt, wobei jedes Taktintervall 1 Minute dauert. Der jeweils im Laufe der Zeit, sagen wir von einer Stunde, in die Kreuzung einfließende Verkehr kann als Inputzeitfunktion $x$, der dazu gehörige abfließende Verkehr als die entsprechende Outputzeitfunktion $y$ angesehen werden. Jede so gegebene Inputfunktion $x$ hat entsprechend ihrer Aufteilung in die einzelnen Verkehrsrichtungen die 5 Komponenten $x_1 := x_{NW}$, $x_2 := x_{NS}$, $x_3 := x_{WO}$, $x_4 := x_{WS}$ und $x_5 := x_{OW}$. Analog dazu hat jede Outputfunktion $y$ die 3 Komponenten $y_1 := y_W$, $y_2 := y_S$, $y_3 := y_O$. Bezeichnet $T$ die Menge $T := \{0, 1, \ldots, 59\}$ der betrachteten 60 Zeittakte pro Stunde, so sind die Funktionen $x$ und $y$ von der Art $x: T \to \mathbb{N}_0^5$ und $y: T \to \mathbb{N}_0^3$. Die Werte $x(t)$ und $y(t)$ sollen jeweils die Zahl der im Intervall $[t, t+1)$ ankommenden bzw. abfahrenden Kraftfahrzeuge angeben. Protokollieren wir über mehrere Stunden (Tage) den Verkehrsfluß in diesem Sinne, so erhalten wir ein allgemeines Zeitsystem *timeS* der Form $timeS = (\mathbb{N}_0^5, \mathbb{N}_0^3, X, Y, S, T, \leqq, 0)$.

Darüberhinaus seien an der Straßenkreuzung noch folgende Vorgänge zu berücksichtigen:

(a) In jedem Taktintervall werde durch entsprechende Ampeln genau einer der fünf Zustände 1, 2, 3, 4, 5 realisiert, die wir früher bei der Zustandsparametrisierung der Straßenkreuzung eingeführt haben (vgl. 2.6, Beispiel 1).

(b) An den Zufahrtstraßen zur Kreuzung bilden sich situationsweise Warteschlangen. Der Grund dafür liegt nur darin, daß die Fahrzeuge bei „ROT“ warten müssen. Die an der Kreuzung „ankommenden“ Fahrzeuge setzen sich deshalb jeweils aus den tatsächlich ankommenden und aus den wartenden Fahrzeugen zusammen.

(c) Die Ampeln werden periodisch im Abstand von fünf Taktintervallen (5 Minuten) geschaltet. Ein Wechsel des Schaltungsmusters kann höchstens in jeder vollen Stunde (nach Ablauf der Zeitmenge $T$) vorgenommen werden.

Damit ist aber für *time S* ein zugehöriger Parzessor *partime S* bestimmt. Dessen Zustandsmenge $Z^*$ ist gegeben durch $Z^* := \{1, 2, 3, 4, 5\}^5$. Jeder Zustand $z^* \in Z^*$ soll aus einem 5-Tupel $z^* = (z_0, z_1, z_2, z_3, z_4)$ der Zustände der früher besprochenen Zustandsparametrisierung aufgebaut sein. Die Parametrisierungsabbildung $p^*: Z^* \to P(X \times Y)$ funktioniert dann in folgender Weise: Jeder Zustand $z^* = (z_0, z_1, z_2, z_3, z_4)$ bestimmt eindeutig einen zugehörigen Zeilenvektor $\mathbf{A}(z^*) = (\mathbf{A}(z_0), \mathbf{A}(z_1), \mathbf{A}(z_2), \mathbf{A}(z_3), \mathbf{A}(z_4))$, dessen Elemente $\mathbf{A}(z_k)$ boolesche Matrizen vom Format (3, 5) mit folgender Bedeutung sind:

$$\mathbf{A}(1) := \begin{bmatrix} 1 & 0 & 0 & 0 & 0 \\ 0 & 1 & 0 & 0 & 0 \\ 0 & 0 & 0 & 0 & 0 \end{bmatrix}$$

$$\mathbf{A}(2) := \begin{bmatrix} 1 & 0 & 0 & 0 & 0 \\ 0 & 0 & 0 & 0 & 0 \\ 0 & 0 & 0 & 0 & 0 \end{bmatrix}$$

$$\mathbf{A}(3) := \begin{bmatrix} 0 & 0 & 0 & 0 & 1 \\ 0 & 0 & 0 & 0 & 0 \\ 0 & 0 & 1 & 0 & 0 \end{bmatrix}$$

$$\mathbf{A}(4) := \begin{bmatrix} 1 & 0 & 0 & 0 & 1 \\ 0 & 0 & 0 & 1 & 0 \\ 0 & 0 & 1 & 0 & 0 \end{bmatrix}$$

$$\mathbf{A}(5) := \begin{bmatrix} 0 & 0 & 0 & 0 & 0 \\ 0 & 1 & 0 & 0 & 0 \\ 0 & 0 & 0 & 0 & 0 \end{bmatrix}$$

Für einen vorgegebenen Zustand $z^* = (z_0, z_1, z_2, z_3, z_4)$ und einer Inputzeitfunktion $x: T \to \mathbb{N}_0^5$ wird der zugehörige Output $y: T \to \mathbb{N}_0^3$ bestimmt durch $\mathbf{y}(t) := \mathbf{A}(z_{t(\mathrm{mod}\,5)})\,\mathbf{x}(t)$.

Man erkennt leicht, daß damit ein Parzessor $partime S = (\mathbb{N}_0^5, \mathbb{N}_0^3, X, Y, Z^*,$

$p^*, T, \leqq, 0)$ konstruiert ist, der die beobachtete Funktionsweise der Kreuzung beschreibt. Wir wollen ein Input-Output Experiment an diesem Parzessor demonstrieren.
Wir nehmen den Zustand $z^* = (1, 2, 3, 4, 5)$ (dieser berücksichtigt alle Verkehrsrichtungen etwa in gleichem Maße). Für eine vorgegebene Inputzeitfunktion $x$, die die Anzahl der an der Kreuzung ankommenden Fahrzeuge beschreibt, soll die diesem Zustand zugehörige Outputzeitfunktion $y$ bestimmt werden; diese gibt dann die Zahl der in die Richtungen $W$, $S$ und $O$ abfahrenden Fahrzeuge an. Die nachfolgende Tabelle zeigt eine willkürlich gewählte Inputfunktion $x$ und den Verlauf der zugehörigen Outputfunktion $y$. Wir haben in dieser Tabelle auch die tatsächlich ankommenden Fahrzeuge und die entstehende Warteschlange aufgenommen.

| Zeittakt | | | 0 | 1 | 2 | 3 | 4 | 5 | 6 | 7 | 8 | 9 | 10 | ....... | 59 |
|---|---|---|---|---|---|---|---|---|---|---|---|---|---|---|---|
| Ankommende Fahrzeuge | | *NW* | 2 | 1 | 2 | 1 | 0 | 1 | 3 | 0 | 0 | 0 | 0 | ....... | 0 |
| | | *NS* | 1 | 0 | 2 | 1 | 1 | 1 | 1 | 1 | 0 | 0 | 0 | ....... | 0 |
| | | *WO* | 0 | 1 | 3 | 2 | 1 | 1 | 0 | 0 | 0 | 0 | 0 | ....... | 0 |
| | | *WS* | 1 | 1 | 1 | 3 | 2 | 0 | 0 | 1 | 0 | 0 | 0 | ....... | 0 |
| | | *OW* | 1 | 2 | 0 | 1 | 1 | 0 | 1 | 2 | 0 | 0 | 0 | ....... | 0 |
| Warteschlange | | *NW* | 0 | 0 | 0 | 2 | 0 | 0 | 0 | 0 | 0 | 0 | 0 | ....... | 0 |
| | | *NS* | 0 | 0 | 0 | 2 | 3 | 0 | 0 | 1 | 2 | 2 | 0 | ....... | 0 |
| | | *WO* | 0 | 0 | 1 | 0 | 0 | 1 | 2 | 2 | 0 | 0 | 0 | ....... | 0 |
| | | *WS* | 0 | 1 | 2 | 3 | 0 | 2 | 2 | 2 | 3 | 0 | 0 | ....... | 0 |
| | | *OW* | 0 | 1 | 3 | 0 | 0 | 1 | 1 | 2 | 0 | 0 | 0 | ....... | 0 |
| Input | *NW* | $x_1$ | 2 | 1 | 2 | 3 | 0 | 1 | 3 | 0 | 0 | 0 | 0 | ....... | 0 |
| | *NS* | $x_2$ | 1 | 0 | 2 | 3 | 4 | 1 | 1 | 2 | 2 | 2 | 0 | ....... | 0 |
| | *WO* | $x_3$ | 0 | 1 | 4 | 2 | 1 | 2 | 2 | 2 | 0 | 0 | 0 | ....... | 0 |
| | *WS* | $x_4$ | 1 | 2 | 3 | 6 | 2 | 2 | 2 | 3 | 3 | 0 | 0 | ....... | 0 |
| | *OW* | $x_5$ | 1 | 3 | 3 | 1 | 1 | 1 | 2 | 4 | 0 | 0 | 0 | ....... | 0 |
| $z^* = (1, 2, 3, 4, 5)$ | | | 1 | 2 | 3 | 4 | 5 | 1 | 2 | 3 | 4 | 5 | 1 | ....... | 5 |
| Output | *W* | $y_1$ | 2 | 1 | 3 | 4 | 0 | 1 | 3 | 4 | 0 | 0 | 0 | ....... | 0 |
| | *S* | $y_2$ | 1 | 0 | 0 | 6 | 4 | 1 | 0 | 0 | 3 | 2 | 0 | ....... | 0 |
| | *O* | $y_3$ | 0 | 0 | 4 | 2 | 0 | 0 | 0 | 2 | 0 | 0 | 0 | ....... | 0 |

## 4.5 Übungsaufgaben

(Ü1) Das allgemeine Zeitsystem $timeS = (A, B, X, Y, S, time)$ sei gegeben durch:

$$A := B := \mathbb{R}, \quad time := (\{0, 1, 2, 3\}, \leqq, 0),$$
$$X := Y := \{0, 1, 2, 3\} \to \mathbb{R}, \quad S := \{a\alpha, a\beta, b\alpha, b\gamma, c\alpha, c\gamma, d\alpha\},$$

wobei die Funktionen $a, b, c, d, \alpha, \beta, \gamma$ gegeben sind durch die folgende Tabelle:

| $t$ | $a$ | $b$ | $c$ | $d$ | $\alpha$ | $\beta$ | $\gamma$ |
|---|---|---|---|---|---|---|---|
| 0 | 1 | 1 | 2 | 2 | 0 | 0 | 1 |
| 1 | 2 | 2 | 1 | 1 | 1 | 1 | 2 |
| 2 | 1 | 2 | 1 | 1 | 1 | 0 | 1 |
| 3 | 1 | 1 | 2 | 1 | 0 | 1 | 2 |

(a) Gib einen zugehörigen Parzessor *partimeS* an.
(b) Gib einen nichtantizipativen Parzessor *partimeS* an.
(c) Gib einen statischen Parzessor *partimeS* an.

(Ü2) Für die in (Ü1) konstruierten Parzessoren sind die zugehörigen Zeiteinschränkungen zu bestimmen.

(Ü3) $timeS = (A, B, X, Y, S, time)$ sei gegeben durch

$A := B := \mathbb{R}$, $time = ([0,1], \leqq, 0)$, $X := Y := time \to \mathbb{R}$ und
$S \subset X \times Y : xSy :\Leftrightarrow y' + y = x$
($y'$ die erste Ableitung von $y$).

(a) Gib für $x = 0$ die Menge $xS$ an.
(b) Gib für $x : [0,1] \to \mathbb{R} : t \mapsto t$ die Menge $xS$ an.
(c) Gib einen nichtantizipativen Parzessor für *timeS* an (den üblichen!).

(Ü4) Im Zusammenhang mit der Befragung einer Gruppe von Menschen während einer Woche betrachten wir das allgemeine Zeitsystem $timeS = (A, B, X, Y, S, time)$, das gegeben ist durch

$A :=$ Menge von Fragen, $B :=$ Menge von Antworten,
$time := (\{\text{Mo, Di, Mi, Do, Fr. Sa, So}\}, \leqq, \text{Mo})$,
$X := time \to A$, $Y := time \to B$.

$S \subset X \times Y : xSy :\Leftrightarrow$ zu jedem Zeitpunkt erhält man auf die Frage $x(t)$ die Antwort $y(t)$.
(a) Philosophiere mit diesem Zeitsystem (wenn es möglich ist).
(b) Welche Bedeutung kann einem Parzessor in dieser Philosophie zukommen?

(Ü5) Versuche in bekannten Modellen allgemeine Zeitsysteme und Parzessoren zu entdecken.

(Ü6) Modifiziere das Beispiel 3, so daß es wirklichkeitsnäher wird (nimm etwa zusätzlich eine Kapazitätsbeschränkung für die einzelnen Verkehrswege an).

(Ü7) Welche Zustände $z^*$ und $\bar{z}^*$ würden in Beispiel 3 zur Bewältigung eines starken Nord-Süd Verkehrs bzw. eines starken Ost-West und West-Ost Verkehrs günstig sein? Stelle eine Tabelle für ein zugehöriges Input-Output Experiment auf.

# 5. Zustandsdarstellungen

## 5.1 Definition

Im folgenden konstruieren wir eine weitere „Input-Output Maschine", die imstande ist, ein allgemeines Zeitsystem zu generieren. Im Gegensatz zu dem gerade vorher betrachteten Parzessor handelt es sich nun um eine Konstruktion, in der nicht nur „Globalzustände" (Zustände, die für alle Zeitpunkte gelten) vorkommen. Hier werden vielmehr auch „Zustände" eingebaut, mit deren Hilfe man gewisse interessierende Merkmale festhalten will, die die „Entwicklung" des allgemeinen Zeitsystems vor und (oder) nach einem Zeitpunkt $t$ betreffen. Die von uns gewählte Konstruktion einer „Zustandsdarstellung" eines allgemeinen Zeitsystems ist stark motiviert von den Verhältnissen, die bei der Generierung eines allgemeinen Zeitsystems mittels Differential- und Differenzengleichungen herrschen. Trotzdem sollte sie aber wegen ihrer großen Allgemeinheit auch als Grundgerüst für eine vorteilhafte Darstellung der „inneren Mechanismen" anderer zeitlich sich abspielender Phänomene dienen können.

**Definition:** Eine Liste $(A, B, X, Y, Q_0, Q, \phi, \beta, T, \leqq, t_0)$ heißt eine **Zustandsdarstellung** eines allgemeinen Zeitsystems $(A, B, X, Y, S, T, \leqq, t_0)$, wenn gilt

(1) $Q_0$ und $Q$ sind Mengen und es gilt $Q_0 \subset Q$.

(2) $\phi$ ist eine funktionale Relation von $(T \times Q_0 \times X)$ in $Q$ mit den folgenden Eigenschaften

(2a) $\bigwedge_{q_0 \in Q_0} \bigwedge_{x \in X} (t_0, q_0, x) \in_1 \phi \Rightarrow (t_0, q_0, x) \phi q_0,$

(2b) $\bigwedge_{q_0 \in Q_0} \bigwedge_{x \in X} \bigwedge_{t \in T} (t_0, q_0, x) \in_1 \phi \Rightarrow (t, q_0, x) \in_1 \phi,$

(3) $\beta$ ist eine Funktion $\beta: T \times Q \times A \rightarrow B$.

(4) die Relation $S$ des allgemeinen Zeitsystems wird mittels $\phi$ und $\beta$ auf folgende Weise erzeugt:

$$S = \{(x, y): x \in X \wedge y \in Y \wedge \bigvee_{q_0 \in Q_0} \bigwedge_{t \in T} \bigvee_{q \in Q} (t, q_0, x) \phi q \wedge y(t) = \beta(t, q, x(t))\}.$$

Als Zeichen für eine Zustandsdarstellung eines allgemeinen Zeitsystems *timeS* wollen wir auch das Symbol *statimeS* verwenden.
Mit *statimeS* $= (A, B, X, Y, Q_0, Q, \phi, \beta, T, \leqq, t_0)$ verbinden wir folgende systemtheoretische Interpretation: Die Menge $Q$ nennen wir die **Zustandsmenge** von *statimeS*; ihre Elemente daraus heißen die **Zustände.** Die Menge $Q_0$ gibt die **Anfangszustände** (Startzustände) von *statimeS* bekannt. Die funktionale Relation $\phi$ nennen wir die **Zustandsrelation** von *statimeS*. Gilt bei einem Anfangszustand $q_0$ für eine Inputfunktion $x$ die Aussage $(t_0, q_0, x) \in_1 \phi$, so sagen wir, $x$ wird in *statimeS* beim Anfangszustand $q_0$ **akzeptiert**. Mit $X(q_0)$ sei allgemein die Menge aller in *statimeS* beim Anfangszustand $q_0$ akzeptierten Inputfunktionen bezeichnet, also

$$X(q_0) := \{x : x \in X \wedge (t_0, q_0, x) \in_1 \phi\}.$$

Mit der Zustandsrelation $\phi$ werden gewissen Tripeln $(t, q_0, x)$ Zustände aus $Q$ zugeordnet. Gilt $(t, q_0, x)\phi q$, so sagen wir, durch die Inputfunktion $x$ wird der Anfangszustand $q_0$ in *statimeS* in den Zustand $q$ zur Zeit $t$ übergeführt. Der Zustand $q$ stellt dann gewissermaßen die Größe dar, mit der das Ergebnis der „Einwirkung" von $x$ vom Anfangszustand $q_0$ aus für den Zeitpunkt $t$ beschrieben wird. Die Bedingung (2a) an $\phi$ sichert, daß die Anfangszustände durch Inputfunktionen nicht verändert werden können. Mit der Bedingung (2b) wird garantiert, daß eine bei $q_0$ akzeptierte Inputfunktion $x$ für jeden Zeitpunkt $t$ einen Zustand $q$ aus $Q$ festlegt. Damit erzeugt aber jede solche Inputfunktion folgende Zeitfunktion $z(.\,, q_0, x)$:

$$z(.\,, q_0, x) : T \to Q : t \mapsto z(t, q_0, x) := q \quad \text{mit} \quad (t, q_0, x)\phi q.$$

Wegen (2a) gilt für $t = t_0$ stets $z(t_0, q_0, x) = q_0$. Wir nennen $z(.\,, q_0, x)$ die von $x$ beim Anfangszustand $q_0$ erzeugte **Zustandstrajektorie**; die Menge $Z(q_0)$ aller so mit Inputfunktionen $x$ aus $X(q_0)$ erzeugten Zustandstrajektorien, also die Menge

$$Z(q_0) := \{z(.\,, q_0, x) : x \in X(q_0)\},$$

heißt **der zum Anfangszustand $q_0$ gehörige Zustandsprozeß.** Schließlich nennen wir die Menge $Z$, die durch Vereinigung aller dieser zu den einzelnen Anfangszuständen gehörigen Zustandsprozesse entsteht, also die Menge

$$Z := \bigcup_{q_0 \in Q_0} Z(q_0),$$

den zu *statimeS* gehörigen **Zustandsprozeß.**
Die Funktion $\beta : T \times Q \times A \to B$ heißt die **Outputfunktion** von *statimeS*. Wird eine Inputfunktion $x$ beim Anfangszustand $q_0$ in *statimeS* akzeptiert, gilt also

$x \in X(q_0)$, so erzeugt sie, wie besprochen, die Zustandstrajektorie $z(.,q_0,x)$. Mit $\beta$ wird ihr aber dann auch folgende „Outputfunktion“ $y$ zugeordnet:

$$y: T \to B: t \mapsto y(t) := \beta(t, z(t, q_0, x), x(t)).$$

Bei gegebenem Anfangszustand $q_0 \in Q_0$ wird also von *statimeS* mittels $\phi$ und $\beta$ für jede Inputfunktion $x \in X(q_0)$ eindeutig eine zugehörige Outputfunktion $y: T \to B$ festgelegt. In der Bedingung (4) unserer Definition von *statimeS* wird sichergestellt, daß die auf diese Weise von *statimeS* erzeugte Menge von Input-Output Paaren gerade die Relation $S$ des darzustellenden allgemeinen Zeitsystems *timeS* ist. In Abbildung 11 ist die Erzeugung eines Input-Output Paares $(x, y) \in S$ durch *timeS* veranschaulicht.

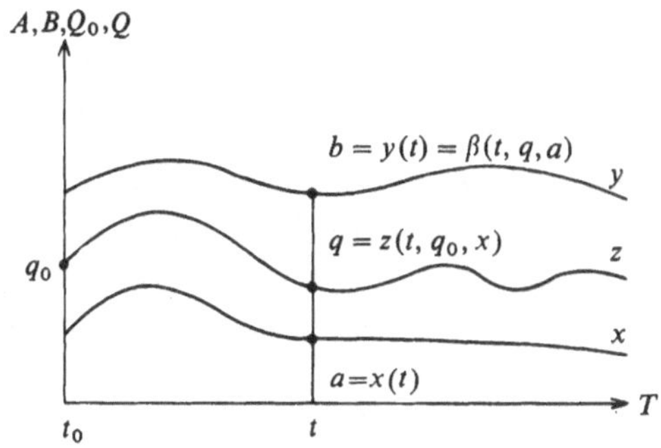


Abb. 11. Zur Erzeugung eines Input-Output Paares $(x, y)$ durch *timeS*.

Es ist nicht zu übersehen, daß sich dieses Konzept der Zustandsdarstellung eines allgemeinen Zeitsystems stark an der Ideenwelt der Theorie der Differentialgleichungen und der zugehörigen dynamischen Systeme sowie am Konzept des endlichen Automaten orientiert. In beiden Fällen geben Zustandsdarstellungen in unserem Sinne eine Subbeschreibung dafür ab. Das Konzept der Zustandsdarstellung *statimeS* eines allgemeinen Zeitsystems *timeS* sollte aber allgemein genug sein, um auch bei anderen speziellen Input-Output Konstruktionen als „Grundmaschine“ dienen zu können.

## 5.2 Kausalität

Die „Maschinen“, die gewöhnlich für die Erstellung von Modellen in den Naturwissenschaften und in den Ingenieurwissenschaften verwendet werden, haben alle die Eigenschaft, „kausal" zu sein. Wir betrachten es deshalb als unsere erste Aufgabe, diesen Begriff auch bei der Zustandsdarstellung *statimeS* einzuführen. Unsere Definition der „Kausalität" einer Zustandsdarstellung weicht nicht von den üblichen Vorstellungen ab, die man mit der Eigenschaft einer „kausalen" Maschine verbindet. Ein wesentliches Ergebnis unserer anschließenden Untersuchung wird die Erkenntnis sein, daß eine kausale Zustandsdarstellung die Existenz von Zustandstransitionen garantiert, die die für „dynamische Systeme mit Input und Output" geforderten Eigenschaften der „Konsistenz", der „Komposition" und der „Kausalität" besitzen.

Bevor wir die Definition angeben, wollen wir eine Bezeichnung einführen, die uns zu bequemeren Schreibweisen führt: Die Zustandsrelation $\phi$ von *statimeS* ist definitionsgemäß eine funktionale Relation von $T \times Q_0 \times X$ in $Q$. Mit unseren gerade eingeführten Bezeichnungen ergibt sich der Vorbereich$_1\phi$ von $\phi$ zu

$$_1\phi = T \times /Q_0 \times X/ \quad \text{mit} \quad /Q_0 \times X/ := \{(q_0, x) : q_0 \in Q_0 \wedge x \in X(q_0)\}.$$

Schränken wir also $\phi$ auf die Menge $T \times /Q_0 \times X/$ ein, so erhalten wir eine Funktion $\phi_0 : T \times /Q_0 \times X/ \to Q$. Es ist meistens bequemer, statt $\phi$ die Funktion $\phi_0$ zu betrachten. Wir nennen $\phi_0$ die zu *statimeS* gehörige **Zustandsfunktion.**

Bemerkung: Auf die Möglichkeit, schon in der Definition von *statimeS* die Zustandsrelation $\phi$ als Funktion einzuführen – wodurch der Unterschied zwischen $\phi$ und $\phi_0$ dann wegfallen würde –, haben wir verzichtet, da uns die Relation $\phi$ direkt zu weiteren Verallgemeinerungen von Zustandsdarstellungen führt.

Da $\phi$ und $\phi_0$ für *statimeS* vollkommen äquivalente Aussagekraft haben, können wir auch *statimeS* angeben, indem wir statt $\phi$ dafür die Zustandsfunktion $\phi_0$ verwenden. Wir schreiben in diesem Falle dann $statimeS = (A, B, X, Y, Q_0, Q, \phi_0, \beta, T, \leqq, t_0)$.

**Definition:** Eine Zustandsdarstellung $statimeS = (A, B, X, Y, Q_0, Q, \phi_0, \beta, T, \leqq, t_0)$ heißt **kausal**, wenn gilt

$$\bigwedge_{(q_0, x), (q_0', x') \in /Q_0 \times X/} \; \bigwedge_{t, t' \in T} \phi_0(t, q_0, x) = \phi_0(t, q_0', x') \wedge t \leqq t' \wedge x_{t,t'} = x'_{t,t'} \Rightarrow \phi_0(t', q_0, x) = \phi_0(t', q_0', x').$$

Die Bedeutung dieser Definition für *statimeS* ist direkt abzulesen. Bei einer kausalen Zustandsdarstellung erhält demnach ein Zustand $q$, der zur Zeit $t$ auftritt (strenger gesagt also die Phase $(t, q)$), die Eigenschaft, die ganze „Vorgeschichte" der Entwicklung von *statimeS* bis zum Zeitpunkt $t$ in dem Maße zu „speichern", wie sie für die „Vorhersage" der später auftretenden Zustände (der späteren Phasen $(t', q')$ mit $t \leqq t'$) gebraucht wird. Wir können dies auch so ausdrücken: Die Kenntnis des durch eine Zustandstrajektorie $z(., q_0, x)$ zur Zeit $t$ bestimmten Zustandes $z(t, q_0, x)$ erlaubt – um den von der Inputfunktion $x$ zur Zeit $t'$ (mit $t \leqq t'$) von $q_0$ aus erreichten Zustand $\phi_0(t', q_0, x)$ zu bestimmen – sowohl die „Vorgeschichte" $(q_0, x^t)$ als auch die „$t'$-Zukunft" $x_{t'}$ von $x$ zu „vergessen". Es kommt dafür neben dem Zustand $z(t, q_0, x)$ nur noch auf das Segment $x_{t,t'}$ von $x$ an. Wir werden diese Tatsachen später noch deutlich erkennen.

Man kann sich vorstellen, daß kausale Zustandsdarstellungen auf Grund dieser Eigenschaften für den Modellbau sehr willkommen sind. Tatsächlich hat gerade der Typus der „kausalen" Modelle in vielen Gebieten, besonders aber in den Natur- und Ingenieurwissenschaften, die größte Verbreitung gefunden; dies vor allem auch deshalb, weil Differential- und Differenzengleichungen im allgemeinen zu solchen führen. Angesichts dieser Tatsachen könnte man sich fragen, ob es dann überhaupt notwendig ist, auch das Konzept einer „nichtkausalen" Zustandsdarstellung zu betrachten. Man kann dies bejahen. Zum einen ist dies schon deshalb notwendig, weil sich die mathematisch orientierte Systemtheorie grundsätzlich für jede „Substruktur" einer bereits als wertvoll erkannten Konstruktion interessieren soll, zum anderen besteht aber auch eine gewisse Hoffnung, daß in der Zukunft gerade „nichtkausale" Zustandsdarstellungen allgemeiner Zeitsysteme eine gewisse Bedeutung erlangen. Da heute mit Hilfe der modernen Rechenanlagen auch große Datenmengen leicht verarbeitet werden können, erscheint es nicht mehr so vordringlich, die Modelle möglichst „denkökonomisch" (bezüglich des menschlichen Denkapparates) einzurichten. Folglich können dann auch nichtkausale Modelle, die unter dem Gesichtspunkt der Denkökonomie gegenüber den kausalen Modellen meistens im Nachteil sind, für die Praxis interessant werden. Des weiteren stützt sich eine solche Hoffnung auf die Tatsache, daß in den erreichbaren Phasen $(t, q)$ nichtkausaler Zustandsdarstellungen im allgemeinen auch die künftige Entwicklung (bezogen auf den Zeitpunkt $t$) der Inputfunktion berücksichtigt ist. Damit ist aber in den zugehörigen Modellen die „Planung des Inputs" (Inputstrategie) in natürlicher Weise im „Zustand" festgehalten.

Trotz dieser interessanten Perspektiven wollen wir uns im folgenden doch vornehmlich den kausalen Zustandsdarstellungen widmen. Das geschieht aus dem schon erwähnten praktischen Grund, weil sie in den Natur- und Ingenieurwissenschaften von großer Bedeutung sind. Der nachfolgende Satz wird uns zeigen, daß für jede kausale Zustandsdarstellung *statimeS* eine Funktion $\xi_0$ angegeben werden kann, mit der die durch eine Inputfunktion $x$ bewirkten Transitionen der Zustände (genauer gesagt der Phasen) beschrieben werden können.

Diese Funktion hat dabei die Eigenschaften, die üblicherweise in der Definition eines „dynamischen Systems mit Input und Output" verlangt werden. Damit sind aber die kausalen Zustandsdarstellungen gerade die, die zu „dynamischen Systemen" führen.

Zur bequemeren Formulierung führen wir folgende Dinge ein:

Es bezeichne $statimeS = (A, B, X, Y, Q_0, Q, \phi, \beta, T, \leqq, t_0)$ die vorgegebene Zustandsdarstellung.

Die Abbildungen $X(.,.)$ und $Q_0(.,.)$ definieren wir dann durch

$$X(.,.) : T \times Q \to P(X) : (t, q) \mapsto X(t, q) \quad \text{mit}$$
$$X(t, q) := \{x : \bigvee_{q_0 \in Q_0} x \in X(q_0) \wedge (t, q_0, x) \phi q\} \quad \text{und}$$
$$Q_0(.,.) : T \times Q \to P(Q_0) : (t, q) \mapsto Q_0(t, q) \quad \text{mit}$$
$$Q_0(t, q) := \{q_0 : q_0 \in Q_0 \wedge \bigvee_{x \in X} x \in X(q_0) \wedge (t, q_0, x) \phi q\}.$$

Wir nennen $X(.,.)$ die **Phasen-Input Abbildung** von *statimeS*; $Q_0(.,.)$ heißt die **Phasen-Anfangszustand Abbildung** von *statimeS*. Die Phasen-Input Abbildung $X(.,.)$ gibt damit für jede Phase $(t, q)$ als Bild $X(t, q)$ die Menge an, bestehend aus denjenigen Inputfunktionen $x$, die in *statimeS* zu dieser Phase führen können. Entsprechend ist das Bild $Q_0(t, q)$ bei $Q_0(.,.)$ die Menge aller Anfangszustände, die zur Phase $(t, q)$ führen. Weiter wollen wir die Abbildung $[.,.]$ definieren durch

$$[.,.] : T \times Q \to P(Q_0 \times X) : (t, q) \mapsto [t, q] \quad \text{mit}$$
$$[t, q] := \{(q_0, x) : q_0 \in Q_0 \wedge x \in X \wedge (t, q_0, x) \phi q\}.$$

$[.,.]$ können wir die **Phasencharakteristik** von *statimeS* nennen; ihr Bild $[t, q]$ einer Phase $(t, q)$ gibt die Menge aller Paare $(q_0, x) \in Q_0 \times X$ an, die zu dieser Phase in *statimeS* führen.

Man erkennt leicht, daß gilt

$$\bigwedge_{q \in Q} \bigwedge_{t \in T} {}_1[t, q] = Q_0(t, q) \wedge {}_2[t, q] = X(t, q).$$

Wir sprechen dann folgenden Satz aus:

**Satz:** Für jede Zustandsdarstellung $statimeS = (A, B, X, Y, Q_0, Q, \phi, \beta, T, \leqq, t_0)$ die kausal ist, existiert eine Funktion $\xi_0 : /T \times T \times Q \times X/ \to Q$, wobei $/T \times T \times Q \times X/$ eine Teilmenge von $T \times T \times Q \times X$ bezeichnet, mit folgenden Eigenschaften: Für alle $(t', t, q, x), (t', t, q, x') \in /T \times T \times Q \times X/$ gilt:

(1) $t' = t \Rightarrow \xi_0(t', t, q, x) = q$,

(2) $t'' \in T_{t,t'} \Rightarrow \xi_0(t', t, q, x) = \xi_0(t', t'', \xi_0(t'', t, q, x), x)$,

(3) $x_{t,t'} = x'_{t,t'} \Rightarrow \xi_0(t', t, q, x) = \xi_0(t', t, q, x')$.

Den Definitionsbereich $/T \times T \times Q \times X/$ von $\xi_0$ definieren wir durch

$$/T \times T \times Q \times X/ := \{(t', t, q, x) : t \leqq t' \wedge x \in X(t, q)\}.$$

*Beweis:* Die Zuordnungsvorschrift $(t', t, q, x) \mapsto \xi_0(t', t, q, x)$ ist gegeben durch

$$\xi_0(t', t, q, x) := \phi_0(t', q_0, x) \quad \text{mit} \quad (q_0, x) \in [t, q].$$

Wir überzeugen uns, daß $\xi_0$ damit „wohldefiniert“ ist, d.h., daß der Wert $\phi_0(t', q_0, x)$ unabhängig von der Wahl von $q_0$ mit $(q_0, x) \in [t, q]$ ist. Für $q_0'$ gelte auch $(q_0', x) \in [t, q]$. Wir haben dann $\phi_0(t, q_0, x) = \phi_0(t, q_0', x)$; wegen $t \leqq t'$ gilt, da wir *statimeS* kausal voraussetzen, aber dann auch $\phi_0(t', q_0, x) = \phi_0(t', q_0', x)$. $\xi_0$ ist also wohldefiniert.

„(1)“: Die Gültigkeit von (1) für $\xi_0$ folgt unmittelbar aus der Definition, denn ist $(t', t, q, x) \in /T \times T \times Q \times X/$ und $t' = t$, so gilt $x \in X(t, q)$. Für jedes $q_0 \in Q_0$ mit $(q_0, x) \in [t, q]$ gilt dann $\xi_0(t, t, q, x) = \phi_0(t, q_0, x) = q$.

„(2)“: Wir berechnen beide Seiten der behaupteten Gleichung. Es ist $\xi_0(t', t, q, x) = \phi_0(t', q_0, x)$ mit $(q_0, x) \in [t, q]$. Andererseits gilt dann auch für $t'' \in T_{t,t'}$
$\xi_0(t'', t, q, x) = \phi_0(t'', q_0, x)$. Es gilt damit
$(q_0, x) \in [t'', \xi_0(t'', t, q, x)]$ und infolgedessen auch
$\xi_0(t', t'', \xi_0(t'', t, q, x), x) = \phi_0(t', q_0, x)$.

„(3)“: $\xi_0(t', t, q, x) = \phi_0(t', q_0, x)$ und $\xi_0(t', t, q, x') = \phi_0(t', q_0', x')$ mit $(q_0, x) \in [t, q]$ und $(q_0', x') \in [t, q]$.
Es ist dann $\phi_0(t, q_0, x) = \phi_0(t, q_0', x')$.
Ist weiters $x_{t,t'} = x_{t,t'}$ so folgt, da wir *statimeS* kausal voraussetzen, daß auch gilt $\phi_0(t', q_0, x) = \phi_0(t', q_0', x')$ also $\xi_0(t', t, q, x) = \xi_0(t', t, q, x')$.

Damit ist der Satz vollständig bewiesen. Wir nennen die Funktion $\xi_0$ die zur kausalen Zustandsdarstellung zugehörige **Transitionsfunktion.**
Die Eigenschaften (1), (2) und (3) sind genau die, die man üblicherweise von der Transitionsfunktion eines „dynamischen Systems mit Input und Output“ axiomatisch fordert. Sie werden dort mit den Namen „Konsistenzeigenschaft“ ((1)) „Halbgruppeneigenschaft“ (oder auch „Kompositionseigenschaft“) ((2)) und „Kausalitätseigenschaft“ ((3)) angeführt.
Wir sehen also, daß sich dieses für die Ingenieurwissenschaften wichtige Konzept in natürlicher Weise von unserem Konzept der Zustandsdarstellung eines allgemeinen Zeitsystems ableiten läßt. Es soll an dieser Stelle erwähnt werden,

daß damit auch das (mengentheoretische) Grundgerüst für die „dynamischen Systeme" beschrieben werden kann, die man in der Mathematik im Zusammenhang mit der qualitativen Theorie der Differentialgleichungen erforscht.

## 5.3 Parzessor einer Zustandsdarstellung

Jede Zustandsdarstellung $statimeS = (A, B, X, Y, Q_0, Q, \phi, \beta, T, \leqq, t_0)$ erzeugt auf folgende (natürliche) Weise einen zugehörigen Parzessor *par(sta)timeS*. Wir definieren dafür $par(sta)timeS := (A, B, X, Y, Z, p, T, \leqq, t_0)$, wobei $Z$ und $p$ gegeben sind durch

$$Z := Q_0,$$
$$p: Q_0 \to P(X \times Y): q_0 \mapsto p(q_0) := \{(x, y): \bigwedge_{t \in T} \bigvee_{q \in Q} (t, q_0, x)\phi q \wedge y(t) = \beta(t, q, x(t))\}.$$

Wir nennen den so definierten Parzessor den von *statimeS* **erzeugten Parzessor.** Die Gültigkeit des folgenden Satzes kann man sich mühelos erklären.

**Satz:** Ist die Zustandsdarstellung *statimeS* kausal, dann ist der von ihr erzeugte Parzessor *par(sta)timeS* nichtantizipativ.

## 5.4 Zustandsdarstellung eines Parzessors

Im folgenden untersuchen wir die Frage, wie man, ausgehend von einem nichtantizipativen Parzessor *partimeS* eines allgemeinen Zeitsystems *timeS*, eine zugehörige Zustandsdarstellung konstruieren kann. Es gibt hier mehrere Möglichkeiten: wir wählen eine Vorgehensweise, die uns zu einer kausalen Zustandsdarstellung verhilft.

**Definition:** Die vom nichtantizipativen Parzessor $partimeS = (A, B, X, Y, Z, p, T, \leqq, t_0)$ **erzeugte Zustandsdarstellung** $sta(par)timeS = (A, B, X, Y, Q_0, Q, \phi, \beta, T, \leqq, t_0)$ ist definiert durch:

(1) $Q_0 := Z$,

(2) $Q := \bigcup_{t \in T} Z_t$,

(3) $\phi \subset (T \times Q_0 \times X) \times Q: (t, q_0, x)\phi q :\Leftrightarrow q = \begin{cases} q_0 \text{ für } t = t_0 \wedge x \in_1 p(q_0), \\ (q_0, x^t) \text{ für } t > t_0 \wedge x \in_1 p(q_0), \end{cases}$

(4) $\beta:(T\times Q\times A)\to B:(t,q,a)\mapsto\beta(t,q,a):=$

$$\begin{cases} b \text{ falls } \bigvee\limits_{(x,y)\in S} x_t p_t(q) y_t \wedge x(t)=a \wedge y(t)=b \\ \text{beliebig sonst.} \end{cases}$$

Wir bemerken, daß wir zur Formulierung diese Definition wesentlich auf das in Abschnitt 4.3 eingeführte Konzept des eingeschränkten Parzessors zurückgegriffen haben.
Es ist wichtig, von dem zugrundeliegenden Parzessor *partimeS* vorauszusetzen, daß er nichtantizipativ ist. Nur dann ist nämlich, wie man sich leicht überzeugt, die Definition der Outputfunktion nach (4) möglich.
Für die von einem nichtantizipativen Parzessor *partimeS* auf diese Weise erzeugte Zustandsdarstellung *sta(par)timeS* gilt folgender wichtige Satz:

**Satz:** Für jeden nichtantizipativen Parzessor *partimeS* ist die zugehörige Zustandsdarstellung *sta(par)timeS* kausal.

*Beweis:* Die Zustandsfunktion $\phi_0$ von *sta(par)timeS* ist gegeben durch

$$\phi_0:/T\times Q_0\times X/\to Q:(t,q_0,x)\mapsto\phi_0(t,q_0,x) \quad \text{mit}$$

$$/T\times Q_0\times X/=\{(t,q_0,x):q_0\in Q\wedge x\in X\wedge x\in_1 p(q_0)\} \quad \text{und}$$

$$\phi_0(t,q_0,x)=\begin{cases} q_0 \text{ für } t=t_0, \\ (q_0,x^t) \text{ für } t>t_0. \end{cases}$$

Gilt für zwei Paare $(q_0,x)$, $(q_0',x')$, daß $\phi_0(t,q_0,x)=\phi_0(t,q_0',x')$ so folgt daraus, daß $x^t=x'^t$ gilt. Haben wir des weiteren $x_{t,t'}=x'_{t,t'}$ für $t\leqq t'$, so gilt auch $x^{t'}=x'^{t'}$, und es ist $\phi_0(t',q_0,x)=\phi_0(t',q_0',x')$. *sta(par)timeS* ist damit kausal.

Da zu jedem allgemeinen Zeitsystem *timeS* stets ein zugehöriger nichtantizipativer Parzessor *partimeS* gefunden werden kann, ist es demnach auch stets möglich, dieses durch eine kausale Zustandsdarstellung, nämlich die von *partimeS* erzeugte Zustandsdarstellung *sta(par)timeS*, darzustellen. Wir haben damit folgende Aussage:

**Satz:** Zu jedem allgemeinen Zeitsystem *timeS* kann eine zugehörige „dynamische Input-Output Maschine" in Form der kausalen Zustandsdarstellung *sta(par)timeS*, wie sie durch einen nichtantizipativen Parzessor *partimeS* erzeugt wird, konstruiert werden.

## 5.5 Simulation von Zustandsdarstellungen

Im folgenden geht es uns darum, den Begriff der Simulation einer gegebenen Zustandsdarstellung *statimeS* durch eine andere solche *statimeS'* einzuführen. Die Motivation ist die gleiche wie vorher bei der Simulation allgemeiner Systeme und bei der Simulation von Zustandsparametrisierungen.
Es bezeichne $statimeS = (A, B, X, Y, Q_0, Q, \phi, \beta, T, \leqq, t_0)$ und $statimeS' = (A', B', X', Y', Q_0', Q', \phi', \beta', T', \leqq', t_0')$ jeweils eine Zustandsdarstellung des allgemeinen Zeitsystems *timeS* bzw. *timeS'*. Eine 6-tupel $(\alpha, \eta, \gamma, \alpha^*, \gamma_0, \tau)$ nennen wir eine **Simulationszuordnung** von *statimeS* zu *statimeS'*, wenn dafür gilt

(1) $\alpha : A \rightarrow A'$,

(2) $\eta : B' \rightarrow B$,

(3) $\gamma : T \times Q \rightarrow T \times Q$,

(4) $\alpha^* : X \rightarrow X'$,

(5) $\gamma_0 : Q_0 \rightarrow Q_0'$,

(6) $\tau : T \rightarrow T'$,

(7a) $\tau$ ist injektiv,

(7b) $\tau(t_0) = t_0'$,

(7c) $\bigwedge_{t, t'' \in T} t \leqq t'' \Rightarrow \tau(t) \leqq \tau(t'')$,

(8) $\bigwedge_{x \in X} \bigwedge_{t \in T} \alpha(x(t)) = \alpha^*(x)(\tau(t))$,

(9) $\bigwedge_{q \in Q} \bigwedge_{q_0 \in Q_0} \bigwedge_{x \in X} \bigwedge_{t \in T} \bigvee_{q' \in Q'} (t, q_0, x)\phi q \Rightarrow (\tau(t), \gamma_0(q_0), \alpha^*(x))\phi' q' \wedge \gamma(t, q) = (\tau(t), q')$,

(10) $\bigwedge_{q \in Q} \bigwedge_{x \in X} \bigwedge_{a \in A} \bigwedge_{b \in B} \bigwedge_{t \in T} x \in X(t, q) \Rightarrow \beta(t, q, x(t)) = \eta(\beta'(\gamma(t, q), \alpha(x(t))))$.

Die Bedingungen (7a–c) verlangen von der Abbildung $\tau$, daß mit ihr die Zeitmenge $(T, \leqq, t_0)$ strukturerhaltend in die Zeitmenge $(T', \leqq', t_0')$ eingebettet wird. (8) stellt eine Verträglichkeitsbedingung für $\alpha$ und $\alpha^*$ dar. Die Bedingungen (9) und (10) sichern schließlich endgültig, daß mit der Simulationszuordnung $(\alpha, \eta, \gamma, \alpha^*, \gamma_0, \tau)$ die Zustandsdarstellung *statimeS'* imstande ist, die Zustandsdarstellung *statimeS* zu simulieren.
Existiert für zwei Zustandsdarstellungen *statimeS* und *statimeS'* eine Simulationszuordnung $(\alpha, \eta, \gamma, \alpha^*, \gamma_0, \tau)$ von *statimeS* zu *statimeS'*, so sagen wir, *statimeS* wird von *statimeS'* (über $(\alpha, \eta, \gamma, \alpha^*, \gamma_0, \tau)$) **simuliert**. Wir werden im nächsten Abschnitt ein einfaches, aber wichtiges Beispiel für eine Simulation

in diesem Sinne kennenlernen. Weitere Beispiele finden sich in späteren Kapiteln bei der Behandlung der Simulationsbegriffe bei Automaten und bei linearen zeitinvarianten Differentialsystemen.

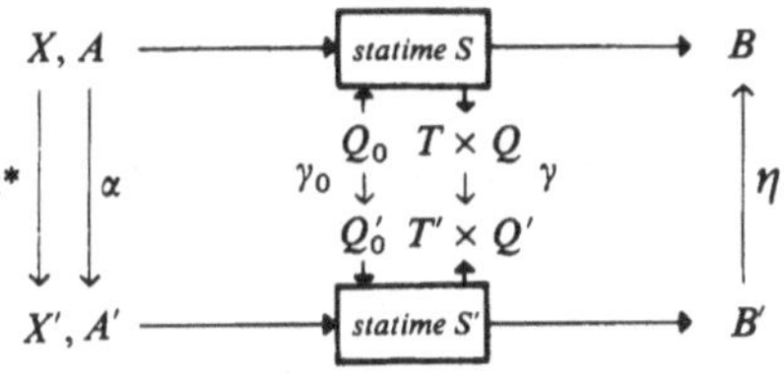


Abb. 12. Simulation von *statime S* durch *statime S'*

## 5.6 Reduktion kausaler Zustandsdarstellungen

Wie bei den Zustandsparametrisierungen allgemeiner Input-Output Systeme und bei ihren speziellen Formen, den Parzessoren, wollen wir auch für Zustandsdarstellungen allgemeiner Zeitsysteme die Frage der Reduktion behandeln. Dabei geht es vor allem darum, zu einer vorgegebenen Zustandsdarstellung *statime S* eine weitere zu konstruieren, die gegenüber *statime S* eine „geringere Zahl" von Zuständen hat und die *statime S* simuliert.

Jedoch werden wir diese Konstruktion nicht in der allgemeinsten Weise durchführen. Wir beschränken uns vielmehr der Einfachheit halber auf kausale Zustandsdarstellungen, bei denen der Inputprozeß $X$ in Bezug auf seine mögliche „Entwicklung" eine bestimmte Eigenschaft hat. Diese Eigenschaft verlangt, daß für je zwei Zustände $q, q' \in Q$, die zur Zeit $t$ über dieselbe Inputfunktion $x \in X$ erreicht werden, die $t$-Zukunft der Prozesse $X(t, q)$ und $X(t, q')$ gleich ist. Wir nennen sie „inputtreu".

Es bezeichne $statime\, S = (A, B, X, Y, Q_0, Q, \phi, \beta, T, \leqq, t_0)$ eine kausale Zustandsdarstellung von *time S*. Für beliebiges $t \in T$ sei dann mit $Q(t)$ die Menge $Q(t) := \{q : q \in Q \wedge [t, q] \neq \emptyset\}$ bezeichnet. $Q(t)$ ist also die Menge aller zur Zeit $t$ erreichbaren Zustände von *statime S*. Auf $Q(t)$ definieren wir folgende Relation $\underset{t}{\sim}$:

$$q \underset{t}{\sim} q' :\Leftrightarrow (X(t, q))_t = (X(t, q'))_t \wedge \bigwedge_{x \in X(t,q)} \bigwedge_{x' \in X(t,q')} \bigwedge_{t'' \in T} x_t = x'_t \Rightarrow$$

$$\beta(t'', \xi_0(t'', t, q, x), x(t'')) = \beta(t'', \xi_0(t'', t, q', x'), x'(t'')).$$

Zwei Zustände $q, q' \in Q(t)$ stehen damit genau dann in der Relation $\underset{t}{\sim}$ zueinander, wenn die Zustandsdarstellung *statime S* von ihnen aus für die $t$-Zukunft $T_t$ dasselbe Input-Output Verhalten erzeugt.

Wir nennen $\underset{t}{\sim}$ deshalb die *t*-**Verhalten-Zustandsäquivalenz** auf $Q(t)$. Man liest unmittelbar aus der Definition ab, daß $\underset{t}{\sim}$ eine Äquivalenzrelation auf $Q(t)$ ist. Mit $Q(t)/\underset{t}{\sim}$ sei die Quotientenmenge von $Q(t)$ bzgl. $\underset{t}{\sim}$ bezeichnet; $[q]_t$ schreiben wir für die von einem Element $q \in Q(t)$ darin erzeugte Äquivalenzklasse.
Die Bedeutung von $\underset{t}{\sim}$ für *statimeS* ist leicht zu sehen: Sind zwei Zustände $q$ und $q'$ aus $Q(t)$ in diesem Sinne äquivalent, so ist die *t*-Zukunft der Prozesse $X(t, q)$ und $X(t, q')$ die gleiche. Damit sind für $q$ und $q'$ „vom Zeitpunkt $t$ ab" die gleichen „Inputstrategien" zulässig. Des weiteren erzeugt *statime* über $\xi_0$ (bzw. $\phi_0$) und $\beta$ von $q$ und $q'$ zu jeweiligen Inputfunktionen $x$ und $x'$ mit $x \in X(t, q)$ und $x' \in X(t, q')$ sowie $x_t = x'_t$ „von der Zeit $t$ ab" den gleichen Output. Die Zustände $q$ und $q'$ sind damit für das Input-Output Verhalten von *statimeS* über der *t*-Zukunft der Zeitmenge *time* gleichwertig.
Diese Tatsache führt uns zu dem Versuch, von *statimeS* ausgehend mit Hilfe der *t*-Verhalten-Äquivalenzen eine neue Zustandsdarstellung zu konstruieren, bei der verschiedene Zustände nicht mehr äquivalent zueinander sind. Am leichtesten ist diese Konstruktion durchzuführen, wenn man in *statimeS* noch die folgende definierte Eigenschaft verlangt.

**Definition:** Wir nennen eine Zustandsdarstellung $statimeS = (A, B, X, Y, Q_0, Q, \phi, \beta, T, \leqq, t_0)$ **inputtreu**, wenn gilt

$$\bigwedge_{q, q' \in Q} \; \bigwedge_{q_0, q'_0 \in Q_0} \; \bigwedge_{x \in X} \; \bigwedge_{t \in T} (t, q_0, x)\phi q \wedge (t, q'_0, x)\phi q' \wedge X(q_0) = X(q'_0) \Rightarrow$$
$$\big(X(t, q)\big)_t = \big(X(t, q')\big)_t .$$

Ist *statimeS* inputtreu, so ist also jeweils für zwei Zustände $q, q' \in Q$, die von den Anfangszuständen $q_0, q'_0 \in Q_0$ mit $x \in X$ zur Zeit $t$ erreicht werden, die *t*-Zukunft der Prozesse $X(t, q)$ und $X(t, q')$ dieselbe.
Für unsere späteren Überlegungen ist folgendes Lemma von Wichtigkeit:

**Lemma:** Ist eine kausale Zustandsdarstellung $statimeS = (A, B, X, Y, Q_0, Q, \phi, \beta, T, \leqq, t_0)$ inputtreu, dann gilt

$$\bigwedge_{q, q' \in Q} \; \bigwedge_{q_0, q'_0 \in Q_0} \; \bigwedge_{x \in X} \; \bigwedge_{t \in T} (t, q_0, x)\phi q \wedge (t, q'_0, x)\phi q' \wedge q_0 \underset{t_0}{\sim} q'_0 \Rightarrow q \underset{t}{\sim} q' .$$

*Beweis:* Gilt $(t, q_0, x)\phi q$ und $(t, q'_0, x)\phi q'$ und des weiteren $q_0 \underset{t_0}{\sim} q'_0$, so folgt, da *statimeS* inputtreu ist, daß gilt: $\big(X(t, q)\big)_t = \big(X(t, q')\big)_t$.
Ist neben $x \in X(t, q')$ noch $x' \in X(t, q')$, so gibt es einen Anfangszustand $q''_0 \in Q_0$, so daß gilt: $\phi_0(t, q''_0, x') = q'$. Ist weiter $x_t = x'_t$, so haben wir für alle $t'' \in T_t$

$$\begin{aligned}\beta\big(t'', \xi_0(t'', t, q, x), x(t'')\big) &= \beta\big(t'', \xi_0(t'', t, \xi_0(t, t_0, q_0, x), x), x(t'')\big)\\ &= \beta\big(t'', \xi_0(t'', t_0, q_0, x), x(t'')\big)\end{aligned}$$

$$
\begin{aligned}
&= \beta(t'', \xi_0(t'', t_0, q_0', x), x(t'')) && (\text{da } q_0 \underset{t_0}{\sim} q_0')\\
&= \beta(t'', \xi_0(t'', t, \xi_0(t, t_0, q_0', x), x), x(t''))\\
&= \beta(t'', \xi_0(t'', t, \xi_0(t, t_0, q_0'', x'), x), x(t''))\\
&= \beta(t'', \xi_0(t'', t, \xi_0(t, t_0, q_0'', x'), x'), x'(t'')) && (\text{da kausal})\\
&= \beta(t'', \xi_0(t'', t, q', x'), x'(t''))
\end{aligned}
$$

Wir sehen also, daß $q \underset{t}{\sim} q'$ gilt.
Wir kommen nun zu folgender Konstruktion eines „Simulators" von *statimeS*. Es sei *statimeS* $=(A, B, X, Y, Q_0, Q, \phi, \beta, T, \leqq, t_0)$ kausal und inputtreu. Dann ist die zugehörige Quotienten-Zustandsdarstellung $(\textit{statimeS})_{\sim}$ erklärt durch

$$(\textit{statimeS})_{\sim} := (A, B, X, Y, Q_{\widetilde{0}}, Q_{\sim}, \phi_{\sim}, \beta_{\sim}, T, \leqq, t_0) \quad \text{mit}$$

(1) $Q_{\widetilde{0}} := Q(t_0)/\underset{t_0}{\sim}$,

(2) $Q_{\sim} := \bigcup_{t \in T} Q(t)/\underset{t}{\sim}$,

(3) $\phi_{\sim} \subset (T \times Q_{\widetilde{0}} \times X) \times Q_{\sim} : (t, [q_0]_{t_0}, x)\phi_{\sim}[q]_{t'} :\Leftrightarrow t' = t \wedge (t, q_0, x)\phi q$,

(4) $\beta_{\sim} : (T + Q_{\sim} \times A) \to B : (t, [q]_{t'}, a) \mapsto \beta_{\sim}(t, [q]_{t'}, a) :=$

$$\begin{cases} \beta(t, q, a) & \text{wenn} \quad \bigvee_{x \in X} x \in X(t, q) \wedge x(t) = a, \\ \text{beliebig} & \text{sonst}. \end{cases}$$

Wir überlegen uns kurz, daß die Zustandsrelation $\phi_{\sim}$ und die Outputfunktion $\beta_{\sim}$ auf diese Weise „wohldefiniert" sind.
Bei $\phi_{\sim}$ wird definitionsgemäß einem Tripel $(t, [q_0]_{t_0}, x)$ die Äquivalenzklasse $[q]_t$ zugeordnet, wenn gilt $(t, q_0, x)\phi q$. Wir haben uns klarzumachen, daß diese Zuordnung von der Wahl des erzeugenden Elementes von $[q_0]_{t_0}$ unabhängig ist. Es sei also $q_0'$ ein weiterer von $q_0$ verschiedener Anfangszustand und $q_0 \underset{t_0}{\sim} q_0'$. Es gilt dann $X(q_0) = X(q_0')$, und es gibt somit einen Zustand $q' \in Q$, so daß gilt $(t, q_0', x)\phi q'$. Da *statimeS* nach Voraussetzung inputtreu ist, folgt damit aus dem vorher bewiesenen Lemma, daß $q \underset{t}{\sim} q'$ gilt.
Die Zustandsrelation $\phi_{\sim}$ operiert also unabhängig von der Auswahl des erzeugenden Elementes von $[q_0]_{t_0}$.
Bei $\beta_{\sim}$ können wir ähnlich vorgehen. Gilt $q \underset{t}{\sim} q'$, so haben wir $(X(t, q))_t = (X(t, q'))_t$. Gilt $x \in X(t, q)$ und $x' \in X(t, q')$ und $x_t = x_t'$, so haben wir $\beta(t, q, x(t)) = \beta(t, \xi_0(t, t, q, x), x(t)) = \beta(t, \xi_0(t, t, q', x'), x'(t)) = \beta(t, q', x(t))$.
Für die damit erhaltene Quotienten-Zustandsdarstellung $(\textit{statimeS})_{\sim}$ einer inputtreuen kausalen Zustandsdarstellung *statimeS* gilt der folgende Satz.

**Satz:** *statimeS* wird von $(statimeS)_\sim$ über $(id_A, id_B, \gamma, id_X, \gamma_0, id_T)$ mit

$$\gamma: T\times Q \to T\times Q_\sim: (t,q)\mapsto \gamma(t,q) := \begin{cases} (t,[q]_t), \text{ wenn } q\in Q(t) \\ \text{beliebig, wenn } q\notin Q(t) \end{cases}$$ und

$$\gamma_0: Q_0 \to Q_0: q_0 \mapsto \gamma_0(q_0) := [q_0]_{t_0}$$

simuliert.

*Beweis:* Es genügt hier zu zeigen, daß die Konsistenzbedingungen (9) und (10) erfüllt sind, die wir bei der Definition des Begriffes der Simulationszuordnung verlangt haben.

„(9)": Gilt $(t, q_0, x)\phi q$, so folgt daraus $(t, [q_0]_{t_0}, x)\phi_\sim [q]_t$, und es ist $(id_T(t), \gamma_0(q_0), id_X(x))\phi_\sim [q]_t$ und $\gamma(t,q) = (t, [q]_t)$.

„(10)": Gilt $x\in X(t,q)$, so haben wir $id_{B'}(\beta_\sim(\gamma(t,q), id_A(x(t)))) = \beta_\sim(t, [q]_t, x(t)) = \beta(t, q, x(t))$.

Ähnlich wie für Parzessoren können wir nun auch für Zustandsdarstellungen den Begriff der Reduziertheit einführen.

**Definition:**

(a) Eine kausale Zustandsdarstellung $statimeS = (A, B, X, Y, Q_0, Q, \phi, \beta, T, \leqq, t_0)$ heißt $t$-**Verhalten-zustandsreduziert**, wenn für die Äquivalenzrelation $\underset{t}{\sim}$ auf $Q(t)$ gilt $\underset{t}{\sim} = id_{Q(t)}$.

(b) Wir nennen des weiteren *statimeS* $T$-**Verhalten-zustandsreduziert** (oder einfach **zustandsreduziert**), wenn *statimeS* für alle $t$ aus $T$ $t$-Verhalten-zustandsreduziert ist, wenn also gilt $\bigwedge_{t\in T} \underset{t}{\sim} = id_{Q(t)}$.

Es ist unmittelbar einsichtig, daß die Quotienten-Zustandsdarstellung $(statimeS)_\sim$ einer inputtreuen kausalen Zustandsdarstellung in diesem Sinne reduziert ist.

An die Überlegungen dieses Abschnittes lassen sich einige Folgerungen anschließen.

In 5.4 haben wir bereits gesehen, wie man zu einem nichtantizipativen Parzessor *partimeS* die zugehörige Zustandsdarstellung *sta(par)timeS* konstruiert. Es zeigte sich, daß *sta(par)timeS* kausal ist. Wir können uns des weiteren leicht klarmachen, daß *sta(par)timeS* auch inputtreu ist.

Gilt nämlich $(t, q_0, x)\phi q$ und $(t, q_0', x)\phi q'$, so folgt auf Grund der besonderen Konstruktion von $\phi$ in *sta(par)timeS*, daß im Falle $t = t_0$ gilt $q = q_0$ und $q' = q_0'$, und im Falle $t > t_0$, daß gilt: $q = (q_0, x^t)$ und $q' = (q_0', x^t)$. Weiter haben wir dann $X(t,q) = \{x'': x''\in X(q_0) \wedge x''^t = x^t\}$ und $X(t,q') = \{x'': x''\in X(q_0') \wedge x''^t = x^t\}$. Gilt weiter $X(q_0) = X(q_0')$, so haben wir $X(t,q) = X(t,q')$, also auch $(X(t,q))_t = (X(t,q'))_t$; *sta(par)timeS* ist somit inputtreu.

Wir können daher zu *sta(par)timeS* immer die zugehörige Quotienten-Zustandsdarstellung $(sta(par)timeS)_\sim$ konstruieren und erhalten damit eine kausale Zustandsdarstellung des allgemeinen Zeitsystems *timeS*, die auch *T*-Verhalten-zustandsreduziert ist.

Neben der gerade behandelten Reduktion der Zustände in bezug auf das Input-Output-Verhalten von *statimeS* sei noch eine weitere besprochen, die aber auf die Reduktion der Zustandsprozesse abzielt. Wir werden diese im letzten Kapitel bei den linearen zeitinvarianten Differentialsystemen mit Vorteil verwenden können.

Bei einer kausalen Zustandsdarstellung $statimeS = (A, B, X, Y, Q_0, Q, \phi, \beta, T, \leqq, t_0)$ bezeichnen wir für eine beliebige Phase $(t, q) \in T \times Q$ und Zeit $t' \in T_t$ mit $Z_{t'}(t, q)$ die Menge

$$Z_{t'}(t, q) := \{z_{t'} : \bigvee_{x \in X} z : T_t \to Q : t'' \mapsto z(t'') := \xi_0(t'', t, q, x)\}.$$

$Z_{t'}(t, q)$ stellt also die Einschränkung des zur Phase $(t, q)$ gehörigen Zustandsprozesses auf $T_{t'}$ dar. Für beliebige $t \in T$ definieren wir dann die Relation $\underset{t}{\approx}$ auf $Q(t)$ durch

$$q \underset{t}{\approx} \bar{q} :\Leftrightarrow \bigwedge_{t' \in T_t \setminus \{t\}} Z_{t'}(t, q) = Z_{t'}(t, \bar{q}).$$

Offenbar ist $\underset{t}{\approx}$ eine Äquivalenzrelation; wir nennen $\underset{t}{\approx}$ die ***t*-Prozeß-Zustandsäquivalenz** auf $Q(t)$.

Die *t*-Prozeß-Zustandsäquivalenz $\underset{t}{\approx}$ vergleicht die Zustände aus $Q(t)$ in bezug auf ihre zugehörigen Zustandsprozesse. Sind zwei Zustände $q, \bar{q} \in Q(t)$ in diesem Sinne äquivalent, gilt also $q \underset{t}{\approx} \bar{q}$, so ist damit gewährleistet, daß von jedem Zeitpunkt $t' \in T_t \setminus \{t\}$ ab (jedem Zeitpunkt $t'$ der echt größer als $t$ ist) die zugehörigen Zustandsprozesse (= die Menge aller von $X$ erzeugten zugehörigen Zustandstrajektorien) gleich sind.

Da die Erzeugung von Zustandstrajektorien für die „$\phi$-Maschine“ von *statimeS* einen „Aufwand“ bedeutet, ist folgender Reduktionsbegriff naheliegend:

**Definition:**

(a) Wir nennen *statimeS* ***t*-Prozeß-zustandsreduziert**, wenn für $\underset{t}{\approx}$ gilt $\underset{t}{\approx} = Q(t) \times Q(t)$.

(b) Ist *statimeS* für alle $t \in T$ ***t*-Prozeß-zustandsreduziert**, so nennen wir *statimeS* ***T*-Prozeß-zustandsreduziert** (oder einfach **prozeßreduziert**).

Indem wir die beiden damit eingeführten Reduktionsbegriffe zusammenfassen, kommen wir schließlich auf die folgende

**Definition:**

(a) *statimeS* heißt **$t$-minimal**, wenn *statimeS* $t$-Verhalten-zustandsreduziert und $t$-Prozeß-zustandsreduziert ist.

(b) *statimeS* heißt **minimal**, wenn *statimeS* für alle $t \in T$ $t$-minimal ist.

Wir haben hier den Begriff der Prozeß-Zustandsreduziertheit, wie schon zuvor den Begriff der Verhalten-Zustandsreduziertheit, in sehr starker Form eingeführt. Als Konsequenz gilt das damit auch für die Minimalität. In vielen Fällen der Anwendung gibt man sich schon mit schwächeren Reduktionsbegriffen zufrieden. Wir wollen solche Fälle der Vollständigkeit halber und, weil sie die Beziehung zu den von uns später in Abschnitt 5.8 eingeführten Begriffen der Steuerbarkeit und Beobachtbarkeit von Zustandsdarstellungen herstellen (vgl. die entsprechende Übungsaufgabe), noch betrachten.
Bei einer kausalen Zustandsdarstellung können wir zwei Zustände $q, \bar{q} \in Q(t)$ schwach $t$-Verhalten-zustandsäquivalent nennen, wenn es dazu einen Zeitpunkt $t' \in T_t \setminus \{t\}$ gibt, so daß für jede bei $q$ und $\bar{q}$ akzeptierte Inputfunktion $x$ die zugehörigen Outputfunktionen $y, \bar{y}$ über dem Intervall $T_{t,t'}$ gleich sind.
Formal heißen also $q$ und $\bar{q}$ aus $Q(t)$ **schwach $t$-Verhalten-zustandsäquivalent**, wenn es dafür ein $t' \in T_t \setminus \{t\}$ gibt, so daß gilt:

(1) $X(t, q)_{t,t'} = X(t, \bar{q})_{t,t'}$ und

(2) $$\bigwedge_{x \in X(t,q)} \; \bigwedge_{\bar{x} \in X(t,\bar{q})} \; \bigwedge_{t'' \in T_{t,t'}} x_{t,t'} = \bar{x}_{t,t'} \Rightarrow \beta\big(t'', \xi_0(t'', t, q, x), x(t'')\big) = \beta\big(t'', \xi_0(t'', t, \bar{q}, \bar{x}), \bar{x}(t'')\big).$$

Dem entsprechend nennen wir zwei Zustände $q, \bar{q} \in Q(t)$ **schwach $t$-Prozeß-zustandsäquivalent,** wenn dafür gilt:

$$\bigvee_{t' \in T_t \setminus \{t\}} Z_{t'}(t, q) = Z_{t'}(t, \bar{q}).$$

Sind zwei Zustände $q, \bar{q} \in Q(t)$ in diesem Sinne schwach $t$-Prozeß-zustandsäquivalent, so gibt es also eine Zeit $t' \in T_t \setminus \{t\}$, von der ab die zugehörigen Zustandsprozesse gleiche Form haben.
Wir haben somit zusätzlich zur Verhalten-Zustandsäquivalenz $\underset{t}{\sim}$ und zur Prozeß-Zustandsäquivalenz $\underset{t}{\approx}$ eine **schwache Verhalten-Zustandsäquivalenz** und eine **schwache Prozeß-Zustandsäquivalenz** auf $Q(t)$ erklärt. Wir können damit, analog zu vorher, die Eigenschaften „**schwach zustandsreduziert**" und „**schwach prozeßreduziert**" und „**schwach minimal**" für Zustandsdarstellungen erklären.

## 5.7 Sequentialmaschinen

Wir betrachten im folgenden den speziellen Fall von Zeitsystemen *timeS*, deren Zeitmenge durch die diskrete Zeitmenge $time = (\mathbb{N}_0, \leqq, 0)$ gegeben ist (diskrete Zeitsysteme), und deren Generierung durch kausale Zustandsdarstellungen. Solche Zeitsysteme bilden in zahlreichen Fällen ein Grundskelett für praktische Anwendungen, so etwa bei der Anwendung von Differenzengleichungen oder von abstrakten Automaten auf praktische Fragen des Modellbaues.
Wir werden sehen, daß sich in diesem speziellen Fall unser Konzept einer kausalen Zustandsdarstellung durch ein einfacheres, das der „Sequentialmaschine" ersetzen läßt. Die Beschreibung eines Zeitsystems mittels einer Sequentialmaschine kommt der Beschreibung mittels einer Differenzengleichung oder mittels eines abstrakten Automaten sehr nahe.
Es bezeichne $timeS = (A, B, X, Y, S, \mathbb{N}_0, \leqq, 0)$ ein Zeitsystem mit der diskreten Zeitmenge $time = (\mathbb{N}_0, \leqq, 0)$, und es sei $statimeS = (A, B, X, Y, Q_0, Q, \phi, \beta, \mathbb{N}_0, \leqq, 0)$ eine zugehörige kausale Zustandsdarstellung mit zugehöriger Transitionsfunktion $\xi_0$.
Wir definieren dann für *statimeS* folgende zwei Funktionen $\delta(.)$ und $\lambda(.)$

$$\delta(.): \mathbb{N}_0 \to P((Q \times A) \times Q): t \mapsto \delta(t),$$
$$\lambda(.): \mathbb{N}_0 \to P((Q \times A) \times B): t \mapsto \lambda(t),$$

wobei die Relationen $\delta(t)$ und $\lambda(t)$ gegeben sind durch

$$\delta(t) \subset (Q \times A) \times Q : (q, a)\delta(t)q' :\Leftrightarrow \bigvee_{x \in X(t,q)} x(t) = a \wedge \xi_0(t+1, t, q, x) = q'$$

und

$$\lambda(t) \subset (Q \times A) \times B : (q, a)\lambda(t)b :\Leftrightarrow \bigvee_{x \in X(t,q)} x(t) = a \wedge \beta(t, q, a) = b.$$

Wir nennen $\delta(.)$ die **Zustandsüberführungszeitfunktion**, $\lambda(.)$ die **Ausgabezeitfunktion** von *statimeS*. Aus der Definition von $\delta(.)$ und $\lambda(.)$ sieht man, daß für jeden Zeitpunkt $t \in \mathbb{N}_0$ die funktionale Relation $\delta(t)$ zur Inputphase $(t, a)$ und Zustandsphase $(t, q)$ die einen Zeitakt später sich einstellende Zustandsphase $(t+1, q')$ mit $(q, a)\delta(t)q'$ angibt. Ähnlich dazu legt $\lambda(t)$ zur Inputphase $(t, a)$ und Zustandsphase $(t, q)$ die zugehörige Outputphase $(t, \beta(t, q, a))$ fest. Die Funktionen $\delta(.)$ und $\lambda(.)$ können aber auch in folgendem Zusammenhang gesehen werden: Für jeden Zeitpunkt $t \in \mathbb{N}_0$ bildet die Menge $S(t)$, die gegeben ist durch $S(t) := \{(a, b): \bigvee_{x \in X} \bigvee_{y \in Y} xSy \wedge x(t) = a \wedge y(t) = b\}$ ein allgemeines System $(A, B, S(t))$, das wir das ***t*-Bild** von *timeS* nennen können. Mit dem Bild $\lambda(t)$ der Ausgabezeitfunktion $\lambda(.)$ im Zeitpunkt $t$ bekommen wir dann:

**Satz:** Die Abbildung $p(t)$, die definiert ist durch

$$p(t): Q(t) \to P(A \times B): q \mapsto p(t)(q) := \{(a, b): (q, a)\lambda(t)b\},$$

ist eine Parametrisierungsabbildung von $S(t)$.

*Beweis:* Da $\lambda(t)$ funktional ist, ist auch für jedes $q \in Q(t)$ das Bild $p(t)(q)$ eine funktionale Relation. Gilt $(a, b) \in p(t)(q)$, so gibt es gemäß der Definition von $\lambda(t)$ eine Inputfunktion $x \in X(t, q)$, so daß dafür gilt $x(t) = a$ und $\beta(t, q, a) = b$. Da *statimeS* aber $S$ erzeugt, gilt dann $(a, b) \in S(t)$. Wir haben also $p(t)(q) \subset S(t)$. Schließlich ist $\bigcup_{q \in (t)} p(t)(q) = S(t)$, denn zu jedem Paar $(a, b) \in S(t)$ muß es einen Zustand $q \in Q(t)$ geben, so daß auch $(a, b) \in p(t)(q)$ gilt.

Wir haben somit das

**Korollar:** Für jeden Zeitpunkt $t$ aus $\mathbb{N}_0$ stellt $parS(t) = (A, B, Q(t), p(t))$ eine Zustandsparametrisierung des $t$-Bildes $(A, B, S(t))$ von *statimeS* dar. Das Bild $\lambda(t)$ von $\lambda(.)$ am Zeitpunkt $t$ ist die Outputrelation von $parS(t)$.

In ähnlicher Weise können wir auch die Funktion $\delta(.)$ in einen Zusammenhang mit den $t$-Bildern von *statimeS* bringen. Diese werden durch $\delta(.)$ in der folgenden Weise miteinander verkoppelt: Befindet sich $parS(t) = (A, B, Q(t), p(t))$ im Zustand $q \in Q(t)$ und liegt ein Input $a \in_1 p(t)(q)$ an, so wird für $parS(t+1) = (A, B, Q(t+1), p(t+1))$ eindeutig der Zustand $q'$ mit $(q, a)\delta(t)q'$ festgelegt. Wir sehen damit, daß man mittels der Funktion $\delta(.)$ und $\lambda(.)$ und der zugehörigen Zustandsparametrisierungen $parS(t) = (A, B, Q(t); \lambda(t))$ das Arbeiten von *statimeS* sequentiell fortschreitend beschreiben kann. Es ist zweckmäßig, diese Verhältnisse bei einer kausalen Zustandsdarstellung $statimeS = (A, B, X, Y, Q_0, Q, \phi, \beta, \mathbb{N}_0, \leqq, 0)$ durch eine besondere Definition hervorzuheben.

**Definition:** Eine Liste $(A, B, Q(.), \delta(.), \lambda(.))$ heißt eine **Sequentialmaschine** des diskreten Zeitsystems $timeS = (A, B, X, Y, S, \mathbb{N}_0, \leqq, 0)$, wenn sie mit einer kausalen Zustandsdarstellung $statimeS = (A, B, X, Y, Q_0, Q, \phi, \beta, \mathbb{N}_0, \leqq, 0)$ von *timeS* in folgendem Zusammenhang steht.

(1) $Q(.): \mathbb{N}_0 \to Q: t \mapsto Q(t)$.

(2) $\delta(.)$ ist die zu *statimeS* gehörige Zustandsüberführungszeitfunktion.

(3) $\lambda(.)$ ist die zu *statimeS* gehörige Ausgabezeitfunktion.

Für eine Sequentialmaschine eines diskreten Zeitsystems *timeS* verwenden wir auch das Symbol *seqtimeS*.

## 5.8 Steuerbarkeit und Beobachtbarkeit

In diesem Abschnitt seien noch zwei Fragestellungen betrachtet, die bei gewissen Anwendungen heute im Vordergrund stehen. Es handelt sich um die Frage der „Steuerbarkeit" und der „Beobachtbarkeit" einer Zustandsdarstellung *statimeS*. Dabei geht es uns jetzt nicht um die Darstellung einer Theorie der Steuerbarkeit und Beobachtbarkeit von unserem allgemeinen Standpunkt aus (sie fällt in den Rahmen einer allgemeinen „Identifikationstheorie" und reicht über unser Anliegen einer „Konstruktionstheorie" hinaus). Wir wollen vielmehr nur die Fragestellungen allein betrachten. Einige Ergebnisse aus der Theorie der Steuerbarkeit und Beobachtbarkeit finden sich in Abschnitt 12, wo mit den linearen zeitinvarianten Differentialsystemen spezielle Zustandsdarstellungen zur Verfügung stehen.

Bei der Steuerbarkeit einer Zustandsdarstellung *statimeS* handelt es sich, in erster Annäherung gesprochen, um folgende Eigenschaft: Für jeden beliebigen Anfangszustand $q_0 \in Q_0$ soll es zu jedem vorgegebenen Zustand $q \in Q$ eine Inputfunktion $x \in X$ und einen Zeitpunkt $t$ mit $t > t_0$ geben, so daß $q$ von $(q_0, x)$ aus mittels $\phi$ zur Zeit $t$ erreicht wird. Man kann diese Eigenschaft als eine Eigenschaft der Anfangszustände sehen. Wir wollen diesen Gedankengang in der folgenden Definition verwenden.

**Definition 1:** Ein Anfangszustand $q_0 \in Q_0$ einer Zustandsdarstellung $statimeS = (A, B, X, Y, Q_0, Q, \phi, \beta, T, \leqq, t_0)$ von *timeS* heißt **steuerbar**, wenn dafür gilt

$$\bigwedge_{q \in Q} \bigvee_{x \in X} \bigvee_{t \in T \setminus \{t_0\}} (t, q_0, x) \phi q .$$

**Definition 2:** Eine Zustandsdarstellung $statimeS = (A, B, X, Y, Q_0, Q, \phi, \beta, T, \leqq, t_0)$ von *timeS* heißt **steuerbar**, wenn alle ihre Anfangszustände steuerbar sind.

Die Bedeutung einer steuerbaren Zustandsdarstellung für die Anwendung liegt anschaulich gesprochen darin, daß man durch Wahl einer geeigneten Inputstrategie von jedem Anfangszustand jeden beliebigen Zustand erreichen kann. In unserer allgemeinen Form ist die praktische Relevanz dieser Begriffsbildung natürlich noch nicht augenscheinlich genug. Dennoch kann man erahnen, daß diese Eigenschaft für Steuerungs- und Regelprozesse wichtig ist.

Als nächstes betrachten wir die Beobachtbarkeit einer Zustandsdarstellung *statimeS*. Dabei geht es um die Frage, ob man durch „Beobachtung" eines davon erzeugten Input-Output Paares $(x, y) \in S$ über ein Zeitintervall $T'$ eindeutig auf den zugehörigen Anfangszustand $q_0 \in Q_0$ schließen kann. Zu jedem beliebigen Input-Output Paar $(x, y) \in S$ bezeichnen wir mit $Q_0(x, y, t)$ die Menge

$$Q_0(x, y, t) := \{q_0 : q_0 \in Q_0 \wedge \bigwedge_{t' \in T^t} y(t') = \beta(t', z(t', q_0, x), x(t'))\}$$

(wobei $z(., q_0, x): T \to Q$ die von $x$ bei Anfangszustand $q_0$ erzeugte Zustandstrajektorie bedeutet). $Q_0(x, y, t)$ ist also die Menge aller derjenigen Anfangszustände, die in *statimeS* das Input-Output Segment $(x^t, y^t)$ erzeugen. Wir definieren nun

**Definition 3:** Ein Anfangszustand $q_0 \in Q_0$ einer Zustandsdarstellung
$statimeS = (A, B, X, Y, Q_0, Q, \phi, \beta, T, \leqq, t_0)$ von *timeS*
heißt **beobachtbar**, wenn dafür gilt

$$\bigwedge_{(x,y) \in S} \bigvee_{t \in T \setminus \{t_0\}} q_0 \in Q_0(x, y, t) \Rightarrow Q_0(x, y, t) = \{q_0\}.$$

**Definition 4:** Eine Zustandsdarstellung
$statimeS = (A, B, X, Y, Q_0, Q, \phi, \beta, T, \leqq, t_0)$ von *timeS*
heißt **beobachtbar**, wenn alle ihre Anfangszustände beobachtbar sind.

Eine beobachtbare Zustandsdarstellung ist bei vielen Anwendungen erwünscht: Man ist dann durch Messung eines Input-Output Paares prinzipiell in der Lage, den Anfangszustand festzustellen, der zu diesem „äußeren Verhalten" geführt hat.
Bei einer steuerbaren Zustandsdarstellung ist über die „Dauer" des notwendigen Steuervorganges nichts ausgesagt. Ebenso ist die „Dauer" der Beobachtung zur Bestimmung des Anfangszustandes bei einer beobachtbaren Zustandsdarstellung unbestimmt. Die folgenden Definitionen verschärfen die Situation

**Definition 5:** Ein Anfangszustand $q_0 \in Q_0$ einer Zustandsdarstellung
$statimeS = (A, B, X, Y, Q_0, Q, \phi, \beta, T, \leqq, t_0)$
heißt **zeitunabhängig steuerbar** ($T$-steuerbar), wenn dafür gilt

$$\bigwedge_{t \in T \setminus \{t_0\}} \bigwedge_{q \in Q(t)} \bigvee_{x \in X} (t, q_0, x) \phi q.$$

**Definition 6:** Ein Anfangszustand $q_0 \in Q_0$ einer Zustandsdarstellung
$statimeS = (A, B, X, Y, Q_0, Q, \phi, \beta, T, \leqq, t_0)$
heißt **zeitunabhängig beobachtbar** ($T$-beobachtbar), wenn dafür gilt

$$\bigwedge_{(x,y) \in S} \bigwedge_{t \in T \setminus \{t_0\}} q_0 \in Q_0(x, y, t) \Rightarrow Q_0(x, y, t) = \{q_0\}.$$

**Definition 7:** *statime S* heißt **zeitunabhängig steuerbar** ($T$-steuerbar), wenn alle Anfangszustände $T$-steuerbar sind.

**Definition 8:** *statime S* heißt **zeitunabhängig beobachtbar** ($T$-beobachtbar), wenn alle Anfangszustände $T$-beobachtbar sind.

Die von uns damit gegebenen Definitionen der Steuerbarkeit und der Beobachtbarkeit beziehen sich alle auf die Startzustände einer Zustandsdarstellung *statime S*. Der Leser überlege sich, wie man im Falle kausaler Zustandsdarstellungen die Begriffe „steuerbar" und „beobachtbar" für beliebige Zustände erklären kann. Da wir später die Theorie der Steuerbarkeit und Beobachtbarkeit nur im Rahmen der linearen zeitinvarianten Differentialsysteme behandeln werden, genügt für uns die gegebene Definition.

## 5.9 Anwendungsbeispiele

Wie schon in den vorangegangenen Kapiteln sollen auch hier die Beispiele konkreter Zustandsdarstellungen nur das Ziel verfolgen, das Prinzip der Anwendung von Zustandsdarstellungen in Modellen aufzuzeigen. Beispiele von größerer Aussagekraft verlangen im allgemeinen spezielle Kenntnisse aus einer Disziplin und setzen auch eine längere Vorarbeit voraus.

**Beispiel 1:** Wasserkraftwerk

Folgendes Input-Output System soll im Zusammenhang mit einem Speicherkraftwerk betrachtet werden: Als Inputgröße tritt jeweils eine Funktion $x$ auf, die den Wasserzufluß, den Niederschlag und die Nachfrage nach elektrischer Energie im Laufe der Zeit angibt; als Outputgröße sei die Funktion $y$ gewählt, die die Zahl der im Laufe der Zeit eingeschalteten Turbinen des Kraftwerkes angibt. Offensichtlich liegt dann ein allgemeines Zeitsystem in unserem Sinne vor. Es ergibt sich die Frage, wie sich der Output aus dem Input bestimmt. Man kann als Zustand $q$ dieses Systems die Wassermenge, die sich jeweils im Stausee befindet, annehmen (gemessen durch die Höhe des Wasserspiegels). Zweifellos existiert nun eine Zustandsfunktion $\phi_0$ und eine Outputfunktion $\beta$ in der für Zustandsdarstellungen charakteristischen Weise: $\phi_0(t, q_0, x)$ gibt die Höhe des Wasserspiegels zur Zeit $t$ an, wenn zur Zeit $t_0$ die Höhe $q_0$ war und der Input $x$ erfolgt; $\beta(t, q, a)$ gibt die Anzahl der zum Zeitpunkt $t$ eingeschalteten Turbinen an, wenn zu dieser Zeit die Höhe des Wasserspiegels im Stausee $q$ und der Wert der Inputfunktion $a$ ist (beim letzteren wird nur die von der Nachfrage geprägte Komponente auf den Output Einfluß haben).

Fraglos hat man es hier auch mit einer kausalen Zustandsdarstellung zu tun. Das folgende Bild stellt diese Form der Beschreibung noch einmal in einer Skizze dar.

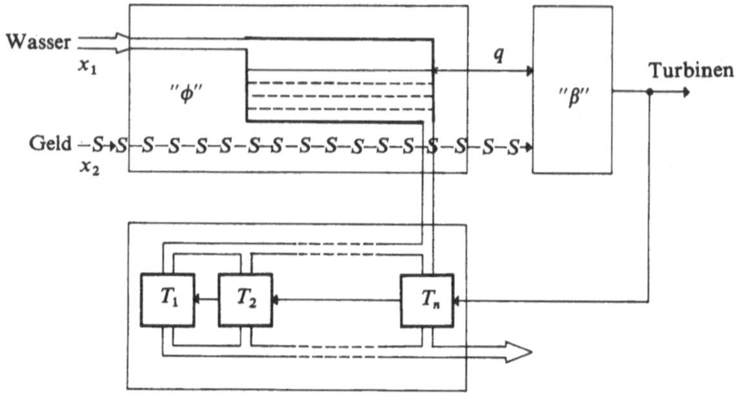


**Beispiel 2:** Steuerung einer Verkehrskreuzung

Wir gehen wieder von der bereits in 1.5, 2.6 und 4.4 behandelten Situation einer Verkehrskreuzung aus. Im Gegensatz zu 4.4 wollen wir jetzt aber die entstehende Warteschlange berücksichtigen. Außerdem soll eine Schaltungsstrategie vorhanden sein, die sich nach den Verkehrserfordernissen richtet. Beides kann durch eine kausale Zustandsdarstellung *statimeS* $= (A, B, X, Y, Q_0, Q, \phi, \beta, T, \leqq, t_0)$ erreicht werden.

Wir geben *statimeS* an und interpretieren sie anschließend zum Modell.

(1) $(T, \leqq, t_0) := (\mathbb{N}_0, \leqq, 0)$;

(2) $A := \mathbb{N}_0^5$; $B := \mathbb{N}_0^3$;

(3) $X := T \to A$; $Y := T \to B$;

(4) $Q_0 := Q = \mathbb{N}_0^5 \times Z$; $Z := \{1, 2, 3, 4, 5\}$;

(5) $\xi_0 : \mathbb{N}_0 \times \mathbb{N}_0 \times (\mathbb{N}_0^5 \times Z) \times X \to (\mathbb{N}_0^5 \times Z)$

ist schrittweise gegeben in der Form: Für

$$q = (w, z) := \xi_0(t, 0, q_0, x) \in \mathbb{N}_0^5 \times Z \quad (t = 0, 1, 2, 3, \ldots) \quad \text{gilt}$$
$$\xi_0(t+1, t, (w, z), x) = (w', z'),$$

wobei

$$\mathbf{w}' = \mathbf{x}(t) + \mathbf{w} - \mathbf{diag}[(1, 1, 1)\mathbf{A}(z)](\mathbf{x}(t) + \mathbf{w})$$

Hierbei bezeichnet $\mathbf{v}$ allgemein den zum Zeilenvektor $v$ gehörigen Spaltenvektor; **diag** $[v]$ bezeichnet die Diagonalmatrix mit den Koordinaten des Zeilenvektors $v$ als Diagonalelemente. Die Matrizen $\mathbf{A}(z)$ sind identisch mit denen von Abschnitt 4.4.

Man macht sich leicht klar, daß $w'$ die nach jedem „Verkehrstakt" übrigbleibende Warteschlange angibt. Die noch anzugebende Komponente $z'$ des Zustandes ist durch eine vorgegebene Strategiefunktion $\sigma: \mathbb{N}_0^5 \times Z \rightarrow Z$ in der Form $z' = \sigma(w', z)$ gegeben.

(6) $\beta: \mathbb{N}_0 \times (\mathbb{N}_0^5 \times Z) \times \mathbb{N}_0^5 \rightarrow \mathbb{N}_0^3$ ist gegeben durch
$$\boldsymbol{\beta}(t, (w, z), a) := \mathbf{A}(z)(\mathbf{a} + \mathbf{w}).$$

$\boldsymbol{\beta}(t, (w, z), a)$ bezeichnet dabei den zum Zeilenvektor $\beta(t, (w, z), a)$ gehörigen Spaltenvektor; allgemein wollen wir stets für einen Funktionswert $f(x)$, der ein Zeilenvektor ist, den zugehörigen Spaltenvektor mit $\mathbf{f}(x)$ bezeichnen. Deuten wir die Transponierung eines Vektors mit $\tilde{}$ an, so gilt damit $(f(x))^{\sim} = \mathbf{f}(x)$. Die damit definierte Zustandsdarstellung *statimeS* beschreibt den Verkehr an der Straßenkreuzung in folgender Weise:

Für die grundsätzlich möglichen Verkehrsflüsse gilt wieder die Zustandsparametrisierung von Abschnitt 2.6. Die dabei möglichen Zustände $z \in Z = \{1, 2, 3, 4, 5\}$ können nun aber zeitlich nacheinander in den einzelnen Taktintervallen $[t, t+1)$ der realen Zeitskala auftreten. Für die Zustandsdarstellung selbst genügt die diskrete Zeitskala $T = \mathbb{N}_0$, die nur die Takte angibt, bei welchen eine Veränderung der Steuerung eintreten kann. Jeder Wert $x(t) = (x_1(t), x_2(t), x_3(t), x_4(t), x_5(t))$ gibt die Zahl der zu den einzelnen Richtungen ($1 := NW$, $2 := NS$, $3 := WO$, $4 := WS$, $5 := OW$) gehörigen im Intervall $[t, t+1)$ ankommenden Fahrzeuge an; entsprechend dazu stellt $y(t) = (y_1(t), y_2(t), y_3(t))$ die Zahl der in die einzelnen Richtungen ($1 := W$, $2 := S$, $3 := O$) im Intervall $[t, t+1)$ von der Kreuzung abfahrenden Fahrzeuge dar. Jeder Zustand $q = (w, z)$ der Zustandsdarstellung hat die beiden Komponenten $w \in \mathbb{N}_0^5$ und $z \in \{1, 2, 3, 4, 5\}$. Der Zeilenvektor $w = (w_1, w_2, w_3, w_4, w_5)$ gibt für jeden Zeittakt $t+1$ die Warteschlangen an, die für die einzelnen Verkehrsrichtungen durch „ROT" entstehen können. Die Komponente $z$ bezieht sich auf die Zustandsparametrisierung von Abschnitt 2.6; sie legt somit für jeden Zeitpunkt den Zustand der Ampeln fest. Die Zustandstransitionsfunktion $\xi_0$ bestimmt für jedes Tripel $(t, (w, z), x)$ für die Zeit $t+1$ einen neuen Zustand $\xi_0(t+1, t, (w, z), x) = (w', z')$, wobei $w'$ die sich für das Intervall $[t+1, t+2)$ ergebende Warteschlange und $z'$ den Zustand der Ampeln für das Intervall $[t+1, t+2)$ festlegt. Zur Berechnung von $z'$ dient die Strategiefunktion $\sigma$, die bei uns die gerade anstehende Warteschlange $w'$ und den vorhergegangenen Zustand $z$ berücksichtigt. Ihre Wahl ist verkehrspolitisch bedingt. Die Outputfunktion $\beta$ legt für jeden Zeitpunkt, abhängig vom gerade vorliegenden Zustand $(z, w)$ und vom Wert $x(t) = a$ des Inputs $x$ den Wert $y(t)$ des Outputs $y$ fest, das ist die Zahl der in die einzelnen Richtungen von der Kreuzung abfahrenden Fahrzeuge.

Wir wollen bei dieser Stufe der Beschreibung stehenbleiben. Es ist klar, daß für eine Anwendung im praktischen Fall zusätzliche Überlegungen und Konstruktionen notwendig sind. Jedoch ist die hier und bis hierhin aufgezeigte Methode der Modellerstellung unter Zuhilfenahme des Konzeptes einer Zustandsdarstellung zielführend und zweckmäßig.

**Beispiel 3:** Produktionsschemata

**Produktionsschemata** sind Systeme, mit denen Produktionsprozesse allgemeiner Art beschrieben werden können. Für den Fall der Produktion eines Ergebnisses mit Hilfe eines Algorithmus stellen die **Flußdiagramme** ein Beispiel dar. In letzter Zeit ist mit den Petri-Netzen ([PET 1], [GE 1]) eine mathematische Konstruktion geschaffen worden, die neben anderen wichtigen Anwendungen im engeren Gebiet der Informatik auch eine abstrakte Beschreibung für Produktionsschemata abgeben kann. Im folgenden wollen wir zeigen, daß das Konzept einer Sequentialmaschine geeignet ist, eine gewisse den Petri-Netzen eigene „Grundmaschine" anzugeben. Bezüglich der Terminologie bei Petri-Netzen halten wir uns sinngemäß an die Arbeit von *Hack* [HA 1], in der auch auf die Beziehung zu den Produktionsschemata eingegangen wird. Zur inhaltlichen Interpretation sei hier auf dieses Werk bzw. auf die einschlägige Literatur verwiesen. Die Grundkonstruktion eines **Petri-Netzes** $PN$ ist durch einen bichromatischen gerichteten Graphen $PN = (\Pi, \Sigma, *)$ gegeben. $\Pi$ stellt dabei die Menge der **Stellen**, $\Sigma$ die Menge der **Transitionen** dar. $*$ ist eine Relation $* \subset (\Pi \times \Sigma) \cup (\Sigma \times \Pi)$ (selbstverständlich muß gelten $\Pi \cap \Sigma = \phi$). Jede Funktion $M: \Pi \longrightarrow \mathbb{N}_0$ heißt eine **Markierung** von $PN$. Wir wollen ein einfaches Beispiel für ein Petri-Netz angeben: $PN = (\Pi, \Sigma, *)$ mit $\Pi := \{p_1, p_2, p_3\}$, $\Sigma := \{s_1, s_2, s_3, s_4, s_5\}$, $* := \{(p_1, s_3), (p_1, s_5), ( (p_2, s_3), (p_3, s_2), (p_3, s_4), (p_3, s_6), (s_1, p_1), (s_1, p_2), (s_2, p_1), (s_3, p_3), (s_4, p_2), (s_5, p_2)\}$.

Eine zugehörige Markierungsfunktion $M: \Pi \longrightarrow \mathbb{N}_0$ ist gegeben durch $p_1 \longmapsto 2$, $p_2 \longmapsto 2$, $p_3 \longmapsto 5$. Dieses $PN$ kann durch folgendes Diagramm festgehalten werden (s. Abb. nächste Seite):

Einem Petri-Netz $PN$ mit Markierung $M$ kann nun in folgender Weise eine Dynamik gegeben werden: Gilt für eine Transition $s$, daß für alle $p \in * s$ gilt $M(p) > 0$ ($s$ heißt dann **feuerbar**), so kann damit der Markierung $M$ durch

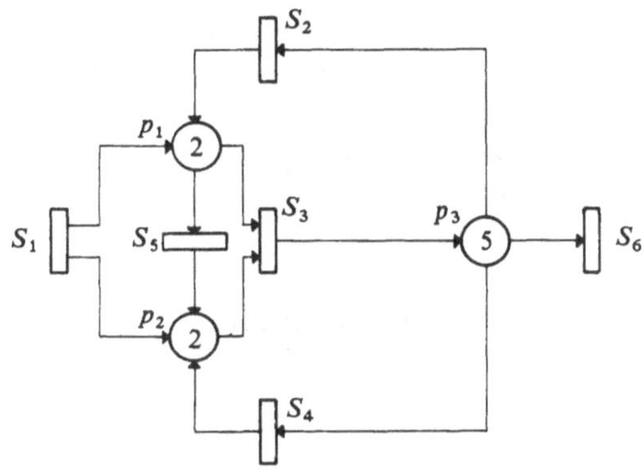


folgende Vorschrift eine neue Markierung $M'$ von $PN$ zugeordnet werden:

$$M': \Pi \to \mathbb{N}_0 : p \mapsto M'(p) := \begin{cases} M(p) & \text{für } p \in (*s \cap s*) \cup (\Pi \setminus (*s \cup s*)), \\ M(p) - 1 & \text{für } p \in *s \setminus s*, \\ M(p) + 1 & \text{für } p \in s* \setminus *s. \end{cases}$$

Jede Überführung $s$ erzeugt auf diese Weise eine zugehörige funktionale Relation $(s)$ auf der Menge $\Pi \to \mathbb{N}_0$ aller für $PN$ grundsätzlich möglichen Markierungen. Man kann in natürlicher Weise auch für „Überführungsworte" $\sigma = s_0 s_1, \ldots s_{n-1} \in \Sigma^* (s_i \in \Sigma)$ beliebiger Länge $n$ eine solche funktionale Relation $(\sigma)$ erklären, indem man setzt $(s_0 s_1 \ldots s_{n-1}) := (s_0) \circ (s_1) \circ \ldots \circ (s_{n-1})$. Zu einer für $PN$ gegebenen Markierung $M$ bezeichnet $\vec{M}$ die Menge aller Markierungen, die man von $M$ aus mit den Überführungswörtern $\sigma \in \Sigma^*$ erreichen kann, also $\vec{M} := \{\bar{M} : \bigvee_{\sigma \in \Sigma^*} \bar{M} \in M(\sigma)\}$. $\vec{M}$ heißt die zu $M$ gehörige **Markierungsklasse** von $PN$. Es sei $M_0$ eine fest vorgegebene Markierung (Initialmarkierung) von $PN$. Eine Überführung $s \in \Sigma$ eines Petri-Netzes heißt **lebendig**, wenn jede Markierung $M \in \vec{M}_0$ mit einem Wort $\sigma$ erreicht werden kann, in dem $s$ als Buchstabe vorkommt. Sind alle Überführungen in diesem Sinne lebendig, so nennt man auch die Initialmarkierung $M_0$ lebendig. Ein Platz $p \in \Pi$ heißt **sicher** bei $M_0$, wenn für alle Markierungen $M$ aus $\vec{M}$ stets gilt $M(p) \leqq 1$. Die Begriffe „lebendig" und „sicher" garantieren in dem mit dem Petri-Netz beschriebenen Produktionsprozeß die grundsätzliche Einsatzbereitschaft bzw. die Nichtüberlastung der darin vorkommenden „Maschinen". Die Lebendigkeit und Sicherheit (live- and safeness) eines Petri-Netzes stellt daher eine wichtige Eigenschaft dar.

Wir wollen hier die Theorie der Petri-Netze nicht weiter verfolgen, sondern vielmehr nur demonstrieren, wie man die Konstruktion eines Petri-Netzes in

der hier skizzierten Form mit Hilfe einer Zustandsdarstellung beschreiben kann. Tatsächlich gelingt dies mit einer Sequentialmaschine.
Es sei $PN = (\Pi, \Sigma, *)$ ein gegebenes Petri-Netz mit Initialmarkierung $M_0$. Die zugehörige Sequentialmaschine $seqtimeS = (A, B, Q(.), \delta(.), \lambda(.))$ zur Beschreibung der Lebendigkeit ist dann erklärt durch

$$A := \Sigma;$$

$$B := \{\text{lebendig, tot}\} \quad (\text{tot} := \text{nicht lebendig});$$

$$Q(0) := \{M_0\};$$

$$\bigwedge_{t \in \mathbb{N}} Q(t) := \{M: \bigvee_{\sigma = s_0 s_1, \dots s_{t-1} \in \Sigma^*} M \in M_0(\sigma)\};$$

$$\bigwedge_{t \in \mathbb{N}_0} \delta(t) \subset (Q(t) \times A) \times Q(t+1): (M, s)\delta(t)\bar{M} :\Leftrightarrow M(s)\bar{M};$$

$$\bigwedge_{t \in \mathbb{N}} \lambda(t) \subset (Q(t) \times A) \times B: (M, s)\lambda(t)b :\Leftrightarrow s \quad \text{ist } b.$$

Man erkennt leicht, daß $seqtimeS$ damit wohldefiniert ist. Sie gibt die Markierungstransformationen von $PN$ an und liefert mit dem Output die Aussage über die Lebendigkeit der Transitionen bei der erreichten Markierung.

**Beispiel 4:** Forrester Modelle

Die unter dem Namen „Forrester Modelle“ in letzter Zeit lebhaft diskutierten Simulationsmodelle für Probleme der Betriebswirtschaft, Volkswirtschaft und Ökologie verwenden alle das Konzept der Zustandsdarstellung in unserem Sinne. Dies gilt sowohl für die elementaren Bausteine im einzelnen, als auch für die durch Zusammenschaltung der Bausteine entstehenden Gesamtmodelle. Gerade durch die Hinwendung zu solchen Zustandsdarstellungen können mit den heutigen Mitteln der Informatik auch komplexe Modelle gebaut und erforscht werden. Systemtheoretisch gliedern sich die meisten dieser Modelle in die Klasse der linearen zeitinvarianten Differenzensysteme ein. Ihre Theorie ist weitgehend analog zur Theorie der linearen zeitinvarianten Differentialsysteme, die wir im Kapitel 12 betrachten.

## 5.10 Übungsaufgaben

(Ü1) Gegeben sei der nichtantizipative Parzessor *partimeS* von 4.2, Beispiel 2:

| $\lambda$ | $aab$ | $abb$ | $aac$ | $abc$ | $cbc$ |
|---|---|---|---|---|---|
| 1 | $\alpha\beta\gamma$ | $\alpha\beta\gamma$ | $\alpha\beta\alpha$ | $\alpha\beta\beta$ | $\gamma\alpha\beta$ |
| 2 | – | $\alpha\alpha\gamma$ | $\alpha\alpha\beta$ | $\alpha\alpha\alpha$ | $\alpha\beta\beta$ |

(a) Gib die Zustandsdarstellung *sta(par)timeS* an.
(b) Ist diese Zustandsdarstellung inputtreu? Wenn ja, konstruiere $(sta(par)timeS)_\sim$.

(Ü2) Bestimme den Wahrheitswert der folgenden Aussagen:

(a) $(sta(par)timeS)_\sim$ ist steuerbar und beobachtbar.
(b) *statimeS* schwach $t_0$-zustandsreduziert $\Leftrightarrow$ *statimeS* beobachtbar.
(c) *statimeS* schwach $t_0$-prozeßreduziert $\Leftrightarrow$ *statimeS* steuerbar.

(Ü3) Gegeben sei das allgemeine Zeitsystem

$$timeS = (A, B, X, Y, S, time) \text{ mit } A := B := \mathbb{R},\ time = ([0, 1], \leqq, 0),$$
$$X := Y := time \to \mathbb{R} \text{ und } S \subset X \times Y \text{ mit } xSy :\Leftrightarrow y' + y = x$$

($y'$ die erste Ableitung von $x$; vgl. mit 4.5 (Ü3)).

(a) Konstruiere eine zugehörige Zustandsdarstellung *statimeS*.
(b) Ist die gefundene Zustandsdarstellung
  (b1) kausal?
  (b2) inputtreu?
  (b3) zustandsreduziert?
  (b4) prozeßreduziert?

(Ü4) Finde Beispiele von Zustandsdarstellungen.
(Ü5) Finde Modelle, in denen Zustandsdarstellungen vorkommen.
(Ü6) Entwickle ein Beispiel in der Art von Beispiel 1 jedoch unter Einbeziehung des Wasserabflusses und der abgegebenen Leistung in den Output.
(Ü7) Entwickle eine Zustandsdarstellung für ein Versorgungssystem der Raffinerien mit Erdöl.
(Ü8) Wähle im Beispiel 2 eine Strategiefunktion $\sigma$ (willkürlich oder mit einer gewissen strategischen Absicht) und führe ein Input-Output Experiment mit dem Modell durch.
(Ü9) Gib für das in Beispiel 3 angegebene Petri-Netz *PN* die zugehörige Sequentialmaschine *seqtimeS* an.
(Ü10) Beschreibe die angegebene Straßenkreuzung mit einem Petri-Netz.

## 5.11 Bemerkungen und Literaturhinweise

Die Verwendung des Konzepts eines Zustandes in Modellen ist sehr gebräuchlich und gut eingeführt, denn die Denkökonomie, die eine kausale Zustandsdarstellung ermöglicht, ist dort von großem Gewinn. Während es beispielsweise der Astronomie und der Physik durch das Vorhandensein einer guten theoretischen und experimentellen Basis schon sehr früh gelang, wichtige Modelle als Zustandsdarstellungen aufzubauen, sind andere Wissenschaften, wie etwa die Regelungstechnik und Nachrichtentechnik, erst später auf den Wert einer solchen Darstellungsweise gekommen. In der Pionierzeit der Nachrichtentechnik z.B. spielten Frequenzdarstellungen von Input-Output Systemen die dominierende Rolle. Dies hatte (und hat auch heute noch) einen wesentlichen Grund: Wichtige reale Systeme (wie etwa Bandfilter, Entzerrer, Übertragungsstrecken) können durch Messung ihres Frequenzganges für praktische Zwecke charakterisiert werden, und auch die Systemkonstruktion kann von der Frequenzdarstellung aus beginnen. Heute hat sich in der Nachrichtentechnik, bedingt durch die Weiterentwicklung der Technologien und Bedürfnisse, das Bild gewandelt, so daß neben die Frequenzdarstellung die Zustandsdarstellung von Systemen tritt. Andere Wissenschaften wieder, wie etwa die Volkswirtschaftslehre, haben sich in ihren Modelldarstellungen beider Formen, der Zustandsdarstellung und der Frequenzdarstellung, angenommen. Frühere Versuche, Modelle der Volkswirtschaftslehre mit Hilfe von Differentialgleichungen zu beschreiben, waren von der Kritik verurteilt, in einer theoretischen Phase steckenzubleiben. Spätere Versuche, Frequenzdarstellungen dafür nutzbar zu machen, haben, ebenfalls wegen der großen Entfernung zu den realen Möglichkeiten einer Messung, kaum zu Erfolgen geführt. Erst in jüngster Zeit hat, bedingt durch die neuen Möglichkeiten der Rechentechnik mittels programmgesteuerter elektronischer Rechenmaschinen, durch Forrester [FO 1, FO 2] die Zustandsdarstellung volks- und betriebswirtschaftlicher Modelle in die Praxis Eingang gefunden. Unsere Beschreibung einer Zustandsdarstellung *statimeS* fällt in ihrer Grundanlage nicht aus dem Rahmen; sie hat jedoch, wie der fortgeschrittene Leser vermerken wird, eigenwillige Züge. Der Gedanke, gerade zu dieser Konstruktion zu greifen, war letztlich darauf ausgerichtet, nicht eine universell verwertbare „Maschine" zu entwerfen, sondern an einer für „Zustandsdarstellungen" von praktischer Sicht her vertretbaren „Maschine" etwas dafür Charakteristisches trainieren zu können. Die Versuche, das „Phänomen Zustand" zu formalisieren, sind sehr alt. Für den von uns hier nicht sonderlich betonten Fall einer „autonomen" Zustandsdarstellung (ohne Input und Output) stellen die mathematischen Gebiete „Dynamical Systems" (*Birkhoff* [BI 1], *Nemytskii* [NE 1]) und „Topological Dynamics" (*Gottschalk* [GOT 1]) eine hochentwickelte Theorie zur Verfügung. Diese Theorien hatten ihr ursprüngliches Motiv in der qualitativen Beschreibung der Lösungen von Differentialgleichungen; heute scheinen sie aber mehr in „topologischen Gefilden" zu schweben. Für unsere mengentheoretische Konstruktion einer Zustandsdarstellung sagen sie deshalb nicht viel aus, was aber nicht heißen soll, daß die Einführung von topologischen Strukturen bei einer Zustandsdarstellung kein systemtheoretisches Ziel sei. Tatsächlich sind in dieser Richtung bereits wesentliche Versuche unternommen worden (vgl. z. B. *Brauer* [BR 1], *Valk* [VA 1], *Cornacchio* [CO 1]). Die von uns gewählte Zustandsdarstellung hat ihr Vorbild in denen von *Windeknecht* [WI 2] und *Macko* [MA 1]. Diese wiederum konnten sich an den Arbeiten von *Zadeh-Desoer* [ZA 1], *Zadeh* [ZA 3] und *Mesarovic* [ME 1, ME 5] orientieren. Wir verweisen in diesem Zusammenhang noch auf *Kalman-Falb-Arbib* [KA 1], *Banerji* [BA 1] und auf *Orava* [OR 1]. Die ursprüngliche Motivation für die Konstruktion einer Zustandsdarstellung in unserem Sinne entsprang dem Wunsch, das Axiomensystem, das üblicherweise für die Transitionsfunktion $\xi_0$ angegeben wird (vgl. etwa [KA 1]), genauer zu erforschen (*Pichler* (PI 1]). Das Konzept der Prozeßreduktion wurde neben dem üblichen Konzept der Zustandsreduktion noch hereingenommen, um im späteren Kapitel 12 den Zusammenhang zur Steuerbarkeit und Beobachtbarkeit ([KA 1]) vorteilhaft studieren zu können. Auf die Darstellung einer allgemeinen zugehörigen Theorie ist verzichtet worden. Wir sollten an dieser Stelle auf die ausgezeichnete Darstellung von *Wymore* ([WY 1]) hinweisen, in der, ähnlich wie bei uns, von einer allgemein gehaltenen Zustandsdarstellung („Wymore-Maschine") ausgegangen wird. Auf den Zusammenhang zwischen der von uns gewählten „Mesarovic-Maschine" zur Zustandsdarstellung nach *Wymore* wurde kürzlich von *Islam* ([IS 1]) hingewiesen. Ein Versuch, „universelle" Systeme zu konstruieren, liegt auch mit der Darstellung von *Peschel-Wunsch* ([PES 1]) vor. An neueren Arbeiten zum Thema „Zustandsdarstellung allgemeiner Zeitsysteme" möchten wir noch die von *Deussen* [DE 1] und *Pfaffelhuber* [PF 1] erwähnen.

## 6. Dynamische Darstellung von Prozessen

Dieses Kapitel kann vom Leser beim erstmaligen Studium übersprungen werden. Wir entwickeln darin eine allgemeine Theorie der Darstellung von Prozessen durch „Maschinen". Von besonderem Interesse sollen dabei vor allem solche sein, die als „dynamisch" angesprochen werden können. Die von uns angegebene Konstruktion ist, wie die des Parzessors in Abschnitt 4, in dem Sinne „natürlich", daß sie alle dafür verwendeten Objekte aus dem zugrundeliegenden Prozeß entnimmt.
Ist im speziellen Fall der darzustellende Prozeß ein Input-Output Prozeß, so

erhalten wir eine Beschreibung, die mit der Zustandsdarstellung des vorangegangenen Abschnittes zu vergleichen ist.
Im Gegensatz zu unseren vorherigen Überlegungen braucht jedoch für diesen Abschnitt die zugrundeliegende Zeitmenge nicht notwendigerweise einen Startzeitpunkt $t_0$ haben. Wir nehmen also eine Zeitmenge an, bei der jeder Zeitpunkt eine echte Vergangenheit haben darf. Dementsprechend haben auch die Prozesse hier nicht notwendigerweise einen „Anfang"; es existiert vielmehr im allgemeinen für jeden Zeitpunkt eine nichttriviale Prozeßvergangenheit.

## 6.1 Prozesse

Dieser Abschnitt kann als eine Ergänzung zu Kapitel 3 gesehen werden. Ist $\leqq$ eine vollständige Ordnungsrelation auf der Menge $T$, so nennen wir jetzt bereits $(T, \leqq)$ eine **Zeitmenge**. Wir können alle Begriffe, die wir in Kapitel 3 im Zusammenhang mit der Zeitmenge $(T, \leqq, t_0)$ eingeführt haben, in analoger Weise für die Zeitmenge $(T, \leqq)$ prägen. Wir haben damit insbesondere folgende Begriffe zur Verfügung: **Einschränkung** von $(T, \leqq)$ auf eine Menge $U$; **Zeitfunktionen** über $(T, \leqq)$; **Prozeß** über $(T, \leqq)$. Für je zwei Prozesse $P, Q$ über $(T, \leqq)$ können wir des weiteren für beliebiges $t \in T$ deren **Konkatenationsprodukt** $P \underset{t}{\circ} Q$ erklären, durch

$$P \underset{t}{\circ} Q := \{f\colon \bigvee_{p \in P} \bigvee_{q \in Q} f^t = p^t \wedge f_t = q_t\}$$

und deren **direktes Produkt** $PQ$ durch

$$PQ := \{f\colon \bigvee_{p \in P} \bigvee_{q \in Q} f = pq\}.$$

In Ergänzung dazu definieren wir noch für beliebiges $t \in T$ die **Erscheinung** $P \underset{t}{<} Q$ (genauer „Erscheinung von $Q$ bezüglich der $t$-Vergangenheit von $P$) durch

$$P \underset{t}{<} Q := \{f\colon f \in Q \wedge f^t \in P^t\}.$$

Die **Erscheinungsoperation** $\underset{t}{<}$ wird in unseren nachfolgenden Überlegungen eine wichtige Rolle spielen. Im speziellen Fall $P = \{p\}$ schreiben wir für die Erscheinung $\{p\} \underset{t}{<} Q$ einfacher $p \underset{t}{<} Q$.

## 6.2 Zustandsbeschreibung von Prozessen

Wir geben zuerst eine sehr allgemein gehaltene Darstellung eines Prozesses $P$ über $(T, \leqq)$ an. Diese liefert für jeden Zeitpunkt $t \in T$ eine Überdeckung desselben mit Teilprozessen. Wir nennen diese Darstellung eine „Zustandsbeschreibung“, und indem wir von ihr spezielle Eigenschaften verlangen, kommen wir zum häufig verwendeten Konzept der Darstellung eines Prozesses durch eine „dynamische Maschine“.

**Definition:** Ein geordnetes Paar $(P, Z)$ heißt eine **Zustandsbeschreibung** von $P :\Leftrightarrow$

(1) $P$ ist ein Prozeß über $(T, \leqq)$.

(2) $Z$ ist eine Menge von Zeitfunktionen $z: T \rightarrow P(P)$ von $T$ in die Potenzmenge von $P$.

(3) Für jeden Zeitpunkt $t \in T$ bildet das Mengensystem $\{z(t): z \in Z\}$ eine Überdeckung von $P$, d.h., es gilt $\bigwedge_{t \in T} \bigcup_{z \in Z} z(t) = P$.

Ist $(P, Z)$ eine Zustandsbeschreibung von $P$, dann nennen wir jede Zeitfunktion $z \in Z$ eine **Zustandstrajektorie** und jeden Funktionswert $z(t)$ einen **Zustand.** Die Menge $Q$

$$Q := \{q: \bigvee_{z \in Z} \bigvee_{t \in T} q = z(t)\},$$

bestehend aus allen Zuständen von $(P, Z)$, heißt deren **Zustandsmenge**. Schließlich sei für beliebiges $t \in T$ mit $Q(t)$ die Menge

$$Q(t) := \{q: \bigvee_{z \in Z} q = z(t)\}$$

bezeichnet. $Q(t)$ ist die Menge der von $(P, Z)$ zur Zeit $t$ **erreichbaren** Zustände. Die systemtheoretische Interpretation einer Zustandsbeschreibung $(P, Z)$ bildet kein Problem: Jede Zustandstrajektorie $z$ beschreibt, wie der Prozeß $P$ in den einzelnen Zeitpunkten $t$ in Form der Teilprozesse $z(t)$ in Erscheinung tritt. Die Forderung (3) sichert, daß für jeden Zeitpunkt die Gesamtheit der dort festgelegten Teilprozesse den Prozeß $P$ ergibt.

## 6.3 Eigenschaften von Zustandsbeschreibungen

Wir geben nun einige Eigenschaften für Zustandsbeschreibungen $(P, Z)$ an, die für unsere nachfolgenden Überlegungen von Wichtigkeit sind.

**Definition:** Eine Zustandsbeschreibung $(P, Z)$ heißt

**konkatenationstreu** $:\Leftrightarrow \bigwedge_{t \in T} \bigwedge_{q \in Q(t)} q \,\text{\textrm{\textctyogh}}\, q = q.$

**vergangenheitserweiternd** :⇔ für beliebige $t\in T$ ist die Relation $v(t)$, die definiert ist durch

$$v(t) := \{(p \underset{t}{<} q, q) : q \in Q(t) \wedge p \in q\},$$

funktional.

**vergangenheitsdeterminierend** :⇔ $\bigwedge_{t\in T} \bigwedge_{q\in Q(t)} p, \bar{p} \in q \Rightarrow p^t = \bar{p}^t$.

**überführend** :⇔ für alle $t, t'\in T$ mit $t \leqq t'$ ist die Relation $\ddot{u}(t, t')$, welche definiert ist durch

$$\ddot{u}(t, t') := \{((q, s), q') : q \in Q(t) \wedge q' \in Q(t') \wedge \bigvee_{p\in q\cap q'} s = p_{t,t'}\}$$

funktional und ${}_1\ddot{u}(t, t') = \{(q, s) : q \in Q(t) \wedge s \in q_{t,t'}\}$.

In jedem Fall ist die Bedeutung dieser Eigenschaften für $(P, Z)$ leicht zu ersehen. Wir geben nachfolgend eine Beziehung dieser Eigenschaften untereinander an:

**Satz:** Ist eine Zustandsbeschreibung $(P, Z)$ vergangenheitsdeterminierend, dann ist sie auch konkatenationstreu und vergangenheitserweiternd.

*Beweis:* Da bei einer vergangenheitsdeterminierenden Zustandsbeschreibung jede $t$-Vergangenheit $q^t$ eines Zustandes $q\in Q(t)$ aus einem einzigen Element besteht, gilt $q \underset{t}{\circ} q = q$.
Des weiteren ist für $p\in q$ stets $p \underset{t}{<} q = q$, so daß die Relation $v$ die Identität auf $Q(t)$ darstellt, somit auch funktional ist.

Die gerade eingeführten Eigenschaften ermöglichen es uns bereits, den Begriff einer „dynamischen" Zustandsbeschreibung $(P, Z)$ festzulegen. Bevor wir dies in der endgültigen Form tun, wollen wir kurz auf die „Qualitäten" eingehen, die man bei einer solchen Beschreibung von den Zuständen üblicherweise verlangt.

(a) Sind $p, \bar{p}\in P$ zwei im Zustand $q\in Q(t)$ mögliche Zeitfunktionen des Prozesses $P$ (gilt also $p, \bar{p}\in q$), so soll die $t$-Zukunft der zugehörigen Erscheinungen $p \underset{t}{<} q$ und $\bar{p} \underset{t}{<} q$ stets gleich sein. Damit hat dann der Prozeß bei $p$ und $\bar{p}$ im Zustand $q$ von der Zeit $t$ an „die gleiche Gestalt".

(b) Von jeder Erscheinung $p \underset{t}{<} q$ mit $p\in q$ soll es möglich sein, auf den Zustand $q$ eindeutig zu schließen. Damit ist dann mit $p \underset{t}{<} q$ auch eindeutig die „Historie" $q^t$ des Zustandes $q$ gegeben.

(c) Aus der Kenntnis von $q$ mit $q\in Q(t)$ und $p_{t,t'}$ mit $p_{t,t'}\in q_{t,t'}$ soll eindeutig auf den Nachfolgezustand $q'$ mit $q'\in Q(t')$ und $p_{t,t'}\in q'_{t,t'}$ geschlossen werden können.

Man erkennt leicht, daß diese Qualitäten von $(P, Z)$ durch die Eigenschaften

„konkatenationstreu", „vergangenheitserweiternd" und „überführend" gesichert werden. Wir kommen damit zu folgender Definition

**Definition:** Eine Zustandsbeschreibung $(P, Z)$ eines Prozesses $P$ heißt **dynamisch** $:\Leftrightarrow$

(1) $(P, Z)$ ist konkatenationstreu.

(2) $(P, Z)$ ist vergangenheitserweiternd.

(3) $(P, Z)$ ist überführend.

Wir wollen vorerst keine weiteren Eigenschaften von Zustandsbeschreibungen betrachten, sondern uns der Konstruktion spezieller dynamischer Zustandsbeschreibungen widmen.

## 6.4 Spezielle dynamische Zustandsbeschreibungen

Die nachfolgenden Definitionen geben spezielle Zustandsbeschreibungen $(P, Z)$ an, die man für jeden Prozeß in kanonischer Weise stets konstruieren kann. Wie wir sehen werden, handelt es sich mit einer Ausnahme um dynamische Zustandsbeschreibungen.

**Definition:** Die Zustandsbeschreibung $(P, Z_0)$ eines Prozesses $P$ ist definiert durch

$$Z_0 := \{z : \bigvee_{p \in P} \bigwedge_{t \in T} z(t) = \{p\}\}.$$

Wir nennen $(P, Z_0)$ die **feinste** Zustandsbeschreibung von $P$. Ihre Zustandsmenge $Q_0$ ist gegeben durch $Q_0 = \{\{p\} : p \in P\}$. Man erkennt unmittelbar, daß gilt

**Satz:** Die feinste Zustandsbeschreibung $(P, Z_0)$ ist dynamisch.

**Definition:** Die Zustandsbeschreibung $(P, Z_1)$ ist definiert durch

$$Z_1 := \{z : \bigwedge_{t \in T} z(t) = P\}.$$

Wir nennen $(P, Z_1)$ die **gröbste** Zustandsbeschreibung von $P$. Ihre Zustandsmenge $Q_1$ ist gegeben durch $Q_1 = \{P\}$.

Man erkennt sofort, daß $(P, Z_1)$ vergangenheitserweiternd und überführend ist. Ist der Prozeß $P$ gegenüber Konkatenation abgeschlossen, gilt also stets $P \circ P = P$, so ist $(P, Z_1)$ auch konkatenationstreu und somit auch dynamisch.

Sowohl die feinste als auch die gröbste Zustandsbeschreibung eines Prozesses $P$ sind für den praktischen Anwendungsfall von geringem Interesse. Im ersten Fall besteht jeder Zustand nur aus einer einzigen Zeitfunktion des Prozesses, im zweiten Fall stets aus dem ganzen Prozeß. Die im folgenden angegebenen Zustandsbeschreibungen haben komplizierter gebaute Zustände.

**Definition:** Die Zustandsbeschreibung $(P, \tilde{Z})$ ist definiert durch

$$\tilde{Z} := \{z : \bigvee_{p \in P} \bigwedge_{t \in T} z(t) = p \underset{t}{<} P\}.$$

Wir nennen $(P, \tilde{Z})$ die **natürliche** Zustandsbeschreibung des Prozesses $P$ und sehen, daß jeder Zustand der natürlichen Zustandsbeschreibung eine Erscheinung des Prozesses $P$ bezüglich einer Prozeßzeitfunktion ist. Offenbar isf $(P, \tilde{Z})$ vergangenheitsdeterminierend und deshalb nach unserer früheren Überlegung auch konkatenationstreu und vergangenheitserweiternd. Es ist leicht zu erkennen, daß $(P, \tilde{Z})$ auch überführend ist: Ist $t \leqq t'$ und $p \in q \cap q'$ mit $q \in \tilde{Q}(t)$ und $q' \in \tilde{Q}(t')$, so ist durch $q$ und $p_{t,t'}$ der Zustand $q'$ eindeutig bestimmt durch $q' = p \underset{t'}{<} P$. Es gilt damit:

**Satz:** Die natürliche Zustandsbeschreibung $(P, \tilde{Z})$ eines Prozesses $P$ ist dynamisch.

**Definition:** Die Zustandsbeschreibung $(P, \bar{\bar{Z}})$ ist definiert durch

$$\bar{\bar{Z}} := \{z : \bigvee_{p \in P} \bigwedge_{t \in T} z(t) = \{\bar{p} : \bar{p} \in P \wedge (\bar{p} \underset{t}{<} P)_t = (p \underset{t}{<} P)_t\}\}.$$

Wir nennen $(P, \bar{\bar{Z}})$ die **reduzierte** Zustandsbeschreibung des Prozesses $P$. Ihre Zustände werden jeweils durch die Menge aller derjenigen Zeitfunktionen $p \in P$ gebildet, bei denen die auf sie bezogenen Erscheinungen $p \underset{t}{<} P$ des Prozesses $P$ gleiche $t$-Zukunft haben. Sie kann so betrachtet im wesentlichen als der „Quotient" von $(P, \tilde{Z})$ bezüglich der „Nerode-Äquivalenz" $\equiv$ angesehen werden, die gegeben ist durch die Zeitfunktion

$$\equiv : T \to Q \times Q : t \mapsto \equiv(t) := \{(q, \bar{q}) : q, \bar{q} \in Q(t) \wedge q_t = \bar{q}_t\}.$$

**Satz:** Die reduzierte Zustandsbeschreibung $(P, \bar{\bar{Z}})$ eines Prozesses $P$ ist dynamisch.

*Beweis:* Es sei $p, \bar{p} \in q$ mit $q \in \bar{\bar{Q}}(t)$ (mit $\bar{\bar{Q}}(t)$ ist dabei die Menge der in $(P, \bar{\bar{Z}})$ zur Zeit $t$ erreichbaren Zustände bezeichnet). Wegen $(p \underset{t}{<} P)_t = (\bar{p} \underset{t}{<} P)_t$ gilt dann auch $p \underset{t}{\circ} \bar{p} \in q$. $(P, \bar{\bar{Z}})$ ist also konkatenationstreu. Daß $(P, \bar{\bar{Z}})$ vergangenheitserweiternd ist, kann unmittelbar aus der Definition abgelesen werden, denn für $p \in q$ gilt $p \underset{t}{<} q = p \underset{t}{<} P$, und $q$ ist damit eindeutig bestimmt. Des weiteren ist $(P, \bar{\bar{\bar{Z}}})$ überführend, denn für $t \leqq t'$ und $p \in q \cap q'$ mit $q \in \bar{\bar{\bar{Q}}}(t)$ und $q' \in \bar{\bar{\bar{Q}}}(t')$ ist mit $q$ und $p_{t,t'}$ der Zustand $q'$ bereits eindeutig bestimmt durch

$$q' = \{\bar{p} : \bar{p} \in P \wedge (\bar{p} \underset{t}{\lessdot} P)_{t'} = (p \underset{t}{\lessdot} P)_{t'}\}.$$

Unsere Definition einer „dynamischen" Zustandsbeschreibung ist bereits so angelegt, daß ihre Zustände durch die zugehörige „Vorgeschichte" des Prozesses stark geprägt sind. Im folgenden wollen wir solche Qualitätsmerkmale von Zuständen noch genauer untersuchen. Dabei beschränken wir uns nicht nur auf die vergangene Entwicklung des Prozesses. Wir sind vielmehr auch daran interessiert, an Zuständen Qualitäten festzustellen, die von der zugehörigen zukünftigen Entwicklung des Prozesses abhängen.

## 6.5 Konstruierbarkeit und Rekonstruierbarkeit

**Definition:** Eine Zustandsbeschreibung $(P, Z)$ eines Prozesses $P$ heißt **konstruierbar** :⇔ für beliebige $t \in T$ ist die Relation $\kappa(t)$, die definiert ist durch

$$\kappa(t) := \{(q^t, q) : q \in Q(t)\},$$

funktional.

**Definition:** Eine Zustandsbeschreibung $(P, Z)$ eines Prozesses $P$ heißt **rekonstruierbar** :⇔ für beliebige $t \in T$ ist die Relation $\varrho(t)$, die definiert ist durch

$$\varrho(t) := \{(q_t, q) : q \in Q(t)\},$$

funktional.

Die Bedeutung dieser beiden Eigenschaften für eine Zustandsbeschreibung ist unmittelbar zu sehen: Im Falle einer konstruierbaren Zustandsbeschreibung genügt stets die Kenntnis von $q^t$, um auf ganz $q$ schließen zu können. Kennt man also bei einer solchen die $t$-Vergangenheit eines Zustandes, so folgt daraus sofort auch dessen $t$-Zukunft. Die Eigenschaft einer Zustandsbeschreibung, rekonstruierbar zu sein, ist gerade zeitlich entgegengerichtet dazu: Um einen Zustand $q \in Q(t)$ und damit auch dessen $t$-Vergangenheit zu bestimmen, genügt nun die Kenntnis von dessen $t$-Zukunft $q_t$.
Für viele Fälle der praktischen Anwendung sind die Eigenschaften „konstruierbar" und „rekonstruierbar" noch zu grob. Man ist daran interessiert, einen „Grad" der Konstruierbarkeit bzw. der Rekonstruierbarkeit zu kennen. Die nachfolgenden Definitionen heben die beiden Extremfälle hervor, die man bei unserem allgemeinen Fall einer Zustandsbeschreibung betrachten kann. Wir

führen zuerst noch folgende Bezeichnungsweisen ein:

**Definition:** Für beliebige $t \in T$ und beliebige $q \in Q(t)$ sind die Mengen $P_\kappa(q^t)$, $P_\varrho(q_t)$, $M_\kappa(q^t)$, $M_\varrho(q_t)$ definiert durch

$$P_\kappa(q^t) := \{U : U \subset q^t \wedge \bigwedge_{\bar{q} \in Q(t)} U \subset \bar{q}^t \Rightarrow \bar{q}^t = q^t\},$$

$$P_\varrho(q_t) := \{U : U \subset q_t \wedge \bigwedge_{\bar{q} \in Q(t)} U \subset \bar{q}_t \Rightarrow \bar{q}_t = q_t\},$$

$$M_\kappa(q^t) := \{U : U \in P_\kappa(q^t) \wedge \bigwedge_{\bar{U} \in P_\kappa(q^t)} \bar{U} \subset U \Rightarrow \bar{U} = U\},$$

$$M_\varrho(q^t) := \{U : U \in P_\kappa(q_t) \wedge \bigwedge_{\bar{U} \in P_\varrho(q_t)} \bar{U} \subset U \Rightarrow \bar{U} = U\}.$$

Die Mengen $P_\kappa(q^t)$ und $P_\varrho(q^t)$ bestehen damit gerade aus den Teilmengen von $q^t$ bzw. $q_t$, die noch $q^t$ bzw. $q_t$ eindeutig in $Q(t)^t$ bzw. $Q(t)_t$ zu identifizieren vermögen. Die Mengen $M_\kappa(q^t)$ und $M_\varrho(q_t)$ werden durch die „minimalen" Mengen von $P_\kappa(q^t)$ bzw. $P_\varrho(q_t)$ gebildet; sie stellen jeweils das „Blattwerk" des durch die Ordnungsstruktur $(P(q^t), \subset)$ bzw. $(P(q_t), \subset)$ gegebenen „Baumes" mit „Wurzel" $q^t$ bzw. $q_t$ dar. Wir definieren nun

**Definition:** Eine Zustandsbeschreibung $(P, Z)$ heißt **stark konstruierbar** $:\Leftrightarrow$

(1) $(P, Z)$ ist konstruierbar.

(2) $\bigwedge_{t \in T} \bigwedge_{q \in Q(t)} M_\kappa(q^t) = \{\{p^t\} : p^t \in q^t\}$.

**Definition:** Eine Zustandsbeschreibung $(P, Z)$ heißt **schwach konstruierbar** $:\Leftrightarrow$

(1) $(P, Z)$ ist konstruierbar.

(2) $\bigwedge_{t \in T} \bigwedge_{q \in Q(t)} M_\kappa(q^t) = \{q^t\}$.

**Definition:** Eine Zustandsbeschreibung $(P, Z)$ heißt **stark rekonstruierbar** $:\Leftrightarrow$

(1) $(P, Z)$ ist rekonstruierbar.

(2) $\bigwedge_{t \in T} \bigwedge_{q \in Q(t)} M_\varrho(q_t) = \{\{p_t\} : p_t \in q_t\}$.

**Definition:** Eine Zustandsbeschreibung $(P, Z)$ heißt **schwach rekonstruierbar** $\Leftrightarrow$

(1) $(P, Z)$ ist rekonstruierbar.

(2) $\bigwedge_{t \in T} \bigwedge_{q \in Q(t)} M_\varrho(q_t) = \{q_t\}$.

Die systemtheoretische Bedeutung dieser Definitionen zur Festlegung eines „Grades" der Konstruierbarkeit bzw. Rekonstruierbarkeit ist unmittelbar ab-

zulesen. In den praktischen Anwendungen sind gerade stark konstruierbare und stark rekonstruierbare Zustandsbeschreibungen sehr gefragt, da sie im allgemeinen die Bestimmung der Zustände auf einfache Art ermöglichen. Meistens wird dann, wie etwa im Falle der endlichen Automaten oder der linearen zeitinvarianten Differentialsysteme, noch die stärkere Forderung erhoben, daß die „Steuerung“ bzw. „Beobachtung“ über ein „endliches“ Zeitintervall zur Festlegung des Zustandes ausreichen soll.
Wir wollen nun die von uns früher kennengelernten Zustandsbeschreibungen $(P, Z_0)$, $(P, Z_1)$, $(P, \tilde{Z})$ und $(P, \tilde{\tilde{Z}})$ auf ihre Konstruierbarkeit und Rekonstruierbarkeit hin untersuchen.

**Satz:** Die feinste Zustandsbeschreibung $(P, Z_0)$ ist im allgemeinen nicht konstruierbar und nicht rekonstruierbar.

*Beweis:* Dies folgt sofort daraus, daß man im allgemeinen von $p^t$ bzw. $p_t$ nicht auf $p$ schließen kann.

**Satz:** Die gröbste Zustandsbeschreibung $(P, Z_1)$ ist stark konstruierbar und stark rekonstruierbar.

*Beweis:* Dies ist trivial, denn für alle Zeiten $t$ gibt es stets nur den einen Zustand $q = P$.

**Satz:** Die natürliche Zustandsbeschreibung $(P, \tilde{Z})$ ist stark konstruierbar, aber im allgemeinen nicht rekonstruierbar.

*Beweis:* Wir überzeugen uns zuerst, daß $(P, \tilde{Z})$ konstruierbar ist. Gilt $(q^t, q) \in \kappa(t)$ und $(q^t, \bar{q}) \in \kappa(t)$, so gilt $q^t = \bar{q}^t$, und es gibt eine Zeitfunktion $p \in P$ mit $q^t = \{p^t\} = \bar{q}^t$. Es ist dann $q = p \underset{t}{<} P = \bar{q}$. $\kappa(t)$ ist also funktional und $(P, \tilde{Z})$ somit konstruierbar. Daß $(P, \tilde{Z})$ stark konstruierbar ist, folgt sofort daraus, daß jede Menge $M_\kappa(q^t)$ stets durch $M_\kappa(q^t) = P_\kappa(q^t) = \{p^t\}$ mit $p \in q$ gegeben ist. $(P, \tilde{Z})$ ist aber im allgemeinen nicht rekonstruierbar, da von $q_t = (p \underset{t}{<} P)_t$, $p \in q$, im allgemeinen nicht auf $p^t$ geschlossen werden kann.

**Satz:** Die reduzierte Zustandsbeschreibung $(P, \tilde{\tilde{Z}})$ ist stark konstruierbar und rekonstruierbar, aber im allgemeinen nicht stark rekonstruierbar.

*Beweis:* Wir führen den Beweis in mehreren Schritten. Als erstes definieren wir die Relationen $\alpha_0(t)$ und $\alpha(t)$ durch

$$\alpha_0(t) := \{(p^t, p \underset{t}{\circ} q) : q \in Q(t) \wedge p \in q\},$$
$$\alpha(t) := \{(p^t, q) : q \in Q(t) \wedge p \in q\}$$

und zeigen, daß diese Relationen funktional sind. Gilt $(p^t, p \underset{t}{\circ} q) \in \alpha_0(t)$ und

$(p^t, p \underset{t}{\circ} \bar{q}) \in \alpha_0(t)$ mit $p \in q \cap \bar{q}$, so haben wir nach der Definition von $(P, \bar{\bar{\bar{Z}}})$ $q = \{\bar{p} : \bar{p} \in P \wedge \bar{p}_t \in (p \underset{t}{<} P)_t\} = \bar{q}$ und damit auch $p \underset{t}{\circ} q = p \underset{t}{\circ} \bar{q}$. $\alpha_0(t)$ ist also funktional. Wir haben früher bereits erkannt, daß $(P, \bar{\bar{\bar{Z}}})$ konkatenationstreu ist; damit gilt $p \underset{t}{\circ} q = p \underset{t}{<} q$ und daher mit der in 6.3 definierten Relation $v(t)$ auch $\alpha(t) = \alpha_0(t) \circ v(t)$. $(P, \bar{\bar{\bar{Z}}})$ ist aber vergangenheitserweiternd, die Relation $v(t)$ also funktional. Damit ist aber auch $\alpha(t)$ funktional.
Mit jeder $t$-Vergangenheit $p^t$ einer Zeitfunktion $p$ ist daher eindeutig der zugehörige Zustand $q$ bestimmt, in dem $p$ liegt. $(P, \bar{\bar{\bar{Z}}})$ ist damit aber stark konstruierbar.
Es sei nun $(q_t, q) \in \varrho(t)$ und $(q_t, \bar{q}) \in \varrho(t)$. Dann ist $q_t = \bar{q}_t$ und $q = \{\bar{p} : \bar{p} \in P \wedge \bar{p}_t \in \bar{q}_t\}$ $= \{\bar{p} : \bar{p} \in P \wedge \bar{p}_t \in \bar{q}_t\} = \bar{q}$; $\varrho(t)$ ist also funktional und $(P, \bar{\bar{\bar{Z}}})$ rekonstruierbar. Im allgemeinen ist aber zur Rekonstruktion eines Zustandes $q \in Q(t)$ die Kenntnis von ganz $q_t$ notwendig, so daß $(P, \bar{\bar{\bar{Z}}})$ im allgemeinen nicht stark rekonstruierbar ist.

## 6.6 Minimale Zustandsbeschreibungen

Im praktischen Fall der Konstruktion einer Zustandsbeschreibung $(P, Z)$ zu einem gegebenen Prozeß $P$ ist man interessiert, diese bezüglich der damit zu behandelnden Probleme möglichst denkökonomisch einzurichten. Im Fall dynamischer Zustandsbeschreibungen hat sich gezeigt, daß dies für wichtige Problemstellungen gewährleistet ist, wenn die Zustandsbeschreibungen stark konstruierbar und stark rekonstruierbar sind. Wegen der Wichtigkeit dieser Tatsache ist es gerechtfertigt, für diese Eigenschaft einen eigenen Namen einzuführen.

**Definition:** Eine Zustandsbeschreibung $(P, Z)$ eines Prozesses $P$ heißt **minimal**, wenn gilt

(1) $(P, Z)$ ist dynamisch
(2) $(P, Z)$ ist stark konstruierbar
(3) $(P, Z)$ ist stark rekonstruierbar.

Betrachten wir die von uns früher zu einem Prozeß $P$ angegebenen Zustandsbeschreibungen $(P, Z_0)$, $(P, Z_1)$, $(P, \tilde{Z})$ und $(P, \bar{\bar{\bar{Z}}})$ und ihre Eigenschaften, so sehen wir, daß keine von ihnen eine minimale Zustandsbeschreibung ist. Ihr am „nächsten" kommt in einem gewissen Sinne die reduzierte Zustandsbeschreibung $(P, \bar{\bar{\bar{Z}}})$, aber auch die gröbste Zustandsbeschreibung $(P, Z_1)$, bei der nur noch die Abgeschlossenheit des Prozesses $P$ gegenüber Konkatenation verlangt werden muß. Im folgenden wollen wir deshalb untersuchen, welche Eigenschaft noch zugrundegelegt werden muß, um zu minimalen Zustandsbeschreibungen zu gelangen. Wir definieren dazu erst einmal eine weitere Art der „Erscheinung" eines Prozesses $Q$ bezüglich eines Prozesses $P$.

**Definition:** Für beliebige $t \in T$ ist die **Erscheinung** $Q \underset{t}{>} P$ eines Prozesses $Q$ bezüglich der $t$-Zukunft des Prozesses $P$ gegeben durch

$$Q \underset{t}{>} P := \{f : f \in Q \wedge f_t \in P_t\}.$$

Im speziellen Fall $P = \{p\}$ schreiben wir für $Q \underset{t}{>} \{p\}$ einfacher $Q \underset{t}{>} p$.
Mit Hilfe der beiden Erscheinungsoperationen $\underset{t}{<}$ und $\underset{t}{>}$ definieren wir nun folgende Eigenschaft eines Prozesses $P$:

**Definition:** Ein Prozeß $P$ heißt **homogen**, wenn dafür gilt

$$\bigwedge_{p \in P} \bigwedge_{t \in T} (P \underset{t}{>} p) \underset{t}{\circ} (p \underset{t}{<} P) \subset P.$$

Bei einem homogenen Prozeß ist also jeweils die Konkatenation einer „Linkserscheinung" und einer „Rechtserscheinung" bezüglich einer Prozeßzeitfunktion ein Teilprozeß desselben. Offenbar ist die Eigenschaft eines Prozesses, „homogen" zu sein, sehr stark. Es gilt nun:

**Satz:** Ist der Prozeß $P$ homogen, so ist die reduzierte Zustandsbeschreibung $(P, \overline{\overline{\overline{Z}}})$ minimal.

*Beweis:* Wir brauchen uns nur noch klarzumachen, daß in diesem Fall $(P, \overline{\overline{\overline{Z}}})$ stark rekonstruierbar ist: Jeder Zustand $q \in \overline{\overline{\overline{Q}}}(t)$ hat die Form $q = (P \underset{t}{>} p) \underset{t}{\circ} (p \underset{t}{<} P)$ mit $p \in q$. Kennt man nun $p_t \in q_t$, so ist damit zunächst eindeutig $P \underset{t}{>} p = \{\bar{p} : \bar{p} \in P \wedge \bar{p}_t = p_t\}$ gegeben; mit $p \in P \underset{t}{>} p$ kennen wir aber auch $p \underset{t}{<} P = \{\bar{p} : \bar{p} \in P \wedge \bar{p}^t = p^t\}$, somit aber auch $q_t = (p \underset{t}{<} P)_t$.

Wir haben damit wesentliche Begriffsbildungen für die Zustandsbeschreibung von Prozessen kennengelernt. Nachfolgend wollen wir diese Beschreibung noch um den wichtigen Fall erweitern, daß der zugrundeliegende Prozeß ein Input-Output Prozeß ist, und die Beziehungen zu unseren in den früheren Kapiteln dargestellten „Maschinen" herstellen.

## 6.7 Zustandsbeschreibung von Input-Output Prozessen

Mit $X$ und $Y$ bezeichnen wir Prozesse mit Bereich $A$ bzw. $B$, und $P$ sei ein Prozeß mit $P \subset XY$. Wir nennen dann $P$ in Übereinstimmung mit den in Abschnitt

3.4 eingeführten Bezeichnungen einen **Input-Output Prozeß**; $X$ heißt dann der zu $P$ gehörige **Input Prozeß**, $Y$ der zu $P$ gehörige **Output Prozeß**. Die Zeitfunktionen $p$ aus $P$ schreiben wir in der Form $p = xy$ mit $x \in X$ und $y \in Y$.
Da jeder Input-Output Prozeß $P$ auch ein Prozeß ist, gelten für diesen selbstverständlich alle bisher gewonnenen Ergebnisse über Zustandsbeschreibungen. Wir kennen also bereits „Maschinen" mit verschiedenen Eigenschaften, die einen Input-Output Prozeß erzeugen; der Input-Output Charakter desselben findet dabei aber keinerlei Berücksichtigung. Unser Ziel ist deshalb, für Zustandsbeschreibungen von Input-Output Prozessen spezielle Eigenschaften zu entwickeln, mit denen es unter anderem gelingt, eine Outputzeitfunktion $y$ als Antwort auf die Inputzeitfunktion $x$ im Zustand $q$ mit $xy \in q$ zu interpretieren. Es sind dies die Eigenschaften „nichtantizipativ" und „statisch", die wir in analoger Form bereits in Abschnitt 4.2 bei Parzessoren kennengelernt haben.

**Definition:** Eine Zustandsbeschreibung $(P, Z)$ eines Input-Output Prozesses $P$ heißt **nichtantizipativ** :$\Leftrightarrow$

$$\bigwedge_{z \in Z} \bigwedge_{xy, \bar{x}\bar{y} \in P} \bigwedge_{t, t' \in T} xy, \bar{x}\bar{y} \in z(t) \wedge t \leqq t' \wedge x_{t,t'} = \bar{x}_{t,t'} \wedge x(t') = \bar{x}(t') \Rightarrow y(t') = \bar{y}(t').$$

**Definition:** Eine Zustandsbeschreibung $(P, Z)$ eines Input-Output Prozesses $P$ heißt **statisch** :$\Leftrightarrow$

$$\bigwedge_{z \in Z} \bigwedge_{xy, \bar{x}\bar{y} \in P} \bigwedge_{t, t' \in T} xy, \bar{x}\bar{y} \in z(t) \wedge t \leqq t' \wedge x(t') = \bar{x}(t') \Rightarrow y(t') = \bar{y}(t').$$

Es gilt offenbar:

**Satz:** Ist eine Zustandsbeschreibung statisch, so ist sie auch nichtantizipativ.

Wir wollen nun für Zustandsbeschreibungen $(P, Z)$ eines Input-Output Prozesses $P$ Bedingungen finden, die garantieren, daß solche in die Serienschaltung einer „Zustandsmaschine" $\xi$ mit einer „Outputmaschine" $\beta$ zerlegt werden können. $\xi$ und $\beta$ sollen dabei funktionale Relationen von der Art sein, wie wir sie im Zusammenhang mit der Zustandsdarstellung *statimeS* in 3.5 kennengelernt haben. Wir werden sehen, daß uns die Eigenschaften „nichtantizipativ" und „dynamisch" das garantieren.

**Definition:** Für beliebige $t, t' \in T$ mit $t \leqq t'$ bezeichne $\xi(t, t')$ und $\beta(t)$ die Relationen

$$\xi(t, t') := \{((q, u), q') : \bigvee_{v \in Y_{t,t'}} ((q, uv), q') \in \ddot{u}(t, t')\},$$

$$\beta(t) := \{((q, a), b) : q \in Q(t) \wedge \bigvee_{xy \in q} xy(t) = (a, b)\}.$$

Für $\xi(t, t')$ und $\beta(t)$ gilt nun folgende Aussage:

**Lemma:** Ist die Zustandsbeschreibung $(P, Z)$ eines Input-Output Prozesses $P$ dynamisch und nichtantizipativ, dann sind die Relationen $\xi(t, t')$ und $\beta(t)$ funktional.

*Beweis:* Es sei $((q, u), q') \in \xi(t, t')$ und $((q, u), \bar{q}') \in \xi(t, t')$. Es gibt dann $xy \in q \cap q'$ und $\bar{x}\bar{y} \in q \cap q'$ mit $u = x_{t,t'} = \bar{x}_{t,t'}$. Da $(P, Z)$ nichtantizipativ vorausgesetzt ist, gilt dann auch $y_{t,t'} = \bar{y}_{t,t'}$ und damit auch $(xy)_{t,t'} = (\bar{x}\bar{y})_{t,t'}$. Wir setzen aber weiter voraus, daß $(P, Z)$ dynamisch ist. Damit ist aber die Relation $\ddot{u}(t, t')$ funktional. Der Zustand $q$ und das „Segment" $s$ mit $s = (xy)_{t,t'} = (\bar{x}\bar{y})_{t,t'}$ bestimmen dann eindeutig einen Zustand zur Zeit $t'$; es gilt also $q' = \bar{q}'$. Die Relation $\xi(t, t')$ ist also funktional. Daß $\beta(t)$ unter den angegebenen Voraussetzungen ebenfalls funktional ist, erkennt man so: Gilt $(q, a)\beta(t)b$ und $(q, a)\beta(t)\bar{b}$, so gibt es Input-Output Paare $xy, \bar{x}\bar{y} \in q$ mit $xy(t) = (a, b)$ und $\bar{x}\bar{y}(t) = (a, \bar{b})$. Aus $x_{t,t} = \bar{x}_{t,t} = \emptyset$ und $x(t) = \bar{x}(t) = a$ folgt, da $(P, Z)$ nichtantizipativ vorausgesetzt ist, $b = y(t) = \bar{y}(t) = \bar{b}$.

Mit Hilfe der Relationen $\xi(t, t')$ und $\beta(t)$ sind wir nun in der Lage, folgende Relationen $\xi$ und $\beta$ mit $\xi \subset (T \times T \times Q \times X) \times Q$ und $\beta \subset (T \times Q \times A) \times B$ einzuführen:

$$\xi := \{((t', t, q, x), q') : t, t' \in T \wedge q, q' \in Q \wedge x \in X \wedge (q, x_{t,t'})\, \xi(t, t')\, q'\},$$
$$\beta := \{((t, q, a), b) : t \in T \wedge q \in Q \wedge a \in A \wedge b \in B \wedge (q, a)\beta(t)b\}.$$

Mit vorigem Lemma gilt dann für $\xi$ und $\beta$:

**Satz:** Ist $(P, Z)$ dynamisch und nichtantizipativ, dann ist sowohl die Relation $\xi$ als auch die Relation $\beta$ funktional.

Analog zu früher eingeführten Bezeichnungen nennen wir im Falle einer dynamischen nichtantizipativen Zustandsbeschreibung $(P, Z)$ die Relation $\xi$ die zugehörige **Transitionsrelation** und $\beta$ die zugehörige **Outputrelation**. Des weiteren können wir $(\xi, \beta)$ dann als eine Darstellung des Input-Output Prozesses $P$ durch ein „**dynamisches System**" ansehen. Daß die Transitionsrelation $\xi$ einer solchen Darstellung die dafür üblicherweise gestellten Forderungen erfüllt, zeigt die folgende Aussage:

**Satz:** Die Transitionsrelation $\xi$ einer dynamischen nichtantizipativen Zustandsbeschreibung $(P, Z)$ eines Input-Output Prozesses $P$ hat folgende Eigenschaften:

(1) $\bigwedge_{q, \bar{q} \in Q} \bigwedge_{x \in X} \bigwedge_{t \in T} (t, t, q, x)\xi\bar{q} \Rightarrow \bar{q} = q;$

(2) $\bigwedge_{q,q'\in Q} \bigwedge_{x\in X} \bigwedge_{t,t'\in T} \bigwedge_{t''\in T_{t,t'}} \bigvee_{q''\in Q} (t', t, q, x)\xi q' \Rightarrow (t'', t, q, x)\xi q'' \wedge (t', t'', q'', x)\xi q'$;

(3) $\bigwedge_{q,q',\bar{q}'\in Q} \bigwedge_{x,\bar{x}\in X} \bigwedge_{t,t'\in T} (t', t, q, x)\xi q' \wedge (t', t, q, \bar{x})\xi \bar{q}' \wedge x_{t,t'} = \bar{x}_{t,t'} \Rightarrow \bar{q}' = q'$.

*Beweis:*

„(1)“: Gilt $(t, t, q, x)\xi q$, so gilt $q, \bar{q}\in Q(t)$, und es gibt demnach eine Zustandstrajektorie $z\in Z$ mit $q = z(t) = \bar{q}$.

„(2)“: Gilt $(t', t, q, x)\xi q'$, so gibt es eine Zustandstrajektorie $z\in Z$, so daß $z(t) = q$ und $z(t') = q'$. Definieren wir für $t''\in T_{t,t'}$ den Zustand $q''$ durch $q'' := z(t'')$, so gilt dafür $(t'', t, q, x)\xi q''$ und auch $(t', t'', q'', x)\xi q'$.

„(3)“: Gilt $(t', t, q, x)\xi q'$ und $(t', t, q, \bar{x})\xi \bar{q}'$, so gibt es Zustandstrajektorien $z, \bar{z}\in Z$ mit $z(t) = q = \bar{z}(t)$ und $z(t') = q'$ und $\bar{z}(t') = \bar{q}'$. Es gibt des weiteren Outputfunktionen $y, \bar{y}\in Y$ mit $xy\in q\cap q'$ und $\bar{x}\bar{y}\in q\cap \bar{q}'$, und wir haben damit $(q, (xy)_{t,t'})\ddot{u}(t, t')q'$ und $(q, (\bar{x}\bar{y})_{t,t'})\ddot{u}(t, t')\bar{q}'$. Wegen $x_{t,t'} = x_{t,t'}$ und da $(P, Z)$ nichtantizipativ ist, gilt $(xy)_{t,t'} = (\bar{x}\bar{y})_{t,t'}$. Damit aber, da $(P, Z)$ auch dynamisch und infolgedessen $\ddot{u}(t, t')$ funktional ist, haben wir $q' = \bar{q}'$.

Der obige Satz drückt gerade die Eigenschaften aus, die man bei der Transitionsrelation eines „dynamischen Systems mit Input und Output“ haben will. Dem aufmerksamen Leser wird nicht entgangen sein, daß wir mit unserer Konstruktion $(\xi, \beta)$ eines dynamischen Systems den Anschluß an die Überlegungen des vorhergegangenen Kapitels über Zustandsdarstellungen gefunden haben. Im folgenden Abschnitt soll dies noch genauer erörtert werden.

## 6.8 Zusammenhang mit anderen Darstellungen

Wir wollen nun die Frage behandeln, in welcher Weise für ein allgemeines Zeitsystem *timeS* durch eine Zustandsbeschreibung $(P, Z)$ eines dazugehörigen Input-Output Prozesses $P$ ein zugehöriger Parzessor im Sinne von Abschnitt 4 oder eine Zustandsdarstellung im Sinne von Abschnitt 5 festgelegt wird.
Es bezeichne $timeS = (A, B, X, Y, S, T, \leqq, t_0)$ ein gegebenes allgemeines Zeitsystem und $P$ den zugehörigen Input-Output Prozeß, also

$$P = \{(xy : x\in X \wedge y\in Y \wedge xSy\}.$$

Als erstes haben wir dann:

**Satz:** Ist $(P, Z)$ eine nichtantizipative Zustandsbeschreibung von $P$, dann ist für beliebige $t, t' \in T$ mit $t < t'$ $(A, B, X_{t,t'}, Y_{t,t'}, S_{t,t'}, Z_{t,t'}, p)$ mit

$$Z_{t,t'} := Q(t),$$
$$p : Z_{t,t'} \to P(X_{t,t'} \times Y_{t,t'}) : q \mapsto p(q) := \{(x_{t,t'}, y_{t,t'}) : xy \in q\}$$

ein Parzessor für die Einschränkung $time_{t,t'} S_{t,t'}$ von $time S$ auf die Zeitmenge $time T_{t,t'}$.

*Beweis:* Da wir $(P, Z)$ nichtantizipativ voraussetzen, ist offenbar jede Relation $p(q)$ funktional. Daß die Menge aller dieser Relationen $S$ überdeckt, ist durch die Forderung in der Definition von $(P, Z)$ gesichert, so daß für jedes $t$ die Menge $Q(t)$ eine Überdeckung von $P$ sein soll.
Wir bezeichnen den mit diesem Satz zu einer Zustandsbeschreibung $(P, Z)$ gegebenen Parzessor mit $(par(P, Z) time S)_{t,t'}$ und nennen ihn einen von $(P, Z)$ **induzierten** Parzessor.
Wichtiger als das Konzept des induzierten Parzessors erscheint das im folgenden angesprochene Konzept einer „induzierten" Zustandsdarstellung.

**Satz:** Ist $(P, Z)$ eine dynamische und nichtantizipative Zustandsbeschreibung von $P$, $Q$ die zugehörige Zustandsmenge und $(\xi, \beta)$ das zugehörige „dynamische System", dann ist $(A, B, X, Y, Q(t_0), Q, \phi, \beta, T, \leqq, t_0)$ mit

$$\phi \subset (T \times Q(t_0) \times X) \times Q : (t, q_0, x)\phi q :\Leftrightarrow (t, t_0, q_0, x)\xi q$$

eine kausale Zustandsdarstellung von $time S$.

*Beweis:* Wir haben uns klarzumachen, daß die Forderungen, wie sie in der Definition 5.1 an eine Zustandsdarstellung gestellt werden, erfüllt sind.

(1) Offenbar gilt $Q(t_0) \subset Q$.
(2) Da $(P, Z)$ dynamisch und nichtantizipativ ist, ist damit auch $\phi$ funktional. Gilt $(t_0, q_0, x) \in_1 \phi$, so ist dies gleichbedeutend damit, daß gilt $(t_0, t_0, q_0, x)\xi q_0$, also gilt $(t_0, q_0, x)\phi q_0$; die Forderung (2a) an $\phi$ ist damit erfüllt. Aus $(t_0, q_0, x) \in_1 \phi$ folgt des weiteren, daß es eine Outputzeitfunktion $y \in Y$ und eine Zustandstrajektorie $z \in Z$ gibt, so daß gilt $xy \in q_0$ und $q_0 = z(t_0)$. Für jedes $t \in T$ gibt es aber einen zugehörigen Zustand $q \in Q(t)$ mit $xy \in q$. Es ist dann $xy \in q_0 \cap q$. Da $(P, Z)$ nichtantizipativ ist, ist durch $x^t$ das Anfangsstück $y^t$ eindeutig bestimmt und, da $(P, Z)$ dynamisch ist, ist auch mit $q_0$ und $s = x^t y^t$ der Zustand $q$ eindeutig gegeben, und es ist $q = z(t)$ Es gilt damit $(t, q_0, x)\phi q$ und $(t, q_0, x) \in_1 \phi$, so daß auch die Forderung (2b) erfüllt erscheint.
(3) Die Outputrelation $\beta$ ist eine funktionale Relation von $T \times Q \times A$ in $B$.

Gilt dafür $_1\beta = T \times Q \times A$, so ist sie damit eine Funktion $\beta: T \times Q \times A \longrightarrow B$; andernfalls kann sie stets zu einer solchen erweitert werden.

(4) Daß $\phi$ und $\beta$ von $Q(t_0)$ aus bei Anwendung der Inputmenge $X$ das allgemeine Zeitsystem *timeS* erzeugen, kann unschwer aus deren Definition abgelesen werden.

Die Tatsache, daß damit eine kausale Zustandsdarstellung gegeben ist, folgt unmittelbar aus der Definition von $\xi$ und aus deren Eigenschaft, funktional zu sein. Wir nennen die so erhaltene Zustandsdarstellung die von $(P, Z)$ **induzierte** Zustandsdarstellung und bezeichnen sie mit dem Symbol *sta*$(P, Z)$*timeS*.

Wir haben gesehen, daß sich unsere Vorgehensweise bei der Konstruktion einer dynamischen Zustandsbeschreibung $(P, Z)$ im Falle eines Input-Output Prozesses harmonisch in die Überlegungen der Kapitel 4 (Parzessoren) und 5 (Zustandsdarstellungen) einfügt. Gelingt es uns, für einen solchen Prozeß eine dynamische nichtantizipative Zustandsbeschreibung $(P, Z)$ zu konstruieren, so haben wir mit $(par(P, Z)timeS)_{t,t'}$ nichtantizipative Parzessoren und mit *sta*$(P, Z)$*timeS* eine kausale Zustandsdarstellung zur Verfügung.
Die von uns hier angesprochene dynamische Darstellung $(P, Z)$ eines Prozesses kann so in natürlicher Weise in Zusammenhang mit unseren früheren Darstellungen *partimeS* und *statimeS* eines allgemeinen Zeitsystems *timeS* gebracht werden. Der wesentliche Unterschied liegt in der Natur der Zustände. Während bei letzteren die Zustände keine weitere Struktur besitzen, sind hier die Zustände als Teilmengen des Prozesses gebaut. In manchen Fällen der Anwendung ist dies eine willkommene Eigenschaft von Zuständen, da davon gewissermaßen direkt Aufschlüsse über den Prozeß $P$ abgelesen werden können. In vielen Fällen mag aber eine solche Darstellung unökonomisch erscheinen. Unsere Konstruktion hat ihr Vorbild in der Arbeit von *Zadeh* [ZA 4] und in dem ausführlichen Werk von *Windeknecht* [WI 3], auf das wir besonders hinweisen möchten. Der Inhalt dieses Kapitels ist weitgehend identisch mit der Ausarbeitung eines vom Autor gehaltenen Vortrages ([PI 2]).

# II. Spezielle Input-Output Konstruktionen

Wir gehen nun daran, Spezialisierungen der in Abschnitt 3 eingeführten allgemeinen Input-Output Konstruktionen zu betrachten. Obwohl uns dafür die verschiedensten Möglichkeiten offenstehen, wollen wir uns hier auf die Betrachtung von zwei Typen beschränken. Beide Konstruktionen sind aber für die Ingenieurwissenschaften sehr wichtig geworden. Beim ersten Typ handelt es sich um die Input-Output Konstruktion, wie sie mit der Definition eines endlichen Automaten gegeben ist. Der zweite Typ wird durch die Klasse der linearen zeitinvarianten Differentialsysteme dargestellt. Gerade diese beiden Typen von „Input-Output Maschinen" besitzen eine gut ausgebaute, mustergültige Theorie. Des weiteren gibt es für sie eine Reihe von wichtigen Anwendungsbeispielen in verschiedenen Disziplinen, besonders aber auf dem Gebiet der Informatik (im hardware- und im software-Bereich), der Nachrichtentechnik und der Regelungstechnik. Natürlich kann es uns hier nur gelingen, einen ersten Kontakt zu der Theorie und den Anwendungen zu schaffen. Trotzdem ist aber zu hoffen, daß gerade durch die Einbettung dieser speziellen Input-Output Konstruktionen in den Rahmen unserer vorangegangenen allgemeinen Überlegungen, ein tiefes Verständnis dieser systemtheoretischen Konstruktionen erreicht wird.

## 7. Zeitinvariante Konstruktionen

Die erste Spezialisierung (Strukturanreicherung), die wir vornehmen wollen, betrifft das Konzept der Zeitmenge $(T, \leqq, t_0)$. Wir versehen die Zeitmenge mit einer algebraischen Struktur, indem wir eine Addition zwischen Zeitpunkten $t \in T$ erklären. In der Folge können dann Verschiebungen (Translationen) von Zeitfunktionen und Prozessen erklärt werden. Des weiteren gelingt es uns dann, den Begriff der Zeitinvarianz bei allgemeinen Zeitsystemen, bei Parzessoren und bei Zustandsdarstellungen einzuführen. Die von uns gewählte algebraische Struktur der Zeitmenge ist aber noch so allgemein gehalten, daß sie die bekannten „algebraischen" Zeitmengen, wie sie etwa mit den natürlichen Zahlen (diskrete Zeitmengen) oder den reellen Zahlen (kontinuierliche Zeitmengen) gebildet werden können, als Spezialfall sieht.

## 7.1 Windeknecht-Zeitmenge

Eine **Windeknecht-Zeitmenge** $(T, +, <, t_0)$ ist definiert durch:

(1) $(T, +)$ ist ein Monoid mit Nullelement $t_0$.

(2) $\bigwedge_{t,t' \in T} \bigvee_{t'' \in T} t + t'' = t' \vee t' + t'' = t$.

(3) $\bigwedge_{t,t',t'' \in T} t' + t = t + t'' \Leftrightarrow t' = t''$.

(4) $\bigwedge_{t,t' \in T} t' + t = t_0 \Rightarrow t' = t_0$.

(5) $<$ ist eine Relation auf $T$, die gegeben ist durch

$$t < t' :\Leftrightarrow \bigvee_{t'' \in T} t'' \neq t_0 \wedge t + t'' = t'.$$

Die Bedingungen (1)–(5) der Windeknecht-Zeitmenge $(T, +, <, t_0)$ können wie folgt interpretiert werden: Mit (1) wird festgesetzt, daß zwischen den Zeitpunkten $t \in T$ eine assoziative Addition möglich sein soll, wobei der Zeitpunkt $t_0$ die Eigenschaft haben soll, daß für beliebige $t \in T$ gilt $t + t_0 = t_0 + t = t$. Die Bedingung (2) sichert die Erreichbarkeit der Zeitpunkte untereinander: Zu je zwei Zeitpunkten $t$, $t'$ soll stets ein Zeitpunkt $t''$ gefunden werden können, so daß $t'$ von $t$ aus oder $t$ von $t'$ aus durch Rechtsaddition von $t''$ erreicht wird. Mit (3) wird zum einen gefordert, daß die Addition $+$ kommutativ ist (Implikation von rechts nach links), zum anderen, daß verschiedene Zeitpunkte $t'$, $t''$ bei Links- bzw. Rechtsaddition mit einem Zeitpunkt $t$ immer ein voneinander verschiedenes Ergebnis haben (Implikation von links nach rechts). (4) drückt aus, daß die „Startzeit" $t_0$ durch Rechtsaddition nur von $t_0$ selbst aus erreicht werden kann. Die Relation $<$, wie sie durch (5) festgelegt wird, hat die übliche Gestalt, die man bei einer „kleiner"-Relation erwartet.

Um von den Eigenschaften einer Windeknecht-Zeitmenge eine bessere Vorstellung zu gewinnen, geben wir den folgenden Satz an:

**Satz** (Windeknecht): In einer Windeknecht-Zeitmenge $(T, +, <, t_0)$ gelten für beliebige $t, t', t'' \in T$ folgende Beziehungen:

| | | |
|---|---|---|
| (i) | $t' + t = t + t'$ | (kommutativ) |
| (ii) | $t + t' = t + t'' \Rightarrow t' = t''$ | (linke Kürzung) |
| (iii) | $t < t' \vee t = t' \vee t' < t$ | (vollständig) |
| (iv) | $\neg (t < t)$ | (nicht reflexiv) |
| (v) | $t < t' \Rightarrow \neg (t' < t)$ | (nicht symmetrisch) |
| (vi) | $t < t' \wedge t' < t'' \Rightarrow t < t''$ | (transitiv) |

| | | |
|---|---|---|
| (vii) | $t < t' \Leftrightarrow t'' + t < t'' + t'$ | (linksinvariant) |
| (viii) | $t < t' \Rightarrow t < (t' + t'')$ | (rechtserweiternd) |
| (ix) | $t \neq t_0 \Leftrightarrow t_0 < t$ | ($t_0$ ist minimal) |
| (x) | $t' \neq t_0 \Leftrightarrow t < (t + t')$ | (echt zunehmend) |

Der Beweis dieses Satzes sei dem Leser als Übung überlassen. Eine Windeknecht-Zeitmenge $(T, +, <, t_0)$ besitzt nicht die Struktur einer Zeitmenge im Sinne unserer in Abschnitt 3.1 dafür eingeführten Definition: Die Relation $<$ ist wohl transitiv und in trivialer Weise auch antisymmetrisch aber nicht reflexiv, so daß sie keine Ordnungsrelation darstellt. Diesem „Mangel" ist aber leicht abzuhelfen. Es bezeichne $=$ die Identität auf $T$, also $= \,:= \{(t, t) : t \in T\}$. Wir definieren dann die Relation $\leqq$ durch die Vereinigung

$$\leqq \,:=\, < \cup = .$$

Die Relation $\leqq$ wird also aus $<$ durch Hinzunahme aller Diagonalelemente von $T^2$ erzeugt. Es gilt nun der Satz

**Satz:** Es sei $(T, +, <, t_0)$ eine Windeknecht-Zeitmenge. Dann stellt $(T, \leqq, t_0)$ eine Zeitmenge im Sinne unserer früher gegebenen Definition dar.

*Beweis:* Wir begnügen uns mit einer Skizzierung.
Wir haben uns zu überzeugen, daß $\leqq$ eine vollständige Ordnungsrelation auf der Menge $T$ ist. Da $= \subset \leqq$ gilt, ist $\leqq$ offenbar reflexiv. Gilt $t \leqq t' \wedge t' \leqq t$, so ist dies gleichbedeutend damit, daß $(t < t' \vee t = t') \wedge (t' < t \vee t = t')$ gilt, oder weiter ausgerechnet $(t < t' \wedge t' < t) \vee (t < t' \wedge t = t') \vee (t = t' \wedge t' < t) \vee (t = t')$. Wegen der Beziehungen (iv) und (v) des vorhergehenden Satzes ($<$ ist nicht reflexiv und nicht symmetrisch) kann aber nur $t = t'$ gelten. Die Relation $\leqq$ ist also antisymmetrisch. Daß $\leqq$ transitiv ist, folgt unmittelbar daraus, daß $<$ nach (vi) des vorhergehenden Satzes transitiv ist und daß auch $=$ transitiv ist, des weiteren sieht man, daß $\leqq$ vollständig ist, da bereits $<$ nach (iii) vollständig ist. Die Relation $\leqq$ ist also eine vollständige Ordnungsrelation auf der Menge $T$. Es bleibt noch der Nachweis, daß $t_0$ bezüglich $\leqq$ minimal ist. Dies folgt aber unmittelbar aus (ix) des vorhergehenden Satzes. $(T, \leqq, t_0)$ ist also eine Zeitmenge.
Wir nennen $(T, \leqq, t_0)$ die von der Windeknecht-Zeitmenge $(T, +, <, t_0)$ **induzierte Zeitmenge.**
In unseren späteren Untersuchungen werden uns zwei spezielle Windeknecht-Zeitmengen besonders interessieren. Diese seien hier bereits als Beispiele betrachtet. Beide sind uns allen wohlbekannt.

(1) $(\mathbb{N}_0, +, <, 0)$, wobei $\mathbb{N}_0$ die Menge der natürlichen Zahlen mit der Null 0, $+$ die übliche Addition und $<$ die übliche „kleiner" Relation natürlicher Zahlen bedeuten, ist eine Windeknecht-Zeitmenge. Sie ist der Prototyp einer diskreten Zeitmenge. Wir werden ihr später bei den endlichen Automaten wieder begegnen.

(2) $(\mathbb{R}_+, +, <, 0)$, wobei $\mathbb{R}_+$ die Menge der nichtnegativen reellen Zahlen, $+$ die übliche Addition und $<$ die übliche „kleiner" Relation auf $\mathbb{R}_+$ und 0 die Null in $\mathbb{R}_+$ bezeichnen, ist eine Windeknecht-Zeitmenge. Sie ist der Prototyp einer kontinuierlichen Zeitmenge. Wir werden später bei den linearen zeitinvarianten Differentialsystemen wieder auf sie treffen.

Die von $(\mathbb{N}_0, +, <, 0)$ und $(\mathbb{R}_+, +, <, 0)$ induzierten Zeitmengen $(\mathbb{N}_0, \leqq, 0)$ und $(\mathbb{R}_+, \leqq, 0)$ haben wir früher schon in Beispielen betrachtet.

## 7.2 Verschiebung von Zeitfunktionen und Prozessen

Das Konzept der Windeknecht-Zeitmenge ermöglicht es uns, Aussagen wie „die Zeitfunktion $g$ hat die gleiche Form wie die Zeitfunktion $f_t$" oder „der Prozeß $Q$ schaut wie die $t$-Zukunft des Prozesses $P$ aus" in befriedigender Weise zu formalisieren. Es bezeichne $(T, +, <, t_0)$ eine Windeknecht-Zeitmenge und $time = (T, \leqq, t_0)$ die davon induzierte Zeitmenge. Mit $P$ sei ein *time*-Prozeß mit Wertebereich $M$ bezeichnet, es gilt also $P \subset time \rightarrow M$. Für jeden Zeitpunkt $t$ aus $T$ definieren wir dann die Abbildung $\rightarrow t$ durch

$$\rightarrow t : P \rightarrow time \rightarrow M : f \mapsto f \rightarrow t : T \rightarrow M \quad \text{mit} \quad t' \mapsto f \rightarrow t(t') := f(t + t').$$

Wir nennen $\rightarrow t$ die $t$-**Verschiebung** auf $P$. Wir sagen auch, daß mit $\rightarrow t$ jede Zeitfunktion $f$ aus $P$ um $t$ von der Zukunft in die Gegenwart verschoben wird. Mit $P \rightarrow t$ sei die Menge

$$P \rightarrow t := \{f \rightarrow t : f \in P\}$$

bezeichnet. Mit $P$ ist auch für jedes $t \in T$ $P \rightarrow t$ ein *time*-Prozeß. Wir nennen ihn den um $t$ von der Zukunft in die Gegenwart verschobenen Prozeß $P$ oder auch die $t$-**Verschiebung von** $P$. Wir sagen, der *time*-Prozeß $P$ ist **zeitinvariant** gegenüber Verschiebungen, wenn für jede Zeitfunktion $f$ aus $P$ jede $t$-Verschiebung $f \rightarrow t$ wieder in $P$ liegt, mit anderen Worten, wenn also gilt

$$\bigwedge_{t \in T} P \rightarrow t \subset P.$$

Wir nennen weiter den *time*-Prozeß $P$ **stark zeitinvariant**, wenn gilt

$$\bigwedge_{t\in T} P{\rightarrow}t = P.$$

Ein stark zeitinvarianter *time*-Prozeß reproduziert sich also bei jeder $t$-Verschiebung.
Mit diesen Bezeichnungen ist es uns nun möglich, die Zeitinvarianz von allgemeinen Zeitsystemen, von Parzessoren und Zustandsdarstellungen zu beschreiben, wenn wir bei diesen voraussetzen, daß deren Zeitmenge von einer vorliegenden Windeknecht-Zeitmenge induziert ist.

## 7.3 Zeitinvarianz bei allgemeinen Zeitsystemen

Wir spezialisieren nun unser in Abschnitt 3.4 eingeführtes Konzept eines allgemeinen Zeitsystems *timeS*, indem wir zusätzlich zu diesem annehmen, daß eine Windeknecht-Zeitmenge $(T, +, <, t_0)$ bekannt und $time = (T, \leqq, t_0)$ davon induziert ist.

**Definition:** Eine Liste $(A, B, X, Y, S, T, +, <, t_0)$ nennen wir ein Windeknecht-Zeitsystem, oder kürzer, ein ***W*-Zeitsystem**, wenn dafür gilt:

(1) $(T, +, <, t_0)$ ist eine Windeknecht-Zeitmenge.

(2) $(A, B, X, Y, S, T, \leqq, t_0)$ ist ein allgemeines Zeitsystem, wobei $(T, \leqq, t_0)$ die von der Windeknecht-Zeitmenge $(T, +, <, t_0)$ induzierte Zeitmenge bezeichnet.

Ein *W*-Zeitsystem ist nach dieser Definition nichts anderes als ein allgemeines Zeitsystem *timeS*, bei dem die zugrundeliegende Zeitmenge noch die algebraische Struktur hat, wie sie mit einer Windeknecht-Zeitmenge gegeben ist. Um an unsere für allgemeine Zeitsysteme eingeführten Bezeichnungsweisen anschließen zu können, wollen wir für die einem *W*-Zeitsystem zugrundeliegende Windeknecht-Zeitmenge $(T, +, <, t_0)$ die Abkürzung *W-time* wählen, also

$$W\text{-}time := (T, +, <, t_0).$$

Wir können dann alle Symbole, die wir früher mit dem Symbol *time* eingeführt haben, sinngemäß für das Symbol *W-time* erklären. Zum Beispiel können wir von einem *W-time* Prozeß $P$ sprechen, wenn wir ausdrücken wollen, daß die dem Prozeß $P$ zugrundeliegende Zeitmenge von *W-time* induziert ist und damit $t$-Verschiebungen für die Zeitfunktionen aus $P$ erklärt sind. Als Symbol für ein *W*-Zeitsystem mit Windeknecht-Zeitmenge *W-time* sei *W-timeS* eingeführt. Wir kommen nun zu folgender Definition.

**Definition:** Für beliebige Zeitpunkte $t$ aus $T$ erklären wir die $t$-Verschiebung $(W\text{-}timeS)\!\rightarrow\! t$ von $W\text{-}timeS = (A, B, X, Y, S, T, +, <, t_0)$ durch

$$(W\text{-}timeS)\!\rightarrow\! t := (A, B, X\!\rightarrow\! t, Y\!\rightarrow\! t, S\!\rightarrow\! t, T, +, <, t_0) \quad \text{mit}$$
$$S\!\rightarrow\! t := \{(x\!\rightarrow\! t, y\!\rightarrow\! t) : xSy\}.$$

Anschaulich kann man sich $(W\text{-}timeS)\!\rightarrow\! t$ als die um $t$ in die Gegenwart verschobene $t$-Zukunft von $W\text{-}timeS$ vorstellen. Mit Hilfe des Konzeptes der $t$-Verschiebungen kann nun die Zeitinvarianz allgemeiner $W$-Zeitsysteme wie folgt erklärt werden.

**Definition:**
(a) Ein $W$-Zeitsystem $W\text{-}timeS$ heißt **zeitinvariant**, wenn gilt

$$\bigwedge_{t \in T} (W\text{-}timeS)\!\rightarrow\! t \subset W\text{-}timeS.$$

(b) Ein zeitinvariantes $W$-Zeitsystem $W\text{-}timeS$ heißt **stark zeitinvariant**, wenn gilt

$$\bigwedge_{t \in T} (W\text{-}timeS)\!\rightarrow\! t = W\text{-}timeS.$$

Ein $W$-Zeitsystem wird also bei uns zeitinvariant genannt, wenn es gegenüber $t$-Verschiebungen abgeschlossen ist. Es heißt stark zeitinvariant, wenn es sich dabei stets reproduziert.
Man vermag unmittelbar aus dieser Definition die Denkökonomie abzulesen, die man sich im Falle eines zeitinvarianten $W$-Zeitsystems leisten kann: Kennt man ein Input-Output Paar $(x, y)$ eines solchen, so weiß man, daß für alle $t \in T$ auch $(x\!\rightarrow\! t, y\!\rightarrow\! t)$ ein Input-Output Paar ist. Man kann damit bei einem solchen System vom „gegenwärtigen" Input-Output Verhalten auf das „zukünftige" schließen. Es ist deshalb verständlich, daß man im praktischen Anwendungsfall möglichst Datenrelationen ausfindig zu machen sucht, die zu zeitinvarianten Input-Output Systemen führen.

## 7.4 Zeitinvariante Parzessoren

Da wir nun das Konzept eines $W$-Zeitsystems zur Verfügung und den Begriff der Zeitinvarianz dort eingeführt haben, ist es naheliegend, ähnliches für den Begriff des Parzessors eines allgemeinen Zeitsystems zu tun. Wir definieren zuerst:

**Definition:** Eine Liste $(A, B, X, Y, Z, p, T, +, <, t_0)$ heißt ein Windeknecht-

Parzessor, oder kürzer, ein *W*-**Parzessor** des *W*-Zeitsystems $(A, B, X, Y, S, T, +, <, t_0)$, wenn dafür gilt:

> $(X, Y, Z, p)$ ist eine Zustandsparametrisierung des allgemeinen Systems $(X, Y, S)$.

Wir sehen, daß nach dieser Definition ein *W*-Parzessor im wesentlichen dem Begriff eines Parzessors gleicht, wie wir ihn in Abschnitt 4.1 eingeführt haben. Der Unterschied ergibt sich nur durch das Vorliegen der zusätzlichen Monoid-Struktur der zugrundegelegten Zeitmenge. Als Abkürzung für einen *W*-Parzessor eines *W*-Zeitsystems *W-timeS* wählen wir *parW-timeS*.
Die $t$-Verschiebung von *W*-Parzessoren erklären wir mit Hilfe ihrer $t$-Zukunft.

**Definition:** Für beliebige Zeitpunkte $t$ aus $T$ erklären wir die $t$-Verschiebung $(parW\text{-}timeS)\!\rightarrow\! t$ des *W*-Parzessors $parW\text{-}timeS = (A, B, X, Y, Z, p, T, +, <, t_0)$ durch $(parW\text{-}timeS)\!\rightarrow\! t = (A, B, X\!\rightarrow\! t, Y\!\rightarrow\! t, Z\!\rightarrow\! t, p\!\rightarrow\! t, T, +, <, t_0)$ mit

$$Z\!\rightarrow\! t := Z_t,$$
$$p\!\rightarrow\! t : (Z\!\rightarrow\! t) \rightarrow P(X\!\rightarrow\! t \times Y\!\rightarrow\! t) : z_t \mapsto p\!\rightarrow\! t(z_t) := \{(x\!\rightarrow\! t, y\!\rightarrow\! t) : x_t p_t(z_t) y_t\}.$$

Die $t$-Verschiebung eines Parzessors ist also nach dieser Definition nichts anderes als dessen um $t$ in die Gegenwart verschobene $t$-Einschränkung. Ähnlich dem vorher bei den *W*-Zeitsystemen Gesagten definieren wir die Zeitinvarianz von *W*-Parzessoren zeitinvarianter allgemeiner *W*-Zeitsysteme durch:

**Definition:**

(a) Ein *W*-Parzessor *parW-timeS* des zeitinvarianten allgemeinen *W*-Zeitsystems *W-timeS* heißt **zeitinvariant**, wenn gilt

$$\bigwedge_{t \in T} (parW\text{-}timeS)\!\rightarrow\! t \subset parW\text{-}timeS.$$

(b) Ein zeitinvarianter *W*-Parzessor *parW-timeS* heißt **stark zeitinvariant**, wenn gilt

$$\bigwedge_{t \in T} (parW\text{-}timeS)\!\rightarrow\! t = parW\text{-}timeS.$$

Bei einem zeitinvarianten *W*-Parzessor kann also für beliebige $t \in T$ jede Aussage über dessen $t$-Zukunft bereits an diesem selbst abgelesen werden. Daraus ergibt sich zum Beispiel unmittelbar die wichtige Folgerung:

**Satz:** Ist ein zeitinvarianter *W*-Parzessor zustandsreduziert, so sind auch alle zugehörigen $t$-Einschränkungen zustandsreduziert.

## 7.5 Zeitinvariante Zustandsdarstellungen

Als nächstes betrachten wir die Zeitinvarianz von Zustandsdarstellungen eines $W$-Zeitsystems. Wir definieren dafür:

**Definition:** Eine Liste $(A, B, X, Y, Q_0, Q, \phi, \beta, T, +, <, t_0)$ heißt eine Windeknecht-Zustandsdarstellung, oder kürzer, eine **$W$-Zustandsdarstellung** eines $W$-Zeitsystems $W\text{-}timeS = (A, B, X, Y, S, T, +, <, t_0)$, wenn dafür gilt:

> $(A, B, X, Y, Q_0, Q, \phi, \beta, T, \leqq, t_0)$ ist eine Zustandsdarstellung von $timeS = (A, B, X, Y, S, T, \leqq, t_0)$ im Sinne unserer Definition in Abschnitt 5.1. $(T, \leqq, t_0)$ bezeichnet dabei die von $(T, +, <, t_0)$ induzierte Zeitmenge.

Für eine $W$-Zustandsdarstellung eines $W$-Zeitsystems $W\text{-}timeS$ verwenden wir das Symbol $staW\text{-}timeS$.
Wir betrachten im folgenden nur den Fall, daß eine kausale $W$-Zustandsdarstellung $staW\text{-}timeS$ vorliegt. Für diese definieren wir:

**Definition:** Für beliebige Zeitpunkte $t$ aus $T$ erklären wir die $t$-Verschiebung $(staW\text{-}timeS)\to t$ der kausalen $W$-Zustandsdarstellung $staW\text{-}timeS := (A, B, X, Y, Q_0, Q, \phi, \beta, T, +, <, t_0)$ durch

$$(staW\text{-}timeS)\to t := (A, B, X\to t, Y\to t, Q(t), Q, \phi\to t, \beta\to t, T, +, <, t_0) \quad \text{mit}$$

(1) $Q(t)$ ist die in 5.6 eingeführte Menge der zur Zeit $t$ in $staW\text{-}timeS$ erreichbaren Zustände.

(2) die Relation $\phi\to t$ von $T \times Q(t) \times X\to t$ in $Q$ ist definiert durch

$$(t', q, u)\phi\to tq' :\Leftrightarrow \bigvee_{x\in X} x \in X(t, q) \wedge x\to t = u \wedge \xi_0(t + t', t, q, x) = q'.$$

(3) die Outputfunktion $\beta\to t$ ist gegeben in der Form

$$\beta\to t : T \times Q \times A \to B : (t', q, a) \mapsto \beta\to t(t', q, a) := \beta(t + t', q, a).$$

Die $t$-Verschiebung einer kausalen $W$-Zustandsdarstellung ist nach dieser Definition wieder nichts anderes als deren um $t$ in die Gegenwart verschobene „$t$-Zukunft".
Analog zu früher definieren wir auch:

**Definition:**

(a) Eine kausale Zustandsdarstellung $staW\text{-}timeS$ eines zeitinvarianten allgemeinen $W$-Zeitsystems heißt **zeitinvariant**, wenn gilt

$$\bigwedge_{t\in T} (staW\text{-}timeS)\to t \subset staW\text{-}timeS.$$

(b) Eine zeitinvariante Zustandsdarstellung *staW-timeS* heißt **stark zeitinvariant**, wenn gilt

$$\bigwedge_{t \in T} (staW\text{-}timeS) \to t = staW\text{-}timeS.$$

Eine zeitinvariante Zustandsdarstellung *staW-timeS* ist also gegenüber $t$-Verschiebungen abgeschlossen.
Für zeitinvariante Zustandsdarstellungen haben wir unmittelbar die wichtige Folgerung:

**Satz:** Ist eine zeitinvariante Zustandsdarstellung $t_0$-minimal, dann ist sie auch minimal.

Daß die Transitionsfunktion $\xi_0$ bei einer kausalen zeitinvarianten Zustandsdarstellung in gewissem Sinne entbehrlich ist, zeigt der folgende Satz:

**Satz:** Ist $staW\text{-}timeS = (A, B, X, Y, Q_0, Q, \phi, \beta, T, +, <, t_0)$ zeitinvariant und kausal, dann gilt für die Transitionsfunktion $\xi_0$ die Aussage: Für beliebige $(t + t', t, q, x) \in /T \times T \times Q \times X/$ ist $\xi_0(t + t', t, q, x) = \phi_0(t', q, x \to t)$.

*Beweis:* Ist $(t + t', t, q, x) \in /T \times T \times Q \times X/$ so gilt $x \in X(t, q)$ und wir haben damit $(t', q, x \to t)\phi \to t\, \xi_0(t + t', t, q, x)$. Da *staW-time* zeitinvariant ist gilt aber $\phi \to t \subset \phi$, so daß auch $(t', q, x \to t)\phi\, \xi_0(t + t', t, q, x)$ gilt. Also ist
$\xi_0(t + t', t, q, x) = \phi_0(t', q, x \to t)$.

## 7.6 Zeitinvarianz von Sequentialmaschinen

Nach unserer Definition in Punkt 5.7 ist eine Sequentialmaschine $seqtimeS = (A, B, Q(.), \delta(.), \lambda(.))$ nichts anderes als eine spezielle Darstellung einer kausalen Zustandsdarstellung *statimeS* mit der diskreten Zeitmenge $time = (\mathbb{N}, \leqq, 0)$. Dem entsprechend wird man von einer ***W*-Sequentialmaschine** sprechen, wenn sie zu einer kausalen $W$-Zustandsdarstellung *staW-timeS* mit Windeknecht Zeitmenge $W\text{-}time = (\mathbb{N}_0, +, <, 0)$ gehört. Als Symbol für eine $W$-Sequentialmaschine wollen wir *seqW-timeS* vereinbaren. Wir nennen des weiteren *seqW-timeS* zeitinvariant, wenn die zugehörige Zustandsdarstellung *staW-timeS* zeitinvariant ist. Es ist aber leicht die Zeitinvarianz einer Sequentialmaschine $seqW\text{-}time = (A, B, Q(.), \delta(.), \lambda(.))$ an den Funktionen $\delta(.)$ und $\lambda(.)$ zu erkennen. Es gilt

**Satz:** Ist $seqW\text{-}time = (A, B, Q(.), \delta(.), \lambda(.))$ stark zeitinvariant, dann sind $Q(.)$, $\delta(.)$ und $\lambda(.)$ konstante Funktionen.

*Beweis:* Wir haben zu zeigen, daß gilt

$$\bigwedge_{t \in \mathbb{N}_0} Q(t) = Q(0) \wedge \delta(t) = \delta(0) \wedge \lambda(t) = \lambda(0).$$

Es bezeichne $staW\text{-}time S = (A, B, X, Y, Q_0, Q, \phi, \beta, \mathbb{N}_0, +, <, 0)$ die zugrundeliegende stark zeitinvariante kausale Zustandsdarstellung mit Transitionsfunktion $\xi_0$. Gilt $(q, a)\delta(t)q'$, so gibt es eine Inputfunktion $x \in X(t, q)$ mit $x(t) = a$ und $\xi_0(t+1, t, q, x) = q'$.
Da *staW-timeS* zeitinvariant ist, gilt aber $x \to t \in X(0, q)$ und $(x \to t)(0) = a$ sowie $\xi_0(1, 0, q, x \to t) = q'$. Es gilt also auch $(q, a)\delta(0)q'$ und $\delta(t) \subset \delta(0)$. Gilt umgekehrt $(q, a)\delta(0)q'$, so gibt es eine Inputfunktion $x \in X(0, q)$ mit $x(0) = a$ und $\xi_0(1, 0, q, x) = q'$. Wegen der starken Zeitinvarianz von *staW-timeS* gibt es dann aber auch eine Inputfunktion $x' \in X(t, q)$ mit $x' \to t = x$. Es ist dann $x'(t) = a$ sowie $\xi_0(t+1, t, q, x') = q'$. Also gilt $(q, a)\delta(t)q'$ und damit auch $\delta(0) \subset \delta(t)$. Wir haben also $\delta(t) = \delta(0)$.
Daß auch gilt $\lambda(t) = \lambda(0)$, folgt unmittelbar aus der Tatsache, daß die Outputfunktion $\beta$ einer stark zeitinvarianten Zustandsdarstellung *staW-timeS* definitionsgemäß zeitunabhängig ist. $Q(t) = Q(0)$ folgt unmittelbar aus $\phi \to t = \phi$.
Aus dem Beweis dieses Satzes ersehen wir unmittelbar, daß im Falle einer zeitinvarianten Sequentialmaschine *seqW-timeS* gilt:

**Satz:** Ist $seqW\text{-}time S = (A, B, Q(.), \delta(.), \lambda(.))$ zeitinvariant, so gilt für die Funktionen $Q(.)$, $\delta(.)$ und $\lambda(.)$

$$\bigwedge_{t \in \mathbb{N}} Q(t) \subset Q(0) \wedge \delta(t) \subset \delta(0) \wedge \lambda(t) \subset \lambda(0).$$

Eine stark zeitinvariante, aber auch eine zeitinvariante Sequentialmaschine ist somit eindeutig durch die Angabe der Mengen $A, B, Q$ und der funktionalen Relationen $\delta(0)$ und $\lambda(0)$ von $Q \times A$ in $Q$ bzw. von $Q \times A$ in $B$ bestimmt. Es ist üblich, dafür das Symbol $(A, B, Q, \delta, \lambda)$ mit $\delta := \delta(0)$ und $\lambda := \lambda(0)$ zu verwenden. Wir kommen bei der Besprechung der endlichen Automaten darauf zurück, die – das sei hier bereits erwähnt – spezielle zeitinvariante Sequentialmaschinen sind.

## 7.7 Zeitinvarianz bei Zustandsbeschreibungen

Wir wollen nun untersuchen, in welcher Weise Zeitinvarianz bei Zustandsbeschreibungen von *W-time* Prozessen eingeführt werden kann. Es ist naheliegend, eine solche Zustandsbeschreibung $(P, Z)$ zeitinvariant zu nennen, wenn sowohl der Prozeß $P$ als auch die Menge $Z$ der Zustandstrajektorien, die ja auch einen Prozeß darstellt, zeitinvariant angenommen werden. Wir definieren daher:

**Definition:** Eine Zustandsbeschreibung $(P, Z)$ eines *W-time* Prozesses $P$ heißt **zeitinvariant**, wenn gilt

(1) $\bigwedge_{t \in T} P \rightarrow t \subset P.$

(2) $\bigwedge_{t \in T} Z \rightarrow t \subset Z.$

Ist eine Zustandsbeschreibung $(P, Z)$ in diesem Sinne zeitinvariant, so gilt offenbar für beliebige $t \in T$ die Beziehung $Q(t) \subset Q(t_0)$; die Menge der zu einer Zeit $t \in T$ erreichbaren Zustände ist also in der Menge der „Initialzustände" enthalten.

Die gerade eingeführte Zeitinvarianz von Zustandsbeschreibungen ist für die Praxis sehr streng. Im Falle dynamischer nichtantizipativer Input-Output Prozesse führt sie aber, wie man sich leicht überzeugen kann, zu „zeitinvarianten" dynamischen Systemen $(\xi, \beta)$, und die davon induzierte Zustandsdarstellung *sta*$(P, Z)$*W-timeS* ist dann ebenfalls zeitinvariant. Wir wollen in der folgenden Definition die Bedingung fallenlassen, daß $P$ auch zeitinvariant sein soll.

**Definition:** Eine Zustandsbeschreibung $(P, Z)$ eines *W-time* Prozesses $P$ heißt **schwach zeitinvariant**, wenn gilt

$$\bigwedge_{t \in T} Z \rightarrow t \subset Z.$$

Schwach zeitinvariante Zustandsbeschreibungen sind uns bereits begegnet. Es gilt offenbar:

**Satz:** Die feinste Zustandsbeschreibung $(P, Z_0)$ und die gröbste Zustandsbeschreibung $(P, Z_1)$ eines *W-time* Prozesses $P$ sind schwach zeitinvariant.

Wir können uns des weiteren überlegen, wie es bezüglich Zeitinvarianz mit der natürlichen Zustandsbeschreibung $(P, \tilde{Z})$ und der reduzierten Zustandsbeschreibung $(P, \tilde{\tilde{Z}})$ eines *W-time* Prozesses $P$ steht. Es gilt dafür:

**Satz:**
(a) $(P, \tilde{Z})$ schwach zeitinvariant $\Leftrightarrow (P, \tilde{Z}) = (P, Z_1) \wedge card P = 1.$
(b) $(P, \tilde{\tilde{Z}})$ schwach zeitinvariant $\Leftrightarrow (P, \tilde{\tilde{Z}}) = (P, Z_1).$

*Beweis:*
(a) „$\Rightarrow$" Ist $(P, \tilde{Z})$ schwach zeitinvariant, dann gilt für alle $z \in \tilde{Z}$ und alle $t \in T$ die Aussage $z \rightarrow t \in \tilde{Z}$. Damit gibt es aber zu $z$ und $z \rightarrow t$ Funktion $p, \bar{p} \in P$ mit

$z(t') = p \underset{t}{\lessdot} P$ und $z \to t(t') = \bar{p} \underset{t}{\lessdot} P$ für beliebige $t' \in T$. Wir haben dann $z(t+t') = p_t \underset{+t'}{\lessdot} P = \bar{p} \underset{t}{\lessdot} P$. Setzen wir $t' = 0$, so bekommen wir $z(t) = p \underset{t}{\lessdot} P = \bar{p} \underset{0}{\lessdot} P = P$. Es gilt also $(P, \tilde{Z}) = (P, Z_1)$. Wegen der besonderen Form der Zustände in $(P, \tilde{Z})$ folgt daraus aber $P = \{p\}$, also $card\, P = 1$.
„$\Leftarrow$" trivial.

(b) Der Beweis kann analog zu (a) erfolgen.

Wir ersehen aus diesem Satz, daß die Zustandsbeschreibungen $(P, \tilde{Z})$ und $(P, \tilde{\tilde{Z}})$ extrem „zeitvariant" in unserem Sinne sind. Sie sind aber trotzdem für die Praxis von Bedeutung, wenn sich diese auch mit Vorliebe für „zeitinvariante Phänomene" interessiert.
Rückblickend erkennen wir, daß wir in unseren Überlegungen die volle Struktur der Windeknecht-Zeitmenge nicht benützt haben. Es hätte für unsere Zwecke genügt, eine „algebraische" Zeitmenge in Form eines ordnungsverträglichen Monoids $(T, +, \leqq, t_0)$ zugrundezulegen (wir ersehen aus der Definition von *W-time*, Punkt (1) und aus (vii) des angegebenen Satzes, daß ein solches auch mit einer Windeknecht-Zeitmenge vorliegt). Die von uns gewählte Zeitmenge stellt aber die Verbindung zu den Darstellungen von *Windeknecht* [WI 1, WI 3] her, in denen diese ebenfalls benützt wird.

## 8. Endliche Automaten

Abstrakte Automaten haben in den letzten Jahren in verschiedenen Bereichen, vor allem aber in der Informatik, der Nachrichtentechnik und der Biologie praktische Anwendung gefunden. Ihnen kann damit im Rahmen einer Systemtheorie bereits eine wichtige Rolle zugeteilt werden. Von den unterschiedlichen Typen abstrakter Automaten hat sich einer besonders durchgesetzt: der endliche Automat. Neben der konzeptionellen Einfachheit hat dieser Automatentyp den Vorteil, daß die zugehörige Theorie gut ausgebaut ist und somit wichtige systemtheoretische Mittel zur Verfügung stehen. Wenn man also heute von „Automatentheorie" spricht, so meint man damit meistens die „Theorie der endlichen Automaten". Auch wir wollen uns hier mit endlichen Automaten beschäftigen. Unser Ziel kann aber nicht sein, die zugehörige Theorie mit einer gewissen Vollständigkeit darzustellen. Wir wollen vielmehr den Begriff des endlichen Automaten in unsere vorangegangenen systemtheoretischen Überlegungen einbetten und außerdem versuchen, eine erste Einführung in die Verhaltens-, Struktur- und Schaltungstheorie der endlichen Automaten zu geben.

Im Anwendungsbereich der Theorie der endlichen Automaten können wir folgende vier Orientierungen unterscheiden:

(a) Anwendung innerhalb der Mathematik
(b) Anwendung bei formalen Sprachen
(c) Anwendung bei naturwissenschaftlichen Modellen
(d) Anwendung bei digitalen Rechen- und Codierschaltungen.

Es ist selbstverständlich, daß in den Rahmen der Systemtheorie nur die Entwicklungen der Automatentheorie eingeschlossen werden, die auf Anwendungen außerhalb der Mathematik abzielen. Uns soll hier vor allem der unter (d) genannte Anwendungsbereich interessieren. Dazu betrachten wir später in Kapitel 9 Schaltwerk-Realisierungen von endlichen Automaten und in Kapitel 11 lineare Schieberegister.

## 8.1 Definition

Wir definieren hier endliche Automaten in der üblichen Form. Erst danach werden wir diese Definition in unseren systemtheoretischen Aufbau einbetten und endliche Automaten als spezielle Sequentialmaschinen betrachten.
Ein 5-tupel $(A, B, Q, \delta, \lambda)$ heißt ein **endlicher Automat**, wenn gilt:

(1) $A, B, Q$ sind endliche Mengen.
(2) $\delta$ ist eine Funktion $\delta: Q \times A \to Q$.
(3) $\lambda$ ist eine Funktion $\lambda: Q \times A \to B$.

Die Abbildungen $\delta$ und $\lambda$ induzieren folgende Abbildungen $\delta^0$ und $\lambda^0$

$$\delta^0: \mathbb{N}_0 \times Q \times A \to \mathbb{N}_0 \times Q: (t, q, a) \mapsto \delta^0(t, q, a) := \big(t+1, \delta(q, a)\big);$$
$$\lambda^0: \mathbb{N}_0 \times Q \times A \to \mathbb{N}_0 \times B: (t, q, a) \mapsto \lambda^0(t, q, a) := \big(t, \lambda(q, a)\big).$$

Mit dieser Definition sind des weiteren folgende Bezeichnungen und Interpretationen verbunden: die Menge $A$ heißt das **Eingabealphabet**, die Menge $B$ das **Ausgabealphabet** von $(A, B, Q, \delta, \lambda)$. Die Menge $Q$ heißt die **Zustandsmenge**, $\delta$ die **Zustands-Überführungsfunktion** und $\lambda$ die **Ausgabefunktion** von $(A, B, Q, \delta, \lambda)$. Die Elemente aus den Mengen $A, B$ und $Q$ heißen dementsprechend **Eingabebuchstaben, Ausgabebuchstaben** bzw. **Zustände**. Die Abbildung $\delta^0$ heißt die **Phasen-Überführungsfunktion**. $\lambda^0$ heißt die **Phasen-Ausgabefunktion**. Diese beiden Funktionen bestimmen in folgender Weise die „Dynamik" des endlichen Automaten $(A, B, Q, \delta, \lambda)$:

Befindet sich der Automat im Zeitpunkt $t$ im Zustand $q$ und wird in diesem Zeitpunkt der Eingabebuchstabe $a$ angelegt (liegt also die Phase $(t, q, a)$ vor), so wird mit $\delta^0$ der Zustand $\delta(q, a)$ zum Zeitpunkt $t+1$ (also die Phase $(t+1, \delta(q, a)))$ festgelegt. $\lambda^0$ operiert rein statisch: Bei Vorliegen des Zustandes $q$ und des Eingabebuchstaben $a$ zum Zeitpunkt $t$ wird zum gleichen Zeitpunkt der Ausgabebuchstabe $\lambda(q, a)$ vom Automaten abgegeben. Oft wird bei der Definition eines endlichen Automaten auf die Angabe der Abbildungen $\delta^0$ und $\lambda^0$ verzichtet, da diese ja mit $\delta$ und $\lambda$ eindeutig bestimmt sind.
Die im folgenden definierte Darstellung eines endlichen Automaten mittels eines zugehörigen gerichteten Graphen ist oft bequem zu benutzen.

**Definition:** Der zum endlichen Automaten $M := (A, B, Q, \delta, \lambda)$ gehörige Graph $G(M)$ ist definiert durch

$$G(M) := (K, N, \alpha, \beta) \quad \text{mit}$$
$$K := Q \times A,$$
$$N := Q,$$
$$\alpha: K \to N \times N: (q, a) \mapsto \alpha(q, a) := (q, \delta(q, a)),$$
$$\beta: K \to A \times B: (q, a) \mapsto \beta(q, a) := (a, \lambda(q, a)).$$

Dabei bedeutet $K$ die Kantenmenge, $N$ die Knotenmenge, $\alpha$ die Kanten-Knotenabbildung und $\beta$ eine Kantenbewertung des gerichteten Graphen $G(M)$.

**Beispiel:** Der Automat $M := (A, B, Q, \delta, \lambda)$ sei gegeben in der Form

$$A := \{0, 1\},$$
$$B := \{0, 1\},$$
$$Q := \{1, 2, 3, 4, 5\}.$$

$\delta: Q \times A \to Q$ und $\lambda: Q \times A \to B$ werden durch folgende Tabellen (Automatentafeln) angegeben:

| $\delta$ | 0 | 1 |
|---|---|---|
| 1 | 1 | 1 |
| 2 | 2 | 1 |
| 3 | 5 | 3 |
| 4 | 3 | 4 |
| 5 | 3 | 5 |

| $\lambda$ | 0 | 1 |
|---|---|---|
| 1 | 1 | 0 |
| 2 | 1 | 0 |
| 3 | 0 | 1 |
| 4 | 1 | 0 |
| 5 | 0 | 1 |

Der zu $M$ gehörige Graph $G(M) := (K, N, \alpha, \beta)$ ergibt sich dann in der Form

$$K := \{(1,0),(1,1),(2,0),(2,1),(3,0),(3,1),(4,0),(4,1),(5,0),(5,1)\},$$
$$N := \{1,2,3,4,5\}.$$

$\alpha: K \to N \times N$ und $\beta: K \to A \times B$ sind an der nachfolgenden geometrischen Darstellung von $G(M)$ abzulesen (wir haben dabei die Kanten in der Form $a/\lambda(q,a)$ bewertet).

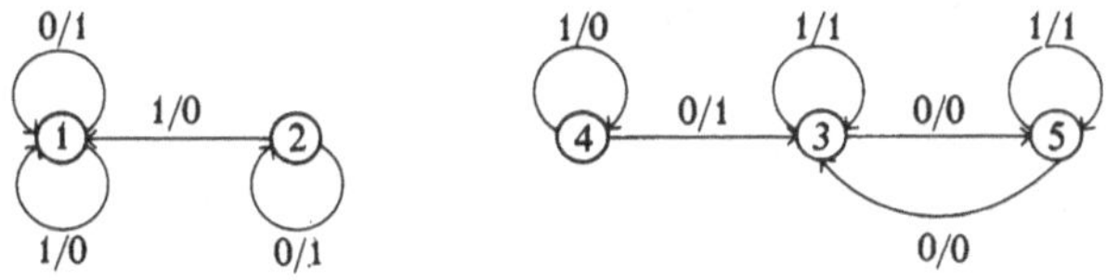


Bisher war nur von der Eingabe eines Buchstabens aus $A$ zur Zeit $t$ in den Automaten die Rede. Wir erweitern nun diese Betrachtungsweise auf die Eingabe von „Wörtern“, die über dem Eingabealphabet $A$ aufgebaut sind. Dazu definieren wir zunächst:

**Definition:** Für jede natürliche Zahl $n$ nennen wir eine Abbildung $w$ der Form $w: \{0, 1, \ldots, n-1\} \to M$, wobei $M$ eine endliche Menge bedeutet, ein **Wort** über dem **Alphabet** $M$. Die Zahl $n$ der Buchstaben eines Wortes $w$ heißt dessen **Länge**. Für ein Wort $w: \{0, 1, \ldots, n-1\} \to M$ verwenden wir auch die Darstellung $w = w(0)w(1)\ldots w(n-1)$. Buchstaben aus $M$ identifizieren wir gewöhnlich mit den Wörtern der Länge 1. Mit $M^*$ bezeichnen wir die Menge aller Wörter über dem Alphabet $M$. Wir nennen $M^*$ die zu $M$ gehörige **Wortmenge.**
Auf jeder Wortmenge $M^*$ erklären wir folgende innere Verknüpfung $\circ: M^* \times M^* \to M^*$: Für je zwei Wörter $u = u(0)u(1)\ldots u(m-1)$ und $v = v(0)v(1)\ldots v(n-1)$ ist ihre Verknüpfung $w := u \circ v$ definiert durch $w = w(0)w(1)\ldots w(m+n-1)$ mit $w(i) := u(i)$ für $i = 0, 1 \ldots, m-1$ und $w(n+i) := v(i)$ für $i = 0, 1, \ldots, n-1$. Die Verknüpfung $\circ$ heißt die **Konkatenation** auf $M$; $u \circ v$ heißt das **Konkatenationsprodukt** von $u$ und $v$. Die Einschränkung eines Wortes $w = w(0)w(1)\ldots w(n-1)$ auf die Menge $\{0, 1, \ldots, t-1\}$ mit $t \in \{0, 1, \ldots, n-1\}$ bezeichnen wir mit $w^t$.
Die Reaktion eines endlichen Automaten $(A, B, Q, \delta, \lambda)$ auf die Eingabe von Wörtern über $A$ kann nun wie folgt erklärt werden:

**Definition:** Die Abbildungen $\delta^*: Q \times A^* \to Q$ und $\lambda^*: Q \times A^* \to B^*$ werden, mittels $\delta$ und $\lambda$ definiert durch

$$\delta^*(q, w) := \begin{cases} \delta(q, w(0)), & \text{wenn } w \text{ die Länge } n = 1 \text{ hat,} \\ \delta(\delta^*(q, w^{n-1}), w(n-1)) & \text{wenn } w \text{ die Länge } n > 1 \text{ hat.} \end{cases}$$

$$\lambda^*(q, w) := \begin{cases} \lambda(q, w(0)), & \text{wenn } w \text{ die Länge } n = 1 \text{ hat,} \\ \lambda^*(q, w^{n-1}) \circ \lambda(\delta^*(q, w^{n-1}), w(n-1)), & \text{wenn } w \text{ die Länge } n > 1 \text{ hat.} \end{cases}$$

$\delta^*$ und $\lambda^*$ werden automatentheoretisch wie folgt interpretiert: Befindet sich der Automat im Zustand $q$ und wird das Wort $w$ eingegeben, so geht er dadurch in den Zustand $\delta^*(q, w)$ über und gibt das Wort $\lambda^*(q, w)$ ab. Die dazugehörige „dynamische“ Interpretation ist naheliegend: Mit $\delta^*$ wird der Phase $(t, q, w)$ die Phase $(t+n, \delta^*(q, w))$ zugeordnet, wobei $n$ die Länge von $w$ bedeutet; $\lambda^*$ legt zur Phase $(t, q, w)$ die Phase $(t, \lambda^*(q, w))$ fest. (Allgemein wird dabei eine Phase $(t, w)$, worin $w$ ein Wort ist, als „$w$ beginnt zur Zeit $t$“ interpretiert.)
Damit ist die Definition eines endlichen (deterministischen MEALY-) Automaten abgeschlossen, dessen enge Beziehung zum Konzept der Sequentialmaschine nicht zu übersehen ist. Im folgenden wollen wir diese Beziehung noch genauer darstellen, so daß wir endliche Automaten in die von uns früher gemachten Überlegungen einbeziehen können.

## 8.2 Zustandsdarstellung endlicher Automaten

Wir haben schon früher gesehen, daß eine zeitinvariante Sequentialmaschine *seqW-timeS* $= (A, B, X, Y, Q_0, Q, \phi, \beta, \mathbb{N}_0, +, <, 0)$ eindeutig durch das Quintupel $(A, B, Q(.), \delta(.), \lambda(.))$ gegeben ist. Wir sind damit bereits sehr nahe an die Konstruktion eines endlichen Automaten gelangt, wie wir sie soeben kennengelernt haben. Damit die zeitinvariante Sequentialmaschine *seqW-timeS* tatsächlich einen zugehörigen endlichen Automaten eindeutig festlegt, sind an sie sowie an das zugrundeliegende allgemeine Zeitsystem aber noch einige Forderungen zu stellen.

**Definition:** Ein allgemeines Zeitsystem *timeS* $= (A, B, X, Y, S, \mathit{time})$ bei dem $A$ und $B$ endliche Mengen sind, nennen wir **alphabetendlich**. Wir nennen *timeS* **vollständig,** wenn der Inputprozeß $X$ und der Outputprozeß $Y$ gegeben sind durch $X = \mathit{time} \rightarrow A$ und $Y = \mathit{time} \rightarrow B$.

**Definition:** Eine zeitinvariante Sequentialmaschine *seqW-timeS* $= (A, B, Q(.)$ $\delta(.), \lambda(.))$ heißt **endlich,** wenn $Q(0)$ eine endliche Menge ist; sie heißt **vollständig,** wenn $\delta(0)$ und $\lambda(0)$ auf $Q \times A$ definiert sind, wenn diese also Funktionen $\delta(0): Q \times \mathrm{A} \rightarrow Q$ und $\lambda(0): Q \times A \rightarrow B$ sind.

Wir kommen damit zu folgender Feststellung:

**Satz:** Jede zeitinvariante Sequentialmaschine $seqW\text{-}timeS = (A, B, Q(.), \delta(.), \lambda(.))$, die endlich und vollständig und dessen zugehöriges Zeitsystem *W-timeS* vollständig und alphabetendlich ist, ist ein endlicher Automat $(A, B, Q, \delta(0), \lambda(0))$.

Auf Grund der vorangegangenen Darlegungen erscheint ein Beweis dieses Satzes nicht notwendig. Wir wollen jedoch einige Korrespondenzen zwischen Zustandsdarstellungen und endlichen Automaten noch genauer beschreiben.
Es sei also $staW\text{-}timeS = (A, B, X, Y, Q_0, Q, \phi, \beta, \mathbb{N}_0, +, <, t_0)$ eine Zustandsdarstellung, die zugleich auch ein Automat $(A, B, Q, \delta, \lambda)$ ist (*staW-timeS* ist also kausal und zeitinvariant, $A$, $B$ und $Q$ sind endliche Mengen und $\delta = \delta(0)$ und $\lambda = \lambda(0)$ sind Funktionen $\delta: Q \times A \to Q$ und $\lambda: Q \times A \to B$). Wir haben dann folgende funktionsmäßigen Entsprechungen

| $(A, B, X, Y, Q_0, Q, \phi, \beta, \mathbb{N}_0, +, <, 0)$ | $(A, B, Q, \delta, \lambda)$ |
|---|---|
| Wertebereich $A$ der Inputfunktionen | Eingabealphabet $A$ |
| Wertebereich $B$ der Outputfunktionen | Ausgabealphabet $B$ |
| Inputprozeß $X$ | Eingabewortmenge $A^*$ |
| Outputprozeß $Y$ | Ausgabewortmenge $B^*$ |
| Zustandsmenge $Q$ $(Q_0 = Q)$ | Zustandsmenge $Q$ |
| Zustandsfunktion $\phi_0$ | Überführungsfunktionen $\delta$ und $\delta^*$ |
| Outputfunktion $\beta$ | Ausgabefunktionen $\lambda$ und $\lambda^*$ |

Des weiteren haben wir dazu den

**Satz:**

(1) $A^* = \{x^t : x \in X \wedge t \in \mathbb{N}_0\}$.

(2) $B^* = \{y^t : y \in Y \wedge t \in \mathbb{N}_0\}$.

(3) $\bigwedge_{q \in Q} \bigwedge_{x \in X} \bigwedge_{t \in \mathbb{N}_0} \delta^*(q, x^t) = \phi_0(t, q, x)$.

*Beweis:* Die Gültigkeit von (1) und (2) folgt unmittelbar aus der Definition von $A^*$ bzw. $B^*$. Für $t = 1$ folgt (3) aus der Definition von $\delta^*$, denn es ist dann $\delta^*(q, x^1) = \delta(q, x^1(0)) = \phi_0(1, q, x)$. Für $t > 1$ kann (3) durch vollständige Induktion bewiesen werden. Es gelte $\delta^*(q, x^k) = \phi_0(k, q, x)$ (Induktionsannahme). Dann ist $\delta^*(q, x^{k+1}) = \delta(\delta^*(q, x^k), x^k(k)) = \phi_0(1, \phi_0(k, q, x), x \to k) = \xi_0(1, 0, \xi_0(k, 0, q, x), x \to k) = \xi_0(k+1, k, \xi_0(k, 0, q, x), x) = \xi_0(k+1, 0, q, x) = \phi_0(k+1, q, x)$.

Endliche Automaten können also als spezielle Zustandsdarstellungen spezieller allgemeiner Zeitsysteme angesehen werden, und wir können alle von uns früher entwickelten Begriffe auch für endliche Automaten verwenden.

## 8.3 Simulation endlicher Automaten

Da endliche Automaten von uns als spezielle Zustandsdarstellungen aufgefaßt werden, ist mit der in 5.5 behandelten Simulation von Zustandsdarstellungen auch die Simulation endlicher Automaten erfaßt. Die Einfachheit der Verhältnisse an einem endlichen Automaten ermöglicht es uns jedoch, hier auch die Frage der Simulation in einfacherer Weise zu behandeln.
Gegeben seien die beiden Automaten $M = (A, B, Q, \delta, \lambda)$ und $M' = (A', B', Q', \delta', \lambda')$. Ein Tripel $(\alpha, \beta, \gamma)$ von Abbildungen $\alpha: A \to A'$, $\beta: B' \to B$ und $\gamma: Q \to Q'$ heißt eine **Simulationszuordnung** von $M$ zu $M'$, wenn dafür gilt:

(1) $\bigwedge_{q \in Q} \bigwedge_{a \in A} \gamma(\delta(q, a)) = \delta'(\gamma(q), \alpha(a))$.

(2) $\bigwedge_{q \in Q} \bigwedge_{a \in A} \lambda(q, a) = \beta(\lambda'(\gamma(q), \alpha(a)))$.

Existiert für zwei endliche Automaten $M$ und $M'$ eine Simulationszuordnung $(\alpha, \beta, \gamma)$ von $M$ zu $M'$, so sagen wir, $M$ wird von $M'$ über $(\alpha, \beta, \gamma)$ **simuliert**. Den Automaten $M'$ nennen wir dann auch einen **Simulator** von $M$.
Die Bedingung (1) sichert die „Gleichartigkeit" der Zustandsüberführung in $M'$ zu der von $M$. Mit (2) wird gewährleistet, daß auch über den Simulationsweg zu einem gegebenen Zustand $q$ und Input $a$ von $M$ der gleiche Output entsteht. Es ist unmittelbar einleuchtend, daß das Input-Output Verhalten (das black-box Verhalten) von $M$ mit dem von $M'$ als Simulator gleich ist. Von „außen" kann also nicht unterschieden werden, ob $M$ oder $M'$ als „Maschine" arbeitet.

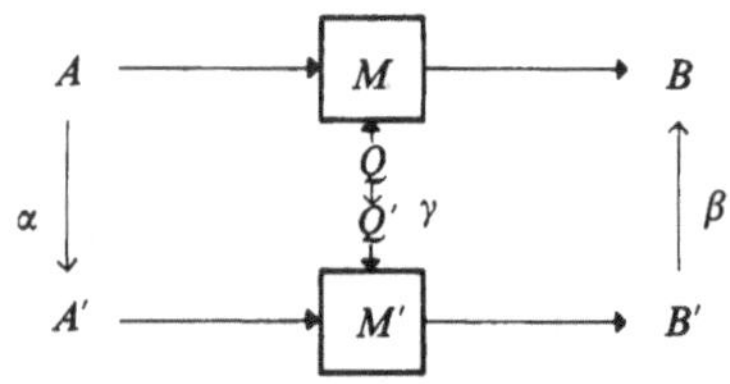


Abb. 13. Simulation von $M$ durch $M'$

## 8.4 Schaltungen endlicher Automaten

Wir definieren zwei Schaltungen endlicher Automaten: das kartesische Produkt und die Serienschaltung. Beide stellen im Rahmen der Strukturtheorie der endlichen Automaten wichtige Konzepte dar.

**Definition:** Das **kartesische Produkt** $M_1 \otimes M_2$ der beiden endlichen Automaten $M_1 := (A_1, B_1, Q_1, \delta_1, \lambda_1)$ und $M_2 := (A_2, B_2, Q_2, \delta_2, \lambda_2)$ ist definiert als der endliche Automat $M_1 \otimes M_2 := (A_{12}, B_{12}, Q_{12}, \delta_{12}, \lambda_{12})$ mit

(1) $A_{12} := A_1 \times A_2$;

(2) $B_{12} := B_1 \times B_2$;

(3) $Q_{12} := Q_1 \times Q_2$;

(4) $\delta_{12}: Q_{12} \times A_{12} \to Q_{12}: ((q_1, q_2), (a_1, a_2)) \mapsto \delta_{12}((q_1, q_2), (a_1, a_2)) := (\delta_1(q_1, a_1), \delta_2(q_2, a_2))$;

(5) $\lambda_{12}: Q_{12} \times A_{12} \to B_{12}: ((q_1, q_2), (a_1, a_2)) \mapsto \lambda_{12}((q_1, q_2), (a_1, a_2)) := (\lambda_1(q_1, a_1), \lambda_2(q_2, a_2))$.

Statt kartesisches Produkt sagt man manchmal auch „Parallelschaltung“. Abbildung 14 zeigt im Blockschaltbild die Konstruktion von $M_1 \otimes M_2$.

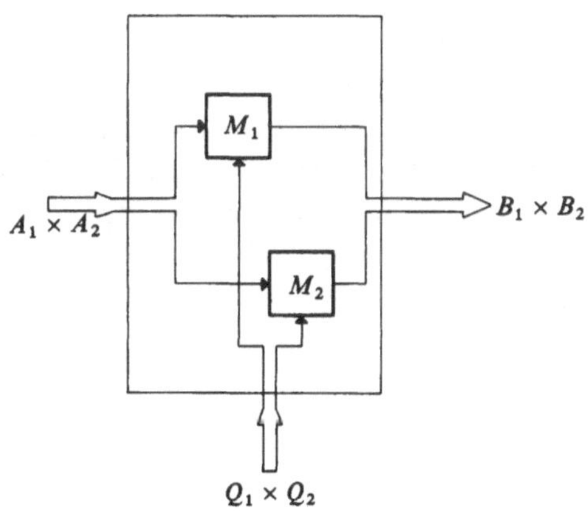


Abb. 14. Kartesisches Produkt $M_1 \otimes M_2$.

**Definition:** Die **Serienschaltung** $M_1 \ominus M_2$ der beiden endlichen Automaten $M_1 := (A_1, B_1, Q_1, \delta_1, \lambda_1)$ und $M_2 := (B_1, B_2, Q_2, \delta_2, \lambda_2)$ ist definiert als der endliche Automat $M_1 \ominus M_2 := (A_{12}, B_{12}, Q_{12}, \delta_{12}, \lambda_{12})$ mit

$A_{12} := A_1$;
$B_{12} := B_2$;
$Q_{12} := Q_1 \times Q_2$;

$$\delta_{12}: Q_{12} \times A_{12} \to Q_{12}: ((q_1, q_2), a_1) \mapsto \delta_{12}((q_1, q_2), a_1) := (\delta_1(q_1, a_1), \delta_2(q_2, \lambda_1(q_1, a_1)));$$

$$\lambda_{12}: Q_{12} \times A_{12} \to B_{12}: ((q_1, q_2), a_1) \mapsto \lambda_{12}((q_1, q_2), a_1) := \lambda_2(q_2, \lambda_1(q_1, a_1)).$$

Abbildung 15 zeigt die Konstruktion $M_1 \ominus M_2$ im Blockschaltbild.

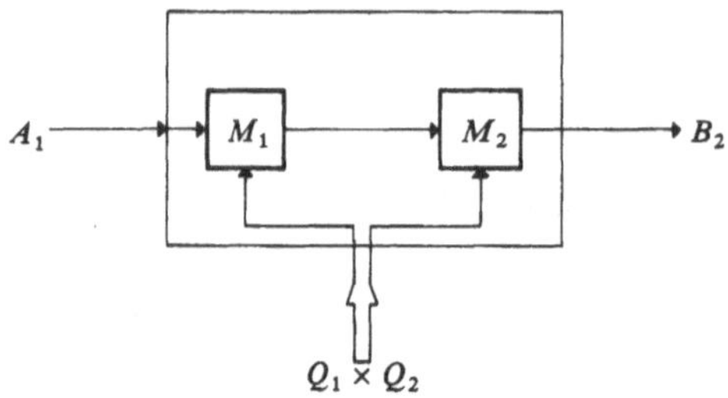


Abb. 15. Serienschaltung $M_1 \ominus M_2$.

## 8.5 Algebraische Strukturtheorie

Für alle Zweige der Systemtheorie ist ein Problem mit folgender Fragestellung von großem Interesse: Gegeben ist eine „Maschine“ *mactimeS*, die ein allgemeines Zeitsystem *timeS* darstellt (d.h. deren Input-Output Relation erzeugt). Gesucht sind „einfache Maschinen“ gleichen Typs, die, miteinander „zusammengeschaltet“ (verknüpft), die vorgegebene Maschine *mactimeS* zu „simulieren“ imstande sind. Bei den bisher von uns konstruierten Maschinen *partimeS* und *statimeS* sind wir einer solchen Fragestellung kaum nachgegangen (die einzigen Überlegungen in dieser Richtung galten dem Problem der Reduktion von Parzessoren bzw. Zustandsdarstellungen). Im Fall der endlichen Automaten wollen wir uns damit jedoch ein wenig mehr beschäftigen, um einen ersten Eindruck von deren „Strukturtheorie“ zu vermitteln. Auf diese Weise wird der Leser zum weiteren Studium der dafür einschlägigen Literatur angeregt.

Wir werden uns befassen mit

(a) der Zustandsreduktion eines endlichen Automaten und der Konstruktion des zu einem Automaten gehörigen Quotientenautomaten;

(b) der Simulation eines gegebenen Automaten durch Serien-Parallelschaltung „kleinerer" Automaten;

(c) der Konstruktion der Halbgruppe eines gegebenen endlichen Automaten und den daraus ablesbaren Aussagen über dessen Struktur.

Es wird sich zeigen, daß bei allen angeschnittenen Problemen die Existenz gewisser Äquivalenzrelationen (und damit auch Partitionen) eine große Rolle spielt. Bevor wir jedoch auf die einzelnen Problemstellungen eingehen, wollen wir noch einige vorbereitende allgemeine Überlegungen anstellen.

Es bezeichne $M = (A, B, Q, \delta, \lambda)$ einen gegebenen endlichen Automaten. Wir definieren dann:

**Definition:** Eine Äquivalenzrelation $R$ auf $Q$ heißt **kongruent**, wenn gilt:

$$\bigwedge_{q,q' \in Q} \bigwedge_{a \in A} qRq' \Rightarrow \delta(q, a) R \delta(q', a).$$

Statt „kongruente Äquivalenzrelation" sagen wir auch „Kongruenzrelation". Von einer Kongruenzrelation im obigen Sinne sagt man, sie besitze die „Substitutionseigenschaft". Diese Bezeichnungen übertragen sich auch auf die mit $R$ eindeutig bestimmte Partition $Q/R$, der Quotientenmenge von $Q$ bezüglich $R$. Für Kongruenzrelationen haben wir das folgende Lemma.

**Lemma:** Ist $R$ eine zum Automaten $(A, B, Q, \delta, \lambda)$ gehörige Kongruenzrelation auf $Q$, so gilt auch

$$\bigwedge_{q,q' \in Q} \bigwedge_{w \in A} qRq' \Rightarrow \delta^*(q, w) R \delta^*(q', w).$$

*Beweis:* Wir führen den Beweis mittels vollständiger Induktion nach der Länge von $w$. Hat $w$ die Länge 1, so folgt die Aussage des Lemmas auf Grund der Tatsache, daß $R$ eine Kongruenzrelation ist. Ist das Lemma für alle Wörter der Länge $n$ gültig, so haben wir für $w = w(0)w(1) \dots w(n)$ und $qRq'$ die Beziehung $\delta^*(q, w) = \delta(\delta^*(q, w^n), w(n))$ und $\delta^*(q', w) = \delta(\delta^*(q', w^n), w(n))$, somit wegen $\delta^*(q, w^n) R \delta^*(q', w^n)$ auch $\delta^*(q, w) R \delta^*(q', w)$.

Das obige Lemma zeigt somit, daß eine Kongruenzrelation auch mit den von den Wörtern $w \in A^*$ definierten Zustandstransformationen $q \mapsto \delta^*(q, w)$ verträglich ist.

## (a) Zustandsäquivalenz und Quotientenautomat

**Definition:** Für einen gegebenen endlichen Automaten $M = (A, B, Q, \delta, \lambda)$ definieren wir die Relation $\sim$ auf $Q$ durch

$$q \sim q' :\Leftrightarrow \bigwedge_{w \in A^*} \lambda^*(q, w) = \lambda^*(q', w).$$

Es ist offensichtlich, daß $\sim$ eine Äquivalenzrelation auf $Q$ ist; wir nennen sie die **Zustandsäquivalenz** von $M$. Betrachtet man den endlichen Automaten als black-box, d.h. interessiert man sich nur für dessen Input-Outputverhalten, so erscheinen Zustände, die äquivalent im obigen Sinne sind, als gleichwertig. Damit entsteht der Gedanke, zu $M$ einen Automaten $M/\sim$ anzugeben, in dem jeder Zustand nur zu sich selbst äquivalent ist, der also gewissermaßen bezüglich der Zustände weniger Redundanz hat. Die Konstruktion von $M/\sim$ geschieht, wie wir gleich sehen werden, durch den Übergang von $M$ zur Quotientenstruktur bezüglich $\sim$. Zuvor jedoch noch folgende Feststellung:

**Satz:** Die Zustandsäquivalenz eines endlichen Automaten $M$ ist eine Kongruenzrelation.

*Beweis:* Ist $q \sim q'$, so gilt für alle $w = w(0) \ldots w(n-1)$ von der Länge $n > 1$ die Beziehung $\lambda^*(q, w) = \lambda(q, w(0)) \circ \lambda^*(\delta(q, w(0)), w(1) \ldots w(n-1)) =$
$\lambda(q', w(0)) \circ \lambda^*(\delta(q', w(0), w(1) \ldots w(n-1)$ und damit
$\lambda^*(\delta(q, w(0)), w(1) \ldots w(n-1)) = \lambda^*(\delta(q', w(0)), w(1) \ldots w(n-1))$.

Es gilt also auch $\delta(q, w(0)) \sim \delta(q', w(0))$.

**Definition:** Der Quotientenautomat $M/\sim$ eines endlichen Automaten $M = (A, B, Q, \delta, \lambda)$ ist definiert als der endliche Automat $M/\sim := (A, B, Q/\sim, \delta/\sim, \lambda/\sim)$ mit

(1) $Q/\sim$ ist die Quotientenmenge von $Q$ bezüglich der Zustandsäquivalenz $\sim$.

(2) $\delta/\sim : Q/\sim \times A \to Q/\sim$ ist definiert durch $\delta/\sim([q], a) := [\delta(q, a)]$.

(3) $\lambda/\sim : Q/\sim \times A \to B$ ist definiert durch $\lambda/\sim([q], a) := \lambda(q, a)$.

Mit $[q]$ bezeichnen wir dabei allgemein die Äquivalenzklasse in $Q/\sim$. Man überzeugt sich mühelos, daß $\delta/\sim$ mit (2) wohldefiniert ist, da $\sim$ eine Kongruenzrelation auf $Q$ ist; daß $\lambda/\sim$ mit (3) wohldefiniert ist, folgt aus der Definition von $\sim$.
Für den Quotientenautomaten $M/\sim = (A, B, Q/\sim, \delta/\sim, \lambda/\sim)$ des endlichen Automaten $M = (A, B, Q, \delta, \lambda)$ gilt der

**Satz:** $M$ wird von $M/\sim$ über $(id_A, id_B, \gamma)$ mit $\gamma : Q \to Q/\sim : q \mapsto \gamma(q) := [q]$ simuliert.

Der Beweis ist trivial und sei deshalb hier weggelassen. Wir sehen also, daß mit dem Quotientenautomaten ein bezüglich der Zustandsmenge „kleinerer" Automat gefunden wurde, der als Simulator geeignet ist. In vergangenen Zeiten hatte die Konstruktion des Quotientenautomaten durchaus einen wichtigen

praktischen Wert, da die Herstellungskosten von hardware-Automaten stark von der Zahl der vorgesehenen Zustände abhing. Heute ist, bedingt durch die veränderte Technologie, der Wert des Konzeptes des Quotientenautomaten vor allem wegen dessen größerer Bequemlichkeit bei der Konstruktion von „software-Automaten" (= Automaten als Bausteine von Modellen) gegeben.
Für die Berechnung der Zustandsäquivalenz $\sim$ und damit auch der Quotientenmenge $Q/\sim$ kann ein Algorithmus (Reduktionsalgorithmus, Algorithmus von Aufenkamp und Hohn) angegeben werden. Wir müssen dafür ein paar Vorbereitungen treffen.
Neben der Reduktionsäquivalenz $\sim$ definieren wir für den endlichen Automaten $M = (A, B, Q, \delta, \lambda)$ noch die Relation $\sim_t$ auf $Q$,($t \in \mathbb{N}$), durch

$$q \sim_t q' :\Leftrightarrow \bigwedge_{k \in N} \bigwedge_{w \in X^k} k \leqq t \Rightarrow \lambda^*(q, w) = \lambda^*(q', w).$$

Offensichtlich ist nach dieser Definition für jedes $t$ die Relation $\sim_t$ eine Äquivalenzrelation auf $Q$; wir nennen $\sim_t$ die **$t$-Zustandsäquivalenz** von $M$. Die Bedeutung von $\sim_t$ ist unmittelbar klar: Sind zwei Zustände $q, q'$ des Automaten $M$ zueinander $t$-äquivalent, so reagiert von ihnen aus der Automat $M$ für jedes Eingabewort $w$ der Länge $k$ mit $k \leqq t$ mit dem gleichen Ausgabewort $\lambda^*(q, w) = \lambda^*(q', w)$. Offenbar sind zwei Zustände, die zueinander äquivalent sind, für jedes $t$ auch $t$-äquivalent, d.h. es gilt stets $\sim_t \supset \sim$.
Für die $t$-Äquivalenz gilt folgendes
**Lemma:**

$$\bigwedge_{t \in N} \bigwedge_{q, q' \in Q} q \sim_{t+1} q' \Leftrightarrow (q \sim_t q' \wedge \bigwedge_{a \in A} \delta(q, a) \sim_t \delta(q', a)).$$

*Beweis:*

„$\Rightarrow$": Ist $q \sim_{t+1} q'$ so gilt auch $q \sim_t q'$. Des weiteren haben wir für jedes $a$ aus $A$ und jedes Eingabewort $w$ der Länge kleiner oder gleich $t$ $\lambda^*(q, a \circ w) = \lambda(q, a) \circ \lambda^*(\delta(q, a), w)$ und $\lambda^*(q', a \circ w) = \lambda(q', a) \circ \lambda^*(\delta(q', a), w)$. Wegen $\lambda(q, a) = \lambda(q', a)$ folgt daraus, daß auch $\lambda^*(\delta(q, a), w) = \lambda^*(\delta(q', a), w)$ gilt, damit also auch $\delta(q, a) \sim_t \delta(q', a)$.

„$\Leftarrow$": Jedes Eingabewort $w'$ der Länge kleiner oder gleich $t + 1$ kann in der Form $w' = a \circ w$ mit $a \in A$ und $w$ von der Länge kleiner gleich $t$ dargestellt werden. Gilt die rechte Seite des Lemmas, so haben wir analog zu vorher

$$\begin{aligned}\lambda^*(q, a \circ w) &= \lambda(q, a) \circ \lambda^*(\delta(q, a), w)\\ &= \lambda(q', a) \circ \lambda^*(\delta(q', a), w)\\ &= \lambda^*(q, a \circ w),\end{aligned}$$

also $q \sim_{t+1} q'$.

Für die Reduktionsäquivalenz $\sim$ gilt nun der folgende Satz:

**Satz:** Die Folge $\sim_1, \sim_2, \sim_3, \ldots$ stellt einen Algorithmus zur Berechnung von $\sim$ dar. Es gilt dafür $\sim_t = \sim_{t+1} \Rightarrow \sim_t = \sim$.

*Beweis:* Da $\sim_1 \supset \sim_2 \supset \sim_3 \supset \ldots$ gilt und $Q$ eine endliche Menge ist, muß es eine Zahl $t$ geben, so daß $\sim_t = \sim_{t+1}$ ist.
Gilt dafür $\sim_t = id_Q$, so ist die Aussage des Satzes trivial, da dann selbstverständlich auch für alle $t'$ mit $t' > t$ gilt $\sim_{t'} = id_Q$. Im allgemeinen wird aber $\sim_t \neq id_Q$ sein. Wir beweisen dann den Satz mittels vollständiger Induktion nach $n$:
Für $n = 1$ haben wir $\sim_t = \sim_{t+1} \Rightarrow \sim_t = \sim_{t+1}$. Mit der Induktionsvoraussetzung, daß für $n > 1$ gilt $\sim_t = \sim_{t+1} \Rightarrow \sim_t = \sim_{t+n}$, zeigen wir, daß dann auch $\sim_t = \sim_{t+1} \Rightarrow \sim_{t+n+1}$ gilt: Offenbar gilt $\sim_t \supset \sim_{t+n+1}$, so daß wir nur $\sim_t \subset \sim_{t+n+1}$ zu zeigen haben. Gilt $q \sim_t q'$, so haben wir im Falle, daß $\sim_t = \sim_{t+1}$ auch $q \sim_{t+n} q'$ und nach dem Lemma von vorher auch $\delta(q, a) \sim_{t+n-1} \delta(q', a)$ für beliebige $a$ aus $A$. Da aber mit $\sim_t = \sim_{t+n}$ auch $\sim_{t+n} = \sim_{t+n-1}$ gilt, haben wir auch $\delta(q, a) \sim_{t+n} \delta(q', a)$ für beliebige $a$ aus $A$ und das Lemma zeigt dann, daß $q \sim_{t+n+1} q'$ gilt. Mit $\sim_t = \sim_{t+1}$ gilt also für beliebige $n$ auch $\sim_t = \sim_{t+n}$, damit auch $\sim_t = \sim$.

**Zur praktischen Durchführung des Algorithmus:**

*Schritt* 1: Ablesen von $\sim_1$ direkt von der Ausgabefunktion $\lambda$ des Automaten.

*Schritt* $t + 1$ ($t \in \mathbb{N}$): Berechnen von $\sim_{t+1}$ aus $\sim_t$ und der Überführungsfunktion $\delta$ des Automaten auf Grund des angegebenen Lemmas ($q \sim_{t+1} q' \Leftrightarrow q \sim_t q'$ und $\delta(q, a) \sim_t \delta(q', a)$ für alle $a$ aus $A$).

Bei Auftreten von $\sim_t = \sim_{t+1}$ stoppen. Auf Grund unseres angegebenen Satzes gilt dann $\sim_t = \sim$. Meistens ist es bequemer, statt der Äquivalenzrelationen $\sim_t$ und $\sim$ die zugehörigen Quotientenmengen $Q/\sim_t$ und $Q/\sim$ anzuschreiben.

**Beispiel:** Gegeben sei der endliche Automat $M = (A, B, Q, \delta, \lambda)$ durch $A := \{0, 1\}$, $B := \{0, 1\}$, $Q := \{1, 2, 3, 4, 5\}$ sowie $\delta$ und $\lambda$ nach folgenden Tafeln:

| $\delta$ | 0 | 1 |
|---|---|---|
| 1 | 1 | 1 |
| 2 | 2 | 1 |
| 3 | 5 | 3 |
| 4 | 3 | 4 |
| 5 | 3 | 5 |

| $\lambda$ | 0 | 1 |
|---|---|---|
| 1 | 1 | 0 |
| 2 | 1 | 0 |
| 3 | 0 | 1 |
| 4 | 1 | 0 |
| 5 | 0 | 1 |

*Schritt* 1: Aus der $\lambda$-Tafel lesen wir ab $Q/\sim_1 = \{\overline{1, 2, 4}, \overline{3, 5}\}$.

*Schritt* 2: Wir erstellen nach der Vorschrift $\delta/\sim_1(q, a) := [\delta(q, a)]_{\sim_1}$ folgende $\delta/\sim_1$-Tafel

| $\delta/\sim_1$ | 0 | 1 |
|---|---|---|
| 1 | $\overline{1, 2, 4}$ | $\overline{1, 2, 4}$ |
| 2 | $\overline{1, 2, 4}$ | $\overline{1, 2, 4}$ |
| 3 | $\overline{3, 5}$ | $\overline{3, 5}$ |
| 4 | $\overline{3, 5}$ | $\overline{1, 2, 4}$ |
| 5 | $\overline{3, 5}$ | $\overline{3, 5}$ |

und lesen daraus ab $Q/\sim_2 = \{\overline{1, 2}, \overline{4}, \overline{3, 5}\}$.

*Schritt* 3: Analog zu Schritt 2 erstellen wir die $\delta/\sim_2$-Tafel mittels $\delta/\sim_2(q, a) := [\delta(q, a)]_{\sim_2}$

| $\delta/\sim_2$ | 0 | 1 |
|---|---|---|
| 1 | $\overline{1, 2}$ | $\overline{1, 2}$ |
| 2 | $\overline{1, 2}$ | $\overline{1, 2}$ |
| 3 | $\overline{3, 5}$ | $\overline{3, 5}$ |
| 4 | $\overline{3, 5}$ | $\overline{4}$ |
| 5 | $\overline{3, 5}$ | $\overline{3, 5}$ |

Wir lesen daraus ab $Q/\sim_3 = \{\overline{1, 2}, \overline{4}, \overline{3, 5}\}$.
Es gilt also $\sim_2 = \sim_3$ und damit $\sim = \sim_2$ also $Q/\sim = \{\overline{1, 2}, \overline{4}, \overline{3, 5}\}$.

Der Quotientenautomat $M/\sim$ von $M$ ist somit gegeben durch $M/\sim = (A, B, Q/\sim, \delta/\sim, \lambda/\sim)$, wobei $\delta/\sim$ und $\lambda/\sim$ folgende Tafeln haben

| $\delta/\sim$ | 0 | 1 |
|---|---|---|
| $\overline{1, 2}$ | $\overline{1, 2}$ | $\overline{1, 2}$ |
| $\overline{4}$ | $\overline{3, 5}$ | $\overline{4}$ |
| $\overline{3, 5}$ | $\overline{3, 5}$ | $\overline{3, 5}$ |

| $\lambda/\sim$ | 0 | 1 |
|---|---|---|
| $\overline{1, 2}$ | 1 | 0 |
| $\overline{4}$ | 1 | 0 |
| $\overline{3, 5}$ | 0 | 1 |

### (b) Serien-Parallelzerlegung

Wir wollen uns nun mit der „Zerlegung" eines gegebenen endlichen Automaten $M=(A, B, Q, \delta, \lambda)$ in Serien- und Parallelschaltungen „einfacherer" endlicher Automaten befassen. Solche Zerlegungen sind neben ihrer Bedeutung für die Theorie auch für die praktische Anwendung des Automatenkonzeptes wichtig. Es bezeichne $M=(A, B, Q, \delta, \lambda)$ einen endlichen Automaten und $\pi$ eine zugehörige Kongruenzrelation auf $Q$. Wir definieren dann

**Definition:** Der endliche Automat $M_\pi$, der geben ist durch $M_\pi=(A_\pi, B_\pi, Q_\pi, \delta_\pi, \lambda_\pi)$, mit

$$A_\pi := A,$$
$$B_\pi := Q/\pi \times A,$$
$$Q_\pi := Q/\pi,$$
$$\delta_\pi : Q_\pi \times A_\pi \rightarrow Q_\pi : ([q]_\pi, a) \mapsto \delta_\pi([q]_\pi, a) := [\delta(q, a)]_\pi,$$
$$\lambda_\pi := id_{Q_\pi} \times A,$$

heißt das $\pi$-**Bild** von $M$.

Die Bedeutung des $\pi$-Bildes $M_\pi$ eines endlichen Automaten $M$ ist leicht zu erkennen: $M_\pi$ stellt die Zustandstrajektorien von $M$ bezüglich $\pi$ homomorph dar, denn sobald $q\pi q'$ gilt haben wir für alle Eingabewörter $w$ $\delta^*(q, w)\pi\delta^*(q', w)$. Es gilt somit für den von $q$ aus mit $w$ in $M$ erreichten Zustand $\delta^*(q, w)$ stets die Beziehung $\delta^*(q, w) \in \delta_\pi^*([q]_\pi, w)$.

Man kann mit $M_\pi$ im allgemeinen wohl nicht „exakt" die Zustandstrajektorien von $M$ verfolgen, aber wenigstens bis auf $\pi$-Äquivalenz. Als Output gibt $M_\pi$ den erreichten Zustand und den Input ab. Ist die Kongruenzrelation $\pi$ nichttrivial, d. h. gilt $0 < \pi < 1$ ($<$ bezieht sich hier auf die vom Verband der Kongruenzrelationen induzierte Ordnungsrelation, man vergleiche dazu mit Abschnitt 8.7, Ü3 und Anhang C9), dann hat $M_\pi$ weniger Zustände als $M$ und ist deshalb in diesem Sinne ein „einfacherer" Automat als $M$.

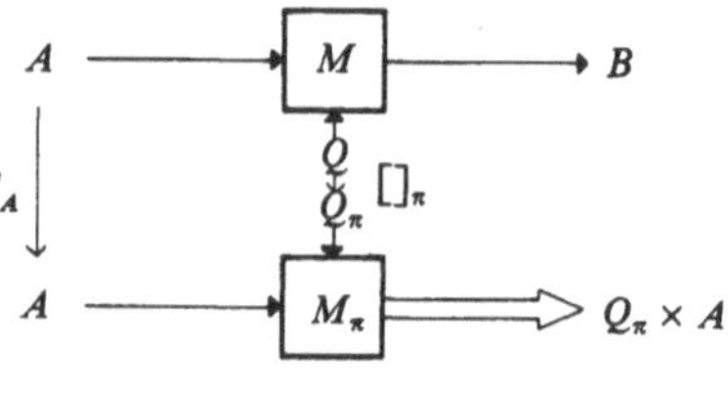


Abb. 16. Automat $M$ und $\pi$-Bild $M_\pi$.

Als nächstes geht es uns darum, zum $\pi$-Bild $M_\pi$ von $M$ einen weiteren endlichen Automaten $M_\tau$ anzugeben, so daß die Serienschaltung $M_\pi \ominus M_\tau$ einen Simulator für $M$ darstellt. Es ist nicht schwer zu überlegen, wie man $M_\tau$ einzurichten hat, damit dies gewährleistet ist. Wir geben $M_\tau$ an und zeigen in dem anschließenden Satz, daß damit $M_\pi \ominus M_\tau$ den Automaten $M$ zu simulieren imstande ist. Es bezeichne $M=(A, B, Q, \delta, \lambda)$ den gegebenen endlichen Automaten und $M_\pi=(A_\pi, B_\pi, Q_\pi, \delta_\pi, \lambda_\pi)$ sein $\pi$-Bild. Wir definieren dann

**Definition:** Jeder endliche Automat $M_\tau=(A_\tau, B_\tau, Q_\tau, \delta_\tau, \lambda_\tau)$ der gegeben ist durch

(1) $A_\tau := Q_\pi \times A$,

(2) $B_\tau := B$,

(3) $Q_\tau$ ist die Quotientenmenge $Q/\tau$ einer Äquivalenzrelation $\tau$ auf $Q$ mit der Eigenschaft $\pi \cap \tau = id_Q$,

(4) $\delta_\tau : Q_\tau \times A_\tau \to Q_\tau$, gegeben durch

$$\delta_\tau([q]_\tau, ([q']_\pi, a)) := \begin{cases} [\delta(q'', a)]_\tau, \text{ wenn } [q]_\tau \cap [q']_\pi = \{q''\}, \\ \text{beliebig, wenn } [q]_\tau \cap [q']_\pi = \emptyset, \end{cases}$$

(5) $\lambda_\tau : Q_\tau \times A_\tau \to B_\tau$, gegeben durch

$$\lambda_\tau([q]_\tau, ([q']_\pi, a)) := \begin{cases} \lambda(q'', a), \text{ wenn } [q]_\tau \cap [q']_\pi = \{q''\}, \\ \text{beliebig, wenn } [q]_\tau \cap [q']_\pi = \emptyset, \end{cases}$$

heißt eine **Serienergänzung** von $M_\pi$.

Daß die Abbildungen $\delta_\tau$ und $\lambda_\tau$ hiermit wohldefiniert sind, folgt wegen der Gültigkeit von

$$\pi \cap \tau = id_Q \Leftrightarrow \bigwedge_{q, q' \in Q} card([q]_\tau \cap [q']_\pi) \leqq 1.$$

Wir haben nun den Satz:

**Satz:** Ein endlicher Automat $M$ wird durch die Serienschaltung $M_\pi \ominus M_\tau$, in der $M_\pi$ ein $\pi$-Bild von $M$ und $M_\tau$ eine Serienergänzung von $M_\pi$ ist, über $(id_A, id_B, \gamma)$ mit $\gamma : Q \to Q_\pi \times Q_\tau : q \mapsto \gamma(q) := ([q]_\pi, [q]_\tau)$ simuliert.

*Beweis:* Die Serienschaltung $M_\pi \ominus M_\tau$ ist definitionsgemäß gegeben in der Form $M_\pi \bigcirc M_\tau = (A, B, Q_\pi \times Q_\tau, \delta_{\pi\tau}, \lambda_{\pi\tau})$ mit

$$\delta_{\pi\tau}(([q']_\pi, [q]_\tau), a) := (\delta_\pi([q']_\pi, a), \delta_\tau([q]_\tau, \lambda_\pi([q']_\pi, a))) \quad \text{und}$$

$$\lambda_{\pi\tau}(([q']_\pi, [q]_\tau), a) := \lambda_\tau([q]_\tau, \lambda_\pi([q']_\pi, a)).$$

Wir haben zu zeigen, daß mit $(id_A, id_B, \gamma)$ eine Simulationszuordnung von $M$ zu $M_\pi \ominus M_\tau$ im Sinne unserer Definition in Abschnitt 8.3 gegeben ist.

$$\begin{aligned}
(1)\quad \gamma(\delta(q,a)) &= ([\delta(q,a)]_\pi, [\delta(q,a)]_\tau)\\
&= (\delta_\pi([q]_\pi, a), \delta_\tau([q]_\tau, ([q]_\pi, a)))\\
&= (\delta_\pi([q]_\pi, a), \delta_\tau([q]_\tau, \lambda_\pi([q]_\pi, a)))\\
&= \delta_{\pi\tau}(([q]_\pi, [q]_\tau), a)\\
&= \delta_{\pi\tau}(\gamma(q), id_A(a)).
\end{aligned}$$

$$\begin{aligned}
(2)\quad id_B(\lambda_{\pi\tau}(\gamma(q), id_A(a))) &= \lambda_{\pi\tau}(([q]_\pi, [q]_\tau), a)\\
&= \lambda_\tau([q]_\tau, \lambda_\pi([q]_\pi, a))\\
&= \lambda_\tau([q]_\tau, ([q]_\pi, a))\\
&= \lambda(q,a).
\end{aligned}$$

Unser Satz ist damit bewiesen.

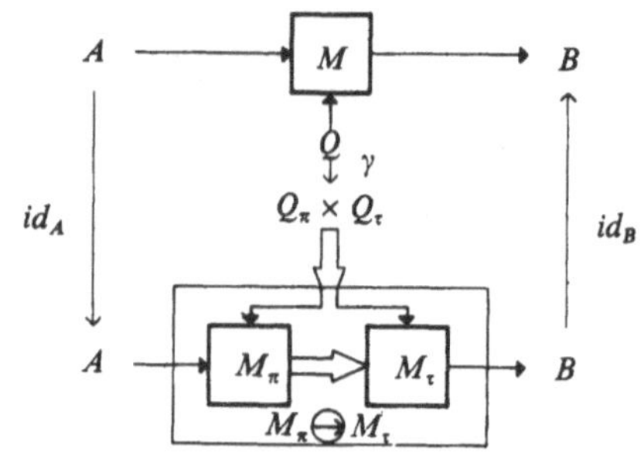


Abb. 17. Zur Simulation von $M$ durch $M_\pi \ominus M_\tau$.

Wir können allgemein eine Serienschaltung $M_1 \ominus M_2$, die einen Automaten $M$ simuliert, eine **Serienzerlegung** von $M$ nennen. Der angegebene Satz sagt dann, daß mit $M_\pi \ominus M_\tau$ eine Serienzerlegung von $M$ vorliegt.
Ergänzend sei noch festgestellt, daß zu einer Kongruenzrelation $\pi$ stets eine Äquivalenzrelation $\tau$ mit der Eigenschaft $\pi \cap \tau = id_Q$ gefunden werden kann (nimm etwa $\tau = id_Q$). Von Interesse sind aber meistens solche, deren zugehörige Quotientenmenge $Q/\tau$ geringste Mächtigkeit hat, denn dann ist $M_\tau$ am „einfachsten". Zu beachten ist ferner, daß $\tau$ keine Kongruenzrelation sein muß.

Als nächstes geht es um die Parallelzerlegung eines gegebenen Automaten. Gegeben sei wieder der endliche Automat $M = (A, B, Q, \delta, \lambda)$ und ein zugehöriges $\pi$-Bild $M = (A_\pi, B_\pi, Q_\pi, \delta_\pi, \lambda_\pi)$. Wir definieren dann dazu:

**Definition:** Ein $\tau$-Bild $M_\tau = (A_\tau, B_\tau, Q_\tau, \delta_\tau, \lambda_\tau)$ von $M$ heißt eine **Parallelergänzung** von $M_\pi$, wenn für die zu $M_\pi$ und $M_\tau$ gehörigen Kongruenzrelationen $\pi$ und $\tau$ gilt $\pi \cap \tau = id_Q$.

**Satz:** Ein endlicher Automat $M$ wird durch das kartesische Produkt (Parallelschaltung) $M_\pi \otimes M_\tau$, in dem $M_\pi$ ein $\pi$-Bild von $M$ und $M_\tau$ eine Parallelergänzung von $M_\pi$ ist, über $(\alpha, \beta, \gamma)$ simuliert. Die Simulationszuordnung $(\alpha, \beta, \gamma)$ ist dabei gegeben durch

(1) $\alpha : A \to A \times A : a \mapsto \alpha(a) := (a, a)$,

(2) $\beta : (Q_\pi \times A) \times (Q_\tau \times A) \to B$ mit

$$\beta(([q]_\pi, a), ([q']_\tau, a')) := \begin{cases} \lambda(q'', a), \text{ wenn } [q]_\pi \cap [q']_\tau = \{q''\} \text{ und } a = a', \\ \text{beliebig, sonst.} \end{cases}$$

(3) $\gamma : Q \to Q_\pi \times Q_\tau : q \mapsto \gamma(q) := ([q]_\pi, [q]_\tau)$.

*Beweis:* Das kartesische Produkt $M_\pi \otimes M_\tau$ ist definitionsgemäß gegeben durch

$$M_\pi \otimes M_\tau = (A \times A, (Q_\pi \times A) \times (Q_\tau \times A), Q_\pi \times Q_\tau, \delta_{\pi\tau}, \lambda_{\pi\tau}) \quad \text{mit}$$
$$\delta_{\pi\tau}(([q]_\pi, [q']_\tau), (a, a')) := (\delta_\pi([q]_\pi, a), \delta_\tau([q']_\tau, a')) \quad \text{und}$$
$$\lambda_{\pi\tau}(([q]_\pi, [q']_\tau), (a, a')) := (\lambda_\pi([q]_\pi, a), \lambda_\tau([q']_\tau, a')).$$

Wir zeigen, daß die angegebenen „Codierungen" $\alpha$, $\beta$ und $\gamma$ die Simulationsbedingungen (1) und (2) von Abschnitt 8.3 erfüllen.

(1)
$$\begin{aligned} \gamma(\delta(q, a)) &= ([\delta(q, a)]_\pi, [\delta(q, a)]_\tau) \\ &= (\delta_\pi([q]_\pi, a), \delta_\tau([q]_\tau, a)) \\ &= \delta_{\pi\tau}(([q]_\pi, [q]_\tau), (a, a)) \\ &= \delta_{\pi\tau}(\gamma(q), \alpha(a)). \end{aligned}$$

(2)
$$\begin{aligned} \beta(\lambda_{\pi\tau}(\gamma(q), \alpha(a))) &= \beta(\lambda_{\pi\tau}(([q]_\pi, [q]_\tau), (a, a))) \\ &= \beta(\lambda_\pi([q]_\pi, a), \lambda_\tau([q]_\tau, a)) \\ &= \beta(([q]_\pi, a), ([q]_\tau, a)) \\ &= \lambda(q, a). \end{aligned}$$

Damit ist der angegebene Satz bewiesen.

Ein kartesisches Produkt $M_1 \otimes M_2$, das einen Automaten $M$ simuliert, nennen wir allgemein eine **Parallelzerlegung** von $M$. Mit $M_\pi \otimes M_\tau$ liegt also eine solche vor. Indem wir die beiden angegebenen Zerlegungsmethoden wiederholt auf die einzelnen Teile der Zerlegungen anwenden, kommen wir zu einer **Serien-Parallelzerlegung** des Automaten $M$.

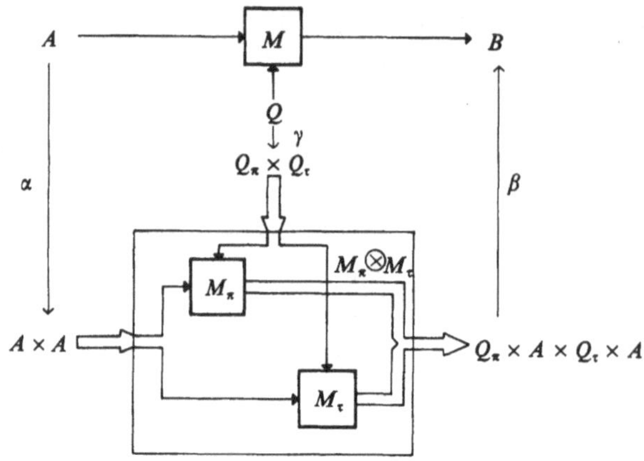


Abb. 18. Zur Simulation von $M$ durch $M_\pi \otimes M_\tau$

Damit wollen wir diesen auf das Konzept der Kongruenzrelationen aufgebauten Teil der Strukturtheorie endlicher Automaten wieder verlassen. Für weitergehende Studien sei auf die am Schluß angegebene Literatur verwiesen. Zum Abschluß sei noch je ein Beispiel für eine Serienzerlegung und eine Parallelzerlegung eines Automaten $M$ vorgestellt.

**Beispiel zur Serienzerlegung** (Hartmanis-Stearns):

Gegeben ist der endliche Automat $M = (A, B, Q, \delta, \lambda)$ durch

$$A := \{0, 1\}, \quad B := \{0, 1\}, \quad Q := \{1, 2, 3, 4, 5\} \quad \text{und}$$

| $\delta$ | 0 | 1 |
|---|---|---|
| 1 | 5 | 3 |
| 2 | 3 | 4 |
| 3 | 1 | 5 |
| 4 | 2 | 3 |
| 5 | 1 | 4 |

| $\lambda$ | 0 | 1 |
|---|---|---|
| 1 | 1 | 0 |
| 2 | 0 | 0 |
| 3 | 0 | 1 |
| 4 | 0 | 0 |
| 5 | 0 | 0 |

Eine Kongruenzrelation $\pi$ für $M$ geben wir mittels ihrer zugehörigen Quotientenmenge $Q/\pi$ an:

$$Q/\pi = \{\overline{1, 2}, \overline{3, 4, 5}\}.$$

Damit ergibt sich das $\pi$-Bild $M_\pi$ von $M$ als der Automat

$$M_\pi = (A, Q/\pi \times A, Q/\pi, \delta_\pi, \lambda_\pi) \quad \text{mit}$$

| $\delta_\pi$ | 0 | 1 |
|---|---|---|
| $\overline{1,2}$ | $\overline{3,4,5}$ | $\overline{3,4,5}$ |
| $\overline{3,4,5}$ | $\overline{1,2}$ | $\overline{3,4,5}$ |

| $\lambda_\pi$ | 0 | 1 |
|---|---|---|
| $\overline{1,2}$ | $(\overline{1,2},0)$ | $(\overline{1,2},1)$ |
| $\overline{3,4,5}$ | $(\overline{3,4,5},0)$ | $(\overline{3,4,5},1)$ |

Für die Konstruktion der Serienergänzung $M_\tau$ wählen wir

$$Q/\tau=\{\overline{1,3},\overline{2,4},\overline{5}\}.$$

Wir bekommen dann für $M_\tau$ den endlichen Automaten

$$M_\tau=(Q/\pi\times A, B, Q/\tau, \delta_\tau, \lambda_\tau) \quad \text{mit}$$

| $\delta_\tau$ | $(\overline{1,2},0)$ | $(\overline{1,2},1)$ | $(\overline{3,4,5},0)$ | $(\overline{3,4,5},1)$ |
|---|---|---|---|---|
| $\overline{1,3}$ | $\overline{5}$ | $\overline{1,3}$ | $\overline{1,3}$ | $\overline{5}$ |
| $\overline{2,4}$ | $\overline{1,3}$ | $\overline{2,4}$ | $\overline{2,4}$ | $\overline{1,3}$ |
| $\overline{5}$ | – | – | $\overline{1,3}$ | $\overline{2,4}$ |

| $\lambda_\tau$ | $(\overline{1,2},0)$ | $(\overline{1,2},1)$ | $(\overline{3,4,5},0)$ | $(\overline{3,4,5},1)$ |
|---|---|---|---|---|
| $\overline{1,3}$ | 1 | 0 | 0 | 1 |
| $\overline{2,4}$ | 0 | 0 | 0 | 0 |
| $\overline{5}$ | – | – | 0 | 0 |

**Beispiel zur Parallelzerlegung** (Hartmanis-Stearns):

Der endliche Automat $M=(A, B, Q, \delta, \lambda)$ sei gegeben durch

$A:=\{0,1\}$,

$B:=\{0,1\}$,

$Q:=\{0,1,2,3,4,5\}$, und

| $\delta$ | 0 | 1 |
|---|---|---|
| 0 | 3 | 2 |
| 1 | 5 | 2 |
| 2 | 4 | 1 |
| 3 | 1 | 4 |
| 4 | 0 | 3 |
| 5 | 2 | 3 |

| $\lambda$ | 0 | 1 |
|---|---|---|
| 0 | 0 | 1 |
| 1 | 0 | 1 |
| 2 | 0 | 0 |
| 3 | 1 | 0 |
| 4 | 0 | 0 |
| 5 | 0 | 1 |

Wir wählen dann $\pi$ und $\tau$ in der Form

$$Q/\pi = \{\overline{0,1,2}, \overline{3,4,5}\} \quad \text{und}$$
$$Q/\tau = \{\overline{0,5}, \overline{1,4}, \overline{2,3}\}.$$

Man überzeugt sich mühelos, daß $\pi$ und $\tau$ Kongruenzrelationen sind. Des weiteren, daß $\pi \cap \tau = id_Q$ gilt. Für $M_\pi$ und $M_\tau$ bekommen wir dann

$$M_\pi = (A, Q/\pi \times A, Q/\pi, \delta_\pi, id_{Q/\pi} \times A) \quad \text{und}$$
$$M_\tau = (A, Q/\tau \times A, Q/\tau, \delta_\tau, id_{Q/\tau} \times A) \quad \text{mit}$$

| $\delta_\pi$ | 0 | 1 |
|---|---|---|
| $\overline{0,1,2}$ | $\overline{3,4,5}$ | $\overline{0,1,2}$ |
| $\overline{3,4,5}$ | $\overline{0,1,2}$ | $\overline{3,4,5}$ |

| $\delta_\tau$ | 0 | 1 |
|---|---|---|
| $\overline{0,5}$ | $\overline{2,3}$ | $\overline{2,3}$ |
| $\overline{1,4}$ | $\overline{0,5}$ | $\overline{2,3}$ |
| $\overline{2,3}$ | $\overline{1,4}$ | $\overline{1,4}$ |

Ebenso mühelos kann für beide Beispiele die Simulationszuordnung $(\alpha, \beta, \gamma)$ angegeben werden, worauf wir aber hier verzichten wollen.

### (c) Anwendung der Gruppentheorie

Neben den unter (a) und (b) betrachteten Methoden zur „Zerlegung" eines gegebenen endlichen Automaten in einfachere Komponenten ist eine weitere bekanntgeworden, die sich stark auf gruppentheoretische Überlegungen stützt. Wir wollen versuchen, in aller Kürze eine Idee dazu vorzustellen, um so den Leser zu weitergehendem Studium dieses Problemkreises anzuregen. Der grundlegende Begriff, der in dieser Theorie auftritt, ist der Begriff der Halbgruppe eines endlichen Automaten. Dieser soll deshalb zuerst besprochen werden.

Betrachtet sei ein endlicher Automat $M = (A, B, Q, \delta, \lambda)$. Jedes Eingabewort $w$ aus $A^*$ bestimmt dann eindeutig auf folgende natürliche Weise eine zugehörige Funktion $(w): Q \to Q$ auf der Zustandsmenge $Q$: die Zuordnungsvorschrift von $(w)$ ist gegeben durch

$$q \mapsto (w)(q) := \delta^*(q, w).$$

Mit dem so aus den Eingabewörtern des Automaten $M$ gewonnenen Funktionen haben wir bereits die Elemente der „Halbgruppe von $M$" vor uns. Wir definieren:

**Definition:** Die algebraische Struktur $(H, \circ)$, welche definiert ist durch

(1) $H := \{(w) : w \in A^*\}$,

(2) $\circ : H \times H \to H : ((w), (w')) \mapsto (w) \circ (w') :=$ übliche Komposition von $(w)$ vor $(w')$,

heißt die **Halbgruppe** des zugehörigen endlichen Automaten $M$.
Wir können uns überzeugen, daß $(H, \circ)$ tatsächlich eine Halbgruppe im Sinne der Algebra ist. Da $Q$ eine endliche Menge darstellt, ist auch die Menge $H$ endlich; $(H, \circ)$ ist damit eine endliche Halbgruppe. Die Verbindung zur Eingabehalbgruppe $(A^*, \circ)$, in der $\circ$ die Konkatenation bedeutet, stellt das folgende Lemma her:

**Lemma:** Die Abbildung $(.) : A^* \to H : w \mapsto (w)$ von $A^*$ in die Menge $H$ stellt einen Halbgruppen-Epimorphismus dar, d.h., es gilt

$$\bigwedge_{w, w' \in A} (w \circ w') = (w) \circ (w').$$

*Beweis:* Wir haben zu zeigen, daß für beliebige Zustände $q$ stets gilt $(w \circ w')(q) = (w')((w)(q))$, oder äquivalent dazu, $\delta^*(q, w \circ w') = \delta^*(\delta^*(q, w), w')$. Wir stellen $w$ und $w'$ in der Form $w = x^t$ und $w' = (x' \to t)^{t'}$ mit $x, x' \in X$ dar. Es ist dann $w \circ w' = x^t \circ (x' \to t)^{t'} = x^t x'_{t,t'}$, und es gilt damit

$$\begin{aligned}
\delta^*(q, w \circ w') &= \delta^*(q, x^t x'_{t,t'}) \\
&= \phi_0(t + t', q, x^t x'_t) \\
&= \xi_0(t + t', 0, q, x^t x'_t) \\
&= \xi_0(t + t', t, \xi_0(t, 0, q, x^t x'_t), x^t x'_t) \\
&= \xi_0(t', 0, \xi_0(t, 0, q, x^t x'_t), (x^t x'_t) \to t) \\
&= \phi_0(t', \phi_0(t, q, x^t x'_t), x' \to t) \\
&= \delta^*(\delta^*(q, x^t), (x' \to t)^{t'}) \\
&= \delta^*(\delta^*(q, w), w').
\end{aligned}$$

$\phi_0$ und $\xi_0$ bedeuten dabei die Zustandsfunktion bzw. Transitionsfunktion der zum Automaten $M$ gehörigen Zustandsdarstellung. Daß $(.)$ surjektiv ist, folgt unmittelbar auf Grund der Definition.
Das Ergebnis dieses Lemmas gibt uns die Möglichkeit, die Halbgruppe $(H, \circ)$ des Automaten $M$ auch als eine Quotienten-Halbgruppe der Eingabehalbgruppe zu sehen: Definieren wir nämlich die Relation $\approx$ durch $\approx \subset A^* \times A^*$ und $w \approx w' :\Leftrightarrow (w) = (w')$, so ist $\approx$ eine Äquivalenzrelation. Die Quotientenmenge $A^*/\!\approx$ bildet dann mit der Verknüpfung $\circ$, die wie üblich definiert wird, durch $[w]_\approx \circ [w']_\approx := [w \circ w']_\approx$, ebenfalls eine Halbgruppe. Wie man sofort erkennt, stellt aber die Abbildung $is : A^*/\!\approx \to H : [w]_\approx \mapsto is([w]_\approx) := (w)$ einen Isomorphismus zwischen $(A^*/\!\approx, \circ)$ und $(H, \circ)$ dar.

Die Halbgruppe $(H, \circ)$ des endlichen Automaten $M$ stellt den Angelpunkt für die Zerlegung von $M$ nach gruppentheoretischen Gesichtspunkten. Wir begnügen uns damit, die dabei erreichbare kanonische Form durch einen Satz ohne Beweis anzugeben. Zur Formulierung des Satzes ist jedoch die vorherige Besprechung von zwei Typen endlicher Automaten notwendig, die die „primen" Glieder der Zerlegung darstellen.

**Definition:** Einen endlichen Automaten $M = (A, B, Q, \delta, \lambda)$, dessen zugehörige Halbgruppe eine Gruppe ist, nennen wir einen **Permutationsautomaten.**

**Definition:** Ein endlicher Automat $M$ der Form $M = (A, B, Q, \delta, \lambda)$ mit $A := \{0, 1, 2\}$, $Q := \{s, t\}$ und $\delta$, gegeben durch

| $\delta$ | 0 | 1 | 2 |
|---|---|---|---|
| $s$ | $s$ | $s$ | $t$ |
| $t$ | $t$ | $s$ | $t$ |

($B$ und $\lambda$ nicht festgelegt), heißt ein **Flip-Flop** (oder ein 2-Zustand Reset-Automat).

Der bereits angekündigte Satz lautet dann:

**Satz** (Krohn-Rhodes): Jeder endliche Automat $M$ kann durch eine Serien-Parallelschaltung folgender Typen von endlichen Automaten simuliert werden:

(1) Flip-Flops

(2) Permutationsautomaten mit der Zugehörigkeit zu denjenigen einfachen Gruppen, die jeweils Faktorgruppen von Untergruppen der Halbgruppe von $M$ sind.

Es ist üblich, den obigen Satz nur für den „Eingabe-Zustand-Teil" $(A, Q, \delta)$ eines endlichen Automaten $(A, B, Q, \delta, \lambda)$ zu formulieren, da alle Überlegungen zur Zerlegung allein darauf ausgerichtet sind.

## 8.6 Anwendungsbeispiele

**Beispiel 1:** Addition zweier Zahlen

Die Addition zweier ganzer Zahlen

$x := a_0 10^0 + a_1 10^1 + \ldots + a_n 10^n$ und

$\bar{x} := \bar{a}_0 10^0 + \bar{a}_1 10^1 + \ldots + \bar{a}_m 10^m$ kann durch folgenden endlichen Automaten $M = (A, B, Q, \delta, \lambda)$ durchgeführt werden:

$$A := \{0, 1, 2, 3, 4, 5, 6, 7, 8, 9\}^2;$$
$$B := \{0, 1, 2, 3, 4, 5, 6, 7, 8, 9\};$$
$$Q := \{0, 1\};$$
$$\delta: Q \times A \to Q: (q, (a, \bar{a})) \mapsto \delta(q, (a, \bar{a})) := \begin{cases} 1 & \text{wenn } q + a + \bar{a} \geqq 10; \\ 0 & \text{wenn } q + a + \bar{a} < 10; \end{cases}$$
$$\lambda: Q \times A \to B: (q, (a, \bar{a})) \mapsto \lambda(q, (a, \bar{a})) = q + a + \bar{a} \pmod{10}.$$

Gilt $n = m$, so antwortet der Automat $M$ vom Zustand 0 aus auf das Eingabewort $w = (a_0 a_1 \ldots a_n 0, \bar{a}_0 \bar{a}_1 \ldots \bar{a}_m 0)$ der Länge $n+1$ mit $w' = \lambda^*(0, w) = b_0 b_1 \ldots b_{n+1}$.
$y = b_0 10^0 + b_1 10^1 + \ldots + b_{n+1} 10^{n+1}$ stellt dann die Summe $x + \bar{x}$ dar.

**Beispiel 2:** Schaltautomat für eine Verkehrskreuzung

Wir gehen wieder von der in 1.5, 2.6, 4.4 und 5.9 behandelten Verkehrskreuzung aus. Dabei wollen wir für die in 5.9 konstruierte Zustandsdarstellung einen endlichen Automaten $M = (A, B, Q, \delta, \lambda)$ entwickeln, der mit der Überführungsfunktion $\delta$ die Veränderung der Schaltzustände $z (z = 1, 2, 3, 4, 5)$ auf Grund der gewählten Strategiefunktion $\sigma: \mathbb{N}_0^5 \times Z \to Z$ angibt und mit der Ausgabefunktion $\lambda$ die Ampeln bezeichnet, die dabei umgeschaltet werden müssen. Die Strategiefunktion $\sigma$ berücksichtigt bei uns nur die Größe der Warteschlangen und den vorangegangenen Schaltzustand. Zur weiteren Vereinfachung der Verhältnisse für unser Beispiel wollen wir annehmen, daß $\sigma$ in der folgenden Weise durch eine „zweiwertige" Strategiefunktion $\delta: Z \times \mathbb{B}^5 \to Z$ dargestellt werden kann: $\omega: \mathbb{N}_0^5 \to \mathbb{B}^5$ sei die Abbildung mit der Zuordnungsvorschrift $\omega(w_1, w_2, w_3, w_4, w_5) := (\omega_1, \omega_2, \omega_3, \omega_4, \omega_5)$ mit $\omega_i = 1$, wenn $w_i > 0$ und $\omega_i = 0$, wenn $w_i = 0$ $(i = 1, 2, 3, 4, 5)$. $\sigma: \mathbb{N}_0^5 \times Z \to Z$ kann mit Hilfe von $\omega$ in der Form $\sigma(w, z) = \delta(z, \omega(w))$ dargestellt werden. Eine Strategiefunktion $\sigma$ von dieser Art berücksichtigt also bezüglich der Warteschlangen nur, ob eine solche vorhanden oder nicht vorhanden ist. Die damit zu $\sigma$ gehörige Funktion $\delta: Z \times \mathbb{B}^5 \to Z$ können wir als Überführungsfunktion des gewünschten endlichen Automaten $M$ nehmen. Wir haben für $M$ damit des weiteren $A := \mathbb{B}^5$ und $Q := Z$. Zur Festlegung der gewünschten Ausgabefunktion $\lambda$ definieren wir zuerst $\mu: Z \to \mathbb{B}^5$ durch $z \mapsto \mu(z) := (1, 1, 1)\mathbf{A}(z)$, wobei $\mathbf{A}(z)$, $z \in \{1, 2, 3, 4, 5\}$, wieder die in Abschnitt 4.4, Beispiel 3 eingeführten boole'schen Matrizen bezeichnen. Wir haben dann

$$\mu(1) = (1, 1, 0, 0, 0), \quad \mu(2) = (1, 0, 0, 0, 0), \quad \mu(3) = (0, 0, 1, 0, 1),$$
$$\mu(4) = (1, 0, 1, 1, 1), \quad \mu(5) = (0, 1, 0, 0, 0).$$

Die Funktion $\mu$ gibt an, welche ankommenden Richtungen in den verschiedenen Zuständen „durchgeschaltet“ sind. Wir interpretieren sie aber in folgender Weise. Gilt $\mu(z) = (\mu_1, \mu_2, \mu_3, \mu_4, \mu_5)$, so ist die Verkehrsampel der Richtung $i$ auf die Farbe „GRÜN“ geschaltet, wenn $\mu_i = 1$ und auf „ROT“, wenn $\mu_i = 0$ gilt. Die Ausgabefunktion $\lambda$ definieren wir nun durch

$$\lambda : Z \times \mathbb{B}^5 \to \mathbb{B}^5 : (z, a) \mapsto \lambda(z, a) := \mu(z) \oplus \mu(\delta(z, a))$$

($\oplus$ bedeutet komponentenweise Addition modulo 2). $\lambda(z, a)$ vergleicht den jeweiligen Zustand $z$ mit dem nächstfolgenden Zustand bezüglich der vorzunehmenden Umschaltung der Ampeln. Gilt $\lambda(z, a)_i = 1$, so muß im nächsten Zeittakt die Ampel der Richtung $i$ ($i = 1, 2, 3, 4, 5$) ihre Farbe ändern, bei $\lambda(z, a)_i = 0$ bleibt sie gleich. Damit ist der endliche Automat $M = (\mathbb{B}^5, \mathbb{B}^5, Z, \delta, \lambda)$ mit den gewünschten Eigenschaften konstruiert.

**Beispiel 3:** Automat zur Syntaxanalyse

Es sei $V$ eine endliche Menge von Vokabeln. Jede Teilmenge $L$ von $V^*$ heißt dann eine **formale Sprache** über $V$. Die Elemente aus $L$ nennen wir **Sätze.** Einen endlichen Automaten $M = (A, B, Q, \delta, \lambda)$ nennen wir einen (deterministischen) **Rabin-Scott Automaten**, wenn dafür folgendes gilt:

(1) $B := \{0, 1\}$;

(2) in $Q$ ist ein Initialzustand $q_0$ ausgezeichnet;

(3) in $Q$ ist eine Teilmenge $F$ ausgezeichnet;

(4) $\lambda : Q \times A \to B : (q, a) \mapsto \lambda(q, a) := \begin{cases} 1 & \text{wenn } q \in F, \\ 0 & \text{wenn } q \notin F. \end{cases}$

Ein Rabin-Scott Automat ist damit eindeutig durch das Quintupel $RSA = (Q, A, \delta, q_0, F)$ gegeben. Ein solcher Automat erzeugt auf folgende Weise eine formale Sprache $L(RSA)$ über der Vokabelmenge $A$:

$$L(RSA) := \{s : s \in A^* \wedge \delta^*(q_0, s) \in F\}.$$

$L(RSA)$ ist damit genau die Menge aller Inputwörter (= Sätze von $L(RSA)$), nach deren Verarbeitung vom Initialzustand $q_0$ aus der $RSA$ in einen Zustand aus $F$ übergeführt wird und somit dann einen Output 1 abgibt: Ein $RSA$ „erkennt“ also eine formale Sprache in dem Sinne, daß mit ihm für jedes $w \in A^*$ entschieden werden kann, ob $w \in L(RSA)$ gilt.

Für die theoretische Behandlung formaler Sprachen hat sich das Konzept der **Phrasen-Struktur Grammatik** (Chromsky-Grammatik) $G = (V_N, V_T, P, S)$ bewährt. $V_N$ und $V_T$ bezeichnen darin Vokabelmengen (nichtterminale und terminale Vokabeln), $S$ ist ein ausgezeichnetes Element aus $V_N$ (Startvokabel) und

$P$ ist eine Relation von $V^* := (V_N \cup V_T)^*$ in $V^\circ := (V_N \cup V_T)^* \cup \{\lambda\}$, wobei $\lambda$ für „leere Vokabel" steht. Die Relation $P$ heißt die Menge der Produktionen von $G$. Jede solche Grammatik $G = (V_N, V_T, P, S)$ erzeugt auf folgende Weise eine formale Sprache über $V_T^*$: zu $G$ definieren wir die Relation $\Rightarrow \subset V^* \times V^\circ$ durch $s \Rightarrow \bar{s}$ genau dann, wenn gilt

$$\bigvee_{x, y \in V^*} \; \bigvee_{(\alpha, \beta) \in P} s = x\alpha y \wedge \bar{s} = x\beta y .$$

Die Relation $\overset{*}{\Rightarrow} \subset V^* \times V^\circ$ bezeichne die transitive Hülle von $\Rightarrow$, also

$$\overset{*}{\Rightarrow} = \bigcup_{n=1}^{\infty} \underbrace{\Rightarrow \circ \Rightarrow \ldots \circ \Rightarrow}_{n\text{-mal}} .$$

Die von der Grammatik $G$ erzeugte formale Sprache $L(G)$ über $V_T$ ist dann gegeben durch

$$L(G) := \{s : s \in V_T^* \wedge S \overset{*}{\Rightarrow} s\} .$$

Durch spezielle Formen von $P$ in $G$ erhält man spezielle Grammatiken und damit spezielle Sprachen. Folgende Eigenschaften der Produktionen führen zu besonders wichtigen Sprachklassen:

(0) keine weitere Bedingung;

(1) $(\alpha, \beta) \in P \Rightarrow \bigvee_{x, y \in V^\circ} \; \bigvee_{A \in V_N} \; \bigvee_{s \in V^*} \alpha = xAy \wedge \beta = xsy$;

(2) $(\alpha, \beta) \in P \Rightarrow \bigvee_{A \in V_N} \; \bigvee_{x \in V^\circ} \alpha = A \wedge \beta = x$;

(3) $(\alpha, \beta) \in P \Rightarrow \bigvee_{A, B \in V_N} \; \bigvee_{a \in V_T} \alpha = A \wedge \beta = aB$ oder $\bigvee_{A \in V_N} \; \bigvee_{b \in V_T} \alpha = A \wedge \beta = b$.

Übereinstimmend mit unserer Numerierung der Eigenschaften der Produktionen bezeichnet man die damit gegebenen Grammatiken als 0-Grammatik, 1-Grammatik, 2-Grammatik und 3-Grammatik und die zugehörigen Sprachen als 0-Sprache (allg. Chromsky-Sprache), 1-Sprache (kontextsensitive Sprache), 2-Sprache (kontextfreie Sprache) und 3-Sprache (reguläre Sprache).
Man kann sich nun fragen, in welche Sprachklasse die von einem $RSA$ erkannte Sprache $L(RSA)$ im Rahmen der Hierarchie der Chromsky-Sprachen gehört. Es ist leicht nachzuweisen, daß jede Sprache $L(RSA)$ regulär ist. Ist $RSA = (Q, A, \delta, q_0, F)$ gegeben, so erhält man mit $G(RSA) := (Q, A, P, q_0)$ – wobei $P$ bestimmt ist durch

(a) $P$ hat die Eigenschaft (3);

(b) $(q, a\bar{q}) \in P \Leftrightarrow \delta(q, a) = \bar{q}$;

(c) $(q, a) \in P \Leftrightarrow \delta(q, a) \in F$ –

eine reguläre Grammatik, für die gilt $L(G(RSA)) = L(RSA)$. Umgekehrt kann zu jeder regulären Grammatik $G$ ein deterministischer Rabin-Scott Automat $RSA(G)$ konstruiert werden, so daß für diesen gilt $L(RSA(G)) = L(G)$. Für einen Beweis und Beispiele verweisen wir auf [HOP 1]. Man kann aus diesen Resultaten erahnen, daß in der Theorie der regulären Sprachen den endlichen Automaten in Form der $RSA$ eine große Bedeutung zukommt. Für die allgemeineren Sprachklassen vom Typ 2, 1 und 0 existieren ebenfalls „Maschinen" zur analogen Erkennungsaufgabe. Im Falle der 2-Sprachen ist eine solche mit der **Pushdown Maschine**, für die 1-Sprachen mit der **Linear-Bounded Maschine** und für 0-Sprachen mit der **Turing Maschine** gegeben ([HOP 1]).

## 8.7 Übungsaufgaben

(Ü1) Gib ein einfaches Beispiel für einen endlichen Automaten $M = (A, B, Q, \delta, \lambda)$ an und stelle den zugehörigen Graphen $G(M)$ dar.

(Ü2) Konstruiere den Quotientenautomaten $M/\sim$ zu dem in (Ü1) angegebenen Automaten (falls trivial, nimm dazu einen anderen Automaten).

(Ü3) Für eine beliebige Menge $Q$ bezeichne $\tilde{Q}$ die Menge aller Äquivalenzrelationen auf $M$. Die Summe $\sim + \approx$ zweier Äquivalenzrelationen $\sim, \approx \in \tilde{Q}$ ist, wie üblich, definiert durch

$a(\sim + \approx)b :\Leftrightarrow$ es gibt $k$ Elemente aus $Q (k = 0, 1, 2, \ldots)$, über die $a$ mittels der Relationen $\sim$ und $\approx$ mit $b$ verbunden ist.

(a) Zeige, daß die Menge $V(M)$ aller Kongruenzrelationen eines endlichen Automaten $M$ gegenüber den Operationen $+$ und $\cap$ abgeschlossen ist.

(b) Überlege, daß $(V(M), +, \cap)$ einen durch $Q \times Q$ nach oben und $id_Q$ nach unten beschränkten Verband bildet.

(Ü4) Gegeben ist der Automat $M = (A, B, Q, \delta, \lambda)$ mit $A := \{0, 1\}$, $B := \{0, 1\}$, $Q := \{1, 2, 3, 4, 5, 6, 7, 8\}$,

| $\delta$ | 0 | 1 |
|---|---|---|
| 1 | 3 | 7 |
| 2 | 4 | 8 |
| 3 | 1 | 6 |
| 4 | 2 | 5 |
| 5 | 2 | 4 |
| 6 | 1 | 3 |
| 7 | 4 | 4 |
| 8 | 3 | 3 |

| $\lambda$ | 0 | 1 |
|---|---|---|
| 1 | 1 | 0 |
| 2 | 1 | 0 |
| 3 | 0 | 0 |
| 4 | 0 | 0 |
| 5 | 0 | 0 |
| 6 | 0 | 0 |
| 7 | 0 | 1 |
| 8 | 0 | 1 |

(a) Bestimme die Menge aller Kongruenzrelationen von $M$ (= Verband von $M$).
(b) Gib eine Serienzerlegung von $M$ an.
(c) Gib eine Parallelzerlegung von $M$ an.

(Ü5) Die Überführungsfunktion $\delta$ eines endlichen Automaten $M$ sei gegeben durch

| $\delta$ | 0 | 1 |
|---|---|---|
| 1 | 3 | 2 |
| 2 | 1 | 2 |
| 3 | 3 | 1 |

(a) Bestimme die Halbgruppe von $M$.
(b) Versuche eine Zerlegung nach Krohn-Rhodes durchzuführen (ziehe dafür die einschlägige Literatur zu Rate).

(Ü6) Gib verschiedene Modelle an, in denen als Begriffsskelette endliche Automaten vorkommen.

(Ü7) Überlege mögliche Verallgemeinerungen des Automatenkonzeptes.

## 8.8 Bemerkungen und Literaturhinweise

Die Theorie der endlichen Automaten ist relativ jung, aber, wie aus einschlägigen Lehrbuchdarstellungen hervorgeht, bereits sehr weit ausgebaut. Unser Ziel war, das Grundkonzept „endlicher Automat" kennenzulernen und es in unsere vorangegangenen Betrachtungen einzubetten und des weiteren gewisse erste Betrachtungen für eine Strukturtheorie anzustellen, die wir bei den Schaltwerken benutzen wollen. Wir haben damit selbstverständlich nur einen sehr kleinen Teil der heute bestehenden Theorie endlicher Automaten angesprochen.

Verschiedentlich wurde früher die Theorie endlicher Automaten als die Systemtheorie der Informatik (im engeren Sinne) schlechthin gesehen und damit in ihrer praktischen Bedeutung überschätzt. Heute kennt man weitgehend die Grenzen der Theorie und weiß, wo sie anwendungsorientierte Vorstellungen verläßt. Ein gewisser Kern der Theorie hat sich aber auf jeden Fall als systemtheoretisch äußerst wertvoll erwiesen. Das soll hier nachdrücklich betont werden. Automatentheoretische Ansätze sind in der Informatik (dazu vergleiche etwa *Hotz* [HO 1]), in der Biologie (vgl. etwa [MR 6], [KR 1]) und in der digitalen Nachrichtentechnik (vgl. etwa [GI 1], [LI 1]) erfolgreich angewandt worden. Aus den ursprünglichen Versuchen, automatentheoretische Modelle zu bauen, sind außerdem eine Reihe von Theorien entstanden, die samt ihren Anwendungen der Theorie der endlichen Automaten nahestehen. Wir erwähnen hier als Beispiele die Theorie der **Chomsky-Automaten** und ihre Anwendung im Bereich der Chomsky-Sprachen (*Hopcroft-Ulman* [HOP 1]), die Theorie der **(S)-Systeme** (*Böhling-Indermark* [BÖ 1], *Böhling-Schütt* [BÖ 2], *Böhling-Dittrich* [BÖ 3]), die Theorie der **Petri-Netze** (*Petri* [PET 1], *Genrich* [GE 1] und ihre Anwendung im Bereich der Produktionsprozesse und Organisation (vgl. etwa *Hack* [HAC 1]) und die Automaten, die für die Festlegung der Semantik von Programmiersprachen von Bedeutung sind (*Lucas* [LU 1]), die ein Spezialfall der **Automaten mit rekursiver Überführungsfunktion** (*Buchberger* [BU 1], [BU 2]) sind. Die von uns angesprochene algebraische Strukturtheorie, die auf dem Konzept des Verbandes eines Automaten beruht, ist Gegenstand der Darstellung von *Hartmanis-Stearns* [HAR 1]. Diese Theorie kann bereits heute für den Entwurf von Schaltwerken eine wichtige Hilfe sein. Zum Beweis eines gruppentheoretischen Satzes vom Typ Krohn-Rhodes verweisen wir auf *Brauer* [BR 2]. Schließlich seien noch die Lehrbücher von *Kohavi* [KO 1] und *Kämmerer* [KÄ 1] erwähnt, die eine gute Einführung in praktische Aspekte der Automatentheorie geben.

Das Konzept des endlichen Automaten verwendet in Form der diskreten Zeitmenge $(\mathbb{N}_0, \leqq, 0)$ eine „Taktskala". Ein Informationsaustausch kann nur „synchron" mit den einzelnen „Takten" stattfinden. Man spricht deshalb hier auch von **synchronen** Automaten, im Gegensatz zu den **asynchronen** Automaten. Die Theorie der asynchronen Automaten und Schaltwerke – eine Theorie auf die wir hier nicht eingehen – berücksichtigt in starkem Maße das realzeitliche Verhalten der Bausteine und führt so zu zeitoptimalen (hazardfreien) Realisierungen von Automaten (vgl. z. B. [GI 1], [GR 2]).

Als letztes ist noch zu erwähnen, daß das Konzept des endlichen Automaten, so wie wir es hier vorgestellt haben, zur Klasse der **deterministischen** Automaten gehört (Analoges gilt für alle von uns betrachteten systemtheoretischen Konstruktionen, die alle als deterministisch anzusehen sind). Weitere Klassen von Automaten liegen mit den **nichtdeterministischen** Automaten ([BÖ 1], [BÖ 2]) und den **stochastischen** Automaten ([BÖ 3]), vor. Für die Zukunft scheint auch mit den **Fuzzy-Automaten** (vgl. z. B. [ZA 2], [DA 1]) ein wichtiges Konzept gegeben zu sein.

# 9. Schaltwerke

Wir haben bereits im vorhergehenden Abschnitt die verschiedenen Anwendungsmöglichkeiten der Automaten aufgezählt und wollen uns nun einem speziellen Automatentyp widmen, der als systemtheoretisches Konzept zur Konstruktion von Rechenwerken und auf binärer Basis arbeitender Codierschaltungen besonderes Augenmerk verdient: den Schaltwerken.

## 9.1 Schaltfunktionen

Für eine natürliche Zahl $k$ sei mit $\mathbb{B}^k$ das $k$-fache kartesische Produkt der Menge $\mathbb{B} := \{0, 1\}$ bezeichnet. Wir definieren dann:

**Definition:** Für beliebige $m, n \in \mathbb{N}$ nennen wir jede Abbildung $f$ der Art $f: \mathbb{B}^n \to \mathbb{B}^m$ ein **Schaltnetz** mit $n$ Eingängen und $m$ Ausgängen. Im speziellen Fall $m = 1$ heißt ein Schaltnetz $f: \mathbb{B}^n \to \mathbb{B}$ eine **Schaltfunktion** mit $n$-Eingängen.
Schaltnetze und Schaltfunktionen bilden die wichtigsten Bestandteile des im folgenden zu definierenden Automatentyps, des Schaltwerkes. Wir wollen deshalb in aller Kürze einige wichtige Grundlagen dafür angeben und insbesondere auf deren Realisierung mittels schaltalgebraischer Operationen eingehen. Unsere Ausführungen sind jedoch in keiner Weise als vollständig zu betrachten. Das Gebiet der Schaltnetze (kombinatorische Netze) und der Schaltfunktionen ist weit ausgebaut, und für eine Vertiefung in dieses Gebiet muß auf das einschlägige Schrifttum verwiesen werden.
Offenbar kann jedes Schaltnetz $f: \mathbb{B}^n \to \mathbb{B}^m$ mittels der Projektionen $f_1, \ldots, f_m$, die gegeben sind durch

$$\bigwedge_{i \in \{1, \ldots, m\}} f_i: \mathbb{B}^n \to \mathbb{B}: a \mapsto f_i(a) := (f(a))_i,$$

als das direkte Produkt $f = f_1 \boxtimes \ldots \boxtimes f_m$ von $m$ Schaltfunktionen dargestellt werden. Es ist damit möglich, jedes Schaltnetz auf diese Weise mittels Schaltfunktionen zu realisieren. Natürlich ist diese Realisierung in den meisten Fällen der Praxis vom Aufwand her betrachtet unökonomisch, und es sind Methoden entwickelt worden, die auf „bessere“ Realisierungen abzielen. Für uns soll aber der hier vorgestellte Realisierungstyp eines Schaltnetzes genügen. Nachfolgend beschränken wir uns deshalb auf die Behandlung von Schaltfunktionen.
Es bezeichne $(\mathbb{B}, \cdot, +, ^-)$ die in Anhang IV, C 10 betrachtete Schaltalgebra. $(\mathbb{B}[x_1, \ldots, x_n], \cdot, +, ^-)$ bezeichne die boole'sche Algebra der Polynome in den $n$ Variablen $x_1, \ldots, x_n$ über $(\mathbb{B}, \cdot, +, ^-)$. Jedes Element daraus nennen wir

eine **Schaltform** in $n$ Variablen. ($\mathbb{B}[x_1, \ldots, x_n], \cdot, +, ^{-}$) heißt die **Algebra der Schaltformen** in $n$ Variablen.

**Beispiel 1:** Für $n = 3$ stellt $T(x, y, z) = \overline{(x + y) \cdot z}$ eine Schaltform dar.

Bekanntlich unterscheidet man in der Mathematik streng zwischen den Begriffen Polynom und zugehöriger Polynomfunktion. Ganz analog dazu liegen die Verhältnisse bei den Begriffen Schaltform und zugehörige Schaltfunktion.

**Definition:** Die zu einer Schaltform $T(x_1, \ldots, x_n)$ in $n$ Variablen gehörige Schaltfunktion $f_T$ ist definiert durch

$$f_T: \mathbb{B}^n \to \mathbb{B}: (a_1, \ldots, a_n) \mapsto f_T(a_1, \ldots, a_n) := T(a_1, \ldots, a_n).$$

**Beispiel 2:** Für die obige Schaltform $T(x, y, z) = \overline{(x + y) \cdot z}$ bekommen wir die Schaltfunktion

$$f_T: \mathbb{B}^3 \to \mathbb{B}: (a, b, c) \mapsto f_T(a, b, c) := \overline{(a + b) \cdot c}.$$

Wir berechnen die **Tabelle** dieser Schaltfunktion.

| $a$ | $b$ | $c$ | $a+b$ | $(a+b)\cdot c$ | $\overline{(a+b)\cdot c}$ |
|---|---|---|---|---|---|
| 0 | 0 | 0 | 0 | 0 | 1 |
| 0 | 0 | 1 | 0 | 0 | 1 |
| 0 | 1 | 0 | 1 | 0 | 1 |
| 0 | 1 | 1 | 1 | 1 | 0 |
| 1 | 0 | 0 | 1 | 0 | 1 |
| 1 | 0 | 1 | 1 | 1 | 0 |
| 1 | 1 | 0 | 1 | 0 | 1 |
| 1 | 1 | 1 | 1 | 1 | 0 |

Jeder Schaltform in $n$-Variablen wird auf diese Weise eindeutig eine Schaltfunktion mit $n$-Eingängen zugeordnet. Diese Zuordnung ist jedoch nicht injektiv. Hat man also umgekehrt eine Schaltfunktion vorgegeben, so existieren im allgemeinen mehrere Schaltformen, die diese erzeugen. Da gerade die technische Erzeugung von Schaltfunktionen oft über den „Umweg" der Schaltformen erfolgt, sind Methoden entwickelt worden, die es gestatten, zu einer Schaltfunktion zugehörige „optimale" Schaltformen zu finden, d.h. Schaltformen, die ein gewisses Optimalitätskriterium befriedigen. Wir wollen uns hier mit solchen Methoden (die bekannteste ist mit dem Namen Quine-McCluskey verbunden) nicht beschäftigen, da sie über unseren Rahmen hinausgehen und begnügen uns mit der Angabe von zwei Schaltformen, die zu jeder Schaltfunktion stets in kanonischer Weise gegeben sind.

**Definition:** Für jede Schaltfunktion $f: \mathbb{B}^n \to \mathbb{B}$ ist die zugehörige **disjunktive kanonische Form** $D_f(x_1, \ldots, x_n)$ definiert als die Schaltform

$$D_f(x_1, \ldots, x_n) := \sum_{a \in \overset{-1}{f}(1)} (y_1 y_2 \ldots y_n)_a,$$

$$\text{wobei gilt: } y_i := \begin{cases} x_i & \text{wenn } a_i = 1 \\ \bar{x}_i & \text{wenn } a_i = 0 \end{cases} \quad (i = 1, 2, \ldots, n).$$

**Definition:** Für jede Schaltfunktion $f: \mathbb{B}^n \to \mathbb{B}$ ist die zugehörige **konjunktive kanonische Form** $K_f(x_1, \ldots, x_n)$ definiert als die Schaltform

$$K_f(x_1, \ldots, x_n) := \prod_{a \in \overset{-1}{f}(0)} (y_1 + y_2 + \ldots + y_n)_a,$$

$$\text{wobei gilt: } y_i := \begin{cases} \bar{x}_i & \text{wenn } a_i = 1 \\ x_i & \text{wenn } a_i = 0 \end{cases} \quad (i = 1, 2, \ldots, n).$$

Man überzeugt sich leicht, daß sowohl $D_f(x_1, \ldots, x_n)$ als auch $K_f(x_1, \ldots, x_n)$ die Schaltfunktion $f$ erzeugen.

**Beispiel 3:** Gegeben sei die Schaltfunktion $f$: $\mathbb{B}^3 \to \mathbb{B}$ des vorigen Beispiels, also

| $a$ | $b$ | $c$ | $f(a, b, c)$ |
|---|---|---|---|
| 0 | 0 | 0 | 1 |
| 0 | 0 | 1 | 1 |
| 0 | 1 | 0 | 1 |
| 0 | 1 | 1 | 0 |
| 1 | 0 | 0 | 1 |
| 1 | 0 | 1 | 0 |
| 1 | 1 | 0 | 1 |
| 1 | 1 | 1 | 0 |

Es ist dann $\overset{-1}{f}(1) = \{000, 001, 010, 100, 110\}$ und $\overset{-1}{f}(0) = \{011, 101, 111\}$. Wir bekommen damit

$$\begin{aligned} D_f(x_1, x_2, x_3) &= \sum_{a \in \overset{-1}{f}(1)} (y_1 y_2 y_3)_a \\ &= (y_1 y_2 y_3)_{000} + (y_1 y_2 y_3)_{001} + (y_1 y_2 y_3)_{010} + (y_1 y_2 y_3)_{100} \\ &\quad + (y_1 y_2 y_3)_{110} \\ &= \bar{x}_1 \bar{x}_2 \bar{x}_3 + \bar{x}_1 \bar{x}_2 x_3 + \bar{x}_1 x_2 \bar{x}_3 + x_1 \bar{x}_2 \bar{x}_3 + x_1 x_2 \bar{x}_3 \end{aligned}$$

und

$$K_f(x_1, x_2, x_3) = \prod_{a \in f^{-1}(0)} (y_1 + y_2 + y_3)_a$$
$$= (y_1 + y_2 + y_3)_{011} (y_1 + y_2 + y_3)_{101} (y_1 + y_2 + y_3)_{111}$$
$$= (x_1 + \bar{x}_2 + \bar{x}_3)(\bar{x}_1 + x_2 + \bar{x}_3)(\bar{x}_1 + \bar{x}_2 + \bar{x}_3).$$

Die Schaltausdrücke $D_f(x_1, \ldots, x_n)$ und $K_f(x_1, \ldots, x_n)$ können meistens durch Anwendung der Regeln der boole'schen Algebra weiter „vereinfacht" werden.

## 9.2 Schaltwerke

Der derzeitige Stand der Halbleitertechnologie zeigt, daß endliche Automaten, bei denen sowohl das Eingabe- und Ausgabealphabet als auch die Zustandsmengen Mengen von Binärzahlen sind, technisch besonders leicht gebaut werden können. Ein solcher Automatentyp verdient es deshalb, durch eine gesonderte Definition hervorgehoben zu werden.

**Definition:** Ein endlicher Automat $(A, B, Q, \delta, \lambda)$ heißt ein **Schaltwerk**, wenn gilt

(1) $\bigvee_{m \in \mathbb{N}} A \subset \mathbb{B}^m$,

(2) $\bigvee_{p \in \mathbb{N}} B \subset \mathbb{B}^p$,

(3) $\bigvee_{n \in \mathbb{N}} Q \subset \mathbb{B}^n$.

Ist $(A, B, Q, \delta, \lambda)$ ein Schaltwerk im obigen Sinn, dann kann die Überführungsfunktion $\delta: Q \times A \to Q$ und auch die Ausgabefunktion $\lambda: Q \times A \to B$ im wesentlichen als eine Einschränkung eines Schaltnetzes $\bar{\delta}: \mathbb{B}^{n+m} \to \mathbb{B}^n$ bzw. $\bar{\lambda}: \mathbb{B}^{n+m} \to \mathbb{B}^p$ auf die Menge $Q \times A$ angesehen werden. In vielen Fällen ist es aber möglich, von Schaltwerken $(A, B, Q, \delta, \lambda)$ mit $A = \mathbb{B}^m$, $B = \mathbb{B}^p$ und $Q = \mathbb{B}^n$ auszugehen. Für solche gilt dann also $\delta = \bar{\delta}$ und $\lambda = \bar{\lambda}$, so daß dann sowohl $\delta$ und auch $\lambda$ Schaltnetze in unserem Sinne sind. Will man dann trotzdem auf mögliche Freiheiten bei der Wahl von Funktionswerten von $\delta$ bzw. $\lambda$ hinweisen, so tut man dies in Form der sogenannten „don't care"-Bedingungen.
Wir werden im folgenden stets diese Form von Schaltwerken wählen, so daß bei uns $\delta: \mathbb{B}^n \times \mathbb{B}^m \to \mathbb{B}^n$ und $\lambda: \mathbb{B}^n \times \mathbb{B}^m \to \mathbb{B}^p$ mit $m, n, p \in \mathbb{N}$ gelten soll und gewisse Funktionswerte von $\delta$ und $\lambda$ offengelassen sind (partielle Schaltwerke).
Für ein Schaltwerk ist folgende in Abbildung 19 angegebene Blockschaltbilddarstellung einprägsam.

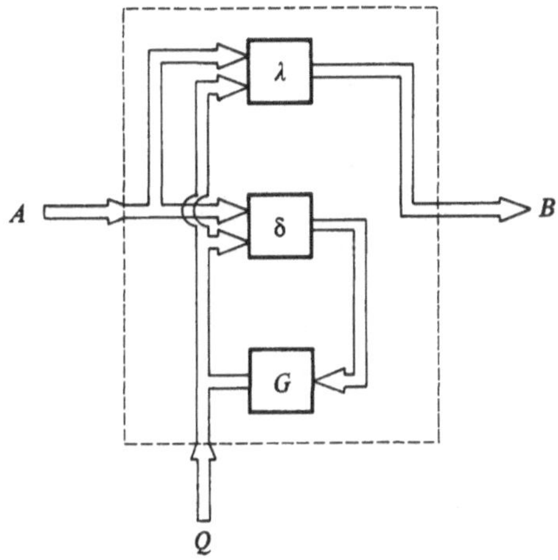


Abb. 19. Blockschaltbild eines Schaltwerkes

Die mit $\delta$ und $\lambda$ bezeichneten Blöcke stellen Schaltnetze dar; der durch $\delta$ errechnete neue Zustand wird in dem darauf anschließenden Block $G$ um einen Zeittakt verzögert. Dieser Block stellt also gewissermaßen das Gedächtnis des Schaltwerkes dar.

Die technische Realisierung von $\delta$ und $\lambda$ kann durch Bausteinsysteme geschehen, wie sie dem heutigen Stand der Technik entsprechen, etwa in Form von Halbleiterbausteinen in integrierter Schaltungstechnik. Man kann aber auch $\delta$ und $\lambda$ als direktes Produkt von $n$ bzw. $p$ Schaltfunktionen mit $m + n$ Eingängen ansehen und sie durch die übliche „logische" Technik über Schaltausdrücke realisieren. Das „Gedächtnis" $G$ des Schaltwerkes wird durch eine Anordnung realisiert, die in der Lage ist, $n$-stellige Binärzahlen über einen Zeittakt zu speichern. Elektronisch ist dies etwa durch $n$ bistabile Multivibratoren (Flip-Flops) zu verwirklichen.

**Beispiel:** Das Schaltwerk $M' = (A', B', Q', \delta', \lambda')$ sei definiert durch

$$A' := \mathbb{B},$$
$$B' := \mathbb{B},$$
$$Q' := \mathbb{B}^3.$$

$\delta'$ und $\lambda'$ sind gegeben durch die folgenden Tabellen:

| $\delta'$ | | | 0 | | | 1 | | |
|---|---|---|---|---|---|---|---|---|
| 0 | 0 | 0 | 1 | 0 | 1 | 0 | 1 | 0 |
| 0 | 0 | 1 | 1 | 0 | 0 | 0 | 1 | 1 |
| 0 | 1 | 0 | 1 | 1 | 0 | 0 | 0 | 0 |
| 0 | 1 | 1 | 1 | 1 | 1 | 0 | 0 | 1 |
| 1 | 0 | 0 | 0 | 0 | 0 | 0 | 1 | 1 |
| 1 | 0 | 1 | 0 | 0 | 1 | 0 | 1 | 0 |
| 1 | 1 | 0 | 0 | 1 | 1 | 0 | 0 | 1 |
| 1 | 1 | 1 | 0 | 1 | 0 | 0 | 0 | 0 |

| $\lambda'$ | | | 0 | 1 |
|---|---|---|---|---|
| 0 | 0 | 0 | 0 | 1 |
| 0 | 0 | 1 | 1 | 0 |
| 0 | 1 | 0 | 0 | 0 |
| 0 | 1 | 1 | 0 | 0 |
| 1 | 0 | 0 | 0 | 0 |
| 1 | 0 | 1 | 0 | 1 |
| 1 | 1 | 0 | 0 | 0 |
| 1 | 1 | 1 | 0 | 0 |

## 9.3 Simulation von Automaten durch Schaltwerke

Legt man einem Modell für eine praktische Aufgabe als „Skelett" einen endlichen Automaten zugrunde, so ist es oft nicht zweckmäßig, diesen sofort als Schaltwerk hinzuschreiben, auch wenn man ihn als Schaltwerk technisch realisieren möchte (Beispiel: Fahrstuhl). Es ergibt sich dann aber die Frage nach der Simulation eines endlichen Automaten durch ein Schaltwerk. Oft sind dabei noch Nebenbedingungen zu berücksichtigen.
Wir wollen im folgenden solchen Fragestellungen nachgehen und werden sehen, daß uns dabei das in 8.5 entwickelte Konzept der Serien-Parallelzerlegung von endlichen Automaten eine große Hilfe sein wird.
Da ein Schaltwerk ein spezieller Automat ist, kennen wir bereits von Abschnitt 8.3 die Bedeutung der Aussage, „der endliche Automat $(A, B, Q, \delta, \lambda)$ wird durch das Schaltwerk $(A', B', Q', \delta', \lambda')$ über $(\alpha, \beta, \gamma)$ simuliert". Ist der endliche Automat $(A, B, Q, \delta, \lambda)$ vorgegeben, so sind dazu auch leicht ein Schaltwerk $(A', B', Q', \delta', \lambda')$ und eine Simulationszuordnung $(\alpha, \beta, \gamma)$ anzugeben, so daß darüber der endliche Automat simuliert wird.

**Definition:** Zu einem gegebenen endlichen Automaten $M = (A, B, Q, \delta, \lambda)$ definieren wir die Menge SCHALT$(M)$ als die Menge aller Schaltwerke $M' = (A', B', Q', \delta', \lambda')$, für die gilt:

(1) $A' := \mathbb{B}^m$ mit $2^{m-1} < cardA \leqq 2^m$;

(2) $B' := \mathbb{B}^p$ mit $2^{p-1} < cardB \leqq 2^p$;

(3) $Q' := \mathbb{B}^n$ mit $2^{n-1} < cardQ \leqq 2^n$;

(4) es existiert eine Simulationszuordnung $(\alpha, \beta, \gamma)$ von $M$ zu $M'$.

Die Menge SCHALT$(M)$ besteht also aus allen denjenigen Schaltwerken $M'$,

die $M$ simulieren, bei denen $\delta$ und $\lambda$ echte Schaltnetze sind und deren Eingabealphabet und Zustandsmenge gerade so groß ist, daß noch eine „injektive" Simulationszuordnung möglich ist.
Zu jedem endlichen Automaten $M = (A, B, Q, \delta, \lambda)$ kann leicht ein Schaltwerk $M' = (A', B', Q', \delta', \lambda')$ mit $M' \in \mathrm{SCHALT}(M)$ gefunden werden, indem man wählt:

(1) $A'$, $B'$ und $Q'$ nach (1) bis (3) der voranstehenden Definition.

(2) $\alpha$ und $\gamma$ injektiv, sonst beliebig.

(3) $\delta' : Q' \times A' \to Q'$ mit

$$(q', a') \mapsto \delta'(q', a') := \begin{cases} \gamma(\delta(q, a)), \text{ wenn } q \in \overset{-1}{\gamma}(q') \text{ und } a \in \overset{-1}{\alpha}(a'), \\ \text{beliebig, sonst.} \end{cases}$$

(4) $\lambda' : Q' \times A' \to B'$ und $\beta : B' \to B$ in der Art, daß für ihre Komposition $\beta\lambda'$ gilt

$$(q', a') \mapsto \beta\lambda'(q', a') := \begin{cases} \lambda(q, a), \text{ wenn } q \in \overset{-1}{\gamma}(q') \text{ und } a \in \overset{-1}{\alpha}(a'), \\ \text{beliebig, sonst.} \end{cases}$$

Mit der Wahl von $(\alpha, \beta, \gamma)$ ist auf diese Weise zu $M$ ein Schaltwerk $M'$ aus $\mathrm{SCHALT}(M)$ festgelegt. Wir schreiben für dieses symbolisch $(\alpha, \beta, \gamma)M$ und nennen es das $(\alpha, \beta, \gamma)$-**Schaltwerk** von $M$.

**Beispiel:** Der Automat $M = (A, B, Q, \delta, \lambda)$ sei definiert durch

$A := \{\square, 0\}$;

$B := \{*, \triangle\}$;

$Q := \{0, 1, 2, 3, 4, 5, 6, 7\}$.

$\delta$ und $\lambda$ haben folgende Tabellen:

| $\delta$ | $\square$ | 0 |
|---|---|---|
| 0 | 7 | 1 |
| 1 | 5 | 0 |
| 2 | 6 | 3 |
| 3 | 4 | 2 |
| 4 | 0 | 2 |
| 5 | 2 | 3 |
| 6 | 1 | 0 |
| 7 | 3 | 1 |

| $\lambda$ | $\square$ | 0 |
|---|---|---|
| 0 | * | $\triangle$ |
| 1 | * | * |
| 2 | * | * |
| 3 | $\triangle$ | * |
| 4 | * | * |
| 5 | * | * |
| 6 | * | * |
| 7 | * | $\triangle$ |

Wir können dann zu $M$ folgendes $(\alpha, \beta, \gamma)$-Schaltwerk $M' = (A', B', Q', \delta', \lambda')$ konstruieren:

(1) $A' := \mathbb{B}$, $B' := \mathbb{B}$, $Q' := \mathbb{B}^3$.

(2) $\alpha: A \rightarrow A': \square \mapsto 0$ und $0 \mapsto 1$,
$\beta: B' \rightarrow B: 0 \mapsto *$ und $1 \mapsto \triangle$,
$\gamma: Q \rightarrow Q': q \mapsto \gamma(q) :=$ Binärdarstellung von $q$.

(3) Für $\delta'$ und $\lambda'$ haben wir dann die Tabellen:

| $\delta'$ | | | 0 | | | 1 | | |
|---|---|---|---|---|---|---|---|---|
| 0 | 0 | 0 | 1 | 1 | 1 | 0 | 0 | 1 |
| 0 | 0 | 1 | 1 | 0 | 1 | 0 | 0 | 0 |
| 0 | 1 | 0 | 1 | 1 | 0 | 0 | 1 | 1 |
| 0 | 1 | 1 | 1 | 0 | 0 | 0 | 1 | 0 |
| 1 | 0 | 0 | 0 | 0 | 0 | 0 | 1 | 0 |
| 1 | 0 | 1 | 0 | 1 | 0 | 0 | 1 | 1 |
| 1 | 1 | 0 | 0 | 0 | 1 | 0 | 0 | 0 |
| 1 | 1 | 1 | 0 | 1 | 1 | 0 | 0 | 1 |

| $\lambda'$ | | | 0 | 1 |
|---|---|---|---|---|
| 0 | 0 | 0 | 0 | 1 |
| 0 | 0 | 1 | 0 | 0 |
| 0 | 1 | 0 | 0 | 0 |
| 0 | 1 | 1 | 1 | 0 |
| 1 | 0 | 0 | 0 | 0 |
| 1 | 0 | 1 | 0 | 0 |
| 1 | 1 | 0 | 0 | 0 |
| 1 | 1 | 1 | 0 | 1 |

Man erkennt leicht, daß damit ein $(\alpha, \beta, \gamma)$-Schaltwerk von $M$ vorliegt.

## 9.4 Zustandsentkoppelte Schaltwerke

Wir untersuchen nun, auf welche Weise wir zu einem gegebenen endlichen Automaten $M$ „einfache" $(\alpha, \beta, \gamma)$-Schaltwerke finden können. Da bei einem solchen Automaten sowohl das Eingabe- und Ausgabealphabet als auch die Zustandsmenge bereits festgelegt sind, kann sich die Vereinfachung nur auf die Überführungsfunktion $\delta$ (das Überführungsschaltnetz) oder auf die Ausgabefunktion $\lambda$ (das Ausgabeschaltnetz) beziehen. Die erste angestrebte Vereinfachung betrifft das Überführungsschaltnetz. Dieses soll so angelegt sein, daß die Zustandskomponenten sich wechselseitig möglichst wenig beeinflussen.
Die nachfolgend angegebene Methode zur Konstruktion eines zustandsentkoppelten $(\alpha, \beta, \gamma)$-Schaltwerkes $M' = (A', B', Q', \delta', \lambda')$ eines endlichen Automaten $M = (A, B, Q, \delta, \lambda)$ bedient sich der in Abschnitt 8.5 dargestellten Strukturtheorie auf der Grundlage der zu einem Automaten gehörigen Kongruenzrelationen. Sie führt nicht in jedem Fall eines Automaten zu einem gewünschten

Ziel der Entkopplung, stellt aber trotzdem für den Schaltwerkentwurf eine wesentliche Hilfe dar.
Es sei $M=(A, B, Q, \delta, \lambda)$ der gegebene endliche Automat. Wir konstruieren dann dazu wie vorher angegeben, ein $(\alpha, \beta, \gamma)$-Schaltwerk $M'=(A', B', Q', \delta', \lambda')$, wobei wir aber noch folgende Punkte berücksichtigen.

Punkt 1: Wir versuchen $k$ Kongruenzrelationen $\pi_1, \pi_2, \ldots, \pi_k$ von $M$ zu finden ($k>1$), so daß dafür gilt:

(1a) die Kongruenzrelation $\pi := \pi_1 \cap \pi_2 \cap \ldots \cap \pi_k$ ist möglichst fein (feinster Fall $\pi = id_Q$ führt zu totaler Entkopplung; gröbster Fall $\pi = Q \times Q$ führt zu keiner Entkopplung).

(1b) Bezeichnen wir allgemein für eine Äquivalenzrelation $\sim \subset A \times A$ mit $n_\sim$ die Mindestanzahl der Binärstellen, die für eine injektive Codierung von $A/\sim$ in Binärzahlen notwendig ist (es gilt also $n_\sim - 1 < \log_2 (card\, A/\sim) \leqq n_\sim$), so soll für die Zahlen $n_\pi, n_{\pi_1}, \ldots, n_{\pi_k}$ gelten: $n_\pi = n_{\pi_1} + \ldots + n_{\pi_k}$.

(1c) Im Falle, daß $id_Q$ eine echte Teilmenge von $\pi$ ist, versuchen wir dazu eine Äquivalenzrelation $\tau$ auf $Q$ mit $\pi \cap \tau = id_Q$ zu finden, für die gilt: $n_\pi + n_\tau = n$.

Ist es uns gelungen die Forderungen (1a)–(1c) vollständig oder teilweise zu erfüllen, so können wir an die Konstruktion der Zustandscodierung $\gamma: Q \to Q'$ wie folgt herangehen:

Punkt 2: Die Zustandsmenge $Q' = \mathbb{B}^n$ zerlegen wir in das kartesische Produkt

$$\mathbb{B}^n = \mathbb{B}^{n_{\pi_1}} \times \mathbb{B}^{n_{\pi_2}} \times \ldots \times \mathbb{B}^{n_{\pi_k}} \quad (\text{im Falle } \pi = id_Q) \quad \text{bzw.}$$

$$\mathbb{B}^n = \mathbb{B}^{n_{\pi_1}} \times \mathbb{B}^{n_{\pi_2}} \times \ldots \times \mathbb{B}^{n_{\pi_k}} \times \mathbb{B}^{n_\tau} \quad (\text{im Falle } id_Q \subset \pi \text{ (echt)}).$$

Punkt 3: Die Zustandscodierung $\gamma: Q \to Q'$ kann mit Berücksichtigung des vorigen Punktes als das direkte Produkt von $k$ bzw. $k+1$ Projektionen

$$\gamma_{\pi_1}, \gamma_{\pi_2}, \ldots \gamma_{\pi_k} \quad \text{bzw.} \quad \gamma_{\pi_1}, \gamma_{\pi_2}, \ldots, \gamma_{\pi_k}, \gamma_\tau \quad \text{mit}$$

$$\gamma_{\pi_i}: Q \to \mathbb{B}^{n_{\pi_i}} \quad (i = 1, 2, \ldots, k) \quad \text{bzw.} \quad \gamma_\tau: Q \to \mathbb{B}^{n_\tau}$$

dargestellt werden. Wir setzen diese so fest, daß gilt

$$\bigwedge_{q, \bar{q} \in Q} q \pi_i \bar{q} \Leftrightarrow \gamma_\pi(q) = \gamma_\pi(\bar{q}) \quad (i = 1, \ldots, k) \quad \text{und}$$

$$\bigwedge_{q, \bar{q} \in Q} q \tau \bar{q} \Leftrightarrow \gamma_\tau(q) = \gamma_\tau(\bar{q}).$$

Bevor wir ein Beispiel für die Konstruktion eines zustandsentkoppelten $(\alpha, \beta, \gamma)$-Schaltwerkes nach dieser Methode darstellen, wollen wir kurz die Wirkung der Punkte 1 bis 3 auf das Schaltwerk skizzieren. Mit Punkt 1 wird garantiert, daß im $(\alpha, \beta, \gamma)$-Schaltwerk $M'$ ein „Kopfanteil", bestehend aus der Parallelzerlegung $M'_{\pi_1} \otimes M'_{\pi_2} \otimes \ldots \otimes M'_{\pi_k}$, auftritt. Im Falle $id_Q = \pi$ stellt dieser bereits das ganze Schaltwerk dar; im Falle $id_Q \subset \pi$ (echt) enthält das Schaltwerk $M'$ noch die zugehörige Serienergänzung $M'_\tau$. Mit den Bedingungen $n_\pi = n_{\pi_1} + \ldots + n_{\pi_k}$ und $n_\pi + n_\tau = n$ wird gesichert, daß durch die Zerlegung keine unnötige Vergrößerung des Zustandsraumes im Schaltwerk auftritt. Die Punkte 2 und 3 legen schließlich die Zustandscodierung $\gamma$ so fest, daß sie mit den Kongruenzrelationen $\pi_1, \pi_2, \ldots, \pi_k$ bzw. mit der Äquivalenzrelation $\tau$ verträglich ist. Auf diese Weise überträgt sie die damit mögliche Zerlegung des Automaten $M$ auf das zugehörige $(\alpha, \beta, \gamma)$-Schaltwerk $M'$.

**Beispiel:** Ausgangspunkt ist der endliche Automat $M = (A, B, Q, \delta, \lambda)$ vom Beispiel in 9.3. Wir können hier $A'$, $B'$ und $Q'$ sowie $\alpha$ und $\beta$ dem genannten Beispiel entsprechend wählen.

Berücksichtigung von Punkt 1:

(1a) Die Äquivalenzrelationen $\pi_1$ und $\pi_2$ mit

$$Q/\pi_1 := \{\overline{0,1,2,3}, \overline{4,5,6,7}\} \quad \text{und}$$
$$Q/\pi_2 := \{\overline{0,3,4,7}, \overline{1,2,5,6}\} \quad \text{sind Kongruenzrelationen}$$

von $M$ und für $\pi := \pi_1 \cap \pi_2$ $(Q/\pi = \{\overline{0,3}, \overline{1,2}, \overline{4,7}, \overline{5,6}\})$ gilt $id_Q \subset \pi$ (echt).

(1b) Wegen $n_\pi = 2$ und $n_{\pi_1} = n_{\pi_2} = 1$ gilt $n_\pi = n_{\pi_1} + n_{\pi_2}$.

(1c) Für $\tau$ mit $Q/\tau = \{\overline{0,1,4,5}, \overline{2,3,6,7}\}$ gilt $\pi \cap \tau = id_Q$, und wegen $n_\tau = 1$ und $n = 3$ des weiteren $n_\pi + n_\tau = n$.

Berücksichtigung von Punkt 2:

Die Zerlegung von $\mathbb{B}^n = \mathbb{B}^3$ hat hier die Form $\mathbb{B}^3 = \mathbb{B} \times \mathbb{B} \times \mathbb{B}$.

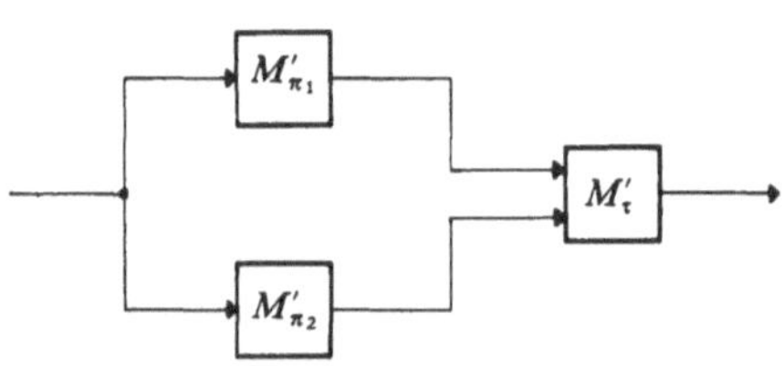


Abb. 20. Aufbau des Schaltwerkes

Berücksichtigung von Punkt 3:
Wir stellen nun $\gamma: Q \to \mathbb{B}^3$ als das direkte Produkt $\gamma = \gamma_{\pi_1} \boxtimes \gamma_{\pi_2} \boxtimes \gamma_\tau$ von drei Projektionen $\gamma_{\pi_1}: Q \to \mathbb{B}$, $\gamma_{\pi_2}: Q \to \mathbb{B}$ und $\gamma_\tau: Q \to \mathbb{B}$ dar. Diese bestimmen wir gemäß Punkt 3 und erhalten für $\gamma$ damit die Tabelle:

| $q$ | $\gamma(q)$ |
|---|---|
| 0 | 0 0 0 |
| 1 | 0 1 0 |
| 2 | 0 1 1 |
| 3 | 0 0 1 |
| 4 | 1 0 0 |
| 5 | 1 1 0 |
| 6 | 1 1 1 |
| 7 | 1 0 1 |

Die Überführungsfunktion $\delta'$ und die Ausgabefunktion $\lambda'$ des damit eindeutig erhaltenen $(\alpha, \beta, \gamma)$-Schaltwerkes $M'$ haben dann die folgende Gestalt:

| $\delta'$ | 0 | 1 |
|---|---|---|
| 0 0 0 | 1 0 1 | 0 1 0 |
| 0 0 1 | 1 0 0 | 0 1 1 |
| 0 1 0 | 1 1 0 | 0 0 0 |
| 0 1 1 | 1 1 1 | 0 0 1 |
| 1 0 0 | 0 0 0 | 0 1 1 |
| 1 0 1 | 0 0 1 | 0 1 0 |
| 1 1 0 | 0 1 1 | 0 0 1 |
| 1 1 1 | 0 1 0 | 0 0 0 |

| $\lambda'$ | 0 | 1 |
|---|---|---|
| 0 0 0 | 0 | 1 |
| 0 0 1 | 1 | 0 |
| 0 1 0 | 0 | 0 |
| 0 1 1 | 0 | 0 |
| 1 0 0 | 0 | 0 |
| 1 0 1 | 0 | 1 |
| 1 1 0 | 0 | 0 |
| 1 1 1 | 0 | 0 |

Wir wollen dieses Beispiel noch bis zur schaltalgebraischen Realisierung vorantreiben, so daß wir konkret sehen, in welcher Weise hier das Überführungsschaltnetz entkoppelt ist. Nach unseren vorangegangenen Erläuterungen sollte dieses Schaltwerk im wesentlichen den in der Abbildung 20 angedeuteten Aufbau haben.

Es sollte also eine Serienschaltung $(M'_{\pi_1} \otimes M'_{\pi_2}) \ominus M'_\tau$ sein, wobei $M'_\tau$ die durch die Äquivalenzrelation $\tau$ erzeugte Serienergänzung von $M'_{\pi_1} \otimes M'_{\pi_2}$ darstellt.
Das Überführungsschaltnetz $\delta': \mathbb{B}^3 \times \mathbb{B} \to \mathbb{B}^3$ kann als das direkte Produkt dreier Schaltfunktionen $\delta'_1$, $\delta'_2$ und $\delta'_3$ realisiert werden, die unmittelbar aus

der $\delta'$-Tabelle abzulesen sind. Bilden wir für diese jeweils die disjunktive kanonische Form und vereinfachen wir sie nach den Regeln der Schaltalgebra, so erhalten wir folgende zugehörige Schaltformen:

$$T_{\delta'_1} = \bar{q}_1 \bar{a};$$
$$T_{\delta'_2} = q_2 \oplus a;$$
$$T_{\delta'_3} = \bar{q}_1 \bar{q}_2 \bar{q}_3 \bar{a} + q_1 \bar{q}_2 q_3 \bar{a} + \bar{q}_1 q_2 q_3 + q_1 q_2 \bar{q}_3 + \bar{q}_1 q_3 a + q_1 \bar{q}_3 a.$$

Wir sehen, daß das Überführungsschaltnetz bezüglich des ersten und zweiten Zustandseingangs entkoppelt ist. Für das Ausgabeschaltnetz $\lambda: \mathbb{B}^3 \times \mathbb{B} \to \mathbb{B}$ bekommen wir folgende Schaltform:

$$T_{\lambda'} = \bar{q}_1 \bar{q}_2 q_3 \bar{a} + \bar{q}_1 \bar{q}_2 \bar{q}_3 a + q_1 \bar{q}_2 q a.$$

Abb. 21 zeigt schließlich den „logischen" Bauplan für das Schaltwerk, wenn diese Schaltformen durch Gatter realisiert werden. Das Symbol –D– bezeichnet darin ein System, das den Input um einen Zeittakt verzögert. Der in Abb. 20 angedeutete Aufbau des Schaltwerkes ist deutlich zu erkennen.

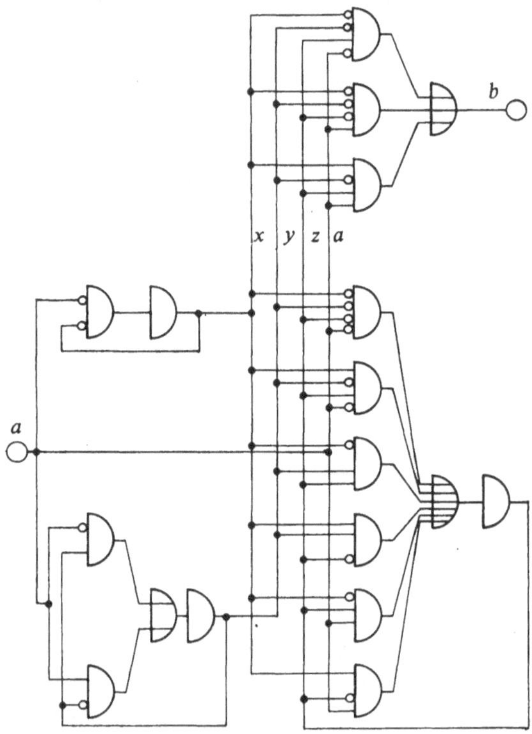


Abb. 21. Schaltplan für das Schaltwerk

## 9.5 Vereinfachung der Inputverarbeitung

Unser nächstes Ziel ist es, zu einem endlichen Automaten $M$ ein zustandsentkoppeltes $(\alpha, \beta, \gamma)$-Schaltwerk zu finden, bei dem das Überführungsschaltnetz auch in bezug auf die Inputverarbeitung einfach gestaltet ist. Wir definieren zuerst, wann ein endlicher Automat „autonom" genannt wird.

**Definition:** Ein endlicher Automat $M = (A, B, Q, \delta, \lambda)$ heißt **autonom**, wenn für die Überführungsfunktion gilt

$$\bigwedge_{q \in Q} \bigwedge_{a, \bar{a} \in A} \delta(q, a) = \delta(q, \bar{a}).$$

Bei einem autonomen Automaten ist also die Zustandsüberführung vom Input unabhängig. Man kann ihn damit auch als einen Automaten „ohne Input" ansehen. Wir zielen darauf ab, den Aufbau des $(\alpha, \beta, \gamma)$-Schaltwerkes so zu gestalten, daß neben der Zustandsentkopplung noch autonome Automaten darin auftreten. Wir definieren dazu zuerst:

**Definition:** Eine Äquivalenzrelation $R$ auf der Zustandsmenge $Q$ eines endlichen Automaten $M = (A, B, Q, \delta, \lambda)$ heißt **inputkonsistent**, wenn dafür gilt

$$\bigwedge_{q \in Q} \bigwedge_{a, \bar{a} \in A} \delta(q, a) R \delta(q, \bar{a}).$$

Ist eine Äquivalenzrelation $R$ inputkonsistent, so werden durch die Eingabebuchstaben vom gleichen Zustand aus mittels der Überführungsfunktion stets Zustände aus ein und derselben Äquivalenzklasse von $R$ erreicht. Für den Fall, daß eine Kongruenzrelation $\pi$ inputkonsistent ist, ist also die Funktion $\delta_\pi : Q/\pi \times A \to Q/\pi : ([q]_\pi, a) \mapsto [\delta(q, a)]_\pi$ vom Argument $a \in A$ unabhängig. Es gilt damit der folgende Satz:

**Satz:** Ist $\pi$ eine inputkonsistente Kongruenzrelation des endlichen Automaten $M$, dann ist das $\pi$-Bild $M_\pi$ von $M$ autonom.

Damit ist uns der Weg, den wir zur Vereinfachung der Inputverarbeitung bei der Konstruktion eines zustandsentkoppelten $(\alpha, \beta, \gamma)$-Schaltwerkes gehen können, bereits vorgezeichnet:
Wir versuchen hierbei die Kongruenzrelation $\pi$ möglichst mit inputkonsistenten Kongruenzrelationen $\pi_1, \ldots, \pi_k$ darzustellen. Zu jeder solchen $\pi_i$ ergibt sich dann im Aufbau des $(\alpha, \beta, \gamma)$-Schaltwerkes ein autonomer Teil $M'_{\pi_i}$. Im Überführungsnetz $\delta'$ ist dann für die entsprechende Komponente kein Input zu berücksichtigen.
Die beiden Forderungen „möglichst stark zustandsentkoppeln" und „möglichst

einfache Inputverarbeitung" konkurrieren miteinander, so daß in konkreten Fällen beide Forderungen meistens nicht zugleich zu erfüllen sind. Zwischen den beiden Grenzfällen, daß $id_Q$ bereits inputkonsistent ist und daß es überhaupt keine inputkonsistente Kongruenzrelation gibt, existieren im allgemeinen die verschiedensten Zwischenstufen, über die man vom Verband der Kongruenzrelationen des Automaten $M$ Auskunft erhalten kann. (Vgl. die entsprechende Übungsaufgabe in 9.8).

## 9.6 Vereinfachung der Outputberechnung

Als letztes widmen wir uns noch der Frage, wie man zu einem endlichen Automaten $M$ ein zugehöriges zustandsentkoppeltes $(\alpha, \beta, \gamma)$-Schaltwerk mit einfacherem Ausgabeschaltnetz konstruiert. Wir definieren dazu

**Definition:** Eine Äquivalenzrelation $R$ auf der Zustandsmenge $Q$ eines endlichen Automaten $M=(A, B, Q, \delta, \lambda)$ heißt **outputkonsistent**, wenn dafür gilt

$$\bigwedge_{q,\bar{q}\in Q} \bigwedge_{a\in A} q R \bar{q} \Rightarrow \lambda(q,a)=\lambda(\bar{q},a).$$

Ist eine Äquivalenzrelation $R$ outputkonsistent, so liefert die Ausgabefunktion $\lambda$ für alle Zustände aus der gleichen Äquivalenzklasse immer denselben Wert; es existiert dann stets die Funktion $\lambda_R : Q/R \times A \to B : ([q], a) \mapsto \lambda_R([q], a) := \lambda(q,a)$, die stellvertretend für $\lambda$ treten kann. Da für $id_Q \subset R$ (echt) stets gilt $card\, Q/R < card\, Q$, ist $\lambda_R$ „einfacher" als $\lambda$. Wir wenden nun das Konzept der Outputkonsistenz auf unseren Fall an.

Es sei $(M'_{\pi_1} \otimes \ldots \otimes M'_{\pi_k}) \ominus M'_\tau$ ein zustandsentkoppeltes $(\alpha, \beta, \gamma)$-Schaltwerk des endlichen Automaten $M$. Das Ausgabeschaltnetz $\lambda'$ ist dann definitionsgemäß durch die Ausgabefunktion $\lambda_\tau$ der Serienergänzung $M'_\tau$ gegeben. Im allgemeinen hängt $\lambda_\tau$ auch von den Zuständen des $\pi$-Bildes $M'_{\pi_1} \otimes \ldots \otimes M'_{\pi_k}$ ab, die ja als Inputkomponenten in $M'_\tau$ einlaufen. Dies ist jedoch nicht mehr der Fall, wenn $\tau$ outputkonsistent ist; dann gilt nämlich stets (vgl. mit der entsprechenden Definition in 8.5(b)).

$$\lambda_\tau([q]_\tau, ([q]_\pi, a)) = \lambda(q,a) \quad \text{mit } q \in [q]_\tau.$$

Für das $(\alpha, \beta, \gamma)$-Schaltwerk $M'$ bedeutet dies jedoch, daß in das Ausgabeschaltnetz $\lambda'$ keine Zustandskomponenten der „Kopfmaschinen" $M'_{\pi_1}, \ldots, M'_{\pi_k}$ eingehen, was eine Vereinfachung bedeutet.

Es ist nicht schwer, sich selbst Beispiele für die beiden angegebenen Methoden der Vereinfachung von Input- bzw. Outputverarbeitung zu konstruieren, so daß wir hier darauf verzichtet haben. Dem Leser der an dieser Problematik interessiert ist, sei aber die Durchrechnung von Beispielen dringend empfohlen.

## 9.7 Übungsaufgaben

(Ü1) Gegeben ist die Schaltfunktion $f: \mathbb{B}^3 \rightarrow \mathbb{B}$:

| $a$ | $b$ | $c$ | $f(a, b, c)$ |
|---|---|---|---|
| 0 | 0 | 0 | 0 |
| 0 | 0 | 1 | 1 |
| 0 | 1 | 0 | 1 |
| 0 | 1 | 1 | 0 |
| 1 | 0 | 0 | 0 |
| 1 | 0 | 1 | 1 |
| 1 | 1 | 0 | 0 |
| 1 | 1 | 1 | 1 |

(a) Bestimme die zugehörige disjunktive kanonische Form $D_f(x_1, x_2, x_3)$.

(b) Bestimme die zugehörige konjunktive kanonische Form $K_f(x_1, x_2, x_3)$.

(Ü2) Zeichne Gatterschaltungen zur Realisierung der Schaltfunktion in (Ü1).

(a) in UND-ODER-NICHT-Logik.

(b) in NAND-Logik.

(Ü3) Gegeben ist der nachfolgend dargestellte Schalterzweipol

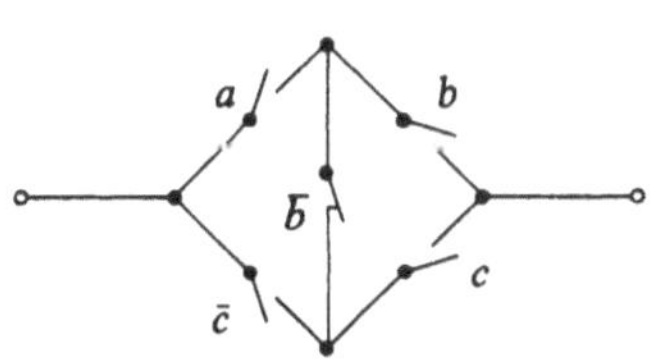


(a) Entwickle eine zugehörige Schaltfunktion.

(b) Gib eine äquivalente Gatterschaltung an.

(Ü4) Konstruiere ein zustandsentkoppeltes ($\alpha$, $\beta$, $\gamma$)-Schaltwerk für den Automaten von Abschnitt 8.7 (Ü4).

(Ü5) Gegeben ist der endliche Automat $M = (A, B, Q, \delta, \lambda)$

$A := B := \{0, 1\}, \quad Q := \{1, 2, 3, 4, 5, 6\},$

| $\delta$ | 0 | 1 |
|---|---|---|
| 1 | 4 | 3 |
| 2 | 3 | 4 |
| 3 | 5 | 6 |
| 4 | 6 | 6 |
| 5 | 2 | 1 |
| 6 | 1 | 2 |

| $\lambda$ | 0 | 1 |
|---|---|---|
| 1 | 0 | 1 |
| 2 | 0 | 0 |
| 3 | 0 | 1 |
| 4 | 0 | 0 |
| 5 | 0 | 1 |
| 6 | 0 | 0 |

(a) Berechne den Verband $V(M)$ aller Kongruenzrelationen von $M$.
(b) Konstruiere ein zustandsentkoppeltes $(\alpha, \beta, \gamma)$-Schaltwerk von $M$ mit einer vereinfachten Inputverarbeitung.

(Ü6) Überlege die Richtigkeit:
(a) Die Menge aller outputkonsistenten Kongruenzrelationen bildet einen beschränkten Unterverband des Verbandes $V(M)$ aller Kongruenzrelationen eines endlichen Automaten $M$.
(b) Die Zustandsäquivalenz $\sim$ eines endlichen Automaten ist das maximale Element im Verband der outputkonsistenten Kongruenzrelationen.

(Ü7) Kann man bei der Konstruktion der in (Ü4) und (Ü5) gewünschten Schaltwerke auch inputkonsistente bzw. outputkonsistente Kongruenzrelationen heranziehen?

(Ü8) Zeichne die schaltalgebraische Realisierung der in (Ü4) und (Ü5) gefundenen Schaltwerke.

(Ü9) Beschreibe einen einfachen Personenaufzug durch einen Automaten und gib ein zugehöriges Schaltwerk an.

(Ü10) Konstruiere zu der in Abschnitt 5.9, Beispiel 2 behandelten Steuerung einer Verkehrskreuzung ein zugehöriges Schaltwerk, welches das Schalten der Ampeln übernimmt.

## 9.8 Bemerkungen und Literaturhinweise

Die Schaltwerke bilden ein wichtiges Anwendungsgebiet der Automatentheorie. Die Methoden, die heute für ihren Entwurf bereitstehen, sind weit entwickelt. Der Fortschritt der Technologie und die Entwicklung neuer Bausteine

zwingen jedoch ständig, diese Methoden auszubauen und zu erweitern. Eingespielte Methoden werden infolgedessen oft durch neue Methoden abgelöst und verlieren damit an Bedeutung.
Unsere Ausführungen (zusammen mit den später in Kapitel 11 behandelten „linearen Schaltwerken“) stellen eine erste Einführung in solche Methoden dar. Der Weg von dieser Stufe der Konstruktion bis zum fertigen Gerät, in dem ein Schaltwerk „arbeitet“, ist aber im allgemeinen noch weit. Den Leser, der sich für diesen Weg interessiert, müssen wir auf die einschlägige Spezialliteratur über Schaltwerkkonstruktionen verweisen. Trotzdem soll der Gewinn, den die hier angesprochene Methodik für den realen Schaltwerkentwurf bringen kann, nicht unterschätzt werden. Wenn auch heute für Konstrukteure realer Schaltwerke vielfach noch die Erfahrung und die Intuition das wesentliche Hilfsmittel ist (z. B. gilt das für die herrschenden Methoden der Konstruktion von automatischen Datenvermittlungseinrichtungen), so stehen heute daneben doch schon oft praktikable automatentheoretisch orientierte Hilfsmittel zur Verfügung, die ein rationales Vorgehen gestatten. Eine Einführung in das Gebiet steht mit dem Buch von *Kohavi* [KO 1] zur Verfügung. Des weiteren sei noch auf *Lewin* [LE 1, LE 2] hingewiesen. Es existiert aber auch eine umfangreiche deutschsprachige Literatur, von der wir hier nur *Föllinger* [FÖ 1], *Reusch* [RE 2], *Grass* [GR 1], [GR 2], *Giloi* [GI 1], *Wendt* [WE 1] und *Hotz* [HO 2] anführen wollen.

# 10. Lineare Konstruktionen

Die bisher betrachteten Input-Output Konstruktionen waren vor allem mengentheoretischer Natur. In die nun folgenden soll außerdem die Algebra stärker einbezogen werden. Es gibt dafür die verschiedensten Möglichkeiten. So kann dies z. B. dadurch geschehen, daß man für die einzelnen vorkommenden Mengen eine algebraische Struktur vorsieht. Dabei könnte an die ganze Skala der bekannten algebraischen Systeme, wie Halbgruppen, Gruppen, Fastringe, Ringe, Körper, R-Moduln, lineare Räume u. dgl. gedacht werden. Als besonders wichtig aber hat sich vor allem das Konzept der linearen Räume erwiesen, und wir wollen uns in diesem Abschnitt ausschließlich auf die Einführung dieser algebraischen Struktur in unsere vorher betrachteten Konstruktionen von Input-Output Charakter konzentrieren.
Mit dem Begriff der linearen Räume ist der Begriff der linearen Abbildung, also des Morphismus zwischen linearen Räumen, untrennbar verbunden. Wir wer-

den die Linearität definieren, verbunden mit der Forderung, daß die zur Diskussion stehenden Mengen die Struktur von linearen Räumen haben und die Abbildungen zwischen ihnen lineare Abbildungen sind. Die so erreichten „linearen" Input-Output Konstruktionen zeichnen sich durch ihre Einfachheit sowie durch das Vorhandensein einer leistungsfähigen Theorie aus. Sie stellen daher in vielen Fällen sehr wichtige systemtheoretische Mittel für den Bau von Modellen dar.
Mir wollen zunächst die „Linearität" bei den von uns bisher betrachteten Input-Output Maschinen einführen, um uns anschließend noch in konkreter Weise mit besonders wichtigen linearen Maschinen zu befassen, den linearen Automaten und den linearen zeitinvarianten Differentialsystemen.

### 10.1 Lineare allgemeine Systeme

Als erstes wollen wir für die in Kapitel 1 definierten allgemeinen Input-Output Systeme der Gestalt $(X, Y, S)$ den Begriff der Linearität erklären. Im wesentlichen handelt es sich dabei um die Definition des Begriffes einer „linearen" zweistelligen Relation.

**Definition:** Ein allgemeines System $(X, Y, S)$ heißt **linear**, wenn dafür gilt:

(1) $X$ ist ein linearer Raum über $K$.

(2) $Y$ ist ein linearer Raum über $K$.

(3) $\bigwedge_{x,x'\in X} \bigwedge_{y,y'\in Y} xSy \wedge x'Sy' \Rightarrow (x+x')S(y+y')$.

(4) $\bigwedge_{x\in X} \bigwedge_{y\in Y} \bigwedge_{k\in K} xSy \Rightarrow kxSky$.

Ein lineares allgemeines System $(X, Y, S)$ stellt also einen Teilraum von $X \times Y$ dar (die lineare Struktur in $X \times Y$ sei wie üblich von $X$ und $Y$ induziert). Daher können zur Konstruktion linearer allgemeiner Systeme alle Konzepte angewendet werden, die man zur Konstruktion von Teilräumen linearer Räume kennt.
Wir wollen einige einfache Aussagen beweisen, die für lineare allgemeine Systeme gelten.

**Satz:** Ist $(X, Y, S)$ ein lineares allgemeines System über dem Körper $K$, so gilt für den Vorbereich ${}_1S$ und für den Nachbereich ${}_2S$ der Relation $S$

(1) ${}_1S$ ist ein Teilraum von $X$.

(2) ${}_2S$ ist ein Teilraum von $Y$.

*Beweis:*

„(1)": Gilt $x \in_1 S$ und $\bar{x} \in_1 S$, so gibt es Outputs $y$ und $\bar{y}$ mit $xSy$ und $\bar{x}S\bar{y}$. Da $(X, Y, S)$ linear ist, gilt dann auch $(x+\bar{x})S(y+\bar{y})$ also auch $x+\bar{x} \in_1 S$. Aus $xSy$ folgt des weiteren daß für beliebige $\alpha \in K$ gilt $\alpha x S \alpha y$. Also gilt auch $\alpha x \in_1 S$.

„(2)": analog zu (1).

Für beliebige $x \in_1 S$ und $y \in_2 S$ bezeichnen wir mit $\overline{xS}$ bzw. $\overline{Sy}$ die Mengen

$$\overline{xS} := \{y : y \in Y \wedge \bigvee_{\alpha \in K} \alpha x S y\} \quad \text{und}$$

$$\overline{Sy} := \{x : x \in X \wedge \bigvee_{\alpha \in K} x S \alpha y\}.$$

Es gilt dann für ein lineares System $(X, Y, S)$ der Satz:

**Satz:**

(1) $\bigwedge_{x \in_1 S} \overline{xS}$ ist ein Teilraum von ${}_2S$.

(2) $\bigwedge_{y \in_2 S} \overline{Sy}$ ist ein Teilraum von ${}_1S$.

*Beweis:*

„(1)": Gilt $y, \bar{y} \in \overline{xS}$, so gibt es $\alpha, \bar{\alpha} \in K$, so daß $\alpha x S y$ und $\bar{\alpha} x S \bar{y}$.
Da $\alpha x + \bar{\alpha} x = (\alpha + \bar{\alpha})x$, gilt dann aber auch $(\alpha+\bar{\alpha})xS(y+\bar{y})$, so daß auch $y+\bar{y} \in \overline{xS}$. Des weiteren folgt aus $\alpha x S y$ für beliebiges $\bar{\alpha} \in K$ wegen $\bar{\alpha}(\alpha x) = (\bar{\alpha}\alpha)x$ auch $(\bar{\alpha}\alpha)xS\bar{\alpha}y$ und damit auch $\bar{\alpha}y \in \overline{xS}$.

„(2)": analog zu (1).

Besonders ausgezeichnet sind die auf diese Weise durch die Nullvektoren von $X$ und $Y$ erzeugten Teilräume $\overline{0S}$ bzw. $\overline{S0}$. Für sie gilt dann bei einem linearen System $(X, Y, S)$ der Satz:

**Satz:**

(1) $\bigwedge_{x \in_1 S} \overline{0S} \subset \overline{xS}$.

(2) $\bigwedge_{y \in_2 S} \overline{S0} \subset \overline{Sy}$.

*Beweis:*

„(1)": Ist $y \in 0S$, so gilt $0Sy$. Da $\overline{xS}$, wie wir vorher gesehen haben, ein Teilraum von $Y$ ist, gilt auch $xS0$. Da $(X, Y, S)$ linear ist, folgt daraus, daß auch gilt $xSy$, also $y \in \overline{xS}$.

„(2)": analog zu (1).

Des weiteren können die Räume $\overline{0S}$ und $\overline{S0}$ als Kriterium für die Funktionalität von $S$ bzw. $S^{-1}$ dienen. Es gilt diesbezüglich für ein lineares allgemeines System $(X, Y, S)$

**Satz:**

(1) $\overline{0S} = \{0\} \Leftrightarrow S$ ist funktional.

(2) $\overline{S0} = \{0\} \Leftrightarrow S^{-1}$ ist funktional.

*Beweis:*

„(1)": Gilt $\overline{0S} = \{0\}$, so folgt für beliebige $y \in Y$ aus $0Sy$, daß gilt $y = 0$. Sei nun $xSy$ und $xS\bar{y}$. Es gilt dann auch $-xS-\bar{y}$ und, da $(X, Y, S)$ linear ist, auch $x - xSy - \bar{y}$, also $0Sy - \bar{y}$. Es ist dann aber $y - \bar{y} = 0$, also $y = \bar{y}$, und $S$ ist funktional.
Ist umgekehrt $S$ funktional, so folgt für beliebige $x \in X$ und $y, \bar{y} \in Y$ aus $xSy$ und $xS\bar{y}$, daß gilt $y = \bar{y}$. Da $0S0$ gilt folgt damit aus $0Sy$, daß $y = 0$ gilt. Es ist also $\overline{0S} = \{0\}$.

„(2)": analog zu (1).

**Definition:** Eine Teilmenge $U$ der Relation $S$ eines linearen allgemeinen Systems heißt **linear**, wenn sie gegenüber Vektoraddition und Skalarmultiplikation abgeschlossen ist, wenn also gilt

(1) $\bigwedge_{x, \bar{x} \in X} \bigwedge_{y, \bar{y} \in Y} xUy \wedge \bar{x}U\bar{y} \Rightarrow (x + \bar{x})\, U(y + \bar{y})$.

(2) $\bigwedge_{x \in X} \bigwedge_{y \in Y} \bigwedge_{\alpha \in K} xUy \Rightarrow \alpha x U \alpha y$.

Wie üblich wollen wir die Bedingungen (1) und (2) auch durch die Symbolik

(1') $U + U \subset U$,

(2') $\bigwedge_{\alpha \in K} \alpha U \subset U$

abkürzen. Mit jeder linearen Teilmenge $U$ kann das zugehörige lineare allgemeine System $(X, Y, U)$ betrachtet werden. Wir nennen jedes solche System ein **lineares Teilsystem** von $(X, Y, S)$. Die folgende Definition einer Quotientenstruktur drängt sich an dieser Stelle auf:

**Definition:** Für ein lineares allgemeines System $(X, Y, S)$ und ein zugehöriges lineares Teilsystem $(X, Y, U)$ erklären wir die Äquivalenzrelation $\sim$ auf $S$ durch

$$(x, y) \sim (\bar{x}, \bar{y}) :\Leftrightarrow (x, y) + U = (\bar{x}, \bar{y}) + U$$

und den Quotientenraum $(S/U, \oplus, \odot)$ als das algebraische System, das gegeben ist durch

(1) $S/U$ ist die Quotientenmenge von $S$ bezüglich $\sim$.

(2) $\oplus : S/U \times S/U \to S/U$ mit $[(x, y)] \oplus [(\bar{x}, \bar{y})] := [(x + \bar{x}, y + \bar{y})]$.

(3) $\odot : K \times S/U \to S/U$ mit $\alpha [(x, y)] := [(\alpha x, \alpha y)]$.

Man erkennt, daß die Operationen $\oplus$ und $\odot$ in der üblichen Weise einen linearen Raum definieren. Es gilt damit:

**Satz:** Der Quotientenraum $(S/U, \oplus, \odot)$ ist ein linearer Raum über $K$.

Mit jedem Quotientenraum $S/U$ eines linearen allgemeinen Systems $(X, Y, S)$ liegt so eine Partition desselben in Teilsysteme vor. Wir werden nachfolgend gerade solche Partitionen bevorzugt zur Parametrisierung von allgemeinen Systemen benutzen.

## 10.2 Lineare Zustandsparametrisierungen

Wir wollen nun bei Zustandsparametrisierungen $(X, Y, Z, p)$ das Konzept einer linearen Struktur einführen und tun dies in einer ziemlich „starken“ Form. Damit wird ihre Theorie bequem, allerdings zu ungunsten der allgemeinen Anwendbarkeit dieses Konzeptes.

**Definition:** Eine Zustandsparametrisierung $(X, Y, Z, p)$ eines allgemeinen Systems $(X, Y, S)$ heißt **linear**, wenn dafür gilt:

(1) $(X, Y, S)$ ist linear über $K$.

(2) $Z$ ist ein linearer Raum über $K$.

(3) Für $p: Z \to P(X \times Y)$ gilt:

(3a) $p(0)$ ist ein Teilraum von $S$.

(3b) $\{p(z): z \in Z\} = S/p(0)$.

(3c) $\bigwedge_{z, \bar{z} \in Z} p(z + \bar{z}) = p(z) \oplus p(\bar{z})$.

(3d) $\bigwedge_{z \in Z} \bigwedge_{\alpha \in K} p(\alpha z) = \alpha \odot p(z)$.

Die Bilder der Parametrisierungsabbildung $p$ sind also bei einer linearen Zustandsparametrisierung gleich den Nebenklassen der Zerlegung von $S$ nach dem Teilraum $p(0)$, dem Bild des Nullzustandes. Des weiteren wird mit (3c) und (3d) von der Abbildung $p$ verlangt, daß sie im wesentlichen einen Vektorraumhomomorphismus von $Z$ in $S/p(0)$ darstellt. Damit kann sofort die folgende Eigenschaft einer linearen Zustandsparametrisierung abgelesen werden:

**Satz:** Jede lineare Zustandsparametrisierung $(X, Y, Z, p)$ mit injektiver Parametrisierungsabbildung $p$ ist zerlegend.

Eine weitere wesentliche Eigenschaft linearer Zustandsparametrisierungen ist durch folgenden Satz gegeben:

**Satz:** Es bezeichne $(X, Y, Z, p)$ eine lineare Zustandsparametrisierung von $(X, Y, S)$. Dann gilt

$$\bigwedge_{x\in X}\ \bigwedge_{y_0, y_1\in Y}\ \bigwedge_{z\in Z} 0p(z)y_0 \wedge xp(0)y_1 \Rightarrow xp(z)(y_0+y_1).$$

*Beweis:* Gilt $0p(z)y_0$, also $(0, y_0)\in p(z)$, so gilt $p(z) = [(0, y_0)] = (0, y_0) + p(0)$. Des weiteren folgt, analog dazu aus $xp(0)y_1$, daß gilt $p(0) = (x, y_1) + p(0)$. Wir haben damit $p(z) = (0, y_0) + (x, y_1) + p(0) = (x, y_0 + y_1) + p(0)$. Daraus folgt $xp(z)(y_0 + y_1)$.

Der gerade angegebene Satz sagt aus, daß die Summe $y_0 + y_1$ der **Nullinputantwort** $y_0$ im Zustand $z$ und der **Nullzustandsantwort** $y_1$ auf den Input $x$ gerade den zum Input $x$ im Zustand $z$ auftretenden Output ergibt. Daß ein Output bei einer linearen Zustandsparametrisierung $par S = (X, Y, Z, p)$ in dieser Weise separiert werden kann, wird durch den nachfolgenden Satz gesichert.

**Satz:** Ist $par S = (X, Y, Z, p)$ linear, dann gilt

$$\bigwedge_{x\in X}\ \bigwedge_{y\in Y}\ \bigwedge_{z\in Z}\ \bigvee_{y_0, y_1\in Y} 0\in_1 p(z) \wedge xp(z)y \Rightarrow y = y_0 + y_1 \wedge 0p(z)y_0 \wedge xp(0)y_1.$$

*Beweis:* Gilt $xp(z)y$, so haben wir $p(z) = (x, y) + p(0)$. Zu $p(z)$ gibt es wegen $0\in_1 p(z)$ stets genau ein $y_0\in Y$ mit $0p(z)y_0$. Wir haben also auch $p(z) = (0, y_0) + p(0)$. Es ist nun $(x, y) - (0, y_0) = (x, y - y_0)$. Wählen wir $y_1 := y - y_0$, so gilt damit wegen $p(z) - p(z) = p(0)$ die Beziehung $p(0) = (x, y_1) + p(0)$, also $xp(0)y_1$.

## 10.3 Lineare allgemeine Zeitsysteme und lineare Parzessoren

Ein allgemeines Zeitsystem $time S = (A, B, X, Y, S, T, \leqq, t_0)$ könnte bereits dann linear genannt werden, wenn das zugehörige allgemeine System $(X, Y, S)$ linear ist. Unsere nachfolgend gegebene Definition schlägt im wesentlichen diesen Weg ein, es wird darin aber noch verlangt, daß auch die Mengen $A$ und $B$ lineare Räume sind und daß diese die lineare Struktur in $X$ bzw. $Y$ induzieren.

**Definition:** Ein allgemeines Zeitsystem $time S = (A, B, X, Y, S, T, \leqq, t_0)$ heißt

**linear**, wenn dafür gilt:

(1) $A$ ist ein linearer Raum über $K$.

(2) $B$ ist ein linearer Raum über $K$.

(3) $X$ ist ein linearer Raum über $K$ mit

(3a) $\bigwedge_{x,\bar{x}\in X} \bigwedge_{t\in T} (x+\bar{x})(t) := x(t) + \bar{x}(t)$,

(3b) $\bigwedge_{x\in X} \bigwedge_{\alpha\in K} \bigwedge_{t\in T} (\alpha x)(t) := \alpha \cdot x(t)$.

(4) $Y$ ist ein linearer Raum über $K$ mit

(4a) $\bigwedge_{y,\bar{y}\in Y} \bigwedge_{t\in T} (y+\bar{y})(t) := y(t) + \bar{y}(t)$,

(4b) $\bigwedge_{y\in Y} \bigwedge_{\alpha\in K} \bigwedge_{t\in T} (\alpha y)(t) := \alpha \cdot y(t)$.

(5) $(X, Y, S)$ ist ein lineares allgemeines System.

**Definition:** Ein Parzessor $partimeS = (A, B, X, Y, Z, p, T, \leqq, t_0)$ eines allgemeinen Zeitsystems $timeS = (A, B, X, Y, S, T, \leqq, t_0)$ heißt **linear**, wenn gilt

(1) $timeS$ ist linear.

(2) $(X, Y, Z, p)$ ist linear.

Da lineare allgemeine Zeitsysteme und lineare Parzessoren spezielle lineare allgemeine Systeme bzw. spezielle lineare Zustandsparametrisierungen sind, gelten für sie natürlich alle vorher gezeigten Ergebnisse. Da die Linearität in $X$ und $Y$ in $timeS$ definitionsgemäß punktweise von $A$ bzw. $B$ induziert ist, ergibt sich auch für die Zeiteinschränkungen eines linearen allgemeinen Zeitsystems bzw. eines linearen Parzessors in natürlicher Weise eine lineare Struktur.

## 10.4 Lineare Zustandsdarstellungen und lineare Zustandsbeschreibungen

**Definition:** Eine Zustandsdarstellung $statimeS = (A, B, X, Y, Q_0, Q, \phi, \beta, T, \leqq, t_0)$ eines allgemeinen Zeitsystems $timeS = (A, B, X, Y, S, T, \leqq, t_0)$ heißt **linear**, wenn gilt

(1) $timeS$ ist linear über $K$.

(2) $Q_0$ und $Q$ sind lineare Räume über $K$ und $Q_0$ ist ein Teilraum von $Q$.

(3) Für die Zustandsrelation $\phi$ gilt:

(3a) $\bigwedge_{x,\bar{x}\in X} \bigwedge_{q_0,\bar{q}_0\in Q_0} \bigwedge_{q,\bar{q}\in Q} \bigwedge_{t\in T} (t, q_0, x)\phi q \wedge (t, \bar{q}_0, \bar{x})\phi \bar{q} \Rightarrow$

$$(t, q_0 + \bar{q}_0, x + \bar{x})\phi q + \bar{q},$$

(3b) $\bigwedge_{x\in X}\ \bigwedge_{q_0\in Q_0}\ \bigwedge_{q\in Q}\ \bigwedge_{\alpha\in K}\ \bigwedge_{t\in T} (t, q_0, x)\phi q \Rightarrow (t, \alpha q_0, \alpha x)\phi \alpha q$.

(4) Für die Outputfunktion $\beta$ gilt:

(4a) $\bigwedge_{a,\bar{a}\in A}\ \bigwedge_{q,\bar{q}\in Q}\ \bigwedge_{t\in T} \beta(t, q+\bar{q}, a+\bar{a}) = \beta(t, q, a) + \beta(t, \bar{q}, \bar{a})$,

(4b) $\bigwedge_{a\in A}\ \bigwedge_{q\in Q}\ \bigwedge_{\alpha\in K}\ \bigwedge_{t\in T} \beta(t, \alpha q, \alpha a) = \alpha \cdot \beta(t, q, a)$.

**Satz:** Für die Zustandsrelation $\phi$ einer linearen Zustandsdarstellung *statimeS* = $(A, B, X, Y, Q_0, Q, \phi, \beta, T, \leqq, t_0)$ gilt

$$\bigwedge_{x\in X}\ \bigwedge_{q_0\in Q_0}\ \bigwedge_{q,\bar{q}\in Q}\ \bigwedge_{t\in T} (t, q_0, 0)\phi q \wedge (t, 0, x)\phi \bar{q} \Rightarrow (t, q_0, x)\phi q + \bar{q}.$$

*Beweis:* Dies folgt sogleich aus (3a), denn aus $(t, q_0, 0)\phi q$ und $(t, 0, x)\phi \bar{q}$ folgt damit sofort $(t, q_0, x)\phi q + \bar{q}$.

Der gerade bewiesene Satz zeigt uns, daß bei einer linearen Zustandsdarstellung die Summe des von $q_0$ aus mit der „Nullinputfunktion" 0 und des vom Nullzustand 0 mit $x$ erreichten Zustandes genau der von $q_0$ mit $x$ erreichte Zustand ist. Umgekehrt kann gezeigt werden, daß jeder erreichte Zustand auf diese Weise dargestellt werden kann. Es gilt:

**Satz:** Ist *statimeS* = $(A, B, X, Y, Q_0, Q, \phi, \beta, T, \leqq, t_0)$ linear, dann gilt:

$$\bigwedge_{x\in X}\ \bigwedge_{q_0\in Q_0}\ \bigwedge_{q\in Q}\ \bigwedge_{t\in T}\ \bigvee_{\bar{q},\bar{\bar{q}}\in Q} (t, q_0, x)\phi q \wedge (t, q_0, 0)\in_1\phi \wedge (t, 0, x)\in_1\phi \Rightarrow (t, q_0, 0)\phi \bar{q} \wedge (t, 0, x)\phi \bar{\bar{q}} \wedge q = \bar{q} + \bar{\bar{q}}.$$

*Beweis:* Gilt $(t, q_0, 0)\in_1\phi$ und $(t, 0, x)\in_1\phi$, so gibt es $\bar{q}, \bar{\bar{q}}$ mit $(t, q_0, 0)\phi \bar{q}$ und $(t, 0, x)\phi \bar{\bar{q}}$. Da *statimeS* linear ist, gilt dann $(t, q_0, x)\phi \bar{q} + \bar{\bar{q}}$. Gilt des weiteren $(t, q_0, x)\phi q$, so folgt, da $\phi$ funktional, $q = \bar{q} + \bar{\bar{q}}$.

Als letztes schlagen wir eine Linearitätsdefinition für Zustandsbeschreibungen vor. Diese ist so gewählt, daß sie im Falle eines Input-Output Prozesses mit der Struktur eines linearen Parzessors und der einer linearen Zustandsdarstellung verträglich ist. Wir setzen dazu fest:

**Definition:** Eine Zustandsbeschreibung $(P, Z)$ eines Prozesses $P$ heißt **linear**, wenn gilt:

(1) $P$ ist ein linearer Raum über $K$.

(2) $\bigwedge_{t\in Z}\ \bigvee_{z\in Z} Q(t) = P/z(t)$

(für beliebige $t$ gibt es eine Zustandstrajektorie $z$, so daß $z(t)$ ein Unterraum von $P$ und $Q(t)$ der Quotientenraum $P/z(t)$ ist).

Wir wollen von dieser Definition keine weitere Folgerung ableiten und überlassen es dem Leser selbst, in einer Übungsaufgabe einige theoretische Ergebnisse für dynamische lineare Zustandsbeschreibungen herzuleiten.

## 10.5 Beispiele

Nun betrachten wir einige Beispiele linearer Input-Output Konstruktionen und üben damit die vorher gebrachten Begriffe ein. Alle hier gebrachten Beispiele sind sehr einfach gehalten.

**Beispiel 1:** Es seien $X$ und $Y$ lineare Räume über dem Körper $K$. Jede lineare Funktion $f: X \to Y$ erzeugt dann das lineare allgemeine System $(X, Y, f)$.

**Beispiel 2:** Es seien $X$ und $Y$ lineare Räume über $K$ und $f$: $Y \to X$ linear. Wir definieren dann das allgemeine System $(X, Y, S)$ durch $S \subset X \times Y: xSy :\Leftrightarrow x = f(y)$. Offensichtlich ist dieses linear.

**Beispiel 3:** Es sei $X$ die Menge aller stückweise konstanten Funktionen des Intervalls $[0, 1]$, $Y := \mathbb{R}$ und $S \subset X \times Y$ sei gegeben durch

$$xSy :\Leftrightarrow y = \int_0^1 x(t)\,dt.$$

Das damit gegebene allgemeine System $(X, Y, S)$ ist linear.

**Beispiel 4:** Es sei $X$ die Menge aller Polynomfunktionen $x: [0, \infty) \to \mathbb{R}$ und $Y := \mathbb{R}$. Für ein beliebiges $t \in (0, \infty)$ sei die Relation $S(t) \subset X \times Y$ definiert durch

$$xSy :\Leftrightarrow y = x'(t).$$

$(X, Y, S(t))$ ist ein lineares allgemeines System.

**Beispiel 5:** Es sei $X$ die Menge aller Polynomfunktionen $x: [0, \infty) \to \mathbb{R}$ und $Y := [0, \infty) \to \mathbb{R}$. Die Relation $S \subset X \times Y$ sei definiert durch

$$xSy :\Leftrightarrow y' = x + x'.$$

$(\mathbb{R}, \mathbb{R}, X, Y, S, [0, \infty), \leqq, 0)$ stellt dann ein lineares allgemeines Zeitsystem dar.

**Beispiel 6:** Es sei $X$ die Menge aller stückweise konstanten Funktionen $x: [0, \infty) \to \mathbb{R}$ und $Y := [0, \infty) \to \mathbb{R}$. Die Relation $S \subset X \times Y$ sei gegeben

$$xSy :\Leftrightarrow \bigwedge_{t \in [0, \infty)} y(t) = \int_0^t x(\tau)\,d\tau.$$

$(\mathbb{R}, \mathbb{R}, X, Y, S, [0, \infty), \leqq, 0)$ ist dann ein lineares allgemeines Zeitsystem.

**Beispiel 7:** Es sei $X := \mathbb{R}$ und $Y := \mathbb{R}^2$. Die lineare Funktion $f: Y \to X$ sei gegeben durch $(y_1, y_2) \mapsto f(y_1, y_2) := y_1 + y_2$. $(X, Y, S)$ mit

$$S := \{(x, (y_1, y_2)) : f(y_1, y_2) = x\}$$

stellt dann ein lineares allgemeines System dar, das nicht funktional ist. Wir wählen

$$Z := \mathbb{R} \text{ und } p: Z \to P(X \times Y): z \mapsto p(z) := \{(x, (y_1, y_2)) : xS(y_1, y_2) \wedge y_1 = z\}.$$

Für beliebige $z \in Z$ ist $p(z)$ offenbar funktional, denn gilt $xp(z)(y_1, y_2)$ und $xp(z)(\bar{y}_1, \bar{y}_2)$, so folgt daraus $y_1 = z = \bar{y}_1$ und damit $y_2 = x - z = \bar{y}_2$. Des weiteren gilt $\bigcup_{z \in \mathbb{R}} p(z) = S$, so daß $(X, Y, Z, p)$ eine Zustandsparametrisierung für $(X, Y, S)$ ist. Wir untersuchen, ob diese linear ist:

(a) Für $p(0)$ erhalten wir die Menge $p(0) = \{(x, (0, x)) : x \in \mathbb{R}\}$. Diese stellt offenbar einen linearen Raum dar.

(b) Für beliebige $z \in \mathbb{R}$ hat $p(z)$ die Form $p(z) = \{(x, (z, x - z)) : x \in \mathbb{R}\}$.
Gilt $(\bar{x}, (z, \bar{x} - z)) \in p(z)$, so können wir $p(z)$ in der Form $p(z) = (\bar{x}, (z, \bar{x} - z)) + p(0)$ darstellen, so daß $p(z) \in S/p(0)$ gilt.
Umgekehrt hat jede Äquivalenzklasse aus $S/p(0)$ die Form von $p(z)$, so daß also $\{p(z) : z \in Z\} = S/p(0)$ gilt

(c)
$$\begin{aligned} p(z + \bar{z}) &= \{(x, (z + \bar{z}, x - z - \bar{z})) : x \in \mathbb{R}\} \\ &= \{(x, (z, x - z)) : x \in \mathbb{R}\} + \{(x, (\bar{z}, x - \bar{z})) : x \in \mathbb{R}\} \\ &= p(z) \oplus p(\bar{z}). \end{aligned}$$

(d)
$$\begin{aligned} p(\alpha z) &= \{(x, (\alpha z, x - \alpha z)) : x \in \mathbb{R}\} \\ &= \alpha \{(x, (z, x - z)) : x \in \mathbb{R}\} \\ &= \alpha \odot p(z). \end{aligned}$$

Wir haben damit gesehen, daß die von uns konstruierte Zustandsparametrisierung linear ist. Es handelt sich bei diesem Beispiel um nichts anderes als um die Interpretation eines speziellen einfachen linearen Gleichungssystems mit variablen inhomogenen Anteil $x$ als Input-Output System. Die bei der Zustandsparametrisierung eingeschlagene Vorgehensweise entspricht einfach der Festsetzung $y_1 = z$ des in der Lösungsmenge $Sx := \{(y_1, y_2) : y_2 = y_1 - x \wedge y_1 \in \mathbb{R}\}$ noch freien Parameters $y_1$, wodurch die „eindeutige" Lösung $(z, z - x)$ erreicht wird.

**Beispiel 8:** Wir betrachten das lineare allgemeine Zeitsystem von Beispiel 5. Es sei $Z := \mathbb{R}$ und $p: Z \to P(X \times Y)$ die Abbildung, die gegeben ist durch

$$p(z) := \{(x, y) : xSy \quad \text{und} \quad \bigwedge_{t \in [0, \infty)} y(t) = z + \int_0^t x(\tau) d\tau + x(t)\}.$$

Man stellt leicht fest, daß damit ein linearer Parzessor $(\mathbb{R}, \mathbb{R}, X, Y, \mathbb{R}, p, [0, \infty), \leqq, 0)$ gegeben ist.

**Beispiel 9:** Es sei wieder das lineare allgemeine Zeitsystem *timeS* nach Beispiel 5 zugrundegelegt. Wir konstruieren dann dazu folgende Zustandsdarstellung $statimeS = (\mathbb{R}, \mathbb{R}, X, Y, Q_0, Q, \phi, \beta, [0, \infty), \leqq, 0)$:

(a) $Q_0 := Q := \mathbb{R}$.

(b) $\phi: [0, \infty) \times \mathbb{R} \times X \to \mathbb{R}: (t, q_0, x) \mapsto \phi(t, q_0, x) := q_0 + \int_0^t x(\tau)\, d\tau$.

(c) $\beta: T \times \mathbb{R} \times \mathbb{R} \to \mathbb{R}: (t, q, a) \mapsto \beta(t, q, a) := q + a$.

Offenbar ist damit *statimeS* wohldefiniert und auch linear.

**Beispiel 10:** Der Prozeß $P$ sei gegeben als die Menge aller Zeitfunktionen $x: [0, \infty) \to \mathbb{R}$, die die Differentialgleichung $\dot{x} + x = 0$ erfüllen (Entladungsprozeß an einem $RC$-Glied mit $R = 1\Omega$ und $C = 1$ F). $(P, Z_0)$ bezeichne dann die feinste Zustandsbeschreibung von $P$. Für jedes $t \in [0, \infty)$ gilt somit $Q(t) = \{\{p\} : p \in P\}$. $P$ wird erhalten in der Form $P = \{x : x : [0, \infty) \to x(0) e^{-t}\}$, woraus wir sehen, daß damit ein linearer Raum über $\mathbb{R}$ vorliegt, dessen Nullvektor die Nullfunktion $x = 0$ ist. Offenbar gilt $Q(t) = P/\{0\}$, so daß $(P, Z_0)$ eine lineare Zustandsbeschreibung im Sinne unserer gegebenen Definition ist.

## 10.6 Übungsaufgaben

(Ü1) Gib Schaltungen linearer allgemeiner Systeme an, bei denen die Linearität erhalten bleibt.

(Ü2) Gib Schaltungen linearer Zustandsparametrisierungen an, bei denen die Linearität erhalten bleibt.

(Ü3) Erkläre die Begriffe „Homomorphie" und „Isomorphie" für lineare allgemeine Systeme und für lineare Zustandsparametrisierungen unter Zuhilfenahme des von uns verwendeten Konzeptes der Simulation.

(Ü4) Gegeben sei das allgemeine System $(X, Y, S)$ durch

$$X := Y := \mathbb{N} \quad \text{und} \quad S = \{(1, 2), (1, 3), (2, 1), (2, 3), (3, 2), (4, 3)\}.$$

Approximiere $(X, Y, S)$ durch ein funktionales lineares allgemeines System $(X, Y, \tilde{S})$, für das gelten soll:

(a) ${}_1\tilde{S} := {}_1S = \{1, 2, 3, 4\}$.

(b) ${}_2\tilde{S} := \{y_1, y_2, y_3, y_4\} \wedge i\tilde{S}y_i$.

(c) $(y_1 - 2)^2 + (y_1 - 3)^2 + (y_2 - 1)^2 + (y_2 - 3)^2 + (y_3 - 2)^2 + (y_4 - 3)^2 = \text{Min!}$.

(Ü5) Konstruiere ein weiteres Beispiel für einen linearen Parzessor.
(Ü6) Konstruiere ein weiteres Beispiel für eine lineare Zustandsdarstellung.
(Ü7) Konstruiere ein weiteres Beispiel für eine lineare Zustandsbeschreibung.
(Ü8) Gib ein Modell an, in dem eine „lineare Maschine" im Sinne der von uns angegebenen linearen Konstruktion vorkommt.

## 11. Lineare Automaten

Unserem Aufbau nach kann jeder endliche Automat als eine zeitinvariante Sequentialmaschine gesehen werden. Da wir mit dem Begriff einer linearen Zustandsdarstellung auch die Linearität von Sequentialmaschinen festgelegt haben, ist damit auch schon ausgesagt, was wir unter einem „linearen" Automaten zu verstehen haben. Weil wir jedoch in 8.1 den Begriff des endlichen Automaten, der üblichen Vorgehensweise folgend, unabhängig vom Begriff der Zustandsdarstellung definiert haben, tun wir dies auch im Falle der Definition eines linearen Automaten, und es ist leicht zu folgern, daß der durch eine lineare Sequentialmaschine gegebene endliche Automat auch linear ist.

### 11.1 Definition des linearen Automaten

**Definition:** Ein endlicher Automat $(A, B, Q, \delta, \lambda)$ heißt linear, wenn gilt:

(1) $A, B, Q$ sind lineare Räume über dem Körper $(K, +, .)$.

(2) $\delta: Q \times A \rightarrow Q$ ist linear.

(3) $\lambda: Q \times A \rightarrow B$ ist linear.

Bemerkung: Da $A$, $B$ und $Q$ endliche Mengen sind, kommt für $K$ nur ein endlicher Körper (ein Galoisfeld) der Art $GF(p^k)$ in Betracht. Des weiteren sind $A$, $B$ und $Q$ zwangsweise auch endlichdimensionale lineare Räume. In $Q \times A$ sei die lineare Struktur koordinatenweise von $Q$ und $A$ induziert angenommen.

Mit linearen Automaten kann wegen des Vorhandenseins der algebraischen Struktur von linearen Räumen beim Eingabealphabet $A$, beim Ausgabealphabet $B$ und bei der Zustandsmenge $Q$, und weil $\delta$ und $\lambda$ auch linear (Vektorraumhomomorphismen) sind, im allgemeinen leichter „gerechnet" werden. Dazu

wird mit Erfolg die Matrizenrechnung herangezogen, auch lassen sich z. B. die Automatenabbildungen $\delta^*$ und $\lambda^*$ geschlossen darstellen. Dieser Vorteil für die mathematische Analyse und Synthese erfährt aber dadurch eine Einschränkung, daß mit einem linearen Automaten ein spezieller Automatentyp vorliegt, der in manchen Anwendungsfällen vielleicht weniger geeignet erscheint. Das ist aber, wie schon früher ausführlich erörtert, gewöhnlich der Fall, wenn man vom Allgemeinen zum Speziellen übergeht. Dennoch ist die Bedeutung linearer Automaten auch für spezielle Anwendungen sehr groß, etwa für die digitale Simulation von weißem Rauschen (linearer Automat als Pseudo-Rauschgenerator) und für die Codierung von Signalen (z. B. linearer Automat als Codierer und Decodierer bei Faltungscodes). Des weiteren hat die Simulation von endlichen Automaten durch lineare Automaten eine große Bedeutung.
Als erste Konsequenz aus der Linearität von $\delta$ und $\lambda$ bei einem linearen Automaten ergibt sich die Möglichkeit, die Abbildungen in die Summe ihrer Projektionen zerlegen zu können.
Wir definieren dazu:

**Definition:** Für einen linearen Automaten $(A, B, Q, \delta, \lambda)$ sind die Abbildungen $\delta_1, \delta_2, \lambda_1$ und $\lambda_2$ definiert durch

$$\delta_1 : Q \to Q : q \mapsto \delta_1(q) := \delta(q, 0),$$
$$\delta_2 : A \to Q : a \mapsto \delta_2(a) := \delta(0, a),$$
$$\lambda_1 : Q \to B : q \mapsto \lambda_1(q) := \lambda(q, 0),$$
$$\lambda_2 : A \to B : a \mapsto \lambda_2(a) := \lambda(0, a).$$

Offensichtlich sind diese Projektionen $\delta_1, \delta_2, \lambda_1, \lambda_2$ auch linear, so daß mit ihnen ebenfalls gut gerechnet werden kann. Der Vorteil der Projektionen liegt aber darin, daß mit ihnen eine Zerlegung erreicht ist, mit der jeder Zustand $\delta(q, a)$ und jeder Ausgabebuchstabe $\lambda(q, a)$ dargestellt werden kann als die Summe

$$\delta(q, a) = \delta_1(q) + \delta_2(a) \quad \text{bzw.} \quad \lambda(q, a) = \lambda_1(q) + \lambda_2(a).$$

Die Projektion $\delta_1$ beschreibt den Anteil, den die Zustände selbst an der Überführungsfunktion $\delta$ haben, $\delta_2$ den des Inputs. Analog gilt das für $\lambda_1$ und $\lambda_2$.
Da $A, B$ und $Q$ bei einem linearen Automaten endlichdimensionale lineare Räume sind, können die linearen Funktionen $\delta_1, \delta_2, \lambda_1$ und $\lambda_2$ stets nach Wahl einer Basis in $A, B$ und $Q$ durch Matrizen dargestellt werden. Für einen linearen Automaten $(A, B, Q, \delta, \lambda)$ seien mit $\mathbf{A}$, $\mathbf{B}$, $\mathbf{C}$ und $\mathbf{D}$ die Matrizendarstellungen der Projektionen $\delta_1, \delta_2, \lambda_1$ und $\lambda_2$ bezüglich bestimmter gewählter Basen in $A, B$ und $Q$ bezeichnet. Gilt für die Dimensionen von $A, B$ und $Q$ $\dim A = m$,

$\dim B = p$, $\dim Q = n$, so haben die Matrizen **A**, **B**, **C** und **D** das Format

$$\text{form } \mathbf{A} = (n, n), \quad \text{form } \mathbf{B} = (n, m), \quad \text{form } \mathbf{C} = (p, n), \quad \text{form } \mathbf{D} = (p, m).$$

Kennt man die gewählte Basis in $A$, $B$ und $Q$, so ist mit den Matrizen **A**, **B**, **C** und **D** der zugehörige lineare Automat eindeutig gegeben. Von dieser Art der Darstellung eines linearen Automaten $(A, B, Q, \delta, \lambda)$ wird häufig Gebrauch gemacht, wobei dann immer davon ausgegangen wird, daß dafür gilt:

$$A = K^m, \quad B = K^p, \quad Q = K^n,$$

und daß in $A$, $B$ und $Q$ jeweils die Basis der Einheitsvektoren zugrundegelegt ist. Wir wollen hier auch im folgenden stets von dieser Art der Darstellung eines linearen Automaten ausgehen. Wird der lineare Automat $(A, B, Q, \delta, \lambda)$ in dieser Weise durch die Matrizen **A**, **B**, **C** und **D** dargestellt, so schreibt man für ihn auch symbolisch $[\mathbf{A}, \mathbf{B}, \mathbf{C}, \mathbf{D}]$.

## 11.2 Eigenschaften

Der folgende Satz zeigt uns, wie man im Falle eines linearen Automaten $(A, B, Q, \delta, \lambda) = [\mathbf{A}, \mathbf{B}, \mathbf{C}, \mathbf{D}]$ die Automatenabbildungen $\delta^*$ und $\lambda^*$ darstellen kann, die wir in 8.1 eingeführt haben.

**Satz:** Bei einem linearen Automaten $[\mathbf{A}, \mathbf{B}, \mathbf{C}, \mathbf{D}]$ gilt für die Abbildungen $\delta^*: Q \times A^* \to Q$ und $\lambda^*: Q \times A^* \to B^*$:

(1) $\bigwedge_{q \in Q} \bigwedge_{w \in A^*} \delta^*(q, w) = \mathbf{A}^n \mathbf{q} + \sum_{t=0}^{n-1} \mathbf{A}^{n-1-t} \mathbf{B} \mathbf{w}(t)$, wenn $w$ die Länge $n$ hat.

(2) $\bigwedge_{q \in Q} \bigwedge_{w \in A} \lambda^*(q, w)(n) = \mathbf{C}\mathbf{A}^n \mathbf{q} + \sum_{t=0}^{n-1} \mathbf{C}\mathbf{A}^{n-1-t} \mathbf{B} \mathbf{w}(t) + \mathbf{D}\mathbf{w}(n)$,
wenn $w$ die Länge $n + 1$ mit $n + 1 \geqq 2$ hat.

*Beweis:*

„(1)“: Hat $w$ die Länge 1, so gilt $\boldsymbol{\delta}^*(q, w) = \boldsymbol{\delta}(q, w(0)) = \mathbf{Aq} + \mathbf{Bw}(0)$, also die behauptete Form. Hat dagegen $w$ die Länge $n$ mit $n > 1$, so gilt $\boldsymbol{\delta}^*(q, w) = \boldsymbol{\delta}(\delta^*(q, w^{n-1}), w(n-1)) = \mathbf{A}\, \boldsymbol{\delta}^*(q, w^{n-1}) + \mathbf{B}\, \mathbf{w}(n-1)$. Indem wir in gleicher Weise nun $\boldsymbol{\delta}^*(q, w^{n-1})$ weiter zerlegen, gewinnen wir die behauptete Formel.

„(2)“: Hat $w$ die Länge $n + 1 = 2$, so gilt $\boldsymbol{\lambda}^*(q, w)(n) = \boldsymbol{\lambda}(\delta^*(q, w^1), w(1)) = \boldsymbol{\lambda}(\delta(q, w(0)), w(1)) = \mathbf{C}\, \boldsymbol{\delta}(q, w(0)) + \mathbf{Dw}(1) = \mathbf{CAq} + \mathbf{CBw}(0) + \mathbf{Dw}(1)$ in Übereinstimmung mit (2). Ist dagegen die Länge von $w$ größer als 2, also $n+1>2$ und daher auch $n>1$, so haben wir ähnlich wie vorher mit (1) $\lambda^*(q,w)(n)=\lambda(\delta^*(q,w^{n+1}),w(n))=\mathbf{C}\,\delta^*(q,w^{n+1})+\mathbf{Dw}(n)=$

$$\mathbf{CA}^n\mathbf{q}+\sum_{t=0}^{n-1}\mathbf{C}\,\mathbf{A}^{n-1-t}\mathbf{Bw}(t)+\mathbf{Dw}(n).$$

Mit der Formel (2) für $\lambda^*$ des angegebenen Satzes kann in übersichtlicher Weise das Input-Output Verhalten linearer Automaten studiert werden.
Fragen wir etwa nach dem Ausgabebuchstaben $\lambda^*(q,0^{n+1})(n)$ der bei Eingabe des Nullwortes $0^{n+1}$ der Länge $n+1$ im Zeittakt $n$ erzeugt wird, so bekommen wir für $n=0$ $\lambda^*(q,0^1)(0)=\lambda(q,0)=\mathbf{Cq}+\mathbf{D0}=\mathbf{Cq}$ und für $n>0$ mit (2) $\lambda^*(q,0^{n+1})(n)=\mathbf{CA}^n\mathbf{q}$.
Das Ausgabewort $\lambda^*(q,0^{n+1})$, das im Zustand $q$ als Antwort auf das Eingabewort $0^{n+1}$ $(n=0,1,2,\ldots)$ entsteht, ist also gegeben durch $\lambda^*(q,0^{n+1})(t)=\mathbf{CA}^t\mathbf{q}$ für $t=0,1,\ldots,n$.
Wir nennen $\lambda^*(q,0^{n+1})$ die **Nullinputantwort** der Länge $n+1$ des linearen Automaten im Zustand $q$.
Als nächstes betrachten wir die Ausgabe eines linearen Automaten, wenn dieser vom Nullzustand $q=0$ aus gestartet wird. Wir haben dann für ein Eingabewort $w$ der Länge 1 offenbar $\lambda^*(0,w)(0)=\lambda(0,w)(0)=\mathbf{C0}+\mathbf{Dw}(0)=\mathbf{Dw}(0)$.
Ist die Länge $n+1$ von $w$ größer als 1, so bekommen wir dafür mit (2) jetzt

$$\lambda^*(0,w)(n)=\sum_{t=0}^{n-1}\mathbf{C}\,\mathbf{A}^{n-1-t}\mathbf{Bw}(t)+\mathbf{Dw}(n).$$

Führen wir die Funktion $g:\{(t,\tau):t,\tau\in\mathbb{N}_0\wedge t\geqq\tau\}\rightarrow\{$Menge aller Matrizen über $K$ vom Format $(p,m)\}$ ein durch

$$g(t,\tau):=\begin{cases}\mathbf{D} & \text{wenn } t=\tau\\ \mathbf{C}\,\mathbf{A}^{t-\tau-1}\mathbf{B}, & \text{wenn } t>\tau,\end{cases}$$

so können wir für $\lambda^*(0,w)(t)$ für $t=0,1,\ldots,n$ auch schreiben

$$\lambda^*(0,w)(t)=\sum_{\tau=0}^{t}g(t,\tau)\mathbf{w}(\tau).$$

Damit haben wir aber einen übersichtlichen Ausdruck für die **Nullzustandsantwort** $\lambda^*(0,w)$ der Länge $n+1$ des linearen Automaten erhalten. Die von uns dazu eingeführte Funktion $g$ heißt die **Gewichtsfunktion** des linearen Automaten $[\mathbf{A},\mathbf{B},\mathbf{C},\mathbf{D}]$. Wie wir unmittelbar sehen, gibt ihr Wert $g(t,\tau)$ den Gewichtsfaktor, mit dem die Phase $(\tau,w(\tau))$ des Inputwortes $w$ zur Phase $(t,\lambda^*(0,w)(t))$ der Nullzustandsantwort $\lambda^*(0,w)$ beiträgt. Für den speziellen Fall, daß das Eingabewort $w=w(0)w(1)\ldots w(n)$ gegeben ist durch $w(0)=e_j$,

$w(1) = \ldots = w(n) = 0$ ($e_j$ bezeichnet den $j$'ten Basisvektor von $A$ der also bei unserer Darstellung als Spaltenvektor $e_j$ nur in der $j$'ten Koordinate 1 sonst überall 0 stehen hat), bekommen wir die Nullzustandsantwort in der Form

$$\lambda^*(0, w)(t) = g(t, 0)\mathbf{e}_j \quad (j = 1, 2, \ldots, m).$$

Die Matrixfunktion $h$: $\mathbb{N}_0 \rightarrow \{$Menge der Matrizen über $K$ vom Format $(p, m)\}$, die damit definiert werden kann durch $h(t) = [h(t)_{ij}]$ mit $h(t)_{ij} := g(t, 0)_{ij}$ für $i = 1, \ldots, p$; $j = 1, \ldots, m$, nennt man die **Impulsantwort** des linearen Automaten $[\mathbf{A}, \mathbf{B}, \mathbf{C}, \mathbf{D}]$.

Die Impulsantwort $h$ eines linearen Automaten kann experimentell leicht bestimmt werden: Für das spezielle „Impulswort" $w_j := e_j 0 \ldots 0$ der Länge $t$ ($j = 1, \ldots, m$; $t \in \mathbb{N}$) bekommen wir nämlich im Nullzustand $q = 0$ den Output $\lambda^*(0, w)(t) = ((h(t)_{1j}, h(t)_{2j}, \ldots, h(t)_{pj})$. Das Element $h(t)_{ij}$ der Matrix $h(t)$ gibt also genau die an der $i$'ten Koordinate des Ausgangs zur Zeit $t$ auftretende Reaktion auf das „Impulswort" $w_j$ an, wenn der lineare Automat vom Nullzustand aus „gestartet" ist. Wegen $h(t - \tau) = g(t, \tau)$ gilt des weiteren

$$\lambda^*(0, w)(t) = \sum_{\tau=0}^{t} h(t - \tau)\mathbf{w}(\tau).$$

Die in dieser Beziehung auftretende Summe stellt eine Faltungssumme dar; $\lambda^*(0, w)$ ist deshalb das Faltungsprodukt von $h$ und $w$ und wir schreiben dafür $\lambda^*(0, w) = h * w$. Die Nullzustandsantwort $\lambda^*(0, w)$ wird also durch Faltung der Impulsantwort $h$ mit dem Inputwort $w$ erzeugt.

Neben solchen grundsätzlichen Vorteilen für die Analyse des Verhaltens linearer Automaten ermöglicht die Linearität auch besondere Vorgehensweisen bei der Simulation, bei der Reduktion und bei Strukturuntersuchungen. Wir wollen kurz darauf eingehen.

Als erstes behandeln wir den Fall der Simulation eines linearen Automaten $M = (A, B, Q, \delta, \lambda) = [\mathbf{A}, \mathbf{B}, \mathbf{C}, \mathbf{D}]$ durch einen weiteren linearen Automaten $M' = (A', B', Q', \delta', \lambda') = [\mathbf{A}', \mathbf{B}', \mathbf{C}', \mathbf{D}']$. Wir schaffen uns dabei aber insoferne eine Vereinfachung, daß wir voraussetzen, daß $M$ und $M'$ der gleiche Körper $GF(p^k)$ zugrundeliegt und daß jeweils die Räume $A$ und $A'$ sowie $B$ und $B'$ gleich sind. Wir haben dann den folgenden speziellen Fall einer Simulation von $M$ durch $M'$:

**Definition:** Der lineare Automat $M = (A, B, Q, \delta, \lambda) = [\mathbf{A}, \mathbf{B}, \mathbf{C}, \mathbf{D}]$ wird von $M' = (A', B', Q', \delta', \lambda') = [\mathbf{A}', \mathbf{B}', \mathbf{C}', \mathbf{D}']$ über $(\alpha, \beta, \gamma)$ **zustandshomomorph** simuliert, wenn gilt:

(1) $\alpha = id_{\mathbf{A}}$,

(2) $\beta = id_{\mathbf{B}'}$,

(3) $\gamma: Q \to Q'$ ist linear.

Bei einer in diesem Sinne zustandshomomorphen Simulation von $M$ durch $M'$ besteht zwischen den zugehörigen Matrizen ein einfacher Zusammenhang. Es gilt:

**Satz:** Wird $M = [\mathbf{A}, \mathbf{B}, \mathbf{C}, \mathbf{D}]$ von $M' = [\mathbf{A}', \mathbf{B}', \mathbf{C}', \mathbf{D}']$ zustandshomomorph simuliert und ist $\mathbf{G}$ die Matrixdarstellung der zugehörigen Zustandscodierung $\gamma: Q \to Q'$, so gilt:

(1) $\mathbf{GA} = \mathbf{A}'\mathbf{G}$,

(2) $\mathbf{GB} = \mathbf{B}'$,

(3) $\mathbf{C} \quad = \mathbf{C}'\mathbf{G}$,

(4) $\mathbf{D} \quad = \mathbf{D}'$.

*Beweis:* Dies folgt direkt aus den bestehenden Simulationsbedingungen nach Abschnitt 8.3.
Die Beziehungen (1) bis (4) des Satzes drücken gleichzeitig aber auch die Forderungen aus, die bei einer zustandshomomorphen Simulation für die beteiligten Matrizen bestehen.
Ein besonders wichtiger Fall einer zustandshomomorphen Simulation ist dann gegeben, wenn auch die Zustandsräume $Q$ und $Q'$ gleich sind und dazu noch die Zustandscodierung $\gamma$ bijektiv ist. Dann ist die zugehörige Matrix $\mathbf{G}$ regulär. Wir können in diesem Fall die „Matrizengleichungen" (1) bis (4) des vorhergehenden Satzes leicht nach den „Unbekannten" $\mathbf{A}', \mathbf{B}', \mathbf{C}', \mathbf{D}'$ auflösen und erhalten

(1) $\mathbf{A}' = \mathbf{GAG}^{-1}$,

(2) $\mathbf{B}' = \mathbf{GB}$,

(3) $\mathbf{C}' = \mathbf{CG}^{-1}$,

(4) $\mathbf{D}' = \mathbf{D}$.

Wir sprechen in diesem Fall von einer **zustandsisomorphen** Simulation von $M$ durch $M'$. Wir nennen dann auch $M'$ **isomorph** zu $M$, oder, da $\mathbf{A} \mapsto \mathbf{GAG}^{-1}$ eine Ähnlichkeitstransformation von $\mathbf{A}$ darstellt, auch **ähnlich** zu $M$. Die damit erreichte Isomorphie von $M$ und $M'$ kann aber auch einfach als ein Basiswechsel im Zustandsraum $Q$ aufgefaßt werden.
Als nächstes soll noch die Konstruktion des Quotientenautomaten $M/\sim$ eines linearen Automaten $M$ behandelt werden.
Nach Abschnitt 8.5 ist die Zustandsäquivalenz $\sim$ definiert durch $q \sim \bar{q} :\Leftrightarrow$

$\lambda^*(q, w) = \lambda^*(\bar{q}, w)$ für alle $w \in A^*$. Wegen $\lambda^*(q, w) = \lambda^*(q, 0^t) + \lambda^*(0, w)$ und $\lambda^*(\bar{q}, w) = \lambda^*(\bar{q}, 0^t) + \lambda^*(0, w)$ für alle Wörter der Länge $t$ ist dies gleichbedeutend mit $q \sim \bar{q} :\Leftrightarrow \lambda^*(q, 0^t) = \lambda^*(\bar{q}, 0^t)$, oder $q \sim \bar{q} :\Leftrightarrow \lambda^*(q - \bar{q}, 0^t) = 0$ für alle $t$. Für die Feststellung der Zustandsäquivalenz ist also das Nullinput-Verhalten des linearen Automaten maßgeblich. Definieren wir für $t \in \mathbb{N}$ die Abbildung $\partial_t : Q \to Q : q \mapsto \partial_t(q) := \lambda^*(q - \bar{q}, 0^t)$, so können wir auch sagen: $q \sim \bar{q}$ gilt genau dann, wenn für alle $t \in \mathbb{N}$ $q - \bar{q}$ im Kern $\ker \partial_t := \{\bar{\bar{q}} : \bar{\bar{q}} \in Q \wedge \partial_t(\bar{\bar{q}}) = 0\}$ von $\partial_t$ liegt. Definieren wir $K_\infty$ durch $K_\infty := \bigcap_{t \in \mathbb{N}} \ker \partial_t$, so ist dies gleichbedeutend mit $q - \bar{q} \in K_\infty$.

Mit $\ker \partial_t$, $t \in \mathbb{N}$, ist auch $K_\infty$ ein Unterraum von $Q$. Die Aussage $q - \bar{q} \in K_\infty$ ist also gleichbedeutend damit, daß $q$ und $\bar{q}$ in der gleichen Nebenklasse der Zerlegung $\{K_\infty + q : q \in Q\}$ von $Q$ nach $K_\infty$ liegen. Wir sehen damit, daß bei einem linearen Automaten $Q/\sim$ genau durch den Quotientenraum $Q/K_\infty$ von $Q$ nach $K_\infty$ gegeben ist. In unseren bisherigen Überlegungen ist noch nicht zu sehen, wie $K_\infty$ in endlich vielen Schritten bestimmt werden kann. Der folgende Satz verhilft uns dazu.

**Satz:** $K_\infty = \bigcap_{t=1}^{n} \ker \partial_t$

*Beweis:* Wir betrachten die Folge $K_1, K_2, \ldots, K_n, K_{n+1}, \ldots$ der Räume $K_t := \ker \partial_1 \cap \ldots \cap \ker \partial_t$. Die zugehörigen Dimensionen seien mit $n_1, n_2, \ldots, n_n, n_{n+1} \ldots$ bezeichnet. Offenbar gilt dann $n_1 \geqq n_2 \geqq \ldots \geqq n_n \geqq n_{n+1} \geqq \ldots$. Da $K_t = \ker [\tilde{\mathbf{C}} | \tilde{\mathbf{C}}\tilde{\mathbf{A}} | \ldots | \tilde{\mathbf{C}}\tilde{\mathbf{A}}^{t-1}]$ gilt ($\tilde{}$ bedeutet die Transponierung), folgt aus $K_{t+1} = K_t$, daß für alle $m \in \mathbb{N}$ folgt $K_{t+m} = K_t$.

Die Kette $n_1, n_2, \ldots$ der Dimensionen der Räume $K_1, K_2, \ldots$ ist also von Beginn weg echt monoton fallend und von einem gewissen Index an konstant. Da $\dim Q = n$ ist, kann für den Anfang der Kette nur $n \geqq n_1$ gelten. Es gilt daher auf jeden Fall $K_{n+m} = K_n$ für alle $m \in \mathbb{N}$. Wir sehen damit, daß der Satz gilt.

Wir sind nun in der Lage, die Zustandsäquivalenz $\sim$ eines linearen Automaten in maximal $n$ Schritten zu berechnen. Die einzelnen dabei zu bestimmenden Kerne $K_t$ können jeweils als Kerne der Matrizen $\mathbf{D}_t = [\tilde{\mathbf{C}} | \tilde{\mathbf{C}}\tilde{\mathbf{A}} | \ldots | \tilde{\mathbf{C}}\tilde{\mathbf{A}}^{t-1}]$ gewonnen werden. Ist $K_n$ ein echter Unterraum von $K_{n-1}$ so ist nach vorher $\dim K_n = 0$ und der zugehörige lineare Automat ist reduziert. Die zugehörige „Diagnose-Matrix" $\mathbf{D}_n = [\tilde{\mathbf{C}} | \tilde{\mathbf{C}}\tilde{\mathbf{A}} | \ldots | \tilde{\mathbf{C}}\tilde{\mathbf{A}}^{n-1}]$ hat dann genau Rang $n$.

Nach diesen Überlegungen können wir den Quotientenautomaten eines linearen Automaten konstruieren. Sei also $M = (A, B, Q, \delta, \lambda) = [\mathbf{A}, \mathbf{B}, \mathbf{C}, \mathbf{D}]$ der gegebene lineare Automat und $\dim Q = n$. Es gilt dann die folgende Aussage:

**Satz:** Der Quotientenautomat $M/\sim\, = (A, B, Q/\sim, \delta/\sim, \lambda/\sim)$ von $M$ ist gegeben durch

(1) $Q/\sim$ ist der Quotientenraum $Q/K_n$, wobei $K_n$ der Kern der Matrix $\mathbf{D}_n := [\tilde{\mathbf{C}} \mid \tilde{\mathbf{C}}\tilde{\mathbf{A}} \mid \ldots \mid \tilde{\mathbf{C}}\tilde{\mathbf{A}}^{n-1}]$ ist.

(2) $\delta/\sim : Q/\sim \times A \to Q/\sim : ([q], a) \mapsto \delta/\sim ([q], a) := [0] + \delta(q, a)$.

(3) $\lambda/\sim : Q/\sim \times A \to B : ([q], a) \mapsto \lambda/\sim ([q], a) := \lambda(q, a)$.

Man überzeugt sich leicht, daß des weiteren gilt:

**Satz:** Der Quotientenautomat $M/\sim$ eines linearen Automaten ist linear.

Schließlich interessiert uns noch, wie man zu $M = [\mathbf{A}, \mathbf{B}, \mathbf{C}, \mathbf{D}]$ die Matrizendarstellung $M/\sim = [\mathbf{A}', \mathbf{B}', \mathbf{C}', \mathbf{D}']$ des Quotientenautomaten bekommt.
Die Zustandscodierung $\gamma : Q \to Q/\sim : q \mapsto [q]$ von $M$ zu $M/\sim$ ist offenbar linear, so daß $M$ von $M/\sim$ zustandshomomorph simuliert wird. Damit besteht zwischen den Matrizen $\mathbf{A}, \mathbf{B}, \mathbf{C}, \mathbf{D}$ und $\mathbf{G}$ (der Matrixdarstellung von $\gamma$) und den zu bestimmenden Matrizen $\mathbf{A}', \mathbf{B}', \mathbf{C}', \mathbf{D}'$ nach vorher die Beziehung $\mathbf{GA} = \mathbf{A}'\mathbf{G}$, $\mathbf{GB} = \mathbf{B}'$, $\mathbf{C} = \mathbf{C}'\mathbf{G}$, $\mathbf{D} = \mathbf{D}'$.
Bezeichnet $\mathbf{F}$ eine rechtsinverse Matrix von $\mathbf{G}$, so gilt damit $\mathbf{A}' = \mathbf{GAF}$, $\mathbf{B}' = \mathbf{GB}$, $\mathbf{C}' = \mathbf{CF}$, $\mathbf{D}' = \mathbf{D}$, womit die Matrixdarstellung von $M/\sim$ konstruiert ist.

**Beispiel** (Kohavi): $M = [\mathbf{A}, \mathbf{B}, \mathbf{C}, \mathbf{D}]$ sei über $GF(2)$ gegeben durch

$$\mathbf{A} = \begin{bmatrix} 0 & 1 & 0 \\ 1 & 0 & 0 \\ 0 & 1 & 1 \end{bmatrix}, \quad \mathbf{B} = \begin{bmatrix} 1 \\ 1 \\ 1 \end{bmatrix}, \quad \mathbf{C} = [1 \quad 0 \quad 0], \quad \mathbf{D} = [1].$$

Es ist hier $n = 3$ und $\mathbf{D}_3 = [\tilde{\mathbf{C}} \mid \tilde{\mathbf{C}}\tilde{\mathbf{A}} \mid \tilde{\mathbf{C}}\tilde{\mathbf{A}}^2] = \begin{bmatrix} 1 & 0 & 1 \\ 0 & 1 & 0 \\ 0 & 0 & 0 \end{bmatrix}$.

Wir sehen, daß $rg\ \mathbf{D}_3 = 2$ gilt und damit $\dim K_3 = 1$.
$M$ ist also reduzierbar. $\mathbf{G}$ kann aus den ersten beiden Spalten von $\mathbf{D}_3$ gebildet werden.

$$\mathbf{G} = \begin{bmatrix} 1 & 0 & 0 \\ 0 & 1 & 0 \end{bmatrix}.$$

Es ist dann

$$\mathbf{F} = \begin{bmatrix} 1 & 0 \\ 0 & 1 \\ 0 & 0 \end{bmatrix}, \quad \text{und}$$

$$\mathbf{A}' = \mathbf{GAF} = \begin{bmatrix} 0 & 1 \\ 1 & 0 \end{bmatrix}, \quad \mathbf{B}' = \mathbf{GB} = \begin{bmatrix} 1 \\ 1 \end{bmatrix},$$

$$\mathbf{C}' = \mathbf{CF} = [1 \quad 0], \quad \mathbf{D}' = \mathbf{D} = [1].$$

## 11.3 Lineare Schaltwerke

Wir haben bereits einleitend erwähnt, daß ein besonders wichtiges Anwendungsgebiet linearer Automaten bei der Erzeugung von Rauschsignalen und bei Codierschaltungen liegt. Die heutige Technologie, die Bausteine mit zwei möglichen Zuständen („EIN“ und „AUS“) bevorzugt, stützt sich natürlich überwiegend auf lineare Schaltwerke, also lineare Automaten über dem Körper $GF(2)$. Die technische Realisierung kann dann in der schon früher besprochenen Art mit Hilfe der schaltalgebraischen Operationen erfolgen. Die Addition in $GF(2)$ (Addition modulo 2) entspricht schaltalgebraisch dem „EXKLUSIVEN ODER“ $\oplus$, die Multiplikation in $GF(2)$ der UND-Verknüpfung.
Bei der Herstellung eines systemtheoretischen Entwurfs einer realen (etwa elektronischen) Input-Output Maschine unter Zuhilfenahme eines linearen Automaten sind meistens die Basisvektoren des Eingabe- und Ausgabealphabetes bereits von vornherein fest bestimmt, d. h. nicht mehr frei wählbar. Die Koordinaten der Basisvektoren sind nämlich oft durch die bereits genau spezifizierte Qualität und Quantität der Ein- bzw. Ausgänge festgelegt (etwa durch die Angabe, wo überall elektrische Kontaktstellen für Ein- und Ausgänge sein müssen). Die Wahl der Basis der Zustandsmenge $Q$ ist aber meistens noch möglich. Ihre Wahl kann nach verschiedenen Kriterien erfolgen, etwa danach, daß die einzelnen Koordinaten eine Aussage über gewisse wichtige Grundeigenschaften zu liefern vermögen oder daß die „Schaltungsstruktur“ zur Realisierung der Abbildungen $\delta$ und $\lambda$ einfacher ist. Im Falle der linearen Schaltwerke wollen wir ein Kriterium der zweiten Art berücksichtigen.

**Definition:** Eine Darstellung $[\mathbf{A}, \mathbf{B}, \mathbf{C}, \mathbf{D}]$ eines linearen Schaltwerkes $(A, B, Q, \delta, \lambda)$ heißt eine **Schieberegisterdarstellung**, wenn die Matrix $\mathbf{A}$ Blockdiagonalform hat, wobei die einzelnen Diagonalblöcke von Begleitform sind.

Schieberegisterdarstellungen haben eine einfache Schaltungsstruktur. Es sei also $[\mathbf{A}, \mathbf{B}, \mathbf{C}, \mathbf{D}]$ eine Schieberegisterdarstellung des linearen Automaten $(A, B, Q, \delta, \lambda)$. Die Matrix $\mathbf{A}$ habe in der Diagonale $k$ Blöcke $\mathbf{A}_1, \mathbf{A}_2, \ldots, \mathbf{A}_k$ (wir schreiben dann auch $\mathbf{A} = \mathbf{diag}(\mathbf{A}_1, \mathbf{A}_2, \ldots, \mathbf{A}_k)$) mit den jeweiligen Zeilenzahlen $n_1, n_2, \ldots, n_k$ (es ist dann $n = n_1 + n_2 + \ldots + n_k$).

Wegen der Blockdiagonalität von **A** ist dann gesichert, daß die zu den einzelnen Blöcken gehörigen Zustandskoordinaten voneinander entkoppelt sind. Dies ist der erste strukturelle Vorteil, der bei einer solchen Darstellung eines linearen Automaten auftritt. Da jeder Block $\mathbf{A}_j (j=1, \ldots, k)$ Begleitform hat, also von der Form

$$\mathbf{A}_j = \begin{bmatrix} 0 & 1 & 0 & . & . & . & 0 \\ 0 & 0 & 1 & . & . & . & 0 \\ & & & & & & \\ 0 & 0 & 0 & . & . & . & 1 \\ \alpha_1 & \alpha_2 & \alpha_3 & . & . & . & \alpha_k \end{bmatrix}$$

ist, läßt sich der „autonome Anteil“ $\delta_1$ der Überführungsfunktion $\delta$ einfach ausdrücken. Bezeichnen wir mit $q_{j1}, q_{j2}, \ldots, q_{jk}$ die zum Block $\mathbf{A}_j$ gehörigen Werte der Koordinaten des Zustandes $q$, so haben wir wegen $\boldsymbol{\delta}_1(q) = \mathbf{Aq}$ dafür

$$\begin{aligned} (\delta(q))_{j1} &= q_{j2} \\ (\delta(q))_{j2} &= q_{j3} \\ &\vdots \\ (\delta(q))_{jk-1} &= q_{jk} \\ (\delta(q))_{jk} &= \alpha_1 q_{j1} + \alpha_2 q_{j2} + \ldots + \alpha_k q_{jk} \end{aligned}$$

Wir sehen daraus, daß hier der Wert $q_{ji}$ der $ji$'ten Koordinate $(i=1, \ldots, k-1)$ des Zustandes zur Zeit $t+1$ $(t=0, 1, 2, \ldots)$ gleich dem Wert $q_{j(i+1)}$ der $j(i+1)$-ten Koordinate zur Zeit $t$ ist. Der Wert $q_{jk}$ der $jk$'ten Koordinate des Zustandes $q$ zur Zeit $t+1$ ergibt sich aus einer Linearkombination aller Werte der Koordinaten des Zustandes zur Zeit $t$. Diese damit festgelegte Operation läßt sich in der heutigen Technologie durch ein linear rückgekoppeltes Schieberegister leicht realisieren. Dies ist der zweite strukturelle Vorteil einer Schieberegisterdarstellung eines linearen Automaten. Das folgende Beispiel soll zum besseren Verständnis dienen.

**Beispiel 1:** Die Matrix **A** einer Schieberegisterdarstellung [**A**, **B**, **C**, **D**] eines linearen Automaten sei gegeben durch

$$\mathbf{A} = \mathbf{diag}\,(\mathbf{A}_1, \mathbf{A}_2) \quad \text{mit}$$

$$\mathbf{A}_1 = \begin{bmatrix} 0 & 1 \\ 1 & 0 \end{bmatrix} \quad \text{und} \quad \mathbf{A}_2 = \begin{bmatrix} 0 & 1 & 0 \\ 0 & 0 & 1 \\ 1 & 0 & 1 \end{bmatrix}$$

Wir haben dann

$$\delta_1(q) = \mathbf{A}\,\mathbf{q} = \begin{bmatrix} 0 & 1 & 0 & 0 & 0 \\ 1 & 0 & 0 & 0 & 0 \\ 0 & 0 & 0 & 1 & 0 \\ 0 & 0 & 0 & 0 & 1 \\ 0 & 0 & 1 & 0 & 1 \end{bmatrix} \begin{bmatrix} q_1 \\ q_2 \\ q_3 \\ q_4 \\ q_5 \end{bmatrix}$$

Die damit gegebene Zustandsentkopplung ist in Abbildung 22 angedeutet. Abbildung 23 zeigt zwei linear rückgekoppelte Schieberegister, die $\delta_1$ realisieren.

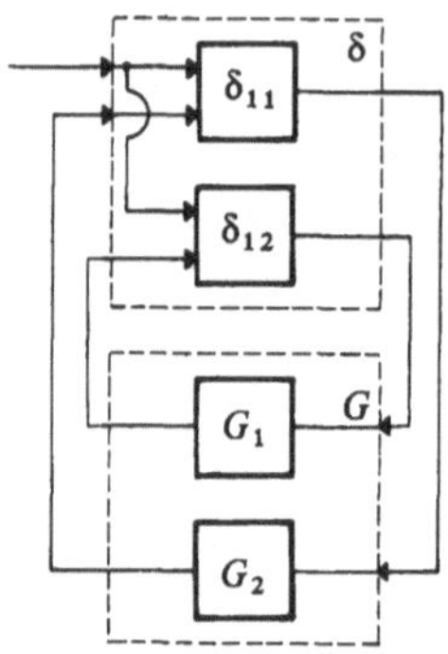


Abb. 22. Zustandsentkopplung im $\delta$-Schaltnetz der Schieberegisterdarstellung von Beispiel 1

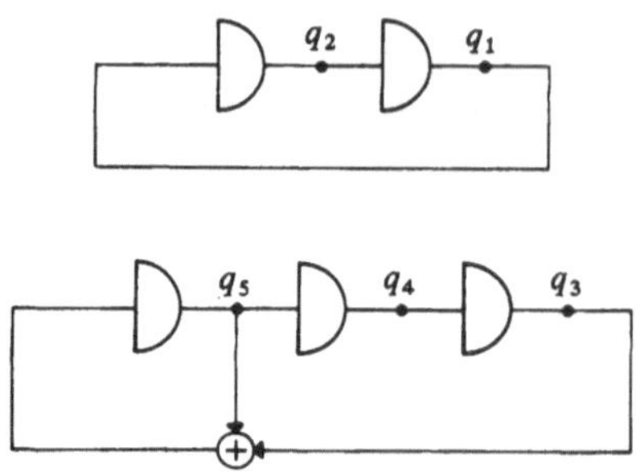


Abb. 23. Realisierung von $\delta_1$ des Beispieles 1 durch linear rückgekoppelte Schieberegister

Die spezielle Form der Matrix **A** in einer Schieberegisterdarstellung heißt in der Mathematik die **rational kanonische Form.** Es ist eine Tatsache, daß jede quadratische Matrix über $GF(p^k)$ durch Ähnlichkeitstransformation in die rational kanonische Form gebracht werden kann. Wie wir gesehen haben, erzeugt ein Basiswechsel im Zustandsraum gerade eine Ähnlichkeitstransformation der Matrix **A**. Die „Dynamikmatrix" **A** eines linearen Automaten kann also stets durch Übergang zu einer geeigneten Basis des Zustandsraumes $Q$ auf rational kanonische Form gebracht werden. Es gilt damit der folgende Satz:

**Satz:** Zu jedem linearen Automaten $M = [\mathbf{A}, \mathbf{B}, \mathbf{C}, \mathbf{D}]$ kann eine Schieberegisterrealisierung $M' = [\mathbf{A}', \mathbf{B}', \mathbf{C}', \mathbf{D}']$ gefunden werden, die diesen zustandsisomorph simuliert.

Mit diesem Satz ist damit auch eine zustandsentkoppelte Zerlegung eines linearen Automaten gefunden.

Für die tatsächliche Konstruktion der so zu einem linearen Automaten zugehörigen Schieberegisterrealisierung verweisen wir auf die einschlägigen Lehrbücher über Lineare Algebra.

## 11.4 Maximalperiodische Schieberegister

Von den Schieberegisterdarstellungen linearer Automaten verdienen einige, die die Eigenschaft „maximal periodisch" haben, besondere Aufmerksamkeit. Sie bilden ein theoretisches Grundkonzept für die Erzeugung von rauschähnlichen Signalen, und sie eignen sich auch gut für Codierschaltungen. Daneben kann mit ihnen demonstriert werden, wie die Verfolgung spezieller systemtheoretischer Fragestellungen zwangsweise die Betrachtung spezieller mathematischer Strukturen erfordert. Man kommt in ihrem Fall zu speziellen Themen der Algebra (Zyklotomische Polynome, Darstellungstheorie endlicher Gruppen) und der Zahlentheorie (Mersenne Primzahlen, Euler'sche $\phi$-Funktion, Möbius $\mu$-Funktion, Legendre Folgen). Wir können hier nicht die Theorie in Einzelheiten verfolgen. Unser Bemühen gilt deshalb nur der Darstellung der grundsätzlichen Konstruktion und einiger wichtigen Ergebnisse.
Wir haben schon vorher die Bausteine, die technisch den Teil einer Schieberegisterdarstellung $[\mathbf{A}, \mathbf{B}, \mathbf{C}, \mathbf{D}]$ realisieren, für den die Matrix $\mathbf{A}$ allein verantwortlich ist, linear rückgekoppelte Schieberegister genannt. Diese Bezeichnung wird nun auch in mehr formaler Weise verwendet.

**Definition:** Eine Schieberegisterdarstellung $[\mathbf{A}, \mathbf{B}, \mathbf{C}, \mathbf{D}]$ eines linearen Automaten $(A, B, Q, \delta, \lambda)$ der speziellen Art

(1) $\mathbf{A}$ hat Begleitform, also

$$\mathbf{A} = \begin{bmatrix} 0 & 1 & 0 & . & . & . & 0 \\ 0 & 0 & 1 & & & & 0 \\ \vdots & & & & & & \vdots \\ 0 & & & & & & 1 \\ 1 & \alpha_1 & . & . & . & . & \alpha_{n-1} \end{bmatrix}$$

(2) $\mathbf{B}, \mathbf{C}, \mathbf{D}$ sind Nullmatrizen,

heißt ein **(lineares, rückgekoppeltes) Schieberegister** der Länge $n$.
Ein Schieberegister stellt nach dieser Definition einen linearen Automaten dar, bei dem die Zustandsüberführung $\delta$ gänzlich durch den autonomen Anteil $\delta_1$ bestimmt ist und dessen Ausgabefunktion die Nullfunktion ist.

Die spezielle Form der Matrix $\mathbf{A}$ bei einem Schieberegister der Länge $n$ sichert, daß ein solches technisch durch den Baustein „linear rückgekoppeltes Schieberegister der Länge $n$" realisiert werden kann. Die Wahl $\alpha_0 = 1$ zeigt, daß dabei über die ganze Länge von $n$ Verzögerungseinheiten rückgekoppelt wird.
Als Symbol für ein Schieberegister der Länge $n$ wählen wir $(1\alpha_1 \ldots \alpha_{n-1})$.
Jeder Zustand $q \in Q$ eines Schieberegisters erzeugt eine zugehörige Trajektorie $z_q$, die gegeben ist durch

$$z_q : \mathbb{N}_0 \to Q : t \mapsto z_q(t) := \delta^*(q, 0^t)$$

(da $\delta$ hier vom Input unabhängig ist, können wir jeden beliebigen Input zur Angabe von $\delta^*$, also auch den Nullinput $0^t$ verwenden). Die Matrixdarstellung von $z_q$ ist offenbar gegeben durch

$$\mathbf{z}_q : \mathbb{N}_0 \to K^n : t \mapsto \mathbf{z}_q(t) = \mathbf{A}^t \mathbf{q}\,.$$

Über die Art der Trajektorien eines Schieberegisters gibt der folgende Satz Auskunft.

**Satz:** Für jede Trajektorie $z_q$ eines Schieberegisters $(1\alpha_1 \ldots \alpha_{n-1})$ der Länge $n$ gilt

$$\bigvee_{p \in \mathbb{N}} z_q(p) = q \wedge p \leqq 2^n - 1\,.$$

*Beweis:* Die Überführungsfunktion $\delta$ ist wegen Det $\mathbf{A} = 1$ bijektiv. Jeder von der Trajektorie $z_q$ erreichte Zustand hat damit einen eindeutigen Vorgänger. Da die Zustandsmenge $Q$ endlich ist, muß deshalb von $z_q$ nach endlich vielen Schritten $p$ der Startzustand $z_q(0) = q$ wieder erreicht werden. Für $q = 0$ haben wir $p = 1$. Da gilt $card\,Q = 2^n$, muß für jedes $z_q$ der Zustand $q$ innerhalb von $2^n$ Takten erreicht werden. Es gilt also $p \leqq 2^n$. Da aber der Zustand 0 nur von 0 selbst erreicht wird, kann diese Abschätzung zu $p \leqq 2^n - 1$ verschärft werden.

Eine unmittelbare Folgerung aus diesem Satz ist:

**Korollar:**
(1) Jede Trajektorie $z_q$ eines Schieberegisters $(1\alpha_1 \ldots \alpha_{n-1})$ ist periodisch.
(2) Für die (primitive) Periodenlänge $p$ gilt dabei $p \leqq 2^n - 1$.

Von besonderem Interesse sind Schieberegister mit möglichst großer Periodenlänge $p$. Wir definieren:

**Definition:** Ein Schieberegister $(1\alpha_1 \ldots \alpha_{n-1})$ der Länge $n$ heißt **maximal periodisch**, wenn jede Trajektorie die Periodenlänge $p = 2^n - 1$ hat.

Es ergibt sich sofort die Frage nach der Existenz und anschließend nach der

Konstruktion maximalperiodischer Schieberegister. Ohne Beweis seien dazu zwei Sätze angegeben. Für ein genaues Studium verweisen wir auf das Buch von *Golomb* [GOL 1].

**Satz:** Ein Schieberegister $(1\alpha_1 \ldots \alpha_n)$ ist genau dann maximalperiodisch, wenn dafür gilt

(1) $x^n + \alpha_1 x^{n-1} + \ldots + \alpha_{n-1} x + 1$ ist irreduzibel.

(2) $x^n + \alpha_1 x^{n-1} + \ldots + \alpha_{n-1} x + 1$ teilt $x^k - 1$ $(k = 1, 2, \ldots, 2^n - 1)$ nicht.

Bemerkung: Ist $2^n - 1$ eine Primzahl (= Mersenne Primzahl), so ist im obigen Satz die Bedingung (1) ausreichend.
Des weiteren gilt:

**Satz:** Die Zahl $\lambda(n)$ der maximalperiodischen Schieberegister der Länge $n$ errechnet sich durch

$$\lambda(n) = \phi(2^n - 1)/n,$$

wobei $\phi$ die Euler'sche $\phi$-Funktion bedeutet.
Für die effektive Berechnung maximalperiodischer Schieberegister sind eine Reihe von Methoden entwickelt worden. Die Ergebnisse sind in Tabellen festgehalten. Tabelle 1 zeigt alle maximalperiodischen Schieberegister der Länge 2 bis 6

| $n$ | $2^n - 1$ | $\lambda(n)$ | $(1\alpha_1 \ldots \alpha_{n-1})$ |
|---|---|---|---|
| 2 | 3 | 1 | (11) |
| 3 | 7 | 2 | (101), (110) |
| 4 | 15 | 2 | (1001), (1100) |
| 5 | 31 | 6 | (10010), (11011) |
| | | | (10100), (11101) |
| | | | (10111), (11110) |
| 6 | 63 | 6 | (100001), (110011) |
| | | | (101101), (110110) |
| | | | (110000), (111001) |

Tabelle 1. Maximalperiodische Schieberegister der Längen 2–6

## 11.5 Erzeugung von Pseudo-Rauschen

Wir wollen nun in knapper Form ein wichtiges Anwendungsgebiet maximalperiodischer Schieberegister kennenlernen. Es handelt sich dabei um die Erzeugung von Folgen, die zur Simulation des weißen Rauschens dienen können. Eine solche ist bei verschiedenen Anwendungen gefragt, z. B. in der Radartechnik oder bei Monte Carlo-Methoden.

**Definition:** Eine Folge $a_0 a_1 a_2 \dots$ mit $a_i \in \{+1, -1\}$ heißt eine **Pseudo-Rauschfolge** (nach Golomb), wenn dafür gilt:

(1) $a_0 a_1 a_2 \dots$ ist periodisch mit Periodenlänge $p$;

(2) die Autokorrelationsfunktion $C$ von $a_0 a_1 a_2 \dots$, welche definiert ist durch

$$C(\tau) := \frac{1}{p} \sum_{i=0}^{p-1} a_i a_{i+\tau},$$

ist gegeben durch

$$C(\tau) = \begin{cases} 1 & \text{für} \quad \tau = 0, \\ \text{const} & \text{für} \quad 0 < \tau \leqq p. \end{cases}$$

Die Beziehung der Trajektorien von Schieberegistern zu den Pseudo-Rauschfolgen behandelt der folgende Satz (für einen Beweis siehe *Golomb* [GOL 1]):

**Satz:** Bei einem maximalperiodischem Schieberegister $(1 \alpha_1 \dots \alpha_{n-1})$ ist für jeden beliebigen Zustand $q$ mit der zugehörigen Trajektorie $z_q$ für jedes $i = 1, \dots, n$ durch

$$a_t := (-1)^{(z_q(t))_i}$$

eine Pseudo-Rauschfolge gegeben.

Nach erfolgter Codierung $0 \mapsto +1$ und $1 \mapsto -1$ bilden also die Koordinaten der Trajektorien von maximalperiodischen Schieberegistern Pseudo-Rauschfolgen. Wir wollen diese Tatsache an einem Beispiel demonstrieren.

**Beispiel 2:** Aus der Tabelle wählen wir für $n = 4$ das Schieberegister (1001) aus. Die zugehörige Matrix $\mathbf{A}$ hat damit das Aussehen

$$\mathbf{A} = \begin{bmatrix} 0 & 1 & 0 & 0 \\ 0 & 0 & 1 & 0 \\ 0 & 0 & 0 & 1 \\ 1 & 0 & 0 & 1 \end{bmatrix},$$

und die Zustandsüberführung $\mathbf{q} \mapsto \mathbf{q}^* := \mathbf{A}\,\mathbf{q}$ ist koordinatenweise damit gegeben durch

$$q_1^* = q_2, \quad q_2^* = q_3, \quad q_3^* = q_4, \quad q_4^* = q_1 \oplus q_4.$$

Die zugehörige Schaltung des Schieberegisters sieht damit so aus:

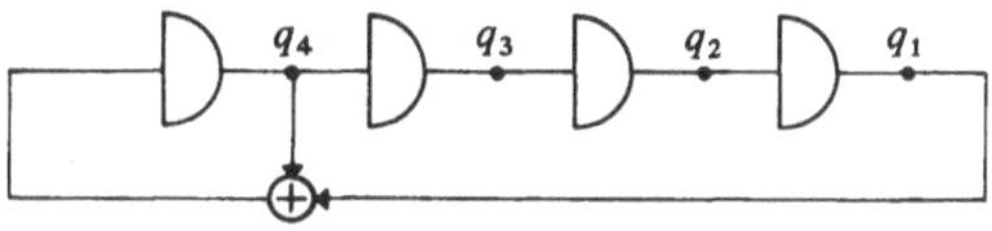


Für den Anfangszustand $q = (1010)$ ergibt sich, wie man unmittelbar ausrechnet, folgender Verlauf der zugehörigen Trajektorie $z_q$:

| $z_q$ | 0 | 1 | 2 | 3 | 4 | 5 | 6 | 7 | 8 | 9 | 10 | 11 | 12 | 13 | 14 | 15 | 16....... |
|---|---|---|---|---|---|---|---|---|---|---|---|---|---|---|---|---|---|
| $q_1$ | 1 | 0 | 1 | 0 | 1 | 1 | 0 | 0 | 1 | 0 | 0 | 0 | 1 | 1 | 1 | 1 | 0 |
| $q_2$ | 0 | 1 | 0 | 1 | 1 | 0 | 0 | 1 | 0 | 0 | 0 | 1 | 1 | 1 | 1 | 0 | 1 |
| $q_3$ | 1 | 0 | 1 | 1 | 0 | 0 | 1 | 0 | 0 | 0 | 1 | 1 | 1 | 1 | 0 | 1 | 0 |
| $q_4$ | 0 | 1 | 1 | 0 | 0 | 1 | 0 | 0 | 0 | 1 | 1 | 1 | 1 | 0 | 1 | 0 | 1 |

Wir sehen, daß die Periode $p$ dieser Trajektorie erwartungsgemäß die Länge $p = 2^4 - 1 = 15$ hat. Da innerhalb der gezeichneten 15 Takte mit Ausnahme des Nullzustandes 0 jeder Zustand des Schieberegisters erreicht wird, können wir aus dieser Tabelle tatsächlich den Verlauf aller möglichen Trajektorien ablesen.

Um den Zusammenhang zu den Pseudo-Rauschfolgen zu demonstrieren, wählen wir die 2. Koordinate der gezeichneten Trajektorie aus und erhalten dafür nach Codierung $0 \mapsto +1$ und $1 \mapsto -1$ die Folge

$$1 \quad -1 \quad 1 \quad -1 \quad -1 \quad 1 \quad 1 \quad -1 \quad 1 \quad 1 \quad 1 \quad -1 \quad -1 \quad -1 \quad -1 \qquad 1 \quad -1 \ldots.$$

Die Autokorrelationsfunktion $C$ dieser Folge ergibt sich zu $C(\tau) = 1$ für $\tau = 0$ und $C(\tau) = -1/15$ für $0 < \tau \leqq 15$. Es handelt sich somit, wie im Satz behauptet, um eine Pseudo-Rauschfolge.

## 11.6 Anwendung bei Codierschaltungen

Als weiteres Anwendungsgebiet von Schieberegistern sei das der Codierschaltungen erwähnt. Wir beginnen mit der Erörterung der Stellung der Codierung im Rahmen einer Nachrichtenkette. Anschließend wird, aufbauend auf dem vorhergehenden Abschnitt, die Erzeugung zweier Blockcodes besprochen. Zum Abschluß erwähnen wir das Konzept der Faltungscodes und deren Realisierung durch vorwärtsgekoppelte Schieberegister. Uns interessiert hier stets nur das

zugrundeliegende automatentheoretische Konzept. Auf codierungstheoretische Überlegungen wird also nicht eingegangen.
Jede Teilmenge $B$ von $\mathbb{B}^m$ nennen wir einen **binären Blockcode** der Länge $m$. Ist in $B$ eine Addition $+: B \times B \rightarrow B$ definiert, so daß $(B, +)$ eine Gruppe darstellt, so heißt $(B, +)$ ein Gruppencode der Länge $m$. Jedes Element $b \in B$ nennen wir ein **Codewort.**
Es bezeichne $A$ eine endliche Menge, die wir das **Alphabet** nennen. Jede bijektive Abbildung $\mathrm{cod}: A \rightarrow B$ von $A$ in einen binären Blockcode $B$ nennen wir eine **(binäre) Codierung** von $A$. Jede Abbildung $\mathrm{decod}: \mathbb{B}^m \rightarrow A$ von $\mathbb{B}^m$ in $A$ mit der Eigenschaft $\mathrm{decod} \mid B = \mathrm{cod}^{-1}$ nennen wir eine zu cod zugehörige (binäre) **Decodierung**. Codierungen und Decodierungen haben in einer Nachrichtenkette folgende grundsätzliche Aufgabe (vgl. mit Abbildung 24):

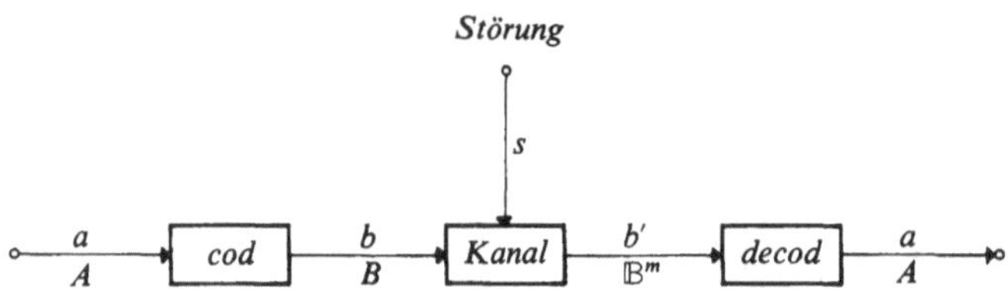


Abb. 24. Nachrichtenkette

Wörter des Alphabetes $A$ sollen über einen „binären" Kanal übertragen werden. Dazu ist einmal erforderlich, daß das Alphabet $A$ am Eingang des Kanals in ein binäres Alphabet übersetzt wird. Am Ausgang des Kanals sorgt der Decodierer decod für die Rückübersetzung. Da jedoch davon ausgegangen wird, daß Störungen im Kanal die durchlaufenden Worte verändern, haben Codierer und Decodierer neben der gerade skizzierten Aufgabe der Anpassung an den Kanal noch die Aufgabe, so zu wirken, daß die Störungen des Kanals keine nachteilige Folgen haben. Sie müssen also in einem gewissen Ausmaß eine Fehlerkorrektur möglich machen. Diese Fähigkeit hängt stark vom gewählten Code $B$ ab. Der wiederum wird nach der Störcharakteristik des Kanals ausgewählt. Die beiden Forderungen „Wahl eines für den Kanal optimal geeigneten Code" und „einfache Schaltungsrealisierung des Codierers und Decodierers" konkurrieren meistens miteinander. Man erfüllt daher in der Praxis diese Forderungen oft durch eine Kompromißlösung. Die nachfolgend eingeführten Codes stellen dafür ein gutes Beispiel dar.
Es bezeichne $(1\alpha_1 \ldots \alpha_{n-1})$ ein maximalperiodisches Schieberegister der Länge $n$ und $Z$ die Menge aller zugehörigen Trajektorien. Das Alphabet $A$ sei durch die Menge $\mathbb{B}^n$ aller $n$-stelligen Binärzahlen gegeben. Wir definieren dann:

**Definition:**

(1) Die binäre Codierung $\mathrm{cod}: \mathbb{B}^n \rightarrow \mathbb{B}^{2^n-1}$ sei definiert durch

$$a \mapsto \mathrm{cod}(a) := b_0 b_1 \ldots b_{2^n-1},$$

wobei $b_0 b_1 \ldots b_{2^n-1}$ die Werte der ersten Komponente $z_1$ der von $(1\alpha_1 \ldots \alpha_{n-1})$ im Zustand $a$ erzeugten Zustandstrajektorie $z_a \in Z$ zu den Zeitpunkten $t = 0, 1, \ldots, 2^n - 1$ sind. Es gilt also

$$b_t = (z_a(t))_1 \quad (t = 0, 1, \ldots, 2^n - 1).$$

Wir nennen cod eine **Pseudo-Rauschcodierung.**

(2) Die Bildmenge

$$B := \{b: \bigvee_{a \in \mathbb{B}^n} \mathrm{cod}(a) = b\}$$

von cod heißt **Pseudo-Rauschcode** der Länge $2^n - 1$.

Die Codewörter eines Pseudo-Rauschcodes entstehen nach dieser Definition also aus den Zustandstrajektorien eines maximalperiodischen Schieberegisters.

**Beispiel** (Pseudo-Rauschcode der Länge 15):

Wir gehen aus vom maximalperiodischen Schieberegister (1001) der Länge 4. Wir haben damit die Möglichkeit das Alphabet $A := \mathbb{B}^4$ in einen Pseudo-Rauschcode $B$ der Länge 15 zu codieren. Für (1001) haben wir folgendes Schaltbild (wir deuten auch die Codierung cod an, welche sich aus den Operationen „einschreiben von $a$ in das Schieberegister" und „ausschreiben von $b = \mathrm{cod}(a)$ aus dem Schieberegister" zusammensetzt):

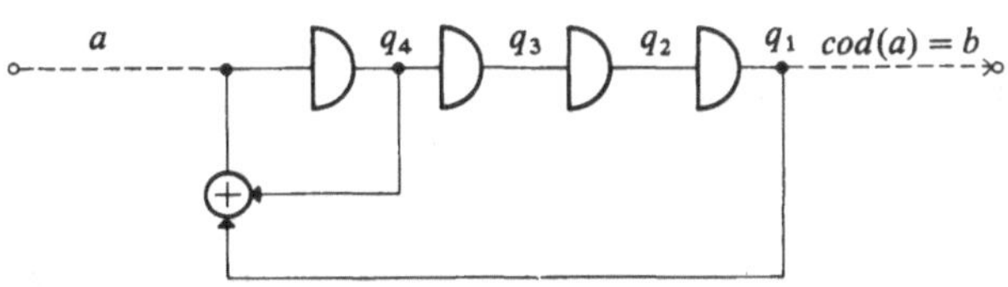


Die codierungstheoretischen Überlegungen, die die Brauchbarkeit eines Pseudo-Rauschcodes untersuchen, seien hier außer Acht gelassen. Es sei dazu nur erwähnt, daß es sich um zyklische Gruppencodes handelt. Die Addition wird dabei koordinatenweise durch die Addition $\oplus$ von $GF(2)$ definiert. Die Abbildung $d: B \times B \rightarrow \mathbb{R}: (b, b') \mapsto d(b, b') :=$ Anzahl der Einser in $b \bigcirc b'$ stellt eine Metrik (Hamming-Distanz) für den Pseudo-Rauschcode dar. Bezüglich dieser Metrik haben die einzelnen Codewörter eines Pseudo-Rauschcodes der

Länge $2^n - 1$ zueinander den Abstand $2^{n-1}$. Da $d(b, b')$ gleichzeitig auch die Anzahl der Stellen angibt, die man in $b$ verändern muß, um $b'$ zu erhalten, ist ein Pseudo-Rauschcode der Länge $n$ eindeutig decodierbar, wenn die Störungen immer unter $2^{n-2}$ Fehlern bleiben.

Für cod erhalten wir die Tabelle:

| $a$ | | | | cod($a$) | | | | | | | | | | | | | | |
|---|---|---|---|---|---|---|---|---|---|---|---|---|---|---|---|---|---|---|
| 0 | 0 | 0 | 0 | 0 | 0 | 0 | 0 | 0 | 0 | 0 | 0 | 0 | 0 | 0 | 0 | 0 | 0 | 0 |
| 0 | 0 | 0 | 1 | 0 | 0 | 0 | 1 | 1 | 1 | 1 | 0 | 1 | 0 | 1 | 1 | 0 | 0 | 1 |
| 1 | 0 | 0 | 0 | 1 | 0 | 0 | 0 | 1 | 1 | 1 | 1 | 0 | 1 | 0 | 1 | 1 | 0 | 0 |
| 0 | 1 | 0 | 0 | 0 | 1 | 0 | 0 | 0 | 1 | 1 | 1 | 1 | 0 | 1 | 0 | 1 | 1 | 0 |
| 0 | 0 | 1 | 0 | 0 | 0 | 1 | 0 | 0 | 0 | 1 | 1 | 1 | 1 | 0 | 1 | 0 | 1 | 1 |
| 1 | 0 | 0 | 1 | 1 | 0 | 0 | 1 | 0 | 0 | 0 | 1 | 1 | 1 | 1 | 0 | 1 | 0 | 1 |
| 1 | 1 | 0 | 1 | 1 | 1 | 0 | 0 | 1 | 0 | 0 | 0 | 1 | 1 | 1 | 1 | 0 | 1 | 0 |
| 0 | 1 | 1 | 0 | 0 | 1 | 1 | 0 | 0 | 1 | 0 | 0 | 0 | 1 | 1 | 1 | 1 | 0 | 1 |
| 1 | 0 | 1 | 1 | 1 | 0 | 1 | 1 | 0 | 0 | 1 | 0 | 0 | 0 | 1 | 1 | 1 | 1 | 0 |
| 0 | 1 | 0 | 1 | 0 | 1 | 0 | 1 | 1 | 0 | 0 | 1 | 0 | 0 | 0 | 1 | 1 | 1 | 1 |
| 1 | 0 | 1 | 0 | 1 | 0 | 1 | 0 | 1 | 1 | 0 | 0 | 1 | 0 | 0 | 0 | 1 | 1 | 1 |
| 1 | 1 | 0 | 1 | 1 | 1 | 0 | 1 | 0 | 1 | 1 | 0 | 0 | 1 | 0 | 0 | 0 | 1 | 1 |
| 1 | 1 | 1 | 0 | 1 | 1 | 1 | 0 | 1 | 0 | 1 | 1 | 0 | 0 | 1 | 0 | 0 | 0 | 1 |
| 1 | 1 | 1 | 1 | 1 | 1 | 1 | 1 | 0 | 1 | 0 | 1 | 1 | 0 | 0 | 1 | 0 | 0 | 0 |
| 0 | 1 | 1 | 1 | 0 | 1 | 1 | 1 | 1 | 0 | 1 | 0 | 1 | 1 | 0 | 0 | 1 | 0 | 0 |
| 0 | 0 | 1 | 1 | 0 | 0 | 1 | 1 | 1 | 1 | 0 | 1 | 0 | 1 | 1 | 0 | 0 | 1 | 0 |

Als nächstes wollen wir ein weiteres Beispiel für die Erzeugung eines binären Blockcodes unter Zuhilfenahme eines linearen Automaten in Form eines einfachen Schieberegisters behandeln.

### Codierung mittels Walshfunktionen

$\mathbb{B}^n$ zusammen mit der komponentenweise durchgeführten Addition modulo 2 $\oplus$ bildet eine Abelsche Gruppe $(\mathbb{B}^n, \oplus)$, (endliche) **dyadische Gruppe** genannt. Für jedes $a \in \mathbb{B}^n$ definieren wir die **boole'sche Walshfunktion** $w(a, .)$ durch

$$w(a, .): \mathbb{B}^n \to \mathbb{B}: b \mapsto w(a, b) := a_0 c_{n-1} \oplus a_1 c_{n-2} \oplus \ldots \oplus a_{n-1} c_0,$$

wobei $a = (a_0, \ldots, a_{n-1}) \in \mathbb{B}^n$ und $b = (c_0, \ldots, c_{n-1}) \in \mathbb{B}^n$ ist.
Es ist bequem, jede boole'sche Walshfunktion $w(a, .)$ als ein Element der Menge $\mathbb{B}^{2^n}$, also als ein $2^n$-Tupel $w(a, .) = (w_{a0}, w_{a1}, \ldots, w_{a2^n-1})$ anzuschreiben. Eine **Walsh-Codierung** von $\mathbb{B}^n$ ist dann erklärt durch

$$\text{cod}: \mathbb{B}^n \to B: a \mapsto cod(a) := (w_{a1}, w_{a2}, \ldots, w_{a2^n-1}),$$

wobei $B := \{(w_{a1}, \ldots, w_{a2^n-1}) : a \in \mathbb{B}^n\} \subset \mathbb{B}^{2^n-1}$ ist. Wir nennen $B$ einen **Walsh-Code** oder auch **Reed-Muller Code.**

**Beispiel** (Walsh-Code der Länge 15):
Schaltbild des Codierers:

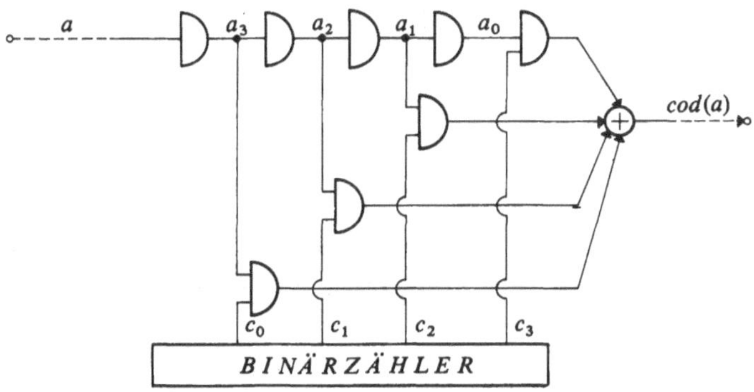


Tabelle von cod:

| a | | | | cod(a) | | | | | | | | | | | | | | |
|---|---|---|---|---|---|---|---|---|---|---|---|---|---|---|---|---|---|---|
| 0 | 0 | 0 | 0 | 0 | 0 | 0 | 0 | 0 | 0 | 0 | 0 | 0 | 0 | 0 | 0 | 0 | 0 | 0 |
| 0 | 0 | 0 | 1 | 0 | 0 | 0 | 0 | 0 | 0 | 0 | 1 | 1 | 1 | 1 | 1 | 1 | 1 | 1 |
| 0 | 0 | 1 | 0 | 0 | 0 | 0 | 1 | 1 | 1 | 1 | 0 | 0 | 0 | 0 | 1 | 1 | 1 | 1 |
| 0 | 0 | 1 | 1 | 0 | 0 | 0 | 1 | 1 | 1 | 1 | 1 | 1 | 1 | 1 | 0 | 0 | 0 | 0 |
| 0 | 1 | 0 | 0 | 0 | 1 | 1 | 0 | 0 | 1 | 1 | 0 | 0 | 1 | 1 | 0 | 0 | 1 | 1 |
| 0 | 1 | 0 | 1 | 0 | 1 | 1 | 0 | 0 | 1 | 1 | 1 | 1 | 0 | 0 | 1 | 1 | 0 | 0 |
| 0 | 1 | 1 | 0 | 0 | 1 | 1 | 1 | 1 | 0 | 0 | 0 | 0 | 1 | 1 | 1 | 1 | 0 | 0 |
| 0 | 1 | 1 | 1 | 0 | 1 | 1 | 1 | 1 | 0 | 0 | 1 | 1 | 0 | 0 | 0 | 0 | 1 | 1 |
| 1 | 0 | 0 | 0 | 1 | 0 | 1 | 0 | 1 | 0 | 1 | 0 | 1 | 0 | 1 | 0 | 1 | 0 | 1 |
| 1 | 0 | 0 | 1 | 1 | 0 | 1 | 0 | 1 | 0 | 1 | 1 | 0 | 1 | 0 | 1 | 0 | 1 | 0 |
| 1 | 0 | 1 | 0 | 1 | 0 | 1 | 1 | 0 | 1 | 0 | 0 | 1 | 0 | 1 | 1 | 0 | 1 | 0 |
| 1 | 0 | 1 | 1 | 1 | 0 | 1 | 1 | 0 | 1 | 0 | 1 | 0 | 1 | 0 | 0 | 1 | 0 | 1 |
| 1 | 1 | 0 | 0 | 1 | 1 | 0 | 0 | 1 | 1 | 0 | 0 | 1 | 1 | 0 | 0 | 1 | 1 | 0 |
| 1 | 1 | 0 | 1 | 1 | 1 | 0 | 0 | 1 | 1 | 0 | 1 | 0 | 0 | 1 | 1 | 0 | 0 | 1 |
| 1 | 1 | 1 | 0 | 1 | 1 | 0 | 1 | 0 | 0 | 1 | 0 | 1 | 1 | 0 | 1 | 0 | 0 | 1 |
| 1 | 1 | 1 | 1 | 1 | 1 | 0 | 1 | 0 | 0 | 1 | 1 | 0 | 0 | 1 | 0 | 1 | 1 | 0 |

Neben den Blockcodes gibt es noch eine Klasse von Codes, deren Erzeugung vorteilhaft mit Hilfe des Automatenkonzeptes diskutiert werden kann. Es ist dies die Klasse der **Faltungscodes** (engl. convolutional codes). Wir wollen kurz das Prinzip besprechen und ein einfaches Beispiel dafür angeben.

Ein lineares Schaltwerk [**A**, **B**, **C**, **D**] der speziellen Form

$$\mathbf{A} = \begin{bmatrix} 0 & 1 & 0 & 0 & . & . & . & . & 0 \\ 0 & 0 & 1 & 0 & . & . & . & . & 0 \\ 0 & 0 & 0 & 1 & . & . & . & . & 0 \\ \vdots & & & & & & & & \vdots \\ 0 & 0 & 0 & 0 & . & . & . & . & 1 \\ 0 & 0 & 0 & 0 & . & . & . & . & 0 \end{bmatrix} \qquad \mathbf{B} = \begin{bmatrix} 0 \\ 0 \\ 0 \\ \vdots \\ 0 \\ 1 \end{bmatrix}$$

$$\mathbf{C} = \begin{bmatrix} c_1 & c_2 & . & . & . & . & . & . & c_n \end{bmatrix} \qquad \mathbf{D} = [0]$$

wollen wir ein **vorwärtsgekoppeltes lineares Schieberegister** nennen. Als Symbol dafür wählen wir $[c_1 c_2 \ldots c_n]$. Daß dieser Name zweckmäßig ist, zeigt das folgende zugehörige Schaltbild .

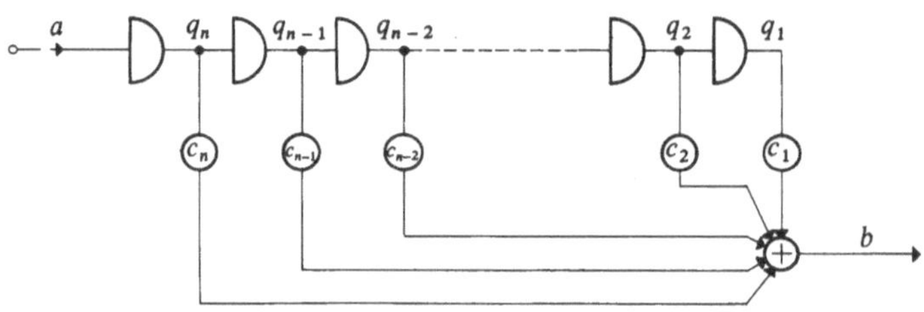


Der Zeilenvektor **C** stellt, wie man leicht erkennt, die Impulsantwort des vorwärtsgekoppelten Schieberegisters [**A**, **B**, **C**, **D**] dar. Befindet sich [**A**, **B**, **C**, **D**] im Nullzustand ($q_1 = q_2 = \ldots = q_n = 0$) und wird das „Impulswort“ $w = 100\ldots0$ der Länge $n+1$ eingegeben, so erhält man als Antwort am Ausgang $w' = \lambda^*(0, w) = 0 c_n c_{n-1} \ldots c_1$.

Wir wollen nun kurz besprechen, in welcher Weise ein vorwärtsgekoppeltes Schieberegister $[c_1 c_2 \ldots c_n]$ in Codierschaltungen Anwendung finden kann. Während vorher bei den beiden besprochenen Blockcodes jeweils der Zustand eines Schieberegisters das Argument der Codierung cod: $A \to B$ bildete, übernimmt nun bei den Faltungscodes im wesentlichen der Input eines vorwärtsgekoppelten Schieberegisters $[c_1 c_2 \ldots c_n]$ diese Funktion. Man könnte also hier zunächst an einen Codiervorgang folgender Art denken:

(a) das zu codierende Alphabet $A$ ist gegeben als Teilmenge von $\mathbb{B}^*$,

(b) die Codierung cod: $A \to B$ ist gegeben mit Hilfe eines vorwärtsgekoppelten

Schieberegisters $[c_1 c_2 \ldots . c_n]$ durch $\mathrm{cod}(a) = \lambda^*(q, a)$, wobei $q$ irgendein fest gewählter Anfangszustand von $[c_1 c_2 \ldots c_n]$ ist,

(c) der Code $B$ ist durch die Bildmenge von cod gegeben.

Man könnte diese Form der Codierung grundsätzlich mit jedem Automaten versuchen. Da aber zur Codierung cod stets auch die zugehörige Decodierung decod mit der vorher angegebenen invertierenden Eigenschaft existieren muß, eignet sich dazu nicht jeder beliebige Automat. Man kann dafür im allgemeinen nur die Klasse der sogenannten **verlustlosen** (information-lossless) **Automaten** oder noch besser, die Klasse der **invertierbaren Automaten** (information-lossless of finite order) brauchen. Es ist nachweisbar, daß vorwärtsgekoppelte Schieberegister invertierbare Automaten sind, so daß hier die Decodierung decod mit Hilfe des zugehörigen inversen Automaten (eine Konstruktion, auf die wir nicht eingehen) realisiert werden kann.

Bei dieser Art einer Codierung wird die Länge der Wörter nicht verändert. Die Codierungstheorie zeigt aber, daß gerade durch eine Verlängerung der Wörter beim Codiervorgang störungsresistente Codes entstehen können (Hinzunahme von zusätzlichen fehlerkorregierenden Stellen zu den informationstragenden Stellen). Wir hatten eine solche „Verlängerung" auch bei den vorhergehenden Beispielen von Blockcodes vor uns. Im Falle der Codierung unter Zuhilfenahme eines vorwärtsgekoppelten Schieberegisters kann man eine solche Wortverlängerung z. B. dadurch erhalten, daß man das Schieberegister (oder mehrere davon) nur fallweise (etwa nur zu gewissen Zeittakten) zum Aufbau von cod$(a)$ aus $a$ heranzieht. Das folgende Bild zeigt im Prinzip eine Codierschaltung mit einem vorwärtsgekoppelten Schieberegister, das nur jeden zweiten Buchstaben von cod$(a)$ bestimmt. Genauer: Für $w = a_0 a_1 \ldots a_k$ und $\lambda^*(q, w) = p = p_0 p_1 \ldots p_k$ ist hier cod$(a)$ gegeben durch $\mathrm{cod}(a) = a_0 p_0 a_1 p_1 \ldots a_k p_k$.

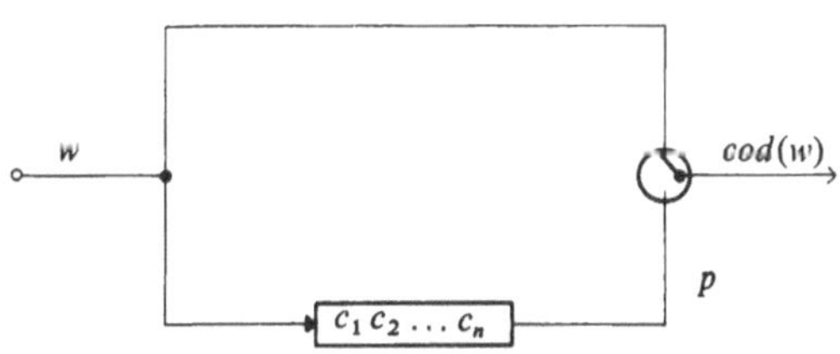


Eine Decodierschaltung zu obigem Bild läßt sich durch eine Anordnung von der im nachfolgenden Bild gezeigten Art realisieren (eine Tatsache, auf die wir hier nicht näher eingehen).

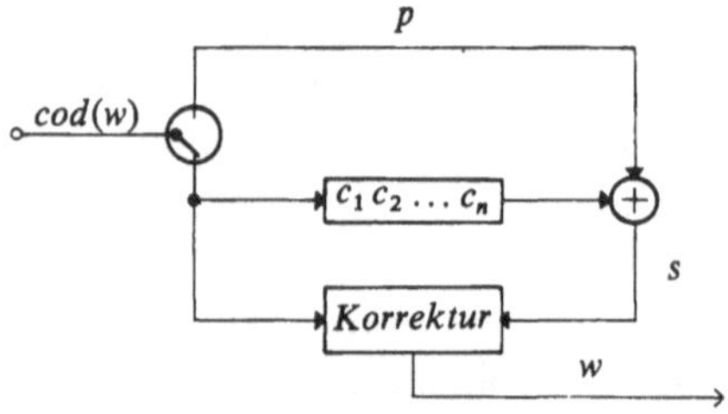


Je nach den Möglichkeiten und Wünschen ist der mit „Korrektur“ bezeichnete Automat mehr oder weniger kompliziert aufgebaut. Ohne des weiteren näher darauf einzugehen, geben wir abschließend noch als Beispiel eine in dieser Weise arbeitende Codier- und Decodierschaltung an, die einfache Fehler (bezogen auf die Länge 7) korrigiert.

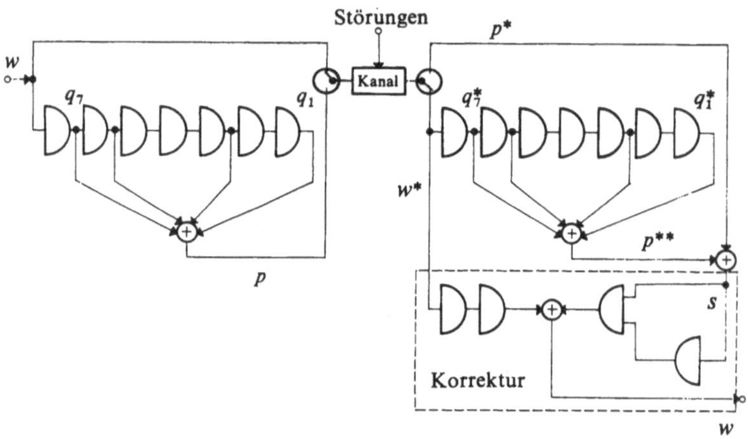


## 11.7 Übungsaufgaben

(Ü1) Gib einen linearen Automaten [**A**, **B**, **C**, **D**] über $GF(2)$ mit form **A** = (2, 2), form **B** = (2, 1), form **C** = (2, 2) und form **D** = (2, 1) an und zeichne ein zugehöriges Analogrechnerschaltbild.

(Ü2) Berechne für den linearen Automaten von (Ü1) die zugehörige Gewichtsfunktion $g$ und die Impulsantwort $h$.

(Ü3) Berechne für das maximalperiodische Schieberegister (11011) die zu den Zuständen $q := (1, 0, 0, 0, 0)$ und $\bar{q} = (0, 1, 1, 1, 0)$ gehörigen Trajektorien $z_q$ und $z_{\bar{q}}$.

(Ü4) Es bezeichne $a$ und $\bar{a}$ die von den Trajektorien $z_q$ bzw. $z_{\bar{q}}$ der (Ü3) aus der

1. Komponente $(z_q)_1$ bzw. $(z_{\bar{q}})_1$ durch Codierung $0 \mapsto +1$ und $1 \mapsto -1$ abgeleiteten Folgen. Man überzeuge sich, daß $a$ und $\bar{a}$ Pseudo-Rauschfolgen sind.

(Ü5) Für zwei Pseudo-Rauschfolgen $a$ und $\bar{a}$ kann allgemein die **Kreuz-Korrelationsfunktion** $C_{a,\bar{a}}: \mathbb{N}_0 \to \mathbb{R}$ definiert werden durch

$$C_{a,\bar{a}}(\tau) := \frac{1}{p} \sum_{i=0}^{p-1} a_i \bar{a}_{i+\tau}$$

($p$ die Maximalperiode von $a$ und $\bar{a}$).
Berechne für die in (Ü4) erhaltenen Pseudo-Rauschfolgen $C_{a,\bar{a}}$.

(Ü6) Entwickle eine Decodierschaltung für einen (nicht zu langen) Pseudo-Rauschcode. Welche Störungen werden dabei erkannt oder korrigiert?

(Ü7) Entwickle eine Decodierschaltung für einen Walsh-Code der Länge 7. Welche Störungen werden dabei erkannt oder korrigiert?

(Ü8) Entwickle unter Heranziehung des vorwärtsgekoppelten Schieberegisters [1 1 0] eine fehlerkorrigierende Codierschaltung.

## 11.8 Bemerkungen und Literaturhinweise

Mit den linearen Automaten haben wir die erste spezielle lineare Konstruktion zur Darstellung eines Zeitsystems kennengelernt. Die „lineare Automatentheorie" hat wie jede „lineare Systemtheorie" die aus der Linearität kommenden Vorzüge: Sie ist eine gut ausgebaute Theorie, die schnell erlernbar ist, und sie kennt viele Anwendungen in Modellen. Zwangsweise drängt sich der Vergleich mit der Theorie der „linearen zeitinvarianten Differentialsysteme" auf, die in Kapitel 12 behandelt wird (vgl. etwa *Arbib* [AR 1]). Für ein weiteres Studium können wir auf *Reusch* [RE 1] und auf die Aufsatzsammlung von *Kautz* [KAU 1] verweisen. Die von uns angesprochene Theorie der linearen Schieberegister findet sich bei *Golomb* [GOL 1].
Der erwähnte Walsh-Code hat wegen seiner angenehmen Implementierung und wegen der Existenz schneller Decodieralgorithmen (schnelle Walsh-Fouriertransformation, Green-Decoder) in der Raumfahrt Anwendung gefunden [PO 1]. Zusammenhänge zwischen den Walsh-Codes und den Pseudo-Rauschcodes sind von *Zierler* [ZI 1] untersucht worden. Eine Einführung in die Theorie der Walshfunktionen, die in der Signal- und Systemtheorie wegen ihrer günstigen Eigenschaften allgemein eine gewisse Bedeutung bekommen haben, gibt die Arbeit [PI 6]. Bezüglich der Codierungstheorie und den skizzierten Codierschaltungen verweisen wir auf die Darstellung von *Peterson* [PE 1] und von *Lin* [LI 1].

# 12. Lineare Differentialsysteme

Differentialgleichungen sind schon seit der Zeit um Newton ein wichtiges mathematisches Konzept zum tieferen Verständnis der Naturvorgänge. Es ist also nur natürlich, daß sie auch im Rahmen einer mathematischen Systemtheorie große Bedeutung haben. Ihre Theorie ist weit ausgebaut und noch heute in voller Entwicklung begriffen. Wir müssen uns hier aber auf knappe Aussagen über die Konstruktion von „Maschinen" mit Hilfe von Differentialgleichungen beschränken. Dabei konzentrieren wir uns auf die Konstruktion von Zustandsdarstellungen von Input-Output Systemen mittels gewöhnlicher linearer Differentialgleichungen mit konstanten Koeffizienten.
Diese Wahl erscheint uns aus folgenden Gründen als zweckmäßig:

1. Die zugehörige mathematische Theorie ist gut ausgebaut.
2. Viele wichtige Modelle der Ingenieurwissenschaften, vor allem der Nachrichten- und Regelungstechnik, bauen darauf auf.
3. Es gelingt uns leicht, diese Konstruktion eines Systems in unseren Rahmen einzubetten, zumal diese Systeme allgemein das geeignete Anschauungsmaterial zur Entwicklung verschiedener wichtiger Gebiete der mathematischen Systemtheorie boten.

Die Bedeutung dieser speziellen „Differentialsysteme" ist auch aus einem reichhaltigen Schrifttum zu ersehen. Kurse über „Lineare Systemtheorie" gehören schon seit langem zum Angebot der Hochschulen. Die Tendenz geht dabei dahin, daß dabei auch die allgemeinen systemtheoretischen Überlegungen immer mehr in den Vordergrund gerückt werden, so daß die speziellen Zustandsdarstellungen „linearer Automat", „lineares zeitinvariantes Differenzensystem" und „lineares zeitinvariantes Differentialsystem" bis zu einer gewissen algebraischen Struktur gemeinsam behandelt werden. Obwohl wir hier wegen unseres allgemeineren Anliegens diesen Gesichtspunkt nicht so sehr in den Vordergrund rücken wollen, wird der Leser doch auf ein eingehendes Studium der „Linearen Systemtheorie" in grundsätzlicher Weise vorbereitet.

## 12.1 Definition eines linearen zeitinvarianten Differentialsystems

Ähnlich unserem Vorgehen beim Begriff des endlichen Automaten wollen wir auch hier zunächst lineare zeitinvariante Differentialsysteme in der üblichen Form definieren und erst anschließend in unser systemtheoretisches Gebäude einbauen:

**Definition:** Ein Quintupel $(X, Y, Z, D, \lambda)$ heißt ein **lineares zeitinvariantes** Differentialsystem, wenn dafür gilt:

(1) $X$ ist eine Menge von Funktionen mit Definitionsbereich $[0, \infty)$ und Wertebereich $\mathbb{R}^m$ $(m \in \mathbb{N})$.

(2) $Y$ ist eine Menge von Funktionen mit Definitionsbereich $[0, \infty)$ und Wertebereich $\mathbb{R}^p$ $(p \in \mathbb{N})$.

(3) $Z$ ist eine Menge von Funktionen mit Definitionsbereich $[0, \infty)$ und Wertebereich $\mathbb{R}^n$ $(n \in \mathbb{N})$.

(4a) $D$ ist eine Relation von $X$ in $Z$, die in Form eines gewöhnlichen linearen Differentialgleichungssystems 1. Ordnung mit konstanten Koeffizienten gegeben ist durch

$$xDz :\Leftrightarrow \bigwedge_{t \in [0,\infty)} \mathbf{z}'(t) = \mathbf{A}\mathbf{z}(t) + \mathbf{B}\mathbf{x}(t),$$

wobei $\mathbf{A}$ eine reelle Matrix von Format $(n, n)$ und $\mathbf{B}$ eine reelle Matrix von Format $(n, m)$ ist und $\mathbf{z}'(t), \mathbf{z}(t)$ und $\mathbf{x}(t)$ die Darstellungen von $z'(t)$, $z(t)$ und $x(t)$ als Spaltenvektoren bezogen auf die Basis der Einheitsvektoren in $\mathbb{R}^n$ bzw. $\mathbb{R}^m$ sind.

(4b) ${}_1D = X$.

(4c) ${}_2D = Z$.

(5) $\lambda$ ist eine lineare Abbildung $\lambda : \mathbb{R}^n \times \mathbb{R}^m \to \mathbb{R}^p$.

(6) Die Menge $Y$ ist genauer gegeben durch

$$y \in Y \Leftrightarrow \bigvee_{x \in X} \bigvee_{q_0 \in \mathbb{R}^n} \bigvee_{z \in Z} \bigwedge_{t \in [0,\infty)} z(0) = q_0 \wedge xDz \wedge y(t) = \lambda\big(z(t), x(t)\big).$$

Bemerkungen: Es ist üblich, die Abbildung $\lambda$ mittels ihrer auf die Basis der Einheitsvektoren bezogenen projezierten Matrizendarstellung in der Form

$$\lambda(t) = \mathbf{C}\,\mathbf{q} + \mathbf{D}\,\mathbf{a}$$

anzugeben, wobei dann $\mathbf{C}$ eine reelle Matrix von Format $(p, n)$ und $\mathbf{D}$ eine reelle Matrix von Format $(p, m)$ ist. Da mit der „Differentialrelation" $D$ und der Abbildung $\lambda$ ein lineares zeitinvariantes Differentialsystem eindeutig festgelegt ist, ist es mit der Kenntnis der Matrizen $\mathbf{A}, \mathbf{B}, \mathbf{C}$ und $\mathbf{D}$ eindeutig bestimmt. Man bezeichnet es daher zweckmäßig mit dem Symbol $[\mathbf{A}, \mathbf{B}, \mathbf{C}, \mathbf{D}]$.

**Systemtheoretische Interpretation:** Der bereits versierte Leser hat sicher schon erkannt, welche Konstruktion zur Darstellung einer Input-Output Relation mit einem linearen zeitinvarianten Differentialsystem $(X, Y, Z, D, \lambda)$ vorliegt. Wir müssen diese aber trotzdem noch vollständig angeben. Die Menge $X$ stellt

die **Menge der Inputfunktionen** dar, $Y$ die **Menge der Outputfunktionen**. $Z$ ist die **Menge der Zustandstrajektorien.** Der $n$-dimensionale euklidische Raum $\mathbb{R}^n$, in dem die Zustandstrajektorien $z \in Z$ ihre Werte haben, heißt der **Zustandsraum** des linearen zeitinvarianten Differentialsystems. Die Relation $D$ nennen wir die **Zustandsrelation**, $\lambda$ die **Outputfunktion**. Die Menge der nichtnegativen reellen Zahlen $[0, \infty)$ (zusammen mit der darauf gegebenen algebraischen, topologischen und Ordnungs-Struktur) stellt die zugrundegelegte **Zeitmenge** dar.
Damit haben wir Namen vergeben, die uns bereits die Funktionsweise dieses mathematischen Systems suggerieren: Ausgehend von einem **Anfangszustand** $q_0 \in \mathbb{R}$ zur Zeit $t = 0$ wird zu einer in das System eingeprägten Inputfunktion $x \in X$ auf folgende Weise eine zugehörige Outputfunktion $y \in Y$ erzeugt: Mit der Anfangsbedingung $z(0) = q_0$ ist zu $x \in X$ eindeutig die Trajektorie $z \in Z$ als Lösung der Differentialgleichung $\mathbf{z}'(t) = \mathbf{A}\,\mathbf{z}(t) + \mathbf{B}\,\mathbf{x}(t)$ gegeben. Mit der Outputfunktion $\lambda$ wird dann aus $x$ und $z$ die Outputfunktion $y$ durch $y(t) = \lambda(z(t), x(t))$ bestimmt.

## 12.2 Eigenschaften und systemtheoretische Einbettung

Wir wollen nun das Konzept des linearen zeitinvarianten Differentialsystems in unser systemtheoretisches Gebäude einbauen. Als erstes betrachten wir die Substruktur eines allgemeinen Zeitsystems.

**Definition 1:** Das zu einem linearen zeitinvarianten Differentialsystem $(X, Y, Z, D, \lambda)$ gehörige **Kopfsystem** *time* $K$ ist definiert als das allgemeine Zeitsystem $\textit{time}\,K := (\mathbb{R}^m, \mathbb{R}^n \times \mathbb{R}^m, X, Z \times X, K, [0, \infty), \leqq, 0)$, wobei die **Kopfrelation** $K$ gegeben ist durch $K \subset X \times (Z \times X)$ mit $xK(z, \bar{x}) :\Leftrightarrow xDz \wedge x = \bar{x}$.

**Definition 2:** Das zu einem linearen zeitinvarianten Differentialsystem $(X, Y, Z, D, \lambda)$ gehörige **Ausgabesystem** *time* $L$ ist definiert als das allgemeine Zeitsystem $\textit{time}\,L := (\mathbb{R}^n \times \mathbb{R}^m, \mathbb{R}^p, Z \times X, Y, L, [0, \infty), \leqq, 0)$ wobei die **Ausgaberelation** $L$ gegeben ist durch $L \subset (Z \times X) \times Y$ mit

$$(z, x)\,Ly :\Leftrightarrow \bigwedge_{t \in T} \lambda(z(t), x(t)) = y(t).$$

Mit Hilfe des Kopfsystems *time* $K$ und des Ausgabesystems *time* $L$ führen wir nun ein:

**Definition 3:** Das zu einem linearen zeitinvarianten Differentialsystem

$(X, Y, Z, D, \lambda)$ gehörige **allgemeine Zeitsystem** *timeS* ist definiert als die Serienschaltung $timeS := timeK \ominus timeL$ des Kopfsystems *timeK* vor dem Ausgabesystem *timeL*.

Die definierende Relation $S$ des zu einem linearen zeitinvarianten Differentialsystem gehörenden allgemeinen Zeitsystems ist damit gegeben durch $S = K \circ L$ und besteht aus allen Input-Output Paaren $(x, y)$, die zum Differentialsystem gehören. Die Zerlegung von *timeS* in eine Serienschaltung ermöglicht, wie wir später sehen werden, eine vorteilhafte Betrachtungsweise.
Die Relation $K$ des Kopfsystems *timeK* kann, wie aus ihrer Definition unmittelbar ersichtlich ist, in die zwei „Projektionen" $D$ und $id_X$ zerlegt werden. Es ist ja $K = \{(x, (z, \bar{x})) : x, \bar{x} \in X \wedge z \in Z \wedge xDz \wedge x = \bar{x}\}$. Daraus folgt, daß *timeK* zerlegt werden kann in den Input-Durchschnitt $timeK = timeD \circledcirc_1 time\,id_X$, wobei das **Trajektoriensystem** *timeD* gegeben ist als das allgemeine Zeitsystem $timeD := (\mathbb{R}^m, \mathbb{R}^n, X, Z, D, [0, \infty), \leqq, 0)$ und $time\,id_X := (\mathbb{R}^m, \mathbb{R}^m, X, X, id_X, [0, \infty), \leqq, 0)$ bedeutet. In Abbildung 25 sind die damit gewonnenen Zerlegungen von *timeS* abgebildet.

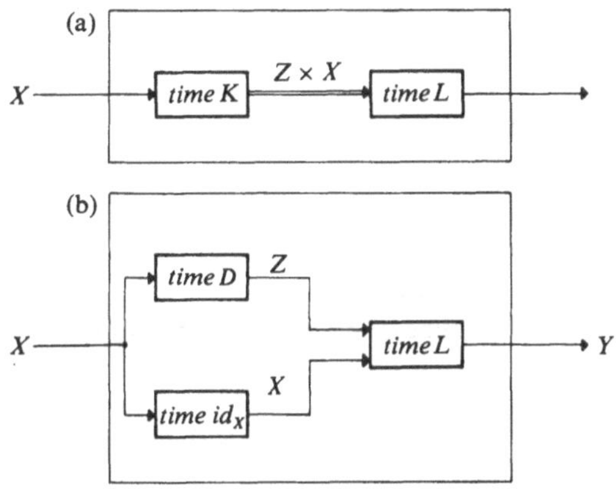


Abb. 25. Zerlegung ton *timeS* in
(a) $timeS = timeK \ominus timeL$.
(b) $timeS = (timeD \circledcirc_1 time\,id_X) \ominus timeL$.

Ein lineares zeitinvariantes Differentialsystem ist somit vollständig in seiner einfachsten Struktur als allgemeines System erkannt.
Die Zustandsrelation $D$ ist aber bis jetzt nur implizit durch die definierende Differentialgleichung bekannt. Sie zu lösen, so daß $D$ damit explizit angeschrieben werden kann, ist deshalb unsere nächste Aufgabe. Es gilt dafür:

**Satz 1:** Für die Zustandsrelation $D$ eines linearen zeitinvarianten Differentialsystems $[\mathbf{A}, \mathbf{B}, \mathbf{C}, \mathbf{D}]$ gilt

$$xDz \Leftrightarrow \bigvee_{z_0 \in \mathbb{R}^n} \bigwedge_{t \in [0,\infty)} z_0 = z(0) \wedge \mathbf{z}(t) = \exp(t\mathbf{A})\mathbf{z}(0) + \int_0^t \exp((t-\tau)\mathbf{A})\mathbf{B}\,\mathbf{x}(\tau)\,d\tau .$$

*Beweis:* Wir betrachten folgende Aussagen

(1) $\bigwedge_{t \in [0,\infty)} \mathbf{z}'(t) = \mathbf{A}\,\mathbf{z}(t) + \mathbf{B}\,\mathbf{x}(t).$

(2) $\bigwedge_{t \in [0,\infty)} \exp(-t\mathbf{A})\mathbf{z}'(t) = \exp(-t\mathbf{A})\mathbf{A}\,\mathbf{z}(t) + \exp(-t\mathbf{A})\mathbf{B}\,\mathbf{x}(t).$

(3) $\bigwedge_{t \in [0,\infty)} \exp(-t\mathbf{A})\mathbf{z}'(t) - \mathbf{A}\exp(-t\mathbf{A})\mathbf{z}(t) = \exp(-t\mathbf{A})\mathbf{B}\,\mathbf{x}(t).$

(4) $\bigwedge_{t \in [0,\infty)} \dfrac{d(\exp(-t\mathbf{A})\mathbf{z}(t))}{dt} = \exp(-t\mathbf{A})\mathbf{B}\,\mathbf{x}(t).$

(5) $\bigwedge_{t \in [0,\infty)} \exp(-t\mathbf{A})\mathbf{z}(t) - \mathbf{z}(0) = \int_0^t \exp(-\tau\mathbf{A})\mathbf{B}\,\mathbf{x}(\tau)\,d\tau.$

(6) $\bigwedge_{t \in [0,\infty)} \mathbf{z}(t) = \exp(t\mathbf{A})\mathbf{z}(0) + \int_0^t \exp((t-\tau)\mathbf{A})\mathbf{B}\,\mathbf{x}(\tau)\,d\tau.$

Es gilt nun dafür

$xDz \Leftrightarrow$ (1) (nach Definition).
(1) $\Leftrightarrow$ (2) (trivial).
(2) $\Leftrightarrow$ (3) (denn $\exp(-t\mathbf{A})\mathbf{A} = \mathbf{A}\exp(-t\mathbf{A})$).
(3) $\Leftrightarrow$ (4) (weil $d(\exp(-t\mathbf{A}))/dt = -\mathbf{A}\exp(-t\mathbf{A})$ und nach Produktregel für die Differentiation).
(4) $\Leftrightarrow$ (5) (nach dem Hauptsatz der Integralrechnung).
(5) $\Leftrightarrow$ (6) (trivial).

„$\Rightarrow$“: Gilt nun $xDz$, so gilt auch (6). Für $z_0 := z(0)$ ist damit die rechtsstehende Aussage des Satzes 1 wahr.

„$\Leftarrow$“: Gilt die rechtstehende Aussage des Satzes 1, so haben wir $z(0) = z_0$. Damit gilt dann auch (6) und somit auch $xDz$.

Mit dem Ergebnis des Satzes 1 kennen wir das zum linearen zeitinvarianten Differentialsystem $(X, Y, Z, D, \lambda)$ bzw. $[\mathbf{A}, \mathbf{B}, \mathbf{C}, \mathbf{D}]$ gehörige allgemeine Zeitsystem *timeS* genau genug um die Frage nach einem zugehörigen Parzessor *partimeS* zu stellen. Tatsächlich ist ein solcher bereits eindeutig durch $(X, Y, Z, D, \lambda)$ bestimmt.

**Definition 4:** Der zu einem linearen zeitinvarianten Differentialsystem

$(X, Y, Z, D, \lambda)$ gehörige **Parzessor** *partimeS* ist definiert durch

$$partime S := (\mathbb{R}^m, \mathbb{R}^p, X, Y, \mathbb{R}^n, p, [0, \infty), \leqq, 0),$$

wobei die Parametrisierungsabbildung $p: \mathbb{R}^n \to P(X \times Y): q_0 \mapsto p(q_0)$ gegeben ist durch

$$p(q_0) := \{(x, y): \bigvee_{z \in Z} z(0) = q_0 \wedge \bigwedge_{t \in [0, \infty)} y(t) = \lambda(z(t), x(t))\}.$$

Daß für beliebige $q_0 \in \mathbb{R}^n$ die Relation $p(q_0)$ tatsächlich funktional ist, folgt daraus, daß mit $x \in X$ und der Anfangsbedingung $z(0) = q_0$ die Zustandstrajektorie $z$, für die $xDz$ gilt, eindeutig als Lösung der Differentialgleichung festgelegt ist; damit ist aber mit $\lambda$ die zugehörige Outputfunktion $y \in Y$ eindeutig bestimmt. Für den Parzessor *partimeS* gilt

**Satz 2:** Der zu einem linearen zeitinvarianten Differentialsystem $(X, Y, Z, D, \lambda)$ gehörige Parzessor *partimeS* ist nichtantizipativ.

*Beweis:* Gilt für zwei Inputfunktionen $x, \bar{x} \in X$ die Aussage $x^t = \bar{x}^t$ und $x(t) = \bar{x}(t)$, so sehen wir an der in Satz 1 angegebenen Lösung der Differentialgleichung, daß für die zugehörigen Zustandstrajektorien $z, \bar{z}$ mit $z(0) = \bar{z}(0) = q_0$ gilt $z(t) = \bar{z}(t)$. Damit ist aber dann $y(t) = \lambda(z(t), x(t)) = \lambda(\bar{z}(t), \bar{x}(t)) = \bar{y}(t)$. Wir hatten vorher die Zerlegung des zu $(X, Y, Z, D, \lambda)$ gehörigen allgemeinen Zeitsystems *timeS* in die Schaltung *timeS* = *timeK* $\ominus$ *timeL* betrachtet. Es liegt nahe, eine analoge Zerlegung für den Parzessor *partimeS* von $(X, Y, Z, D, \lambda)$ durchzuführen. Wir definieren dazu

**Definition 5:** Der zum Kopfsystem *timeK* $= (\mathbb{R}^m, \mathbb{R}^n \times \mathbb{R}^m, X, Z \times X, K, [0, \infty), \leqq, 0)$ gehörige Parzessor *partimeK* ist gegeben durch

$$partime K := (\mathbb{R}^m, \mathbb{R}^n \times \mathbb{R}^m, X, Z \times X, \mathbb{R}^n, p_K, [0, \infty), \leqq, 0),$$

wobei die Parametrisierungsabbildung $p_K: \mathbb{R}^n \to P(X \times (Z \times X)): q_0 \mapsto p_K(q_0)$ gegeben ist durch

$$p_K(q_0) := \{(x, (z, x)): xDz \wedge z(0) = q_0\}.$$

Die Parametrisierung von *timeK* erfolgt also, wie vorher bei *timeS*, durch die Festlegung der „Anfangszustände" $q_0 \in \mathbb{R}^n$. Wir nennen *partimeK* den **Kopfparzessor** von *timeS*. Für *timeL* setzen wir fest:

**Definition 6:** Der zum Ausgabesystem *timeL* $= (\mathbb{R}^n \times \mathbb{R}^m, \mathbb{R}^p, Z \times X, Y, L, [0, \infty), \leqq, 0)$ gehörige Parzessor *partimeL* ist gegeben durch *partimeL* $= (\mathbb{R}^n \times \mathbb{R}^m, \mathbb{R}^p, Z \times X, Y, \{0\}, p_L, [0, \infty), \leqq, 0)$, wobei die Parametrisierungsabbildung

$$p_L: \{0\} \rightarrow P\big((Z \times X) \times Y\big): 0 \mapsto p_L(0)$$

gegeben ist durch $p_L(0) := L$.

Wir nennen den damit definierten Parzessor den **Ausgabeparzessor** von *timeS*. Da das Ausgabesystem *timeL* funktional ist, erscheint die Konstruktion von *partimeL* mehr oder weniger trivial. Es gilt nun:

**Satz 3:** Der Kopfparzessor *partimeK* ist nichtantizipativ.

*Beweis:* Dies folgt sofort aus den für Satz 2 diesbezüglich gemachten Überlegungen.

Weiter gilt offenbar:

**Satz 4:** Der Ausgabeparzessor *partimeL* ist statisch.

Es ist des weiteren unmittelbar ersichtlich, daß gilt:

**Satz 5:** Der einem linearen zeitinvarianten Differentialsystem $(X, Y, Z, D, \lambda)$ zugeordnete Parzessor *partimeS* wird von der Serienschaltung *partimeK* $\ominus$ *partimeL* über $(id_X, id_Y, \gamma)$ mit $\gamma: \mathbb{R}^n \rightarrow \mathbb{R}^n \times \{0\}: q_0 \mapsto \gamma(q_0) := (q_0, 0)$ simuliert.

In Abbildung 26 ist die betrachtete Zerlegung von *partimeS* und die Simulation noch einmal anschaulich dargestellt.

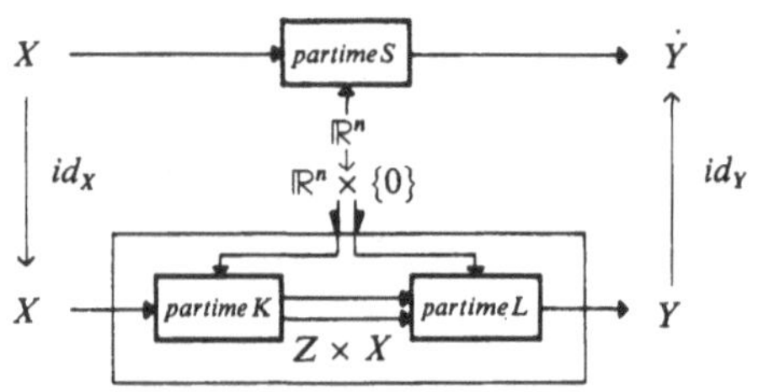


Abb. 26. „Kopf-Ausgabe"-Simulation von *partimeS*.

Wir haben also erkannt, daß mit einem linearen zeitinvarianten Differentialsystem $(X, Y, Z, D, \lambda)$ in natürlicher Weise ein zugehöriger Parzessor *partimeS* und eine Zerlegung desselben in eine Serienschaltung *partimeK* $\ominus$ *partimeL* gegeben ist. Wir sind somit in der Lage, alle Problemstellungen, die keine reichere Strukturstufe als die eines Parzessors erfordern, innerhalb der Theorie der Parzessoren zu behandeln. Die Zerlegung, die sich unmittelbar aus der Definition von $(X, Y, Z, D, \lambda)$ anbietet, hat eine wichtige systemtheoretische Bedeutung: Der Kopfparzessor ist auch gewissermaßen der „Kopf" des ganzen

Parzessors. Er erfüllt die „dynamische“ Aufgabe, als Antwort auf eine Inputfunktion $x$ eine Outputfunktion $z$ zu berechnen, die den zeitlichen Verlauf der „inneren Zustände“ beschreibt. Ihr Wert $z(t)$ zu einem beliebigen Zeitpunkt $t$ enthält alle „Informationen“ über die Verarbeitung des Inputsegments $x^t$ und des Anfangszustandes $q_0$, die für die Berechnung des zugehörigen Outputs notwendig sind. Der Ausgabeparzessor erfüllt nur die „statische“ Aufgabe eines Beobachters, der für jeden Zeitpunkt $t$ aus dem „inneren Zustand“ $z(t)$ und dem Inputwert $x(t)$ mittels $\lambda$ einen Outputwert $y(t)$ des Parzessors bestimmt.
Als nächstes entwickeln wir für ein lineares zeitinvariantes Differentialsystem $(X, Y, Z, D, \lambda)$ das Konzept der Zustandsdarstellung. Die folgende Vorgangsweise ist diesbezüglich unmittelbar naheliegend.

**Definition 7:** Die zu einem linearen zeitinvarianten Differentialsystem $(X, Y, Z, D, \lambda)$ gehörige **Zustandsdarstellung** *statimeS* von *timeS* ist definiert durch

$$statimeS := (\mathbb{R}^m, \mathbb{R}^p, X, Y, \mathbb{R}^n, \mathbb{R}^n, \phi, \beta, [0, \infty), \leqq, 0),$$

wobei die Zustandsrelation $\phi \subset ([0, \infty) \times \mathbb{R}^n \times X) \times \mathbb{R}^n$ gegeben ist durch

$$(t, q_0, x)\phi q :\Leftrightarrow \bigvee_{z \in Z} xDz \wedge z(0) = q_0 \wedge z(t) = q$$

und die Outputfunktion $\beta: [0, \infty) \times \mathbb{R}^n \times \mathbb{R}^m \to \mathbb{R}^p$ durch $\beta(t, q, a) := \lambda(q, a)$.
Im Falle, daß wir besonders auf die Zugehörigkeit zu $(X, Y, Z, D, \lambda)$ hinweisen wollen, verwenden wir für die Zustandsdarstellung das Symbol *sta*$(D, \lambda)$*timeS*.
Wir vergewissern uns kurz, daß mit Definition 7 tatsächlich eine Zustandsdarstellung gegeben ist.
Mit $q_0$ und $x$ liegt die Trajektorie $z$, für die $z(0) = q_0$ und $xDz$ gilt, eindeutig fest. Ist zusätzlich noch $t$ bekannt, so ist auch $q$ mit $z(t) = q$ eindeutig gegeben. $\phi$ ist also, wie verlangt, eine funktionale Relation. Für $\phi$ gilt weiter ${}_1\phi = [0, \infty) \times \mathbb{R}^n \times X$, so daß $\phi$ eine Funktion $\phi: [0, \infty) \times \mathbb{R}^n \times X \to \mathbb{R}^n$ darstellt. Mittels der Lösung der zu $D$ gehörenden Differentialgleichung kann $\phi$ offenbar angegeben werden in der Form

$$\phi(t, q_0, x) = \exp(t\mathbf{A})\mathbf{q}_0 + \int_0^t \exp((t - \tau)\mathbf{A})\mathbf{B}\,\mathbf{x}(\tau)\,d\tau.$$

Es gilt damit stets $\phi(0, q_0, x) = q_0$, so daß für $\phi$ die in der Definition einer Zustandsdarstellung geforderte Bedingung (2a) erfüllt ist. Die Forderung (2b) ist durch die Tatsache erfüllt, daß hier $\phi$ eine Funktion ist. Die übrigen Forderungen (1), (3) und (4) sind in trivialer Weise erfüllt.
Es gilt nun:

**Satz 6:** Die Zustandsdarstellung *statimeS* eines linearen zeitinvarianten Differentialsystems ist kausal.

*Beweis:* Gilt für $x, x' \in X$, $q_0, q_0' \in \mathbb{R}^n$ und $t \in [0, \infty)$ die Aussage $\phi(t, q_0, x) = \phi(t, q_0', x')$ und gilt weiter für $t \leqq t'$ noch $x_{t,t'} = x'_{t,t'}$ so gilt

$$\begin{aligned}
\phi(t', q_0, x) &= \exp(t'\mathbf{A})\mathbf{q}_0 + \int_0^{t'} \exp((t'-\tau)\mathbf{A})\mathbf{B}\,\mathbf{x}(\tau)\mathrm{d}\tau \\
&= \exp(t'\mathbf{A})\mathbf{q}_0 + \int_0^{t} \exp((t'-\tau)\mathbf{A})\mathbf{B}\,\mathbf{x}(\tau)d\tau + \\
&\quad \int_t^{t'} \exp((t'-\tau)\mathbf{A})\mathbf{B}\,\mathbf{x}(\tau)d\tau \\
&= \exp((t'-t)\mathbf{A})\left[\exp(t\mathbf{A})\mathbf{q}_0 + \int_0^{t} \exp((t-\tau)\mathbf{A})\mathbf{B}\,\mathbf{x}(\tau)d\tau\right] + \\
&\quad \int_t^{t'} \exp((t'-\tau)\mathbf{A})\mathbf{B}\,\mathbf{x}(\tau)d\tau \\
&= \exp((t'-t)\mathbf{A})\phi(t, q_0, x) + \int_t^{t'} \exp((t'-\tau)\mathbf{A})\mathbf{B}\,\mathbf{x}(\tau)d\tau \\
&= \exp((t'-t)\mathbf{A})\phi(t, q_0', x') + \int_t^{t'} \exp((t'-\tau)\mathbf{A})\mathbf{B}\,\mathbf{x}'(\tau)d\tau \\
&= \exp(t'\mathbf{A})\mathbf{q}_0' + \int_0^{t'} \exp((t'-\tau)\mathbf{A})\mathbf{B}\,\mathbf{x}'(\tau)d\tau \\
&= \phi(t', q_0', x').
\end{aligned}$$

Die angesprochene Zustandsdarstellung ist also kausal.
Mit der Aussage von Satz 6 steht somit nach dem in Abschnitt 5.2 angegebenen Satz die Existenz der Transitionsfunktion $\xi_0$ fest, die die „Konsistenzeigenschaft", die „Halbgruppeneigenschaft" und die „Kausalitätseigenschaft" hat. Aus der Funktion $\phi$ leitet sich folgende Darstellung von $\xi_0$ ab:

**Satz 7:** Die Transitionsfunktion $\xi_0$ der einem linearen zeitinvarianten Differenatialsystem $(X, Y, Z, D, \lambda)$ zugeordneten Zustandsdarstellung *statimeS* hat die Zuordnungsvorschrift

$$\xi_0(t', t, q, x) = \exp((t'-t)\mathbf{A})\mathbf{q} + \int_t^{t'} \exp((t'-\tau)\mathbf{A})\mathbf{B}\,\mathbf{x}(\tau)d\tau.$$

**Beweis:** Definitionsgemäß gilt hier $\xi_0(t', t, q, x) = \phi(t', q_0, x)$ wobei $q_0$ so gewählt ist, daß gilt

$$\phi(t, q_0, x) = q.$$

Für $\phi(t', q_0, x)$ erhalten wir dann analog zum Beweis von vorher

$$\begin{aligned}
\phi(t', q_0, x) &= \exp(t'\mathbf{A})\mathbf{q}_0 + \int_0^{t'} \exp((t'-\tau)\mathbf{A})\mathbf{B}\,\mathbf{x}(\tau)d\tau \\
&= \exp(t'\mathbf{A})\mathbf{q}_0 + \int_0^{t} \exp((t'-\tau)\mathbf{A})\mathbf{B}\,\mathbf{x}(\tau)d\tau + \\
&\quad \int_t^{t'} \exp((t'-\tau)\mathbf{A})\mathbf{B}\,\mathbf{x}(\tau)d\tau \\
&= \exp((t'-t)\mathbf{A})\left[(\exp(t\mathbf{A})\mathbf{q}_0 + \int_0^{t} \exp((t-\tau)\mathbf{A})\mathbf{B}\,\mathbf{x}(\tau)d\tau\right] + \\
&\quad \int_t^{t'} \exp((t'-\tau)\mathbf{A})\mathbf{B}\,\mathbf{x}(\tau)d\tau \\
&= \exp((t'-t)\mathbf{A})\mathbf{q} + \int_t^{t'} \exp((t'-\tau)\mathbf{A})\mathbf{B}\,\mathbf{x}(\tau)d\tau .
\end{aligned}$$

Man prüft leicht nach, daß $\xi_0$ tatsächlich die vorher genannten „dynamischen" Eigenschaften hat.
In 5.6 haben wir erkannt, daß zur Konstruktion der dort eingeführten Quotientenzustandsdarstellung die Eigenschaft „inputtreu" verlangt war. Wir wollen *statimeS* in dieser Hinsicht untersuchen. Es gilt

**Satz 8:** Die Zustandsdarstellung *statimeS* eines linearen zeitinvarianten Differentialsystems ist inputtreu.

*Beweis:* Bei Inputtreue wird definitionsgemäß verlangt (vgl. Definition in Abschnitt 5.6), daß für je zwei Zustände $q$, $q'$, die über eine Inputfunktion $x$ zur Zeit $t$ erreicht werden $\left(x \in X(t, q) \cap X(t, q')\right)$, die $t$-Zukunft der Prozesse $X(t, q)$ und $X(t, q')$ gleich ist. Dies ist aber bei der Zustandsdarstellung *statimeS* von $(X, Y, Z, D, \lambda)$ der Fall, unabhängig davon, ob es eine Inputfunktion $x$ gibt, mit der beide Zustände $q$ und $q'$ erreicht werden (es kann also auch gelten $X(t, q) \cap X(t, q') = \emptyset$). Wie man auch aus der Darstellung von $\xi_0(t', t, q, x)$ in Satz 7 ablesen kann, ist nämlich die $t$-Zukunft $\left(X(t, q)\right)_t$ für jeden Zustand $q$ dieselbe, denn es gilt

$$\left(X(t, q)\right)_t = \{x_t : x_t \in X_t \wedge x_t \text{ ist über jedem Intervall } [t, t') \text{ integrierbar}\}.$$

Wir erkennen also, daß die Zustandsdarstellung *statimeS* eines linearen zeitinvarianten Differentialsystems kausal und inputtreu ist. Wir könnten somit nach den Ausführungen in Abschnitt 5.6 die zugehörige Quotienten-Zustandsdarstellung $(statimeS)_\sim$ konstruieren, die zustandsreduziert ist und die, wie wir früher gesehen haben, *statimeS* zu simulieren vermag.

Dies ist aber mit den bisher vorbereiteten Mitteln eine eher schwierige (um nicht zu sagen unmögliche) Aufgabe. Wir haben nämlich bisher im wesentlichen nur die mengentheoretische Struktur eines linearen zeitinvarianten Differentialsystems für unsere Überlegungen benützt. Wenn wir jedoch die zusätzlich vorhandenen algebraischen Strukturen in unsere Konstruktionen einbauen, dann ergeben sich in vieler Hinsicht bessere Analyse- und Synthesemöglichkeiten, so etwa auch für die Konstruktion der Quotienten-Zustandsdarstellung. Die Beachtung der algebraischen Strukturen in $(X, Y, Z, D, \lambda)$ soll deshalb unser nächstes Ziel sein.

## 12.3 Zeitinvarianz und Linearität

Die „Zeitmenge" $[0, \infty)$, die einem linearen zeitinvarianten Differentialsystem $(X, Y, Z, D, \lambda)$ zugrundeliegt, kann als Teilmenge der reellen Zahlen eine davon induzierte mathematische Struktur tragen. Die Struktur $([0, \infty), +, <, 0)$, wo $+$ die übliche Addition reeller Zahlen und $<$ die Relation $< \subset [0, \infty) \times [0, \infty)$ mit $t < t' :\Leftrightarrow t \leqq t' \wedge t \neq t'$ bedeutet, ist eine Möglichkeit dafür. Wir haben schon in Abschnitt 7.1 diese Struktur als ein Beispiel für eine Windeknecht-Zeitmenge betrachtet. Wir können deshalb unsere im vorhergehenden Abschnitt angestellten Überlegungen dahingehend erweitern, daß wir in den zu einem linearen zeitinvarianten Differentialsystem $(X, Y, Z, D, \lambda)$ gehörigen „Maschinen", wie allgemeines Zeitsystem *timeS*, Parzessor *partimeS* und Zustandsdarstellung *statimeS* die Windeknecht-Zeitmenge $W\text{-}time = ([0, \infty), +, <, 0)$ zugrundelegen und somit zu „W-Maschinen" (*W-timeS*, *parW-timeS*, *staW-timeS*) gelangen.

Des weiteren kann man die lineare Struktur, die den Objekten $X, Y, Z, D$ und $\lambda$ eines linearen zeitinvarianten Differentialsystems $(X, Y, Z, D, \lambda)$ gegeben ist, auch in den „Maschinen" *timeS*, *partimeS* und *statimeS* berücksichtigen. Bei derartigem Vorgehen kann dann die Frage nach der Zeitinvarianz oder der Linearität gestellt werden. Genau dies soll in diesem Abschnitt geschehen. Wir werden erkennen, daß die zu $(X, Y, Z, D, \lambda)$ gehörigen Systeme *timeS*, *partimeS* und *statimeS* dann tatsächlich linear und zeitinvariant sind, so daß die Namensgebung von $(X, Y, Z, D, \lambda)$ auch von unserer Sicht her gerechtfertigt ist.

Wir beginnen unsere Untersuchung mit der Zeitinvarianz und definieren:

**Definition 1:** Das zu einem linearen zeitinvarianten Differentialsystem $(X, Y, Z, D, \lambda)$ gehörige allgemeine W-Zeitsystem *W-timeS* ist definiert durch

$$W\text{-}timeS := (\mathbb{R}^m, \mathbb{R}^p, X, Y, S, [0, \infty), +, <, 0),$$

wobei gilt:

(1) $([0,\infty), +, <, 0)$ ist die für $[0,\infty)$ auf natürliche Weise gegebene Windeknecht-Zeitmenge.

(2) $(\mathbb{R}^m, \mathbb{R}^p, X, Y, S, [0,\infty), \leqq, 0)$ ist das zu $(X, Y, Z, D, \lambda)$ gehörige allgemeine Zeitsystem.

Es gilt nun:

**Satz 1:** Das zu einem linearen zeitinvarianten Differentialsystem $(X, Y, Z, D, \lambda)$ gehörige allgemeine W-Zeitsystem *W-timeS* ist zeitinvariant.

*Beweis:* Wir haben zu zeigen, daß $(W\text{-}timeS) \rightarrow t \subset W\text{-}timeS$ gilt. Wir betrachten dazu die Zerlegung von *W-timeS* in $(W\text{-}time\,D \oplus_1 W\text{-}time\,id_X) \ominus W\text{-}time\,L$. Da $W\text{-}time\,id_X$ und auch *W-timeL* offensichtlich zeitinvariant sind, genügt es nachzuweisen, daß *W-timeD* zeitinvariant ist. Vereinbarungsgemäß ist dies der Fall, wenn gilt: (1) $X \rightarrow t \subset X$, (2) $Z \rightarrow t \subset Z$ und (3) $D \rightarrow t \subset D$. $D$ ist aber nach Definition von zeitlichen Verschiebungen nicht abhängig, so daß (1), (2) und (3) gilt (im Falle (1) gilt sogar strenger $X \rightarrow t = X$). *W-timeS* ist damit als zeitinvariant erkannt.

Bemerkung: Im allgemeinen ist *W-timeS* jedoch nicht stark zeitinvariant, denn die Menge $(Z \rightarrow t)(0)$ der zur Zeit $t$ von *W-timeS* erreichbaren Zustände kann eine echte Teilmenge von $\mathbb{R}^n$ sein, so daß damit dann auch $D \rightarrow t$ eine echte Teilmenge von $D$ ist.

Als nächstes fragen wir uns, ob der einem linearen zeitinvarianten Differentialsystem zugehörige W-Parzessor *parW-timeS* zeitinvariant ist. Es gilt auch hier:

**Satz 2:** Der zu einem linearen zeitinvarianten Differentialsystem $(X, Y, Z, D, \lambda)$ gehörige W-Parzessor *parW-timeS* ist zeitinvariant.

*Beweis:* Wir betrachten dazu die schon früher ermittelte Zerlegung
$parW\text{-}time\,K \ominus parW\text{-}time\,L$.
*parW-timeL* ist offensichtlich zeitinvariant, so daß es genügt, nur die Zeitinvarianz von

$$parW\text{-}time\,K = (\mathbb{R}^m, \mathbb{R}^n \times \mathbb{R}^m, X, Z \times X, \mathbb{R}^n, p_K, [0,\infty), +, <, 0)$$

festzustellen. Definitionsyemäß ist der um $t$ verschobene W-Parzessor $(parW\text{-}timeS) \rightarrow t$ gegeben durch

$$(parW\text{-}timeS) \rightarrow t = (\mathbb{R}^m, \mathbb{R}^n \times \mathbb{R}^m, X \rightarrow t, (Z \times X) \rightarrow t, (Z \rightarrow t)(0), p_K \rightarrow t, [0,\infty), +, <, 0).$$

Aus dem Beweis des vorhergehenden Satzes können wir entnehmen, daß $X \rightarrow t \subset X$, $(Z \times X) \rightarrow t \subset Z \times X$ und $(Z \rightarrow t)(0) \subset \mathbb{R}^n$ gilt, so daß nur noch der Nachweis von $p_K \rightarrow t \subset p_K$ übrigbleibt.
Dazu ist zu zeigen, daß für alle $q \in (Z \rightarrow t)(0)$ gilt $(p_K \rightarrow t)(q) = p_K(q)$. Wegen

$$(p_K \rightarrow t)(q) = \{(x, (z, x)) : x(D \rightarrow t) z \wedge z(0) = q\}$$

und $p_K(q) = \{(x, (z, x)) : xDz \wedge z(0) = q\}$ folgt dies aber sofort aus der Zeitinvarianz von $D$.

Auch hier kann die Bemerkung gemacht werden, daß *parW-timeS* im allgemeinen nicht stark zeitinvariant ist, da $(Z \rightarrow t)(0)$ im allgemeinen eine echte Teilmenge von $\mathbb{R}^n$ ist.
Als letztes bleibt noch zu untersuchen, wie es mit der Zeitinvarianz der einem linearen zeitinvarianten Differentialsystem $(X, Y, Z, \lambda)$ zugehörigen W-Zustandsdarstellung *staW-timeS* bestellt ist. Es gilt erwartungsgemäß:

**Satz 3:** Die zu einem linearen zeitinvarianten Differentialsystem $(X, Y, Z, D, \lambda)$ gehörige W-Zustandsdarstellung *staW-timeS* ist zeitinvariant.

*Beweis:* Es sei $staW\text{-}timeS = (\mathbb{R}^m, \mathbb{R}^p, X, Y, \mathbb{R}^n, \mathbb{R}^n, \phi, \beta, [0, \infty), +, <, 0)$.
Definitionsgemäß gilt dann

$$(staW\text{-}timeS) \rightarrow t = (\mathbb{R}^m, \mathbb{R}^p, X \rightarrow t, Y \rightarrow t, (Z \rightarrow t)(0), \mathbb{R}^n, \phi \rightarrow t, \beta \rightarrow t, [0, \infty), +, <, 0).$$

Wir wissen schon, daß $X \rightarrow t \subset X$, $Y \rightarrow t \subset Y$ und $(Z \rightarrow t)(0) \subset \mathbb{R}^n$ gilt. Es bleibt damit nur zu zeigen, daß des weiteren $\phi \rightarrow t \subset \phi$ und $\beta \rightarrow t \subset \beta$ wahr ist. Gilt $(t', q, u)(\phi \rightarrow t) q'$, so gibt es eine Inputfunktion $x \in X$ und einen Anfangszustand $q_0 \in \mathbb{R}^n$, so daß gilt $x \rightarrow t = u$, $\phi(t, q_0, x) = q$ und $\phi(t + t', q_0, x) = q'$. Es ist nachzuweisen, daß dann auch gilt $\phi(t', q, x \rightarrow t) = q'$. Die Richtigkeit zeigt folgende Rechnung:

$$\begin{aligned}
\phi(t', q, x \rightarrow t) &= \exp(t'\mathbf{A})\mathbf{q} + \int_0^{t'} \exp((t' - \tau)\mathbf{A})\mathbf{B}(\mathbf{x} \rightarrow t)(\tau) d\tau \\
&= \exp(t'\mathbf{A})\mathbf{q} + \int_0^{t'} \exp((t' - \tau)\mathbf{A})\mathbf{B}\,\mathbf{x}(t + \tau) d\tau \\
&= \exp(t'\mathbf{A})\mathbf{q} + \int_t^{t+t'} \exp((t + t' - \tau)\mathbf{A})\mathbf{B}\,\mathbf{x}(\tau) d\tau \\
&= \exp(t'\mathbf{A})\left(\exp(t\mathbf{A})\mathbf{q}_0 + \int_0^{t} \exp((t - \tau)\mathbf{A})\mathbf{B}\,\mathbf{x}(\tau) d\tau\right) + \\
&\quad \int_t^{t+t'} \exp((t + t' - \tau)\mathbf{A})\mathbf{B}\,\mathbf{x}(\tau) d\tau
\end{aligned}$$

$$= \exp((t+t')\mathbf{A})\mathbf{q}_0 + \int_0^{t+t'} \exp((t+t'-\tau)\mathbf{A})\mathbf{B}\,\mathbf{x}(\tau)d\tau$$
$$= \phi(t+t', q_0, x)$$
$$= \mathbf{q}'.$$

Offenbar gilt $\beta \rightarrow t = \beta$, so daß der Beweis des Satzes erbracht ist.
Damit ist es uns gelungen, die Zeitinvarianz der zu einem linearen zeitinvarianten Differentialsystem $(X, Y, Z, D, \lambda)$ gehörigen „Maschinen“ *W-timeS*, *parW-timeS* und *staW-timeS* nachzuweisen. Wir stellen nun die Frage nach ihrer Linearität und untersuchen dazu als erstes, welche algebraischen Strukturen in $(X, Y, Z, D, \lambda)$ gegeben sind. Wir stellen fest:

**Satz 4:** Das allgemeine System $(X, Z, D)$, das zum Trajektoriensystem *timeD* eines linearen zeitinvarianten Differentialsystems $(X, Y, Z, D, \lambda)$ gehört, ist linear.

*Beweis:* Gilt $xDz$ und $\bar{x}D\bar{z}$, so gilt für alle $t \in [0, \infty)$ die Aussage $\mathbf{z}'(t) = \mathbf{A}\,\mathbf{z}(t) + \mathbf{B}\,\mathbf{x}(t)$ und $\bar{\mathbf{z}}'(t) = \mathbf{A}\,\bar{\mathbf{z}}(t) + \mathbf{B}\,\bar{\mathbf{x}}(t)$. Es gilt dann aber auch $(\mathbf{z}+\bar{\mathbf{z}})'(t) = \mathbf{A}(\mathbf{z}+\bar{\mathbf{z}})(t) + \mathbf{B}(\mathbf{x}+\bar{\mathbf{x}})(t)$ und damit $(x+\bar{x})D(z+\bar{z})$.
Weiter gilt für beliebige reelle Zahlen $k \in \mathbb{R}$ dann auch $(k\mathbf{z})'(t) = \mathbf{A}(k\mathbf{z})(t) + \mathbf{B}(k\mathbf{x})(t)$, so daß auch $kxDkz$ gilt. Daß $X$ und $Z$ lineare Räume sind, folgt sofort aus $X = {}_1D$ und $Z = {}_2D$ mit dem in 10.1 diesbezüglich bewiesenen Satz.

In $\mathbb{R}^m$, $\mathbb{R}^p$, ist die übliche lineare Struktur angenommen. In den Funktionenmengen $X$ und $Y$ sei die lineare Struktur punktweise von den Wertebereichen $\mathbb{R}^m$ bzw. $\mathbb{R}^p$ induziert. Wir haben dann zu Satz 4 die unmittelbare Folgerung:

**Satz 5:** Das zu einem linearen zeitinvarianten Differentialsystem $(X, Y, Z, D, \lambda)$ gehörige Trajektoriensystem *timeD* ist linear.

Des weiteren gilt schließlich:

**Satz 6:** Das zu einem linearen zeitinvarianten Differentialsystem $(X, Y, Z, D, \lambda)$ gehörige allgemeine Zeitsystem *timeS* ist linear.

*Beweis:* Dies ist leicht einzusehen, wenn man wieder die Zerlegung von *timeS* in $timeS = (timeD \textcircled{\scriptsize{|}}_1\, time\,id_X) \ominus timeL$ betrachtet. $time\,id_X$ und *timeL* sind offensichtlich linear, *timeS* ist nach Satz 5 linear. Es ist dann mühelos zu folgern, daß die vorliegende Schaltung linearer allgemeiner Zeitsysteme auch linear ist.

Als nächstes sei der Parzessor *partimeS* eines linearen zeitinvarianten Differentialsystems auf seine Linearität hin untersucht. Wieder gehen wir dabei schrittweise vor. Als erstes zeigen wir:

**Satz 7:** Die Zustandsparametrisierung *par* $K = (X, Z, \mathbb{R}^n, p_K)$, die zum Kopfparzessor *partime* $K$ eines linearen zeitinvarianten Differentialsystems $(X, Y, Z, D, \lambda)$ gehört, ist linear.

*Beweis:* Wir gehen der Reihe nach die Forderungen an eine lineare Zustandsparametrisierung durch:

(1) $(X, Z \times X, K)$ ist linear, wie wir unmittelbar mit Satz 4 schließen können.

(2) $\mathbb{R}^n$ ist linear.

(3) Für die Parametrisierungsabbildung $p_K: \mathbb{R}^n \to P(X \times (Z \times X))$ gilt:

(3a) $p_K(0) = \{(x, (z, x)): xDz \wedge z(0) = 0\}$ ist ein Teilraum von $K$, denn für $(x, (z, x)), (\bar{x}, (\bar{z}, \bar{x})) \in p_K(0)$ gilt $xDz$ und $\bar{x}D\bar{z}$ und $z(0) = \bar{z}(0)$, somit auch $(x + \bar{x}) D (z + \bar{z})$ und $(z + \bar{z})(0)$, also auch $(x + \bar{x}, (z + \bar{z}, x + \bar{x})) \in p_K(0)$.
Weiter gilt für $k \in \mathbb{R}$ auch $kxDkz$ und $kz(0) = 0$, also auch $(kx, (kz, kx)) \in p_K(0)$.

(3b) Bezeichnen wir mit $\sigma_0$ die Abbildung, die gegeben ist durch $\sigma_0: \mathbb{R}^n \to Z: q_0 \mapsto \sigma_0(q_0) := z_0$ mit $0Dz_0$ und $z_0(0) = q_0$, so kann $p_K(q_0)$ angegeben werden in der Form

$$\begin{aligned} p_K(q_0) &= \{(x, (z, x)): xDz \wedge z(0) = q_0\} \\ &= \{(0, (\sigma_0(q_0), 0)) + p_K(0)\}. \end{aligned}$$

Die Werte $p_K(q_0)$ sind damit tatsächlich Elemente des Quotientenraumes $K/p_K(0)$. Man erkennt leicht, daß mit $p_K$ alle Elemente von $K/p_K(0)$ erreicht werden, denn gilt $xDz$, so gibt es einen Zustand $q_0 \in \mathbb{R}^n$, und es gilt dann $z = z_0 + z_1$ mit $\mathbf{z}_0(t) = \exp(t\mathbf{A})\mathbf{q}_0$ und

$$\mathbf{z}_1(t) = \int_0^t \exp((t - \tau)\mathbf{A})\mathbf{B}\,\mathbf{x}(\tau)\,d\tau.$$

Wir sehen daraus aber, daß gilt $z_0 = \sigma_0(q_0)$ und $(x, (z_1, x)) \in p_K(0)$. Es gilt dann $(x, (z, x)) = (0, (z_0, 0)) + (x, (z_1, x))$ und damit $(x, (z, x)) \in p_K(q_0)$.

(3c) Da $\sigma_0$ offenbar ein Vektorraumhomomorphismus von $\mathbb{R}^n$ in $Z$ ist, gilt für beliebige Zustände $q_0, \bar{q}_0$:

$$\begin{aligned} p_K(q_0 + \bar{q}_0) &= (0, (\sigma_0(q_0 + \bar{q}_0), 0)) + p_K(0) \\ &= (0, (\sigma_0(q_0) + \sigma_0(\bar{q}_0), 0)) + p_K(0) \\ &= (0, (\sigma_0(q_0), 0)) + (0, (\sigma_0(\bar{q}_0), 0)) + p_K(0) \\ &= p_K(q_0) \oplus p_K(\bar{q}_0). \end{aligned}$$

(3d) Für beliebige Zustände $q_0 \in \mathbb{R}^n$ und $\alpha \in \mathbb{R}$ gilt

$$\begin{aligned} p_K(\alpha q_0) &= (0, (\sigma_0(\alpha q_0), 0)) + p_K(0) \\ &= (0, (\alpha\sigma_0(q_0), 0)) + p_K(0) \\ &= \alpha(0, (\sigma_0(q_0), 0)) + p_K(0) \\ &= \alpha[(0, (\sigma_0(q_0), 0)) + p_K(0)] \\ &= \alpha \odot p_K(q_0). \end{aligned}$$

Damit ist Satz 7 vollständig bewiesen.

Für den Ausgabeparzessor *partime L* eines linearen zeitinvarianten Differentialsystems gilt erwartungsgemäß:

**Satz 8:** Die Zustandsparametrisierung *par* $L = (Z \times X, Y, \{0\}, p_L)$, die zum Ausgabeparzessor *partimeS* eines linearen zeitinvarianten Differentialsystems $(X, Y, Z, D, \lambda)$ gehört, ist linear.

*Beweis:* Wir gehen wieder der Reihe nach die Forderungen an eine lineare Zustandsparametrisierung durch:

(1) $(Z \times X, Y, L)$ ist linear.

(2) $\{0\}$ ist der Nullraum von $\mathbb{R}$.

(3) Für die Parametrisierungsabbildung

$$p_L : \{0\} \to P((Z \times X) \times Y) : 0 \mapsto p_L(0) = L$$

gilt offenbar:

(3a) $p_L(0)$ ist ein linearer Raum.

(3b) $\{L\} = L/L$.

(3c) und (3d) sind in trivialer Weise erfüllt.

Wir haben uns bereits in Abschnitt 12.2, Satz 5, überlegt, daß *partimeS* von der Serienschaltung *partime K* $\ominus$ *partime L* über $(id_X, id_Y, \gamma)$ simuliert wird. Es wird damit auch *parS* durch *par K* $\ominus$ *par L* über $(id_X, id_Y, \gamma)$ simuliert. Auch haben wir gesehen, daß *par K* und auch *par L* linear sind. In einer früheren Übung sollte gezeigt werden, daß die Serienschaltung linearer Zustandsparametrisierungen wieder linear ist. Berücksichtigen wir noch, daß die Simulationszuordnung $(id_X, id_Y, \gamma)$ einen Isomorphismus von *par S* mit *par K* $\ominus$ *par L* darstellt (die Abbildungen $id_X$, $id_Y$ und $\gamma$ sind offenbar Vektorraumisomorphismen), so erkennen wir, daß gilt

**Satz 9:** Die Zustandsparametrisierung *parS* = $(X, Y, \mathbb{R}^n, p)$, die zum Parzessor *partimeS* eines linearen zeitinvarianten Differentialsystems $(X, Y, Z, D, \lambda)$ gehört, ist linear.

Da die Linearität von Parzessoren einfach durch die Linearität der zugehörigen Zustandsparametrisierungen erklärt ist, gilt damit des weiteren:

**Korollar:** Die zu einem linearen zeitinvarianten Differentialsystem $(X, Y, Z, D, \lambda)$ gehörigen Parzessoren *partimeK*, *partimeL* und *partimeS* sind linear.

Es bleibt uns nur noch die Aufgabe, die einem linearen zeitinvarianten Differentialsystem $(X, Y, Z, D, \lambda)$ zugehörige Zustandsdarstellung *statimeS* im Hinblick auf ihre Linearität zu untersuchen.

Es gilt auch hier erwartungsgemäß

**Satz 10:** Die zu einem linearen zeitinvarianten Differentialsystem $(X, Y, Z, D, \lambda)$ gehörige Zustandsdarstellung *statimeS* = $(\mathbb{R}^m, \mathbb{R}^p, X, Y, \mathbb{R}^n, \mathbb{R}^n, \phi, \beta, [0,\infty), \leq, 0)$ ist linear.

*Beweis:* Wir gehen der Reihe nach die Forderungen durch, wie sie an eine lineare Zustandsdarstellung definitionsgemäß gestellt werden:

(1) *timeS* ist nach Satz 6 linear über $\mathbb{R}$.

(2) $\mathbb{R}^n$ ist ein linearer Raum über $\mathbb{R}$.

(3) Für $\phi$ gilt:

(3a) Gilt $(t, q_0, x)\phi q$ und $(t, \bar{q}_0, \bar{x})\phi\bar{q}$, so gibt es Trajektorien $z, \bar{z} \in Z$ mit $xDz$ und $\bar{x}D\bar{z}$ sowie $z(0) = q_0$, $z(t) = q$, $\bar{z}(0) = \bar{q}_0$ und $\bar{z}(t) = \bar{q}$. Da $D$ linear ist, gilt dann aber $(x + \bar{x})D(z + \bar{z})$ und $(z + z)(0) = q_0 + \bar{q}_0$ und $(z + \bar{z})(t) = q + \bar{q}$. Es gilt damit $(t, q_0 + \bar{q}_0, x + \bar{x})\phi q + \bar{q}$.

(3b) Gilt $(t, q_0, x)\phi q$, so gibt es eine Trajektorie $z \in Z$ mit $xDz$ und $z(0) = q_0$ und $z(t) = q$. Für beliebige $\alpha \in \mathbb{R}$ gilt dann auch $\alpha x D \alpha z$ und $\alpha z(0) = \alpha q_0$ und $\alpha z(t) = \alpha q$. Es gilt damit auch $(t, \alpha q_0, \alpha x)\phi\alpha q$.

(4) Die geforderte Linearität für $\beta$ ergibt sich sofort aus der von $\lambda$.

Wir haben damit gesehen, daß ein lineares zeitinvariantes Differentialsystem $(X, Y, Z, D, \lambda)$ sich in natürlicher Weise in seiner systemtheoretischen Struktur durch die von uns in Teil I vorgestellten Konstruktionen *timeS*, *partimeS* und *statimeS* erfassen läßt; des weiteren, daß alle diese Konstruktionen zeitinvariant und linear sind.

In den folgenden Abschnitten 12.4 und 12.5 wollen wir am Beispiel der Zustandsdarstellung *statimeS* demonstrieren, in welcher Weise die Eigenschaften „zeitinvariant" und „linear" zu einer bequemen Theorie der Steuerbarkeit und

Beobachtbarkeit führen; des weiteren, in welcher Weise hier diese Theorie mit der Reduktionstheorie zusammenhängt. Unsere Darstellung bleibt im Rahmen des bisherigen, so daß wir die Vorteile, die sich aus den Eigenschaften „zeitinvariant" und „linear" für die Formulierung ergeben, nicht voll ausnützen. Eine Darstellung, die gerade diese Vorteile benützt, liegt mit der „Kalman-Theorie" algebraischer Systeme vor [KA 1, KA 2, KA 3, AR 2].
In der Notation benutzen wir künftig der Einfachheit halber für die Zeitmenge immer $time = ([0, \infty), \leqq, t_0)$, obwohl wir damit auch, wenn notwendig, die zugehörige Windeknecht-Zeitmenge $W\text{-}time = ([0, \infty), +, <, t_0)$ meinen.

## 12.4 Steuerbarkeit und Beobachtbarkeit

Im Rahmen der Kontrolltheorie wurde in den letzten Jahren der Theorie der Steuerbarkeit und Beobachtbarkeit linearer zeitinvarianter Differentialsysteme großes Augenmerk geschenkt. Durch ihre Entwicklung sind wesentliche Struktureigenschaften dieser Systeme klargestellt worden. Die begrenzte Aussagekraft der klassischen Spektraldarstellung mittels der Fourier- und Laplacetransformation gegenüber der Zustandsdarstellung wurde dabei deutlich. Es kann hier nicht unser Ziel sein, diese Theorie in aller Vollständigkeit vorzustellen; wir wollen aber einige wichtige Resultate kennenlernen.
In Punkt 5.8 hatten wir bereits das Konzept der Steuerbarkeit und Beobachtbarkeit für Zustandsdarstellungen grundsätzlich dargestellt. Hier sollen uns vor allem Kriterien interessieren, die zur Feststellung der Steuerbarkeit und Beobachtbarkeit leicht zu handhaben sind. Wir werden sehen, daß sie für unseren Fall der linearen zeitinvarianten Differentialsysteme rein linear algebraisch angegeben werden können. Wir definieren zuerst:

**Definition 1:** Die zu einem linearen zeitinvarianten Differentialsystem $(X, Y, Z, D, \lambda)$ gehörige Zustandsdarstellung $statimeS$ heißt **zeitunabhängig in den Nullzustand steuerbar** ($T$-0-steuerbar), wenn dafür gilt

$$\bigwedge_{q_0 \in \mathbb{R}^n} \bigwedge_{t \in (0,\infty)} \bigvee_{x \in X} \phi(t, q_0, x) = 0 .$$

Es gilt dann der folgende Satz:

**Satz 1:** Für die zu $(X, Y, Z, D, \lambda)$ gehörige Zustandsdarstellung $statimeS$ sind folgende Aussagen äquivalent:

(1) $statimeS$ ist $T$-0-steuerbar.

(2) der Nullzustand 0 ist $T$-steuerbar.

(3) $statimeS$ ist $T$-steuerbar.

*Beweis:*

„(1) ⇒ (2)“: Aus $\phi(t, q_0, x) = 0$ folgt $\phi(t, 0, x) = -\phi(t, q_0, 0)$ oder gleichwertig dazu $\phi(t, 0, x) = -\exp(t\mathbf{A})\mathbf{q}_0$. Da $\exp(t\mathbf{A})$ regulär ist, folgt daraus (2).

„(2) ⇒ (3)“: Für ein beliebiges Tripel $(t, q_0, q) \in (0, \infty) \times \mathbb{R}^n \times \mathbb{R}^n$ sei $\bar{q}$ definiert durch $\bar{q} := \phi(t, q_0, 0)$. Gilt (2), so existieren Inputfunktionen $\bar{x}, \bar{\bar{x}} \in X$, so daß gilt $\phi(t, 0, \bar{x}) = -\bar{q}$ und $\phi(t, 0, \bar{\bar{x}}) = q$. Mit der Linearität von $\phi$ folgt dann $\phi(t, q_0, \bar{x}) = 0$ und weiter für $x := \bar{x} + \bar{\bar{x}}$ auch $\phi(t, q_0, x) = q$.

„(3) ⇒ (1)“: trivial.

Wir ersehen aus Satz 1, daß sich bei linearen zeitinvarianten Differentialsystemen die Frage der $T$-Steuerbarkeit auf die $T$-0-Steuerbarkeit reduziert. Das wichtigste Kriterium gibt aber der folgende Satz:

**Satz 2:** Die Zustandsdarstellung *statimeS* $= (\mathbb{R}^m, \mathbb{R}^p, X, Y, \mathbb{R}^n, \mathbb{R}^n, \phi, \beta, [0, \infty), \leqq, 0)$ eines linearen zeitinvarianten Differentialsystems $(X, Y, Z, D, \lambda) = [\mathbf{A}, \mathbf{B}, \mathbf{C}, \mathbf{D}]$ ist genau dann $T$-steuerbar, wenn die Matrix $Q_s$, die gegeben ist durch

$$Q_s := [\mathbf{B} \,|\, \mathbf{AB} \,|\, \ldots \,|\, \mathbf{A}^{n-1}\mathbf{B}],$$

den Rang $n$ hat.

*Beweis:* „⇒“: Ist *statimeS* $T$-steuerbar, dann ist der Nullzustand $T$-steuerbar, und zu jedem $t \in (0, \infty)$ und $q \in \mathbb{R}^n$ gibt es eine Inputfunktion $x \in X$, so daß gilt

$$\mathbf{q} = \int_0^t \exp((t-\tau)\mathbf{A})\mathbf{B}\,\mathbf{x}(\tau)\,d\tau \quad \text{oder}$$

$$\mathbf{q} = \exp(t\mathbf{A}) \int_0^t \exp(-\tau\mathbf{A})\mathbf{B}\,\mathbf{x}(\tau)\,d\tau.$$

Da $\exp(t\mathbf{A})$ regulär ist, folgt notwendigerweise, daß der lineare Operator $\mathbf{h}$, der gegeben ist durch

$$\mathbf{h}: X \to \mathbb{R}^n : \mathbf{x} \mapsto \mathbf{h}(x) := \int_0^t \exp(-\tau\mathbf{A})\mathbf{B}\,\mathbf{x}(\tau)\,d\tau,$$

surjektiv sein muß. Mit $\exp(-\tau\mathbf{A}) = \sum_{i=0}^{n-1} \alpha_i(\tau)\mathbf{A}^i$ und $\mathbf{B} = [\mathbf{b}_1 | \ldots | \mathbf{b}_m]$ sowie $(x_1, \ldots, x_m)$ können wir $\mathbf{h}(x)$ darstellen in der Form

$$\mathbf{h}(x) = \sum_{i=0}^{n-1} \sum_{j=1}^{m} c_{ij}\mathbf{A}^i\mathbf{b}_j,$$

wobei die Koeffizienten $c_{ij}$ gegeben sind durch

$$c_{ij} := \int_0^t \alpha_i(\tau) x_j(\tau)\, d\tau \quad (i = 0, \ldots, n-1, j = 1, \ldots, m).$$

Dies ist aber gerade eine Linearkombination der Spaltenvektoren der Matrix $[\mathbf{B}|\mathbf{AB}|..|\mathbf{A}^{n-1}\mathbf{B}]$, die damit den Rang $n$ haben muß.

„$\Leftarrow$": Wir führen folgende Aussagen (1)–(4) ein:

(1) $[\mathbf{B}|\mathbf{AB}|\ldots|\mathbf{A}^{n-1}\mathbf{B}]$ hat Rang $n$.

(2) $\bigwedge_{t\in(0,\infty)} \bigwedge_{q\in\mathbb{R}^n} (\mathbf{q} \neq \mathbf{0} \Rightarrow \bigvee_{\tau\in(0,t]} ((\exp(-\tau\mathbf{A})\mathbf{B})^{\sim}\mathbf{q} \neq \mathbf{0})$.

(3) $\bigwedge_{t\in(0,\infty)} \int_0^t (\exp(-\tau\mathbf{A})\mathbf{B})^{\sim}(\exp(-\tau\mathbf{A})\mathbf{B})\, d\tau$ ist positiv definit.

(4) *statimeS* ist $T$-steuerbar.

Wir zeigen, daß gilt (1) $\Rightarrow$ (2) $\Rightarrow$ (3) $\Rightarrow$ (4).

„(1) $\Rightarrow$ (2)": (Kontraposition): Gibt es einen von $\mathbf{0}$ verschiedenen Vektor $\mathbf{q}\in\mathbb{R}^n$ und einen Zeitpunkt $t\in(0,\infty)$, so daß für alle $\tau\in(0,t]$ gilt $(\exp(-\tau\mathbf{A})\mathbf{B})^{\sim}\mathbf{q} = \mathbf{0}$, so differenzieren wir die Funktion $(\exp(-(.)\mathbf{A})\mathbf{B})^{\sim}\mathbf{q} : (0,t] \to \mathbb{R}^n$ $(n-1)$mal und erhalten damit für alle $\tau\in(0,t]$ die Aussage $(\exp(-\tau\mathbf{A})\mathbf{A}^i\mathbf{B})^{\sim}\mathbf{q} = \mathbf{0}$ $(i = 0, 1, \ldots, n-1)$ oder äquivalent dazu

$$(\mathbf{A}^i\mathbf{B})^{\sim}(\exp(-\tau\mathbf{A}))^{\sim}\mathbf{q} = \mathbf{0} \quad (i = 0, 1, \ldots, n-1).$$

Daraus folgt, daß die Blockmatrix mit den Zeilen $\tilde{\mathbf{B}}, (\mathbf{AB})^{\sim}, \ldots, (\mathbf{A}^{n-1}\mathbf{B})^{\sim}$ einen kleineren Rang als $n$ hat. Ihre Transponierte ist gerade $[\mathbf{B}|\mathbf{AB}|..|\mathbf{A}^{n-1}\mathbf{B}]$, so daß auch diese einen Rang kleiner als $n$ hat. Damit ist auch (2) verneint und (1) $\Rightarrow$ (2) gilt.

„(2) $\Rightarrow$ (3)": (Kontraposition): Gibt es einen Zeitpunkt $t\in(0,\infty)$, so daß die Matrix

$$\int_0^t (\exp(-\tau\mathbf{A})\mathbf{B})^{\sim}(\exp(-\tau\mathbf{A})\mathbf{B})\, d\tau$$

nicht positiv definit ist, so finden wir auch einen Zustand $q\in\mathbb{R}^n$ mit $q \neq 0$, so daß gilt

$$\tilde{\mathbf{q}}\left(\int_0^t (\exp(-\tau\mathbf{A})\mathbf{B})^{\sim}(\exp(-\tau\mathbf{A})\mathbf{B})\, d\tau\right)\mathbf{q} = \mathbf{0}$$

oder äquivalent dazu

$$\int_0^t \tilde{\mathbf{q}}(\exp(-\tau\mathbf{A})\mathbf{B})^{\sim}(\exp(-\tau\mathbf{A})\mathbf{B})\mathbf{q}\, d\tau = \mathbf{0}\,.$$

Definieren wir die Funktion $g:(0,t] \to \mathbb{R}^m$ durch $\tau \mapsto \mathbf{g}(\tau) := (\exp(-\tau \mathbf{A})\mathbf{B})^{\sim}\mathbf{q}$, so gilt damit dann

$$\int_0^t |g(\tau)|^2 d\tau = 0, \quad \text{wobei} \quad |.|:\mathbb{R}^m \to \mathbb{R}$$

die euklidische Norm von $\mathbb{R}^m$ bedeutet. Daraus folgt aber, daß für alle $\tau \in (0,t]$ gelten muß $g(\tau)=0$ oder äquivalent dazu $(\exp(-\tau \mathbf{A})\mathbf{B})^{\sim}\mathbf{q} = \mathbf{0}$. Damit ist aber (2) verneint und (2) $\Rightarrow$ (3) gilt.

„(3) $\Rightarrow$ (4)“: Nach Satz 1 genügt es, wenn wir zeigen, daß aus (3) folgt, daß *statimeS* $T$-0-steuerbar ist. Gilt (3), so ist für jedes $t \in (0,\infty)$ die Matrix

$$\Phi(t) := \int_0^t (\exp(-\tau \mathbf{A})\mathbf{B})(\exp(-\tau \mathbf{A})\mathbf{B})^{\sim} d\tau$$

regulär.

Zu jedem Anfangszustand $q_0 \in \mathbb{R}^n$ konstruieren wir dann die Inputfunktion $x:[0,\infty) \to \mathbb{R}^m : \tau \mapsto x(\tau)$ durch

$$\mathbf{x}(\tau) := -(\exp(-\tau \mathbf{A})\mathbf{B})^{\sim} \Phi(t)^{-1}\mathbf{q}_0 .$$

Es gilt dann

$$\begin{aligned}
\phi(t, q_0, x) &= \exp(t\mathbf{A})\mathbf{q}_0 + \int_0^t \exp((t-\tau)\mathbf{A})\mathbf{B}\,\mathbf{x}(\tau)d\tau \\
&= \exp(t\mathbf{A})\mathbf{q}_0 - \exp(t\mathbf{A}) \int_0^t \exp(-\tau \mathbf{A})\mathbf{B}(\exp(-\tau \mathbf{A})\mathbf{B})^{\sim} \Phi(t)^{-1}\mathbf{q}_0 d\tau \\
&= \exp(t\mathbf{A})\mathbf{q}_0 - \exp(t\mathbf{A})\Phi(t)^{-1}\mathbf{q}_0 \\
&= \exp(t\mathbf{A})\mathbf{q}_0 - \exp(t\mathbf{A})\mathbf{q}_0 \\
&= 0 .
\end{aligned}$$

Damit ist Satz 2 bewiesen. Neben Satz 2 wird oft noch folgender Satz für die Zustandsdarstellung *statimeS* eines Differentialsystems $[\mathbf{A}, \mathbf{B}, \mathbf{C}, \mathbf{D}]$ angeführt.

**Satz 3:** *statimeS* ist genau dann $T$-steuerbar, wenn *statimeS* steuerbar ist.

*Beweis:*

„$\Rightarrow$“: Ist *statimeS* steuerbar, so gibt es zum Anfangszustand $0 \in \mathbb{R}^n$ und zu jedem Zustand $q \in \mathbb{R}^n$ ein Paar $(t,x) \in (0,\infty) \times X$, so daß

$$\mathbf{q} = \int_0^t \exp((t-\tau)\mathbf{A})\mathbf{B}\,\mathbf{x}(\tau)d\tau$$

gilt. Aus dem ersten Teil des Beweises von Satz 2 sehen wir dann, daß $[\mathbf{B}|\mathbf{AB}|\ldots|\mathbf{A}^{n-1}\mathbf{B}]$ den Rang $n$ hat. Nach Satz 2 ist dann *statimeS* $T$-steuerbar.

„$\Leftarrow$“: trivial.

Des weiteren ersehen wir im Beweis des Satzes 2, daß das folgende Korollar gilt:

**Korollar zu Satz 2:** In jeder steuerbaren Zustandsdarstellung *statimeS* von $[\mathbf{A}, \mathbf{B}, \mathbf{C}, \mathbf{D}]$ haben wir für jeden Anfangszustand $q_0 \in \mathbb{R}^n$ und jeden Zeitpunkt $t \in (0, \infty)$ mit

$$x:[0,\infty) \to \mathbb{R}^m : \tau \mapsto \mathbf{x}(\tau) := -(\exp(-\tau\mathbf{A})\mathbf{B})^{\sim} \Phi(t)^{-1}\mathbf{q}_0$$

$$\left(\Phi(t) := \int_0^t (\exp(-\tau\mathbf{A})\mathbf{B})(\exp(-\tau\mathbf{A})\mathbf{B})^{\sim}\, d\tau\right)$$

eine Inputfunktion zur Verfügung, für die gilt $\phi(t, q_0, x) = 0$.

Wir betrachten nun $(X, Y, Z, D, \lambda)$ bezüglich der Beobachtbarkeit. Dazu definieren wir in Ergänzung zu Abschnitt 5.8:

**Definition 2:** Die zu einem linearen zeitinvarianten Differentialsystem $(X, Y, Z, D, \lambda)$ gehörige Zustandsdarstellung *statimeS* heißt **zeitunabhängig mit dem Nullinput beobachtbar** (T-0-beobachbar), wenn dafür gilt

$$\bigwedge_{t\in[0,\infty)} \; \bigwedge_{(0,y)\in S} \; \bigwedge_{q_0\in\mathbb{R}^n} q_0 \in Q_0(0, y, t) \Rightarrow Q_0(0, y, t) = \{q_0\}.$$

Es gilt der folgende Satz:

**Satz 4:** Für die zu $(X, Y, Z, D, \lambda)$ gehörige Zustandsdarstellung *statimeS* sind folgende Aussagen äquivalent:

(1) *statimeS* ist $T$-0-beobachtbar.

(2) der Nullzustand 0 ist $T$-beobachtbar.

(3) *statimeS* ist $T$-beobachtbar.

*Beweis:*

„(1) $\Rightarrow$ (2)“: Für alle $t \in (0, \infty)$ gilt offenbar stets $0 \in Q_0(0, 0, t)$. Gilt weiter (1), so folgt daraus $Q_0(0, 0, t) = \{0\}$. Gilt für ein beliebiges Tripel $(x, y, t)$ neben $0 \in Q_0(x, y, t)$ auch noch $q_0 \in Q_0(x, y, t)$, so folgt mit der Linearität von *statimeS*, daß dann auch gilt $q_0 \in Q_0(0, 0, t)$. Es ist damit aber $q_0 = 0$; der Nullzustand ist damit $T$-beobachtbar.

„(2) $\Rightarrow$ (3)“: Für ein beliebiges Tripel $(x, y, t) \in X \times Y \times [0, \infty)$ sei $q_0, \bar{q}_0 \in Q_0(x, y, t)$. Wegen der Lineartität von *statimeS* gilt dann

$q_0 - \bar{q}_0 \in Q_0(0, 0, t)$. Gilt (2), so folgt, da stets $0 \in Q_0(0, 0, t)$ gilt, $q_0 - \bar{q}_0 = 0$ also $q_0 = \bar{q}_0$. *statimeS* ist damit *T*-beobachtbar.

„(3) ⇒ (1)“: trivial.

Für die Beobachtbarkeit von *statimeS* gibt es einen analog zu Satz 2 gebauten Satz:

**Satz 5:** Die Zustandsdarstellung $statimeS = (\mathbb{R}^m, \mathbb{R}^p, X, Y, \mathbb{R}^n, \mathbb{R}^n, \phi, \beta, [0, \infty), \leqq, 0)$ eines linearen zeitinvarianten Differentialsystems $(X, Y, Z, D, \lambda) = [\mathbf{A}, \mathbf{B}, \mathbf{C}, \mathbf{D}]$ ist genau dann *T*-beobachtbar, wenn die Matrix $Q_b$, die gegeben ist durch

$$Q_b := [\tilde{\mathbf{C}} | \tilde{\mathbf{A}}\tilde{\mathbf{C}} | \dots | \tilde{\mathbf{A}}^{n-1} \tilde{\mathbf{C}}],$$

den Rang $n$ hat.

*Beweis:*

„⇒“: (Kontraposition): Ist der Rang von $Q_b$ kleiner als $n$, so gibt es einen Zustand $q_0 \in \mathbb{R}^n$ mit $q_0 \neq 0$ und $\tilde{Q}_b \mathbf{q}_0 = \mathbf{0}$. Es ist dann

$$\mathbf{C}\,\mathbf{q}_0 = \mathbf{C}\,\mathbf{A}\,\mathbf{q}_0 = \dots = \mathbf{C}\,\mathbf{A}^{n-1}\,\mathbf{q}_0 = 0.$$

Für beliebiges $t$ kann jede Funktion $y \in Y$, für die gilt $q_0 \in Q_0(0, y, t)$, über dem Intervall $[0, t)$ dargestellt werden durch $y^t : [0, t) \to \mathbb{R}^p$ mit $\mathbf{y}^t(t') = \mathbf{C} \exp(t'\mathbf{A})\mathbf{q}_0$. Stellen wir $\exp(t'\mathbf{A})$ durch $\exp(t'\mathbf{A}) = \sum_{i=0}^{n-1} \alpha_i(t')\mathbf{A}^i$ dar, so können wir auch schreiben $\mathbf{y}^t(t') = \sum_{i=0}^{n-1} \alpha_i(t')\mathbf{C}\,\mathbf{A}^i\mathbf{q}_0$.

Mit der vorangegangenen Überlegung sehen wir, daß gilt $y^t = 0^t$. Damit gilt aber auch $0 \in Q_0(0, y, t)$, und *statimeS* ist nicht *T*-0-beobachtbar und damit nach Satz 3 auch nicht T-beobachtbar.

„⇐“: (Kontraposition): Ist *statimeS* nicht *T*-beobachtbar, so ist *statimeS* auch nicht *T*-0-beobachtbar. Es gibt dann einen Zeitpunkt $t \in [0, \infty)$, eine Outputfunktion $y \in Y$ und Anfangszustände $\bar{q}_0, \bar{\bar{q}}_0 \in \mathbb{R}^n$ mit $\bar{q}_0 \neq \bar{\bar{q}}_0$, so daß gilt $\bar{q}_0 \in Q_0(0, y, t)$ und $\bar{\bar{q}}_0 \in Q_0(0, y, t)$.
Für den Zustand $q_0 := \bar{q}_0 - \bar{\bar{q}}_0$ gilt dann $q_0 \neq 0$ und $q_0 \in Q_0(0, 0, t)$. Die Funktion $f : [0, t) \to \mathbb{R}^p : t' \mapsto \mathbf{f}(t') := \mathbf{C} \exp(t'\mathbf{A})\mathbf{q}_0$ ist damit eine Nullfunktion auf $[0, t)$; ebenso die Ableitungen. Es gilt also $f = f' = \dots = f^{(n-1)} = 0$.
Wir haben für $t' \in [0, t)$ damit $\mathbf{C} \exp(t'\mathbf{A})\mathbf{q}_0 = \mathbf{0}$, $\mathbf{C}\,\mathbf{A} \exp(t'\mathbf{A})\mathbf{q}_0 = \mathbf{0}, \dots$ $\mathbf{C}\,\mathbf{A}^{n-1} \exp(t'\mathbf{A})\mathbf{q}_0 = \mathbf{0}$. Setzen wir $t' = 0$, so erhalten wir damit $\mathbf{C}\,\mathbf{q}_0 =$

$\mathbf{C\,A\,q}_0 = \ldots = \mathbf{C\,A}^{n-1}\mathbf{q}_0 = \mathbf{0}$ und damit auch $\tilde{Q}_b\mathbf{q}_0 = \mathbf{0}$. Wegen $q_0 \neq 0$ ist damit der Rang von $Q_b$ kleiner als $n$.

Analog zu Satz 3 haben wir für die Beobachtbarkeit einer Zustandsdarstellung *statimeS* von $[\mathbf{A}, \mathbf{B}, \mathbf{C}, \mathbf{D}]$ den folgenden Satz:

**Satz 6:** *statimeS* ist genau dann *T*-beobachtbar, wenn *statimeS* beobachtbar ist.

*Beweis:*

„$\Rightarrow$": (Kontraposition): Ist *statimeS* nicht *T*-beobachtbar, so hat nach Satz 5 die Matrix $Q_b$ einen Rang kleiner als $n$. Es gibt dann einen Anfangszustand $q_0 \in \mathbb{R}^n$ mit $q_0 \neq 0$, so daß $\tilde{Q}_b\mathbf{q}_0 = \mathbf{0}$ gilt. Aus dem ersten Teil des Beweises von Satz 5 sehen wir dann, daß für alle $t \in (0, \infty)$ neben $0 \in Q_0(0, 0, t)$ auch noch $q_0 \in Q_0(0, 0, t)$ gilt. *statimeS* ist damit nicht beobachtbar.

„$\Leftarrow$": trivial.

Eine Methode, mit der man bei einer beobachtbaren Zustandsdarstellung *statimeS* aus der „Beobachtung" den Anfangszustand berechnen kann, soll in einer der nachfolgenden Übungsaufgaben behandelt werden.

Die Sätze 1–6 dieses Abschnitts gaben uns einen ersten Einblick in die Theorie der Steuerbarkeit und Beobachtbarkeit bei linearen zeitinvarianten Differentialsystemen, die wir in der Form $[\mathbf{A}, \mathbf{B}, \mathbf{C}, \mathbf{D}]$ dargestellt haben. Im speziellen zeigte uns Satz 2 und Satz 5, daß zur Feststellung der Steuerbarkeit oder der Beobachtbarkeit ein rein linear algebraisches Kriterium ausreicht. Weiter sahen wir in Satz 3 und Satz 6, daß die entsprechenden zeitglobalen und zeitlokalen Begriffe, wie sie mit „*T*-steuerbar", „*T*-beobachtbar" bzw. „steuerbar" und „beobachtbar" vorliegen, hier zusammenfallen. Alle Sätze haben als wesentliche Voraussetzung die Eigenschaften „linear" und „zeitinvariant" der Zustandsdarstellung *statimeS* benutzt.
Wir werden im nachfolgenden Kapitel auf das Konzept der Steuerbarkeit und Beobachtbarkeit zurückkommen. Die Wichtigkeit dieser Begriffe für die Bewältigung praktischer Fragestellungen wird dann deutlicher werden. Verschiedentlich wird eingewendet, daß „in der Praxis die Systeme stets steuer- und beobachtbar sind". Dies ist kein Einwand, der sich gegen die Theorie ausspricht, denn er war gültig, solange man es mit relativ einfachen Systemkonstruktionen zu tun hatte. Bei diesen war es möglich, die Synthese- und Analyseverfahren auf das „äußere Verhalten" aufzubauen und die „innere Struktur" zu vernachlässigen.
Die erst in jüngster Zeit entstandenen neuen Möglichkeiten der Realzeit-

Synthese multivariabler Systeme mit Hilfe elektronischer Rechner, sowie der technologische Fortschritt bei der Steuerung und Regelung multivariabler Prozesse verlangen aber mit großer Dringlichkeit eine genauere Betrachtung der „inneren Struktur" der zugrundeliegenden Systeme. Das Konzept der Zustandsdarstellung und die Theorie der Steuerbarkeit und Beobachtbarkeit haben sich dabei als wichtige Hilfsmittel erwiesen.

## 12.5 Kalman-Zerlegung

In der folgenden Strukturuntersuchung für Zustandsdarstellungen *statimeS* linearer zeitinvarianter Differentialsysteme $(X, Y, Z, D, \lambda)$ geht es uns darum, in *statimeS* „Teile" festzustellen, die sich durch besondere Verhaltens-, Steuerbarkeits- bzw. Beobachtbarkeitseigenschaften auszeichnen und die „zusammengeschaltet" wieder *statimeS* ergeben.
Zunächst erörtern wir die Begriffe der Zustandshomomorphie und Zustandsisomorphie. Es gelingt uns dann stets, zu $(X, Y, Z, D, \lambda)$ und $sta(D, \lambda)timeS$ zustandsisomorphe Darstellungen zu finden, an denen Aussagen über deren Steuerbarkeit bzw. Beobachtbarkeit leichter abzulesen sind (Kalman Zerlegung).
Anschließend behandeln wir die Zustandsreduktion und Prozeßreduktion und deren Beziehung zur Beobachtbarkeit bzw. Steuerbarkeit mit einem wesentlichen Ergebnis, ausgedrückt in der Formel „minimal = steuerbar und beobachtbar".

Wir gehen aus von linearen zeitinvarianten Differentialsystemen $(X, Y, Z, D, \lambda)$ und $(X^*, Y^*, Z^*, D^*, \lambda^*)$ mit den zugehörigen Zustandsdarstellungen

$$sta(D, \lambda)timeS = (\mathbb{R}^m, \mathbb{R}^p, X, Y, \mathbb{R}^n, \mathbb{R}^n, \phi, \beta, [0, \infty), \leqq, 0) \quad \text{und}$$

$$sta(D^*, \lambda^*)timeS^* = (\mathbb{R}^{m^*}, \mathbb{R}^{p^*}, X^*, Y^*, \mathbb{R}^{n^*}, \mathbb{R}^{n^*}, \phi^*, \beta^*, [0, \infty), \leqq, 0)$$

und definieren dann dafür folgenden speziellen Fall der Simulation von $sta(D, \lambda)timeS$ durch $sta(D^*, \lambda^*)timeS^*$:

**Definition 1:** $sta(D, \lambda)timeS$ wird von $sta(D^*, \lambda^*)timeS^*$ **verhaltensgleich** über $\gamma_0$ simuliert, wenn

(1) $m^* = m, p^* = p, X^* = X, Y^* = Y$.

(2) $timeS^* = timeS$.

(3) $sta(D, \lambda)timeS$ von $sta(D^*, \lambda^*)timeS^*$ über $(\alpha, \eta, \gamma, \alpha^*, \gamma_0, \tau)$ simuliert wird, wobei für die Simulationszuordnung gilt:

(3.1) $\alpha = id_{\mathbb{R}^m}$.

(3.2) $\eta = id_{\mathbb{R}^p}$.

(3.3) $\gamma: [0, \infty) \times \mathbb{R}^n \rightarrow [0, \infty) \times \mathbb{R}^{n*} : (t, q) \mapsto \gamma(t, q) := (t, \gamma_0(q))$.

(3.4) $\alpha^* = id_X$.

(3.5) $\gamma_0 : \mathbb{R}^n \rightarrow \mathbb{R}^{n*}$ ist $\begin{cases} \text{surjektiv wenn } n \geqq n^*, \\ \text{injektiv wenn } n \leqq n^*. \end{cases}$

(3.6) $\tau = id_{[0,\infty)}$.

Simuliert *sta*$(D^*, \lambda^*)$*timeS** verhaltensgleich *sta*$(D, \lambda)$*timeS*, so sind alle „äußeren Merkmale" dieser beiden Zustandsdarstellungen dieselben. Sie sind ihrem äußeren Verhalten nach nicht voneinander unterscheidbar. Wir sagen dann auch, *sta*$(D, \lambda)$*timeS* und *sta*$(D^*, \lambda^*)$*timeS** sind **verhaltensgleich**. Man erkennt leicht, daß die damit definierte Relation „verhaltensgleich" als eine Äquivalenzrelation auf der Menge aller Zustandsdarstellungen angesehen werden kann, die zu linearen zeitinvarianten Differentialsystemen gehören. Von der Zustandszuordnung $\gamma_0 : \mathbb{R}^n \rightarrow \mathbb{R}^{n*}$ ist bei der verhaltensgleichen Simulation nur verlangt, daß sie surjektiv bei $n \geqq n^*$ bzw. injektiv bei $n \leqq n^*$ ist (beachte, daß $\gamma_0$ für $n = n^*$ somit bijektiv zu sein hat). $\gamma_0$ kann damit auch nichtlinear sein. Für den praktischen Fall der verhaltensgleichen Simulation einer Zustandsdarstellung *statimeS* wird man $\gamma_0$ aber möglichst bequem einrichten, nämlich linear. Dies führt uns zu folgender Definition:

**Definition 2:** *sta*$(D, \lambda)$*timeS* wird **zustandshomomorph** über $\gamma_0$ von *sta*$(D^*, \lambda^*)$ *timeS* simuliert, wenn gilt:

(1) *sta*$(D, \lambda)$*timeS* wird verhaltensgleich über $\gamma_0$ von *sta*$(D^*, \lambda^*)$*timeS* simuliert.

(2) $\gamma_0 : \mathbb{R}^n \rightarrow \mathbb{R}^{n*}$ ist linear.

Wird *sta*$(D, \lambda)$*timeS* von *sta*$(D^*, \lambda^*)$*timeS* über $\gamma_0$ zustandshomomorph simuliert, so nennen wir auch *sta*$(D^*, \lambda^*)$*timeS** das von $\gamma_0$ erzeugte **zustandshomomorphe Bild** von *sta*$(D, \lambda)$*timeS*. Wir sagen dann auch *sta*$(D^*, \lambda^*)$*timeS** ist **zustandshomomorph** zu *sta*$(D, \lambda)$*timeS*. Die Abbildung $\gamma_0$ nennen wir hier den **Zustandshomomorphismus** von *sta*$(D, \lambda)$*timeS* in *sta*$(D^*, \lambda^*)$*timeS*.
Eine zustandshomomorphe Simulation gestattet eine einfache Übertragung der Probleme von *sta*$(D, \lambda)$*timeS* auf *sta*$(D^*, \lambda^*)$*timeS**, wo sie vielleicht bequemer zu lösen sind. Haben der Zustandsraum $\mathbb{R}^{n*}$ des „Simulators" *sta*$(D^*, \lambda^*)$*timeS** und der Zustandsraum $\mathbb{R}^n$ des „Simulanten" *sta*$(D, \lambda)$*timeS* gleiche Dimension, gilt also $n^* = n$, so ist der Zustandshomomorphismus $\gamma_0$ nach unserer Definition eine bijektive lineare Funktion $\gamma_0 : \mathbb{R}^n \rightarrow \mathbb{R}^n$. Wir sprechen in diesem Spe-

zialfall von einem **Zustandsisomorphismus** von $sta(D, \lambda)timeS$ in $sta(D^*, \lambda^*)timeS^*$. $sta(D^*, \lambda^*)timeS^*$ ist dann das von $\gamma_0$ erzeugte **zustandsisomorphe Bild** von $sta(D, \lambda)timeS$.
Zu jedem Zustandsisomorphismus $\gamma_0$ von $sta(D, \lambda)timeS$ in $sta(D^*, \lambda^*)timeS^*$ ist mit $\gamma_0^{-1}$ offenbar ein solcher von $sta(D^*, \lambda^*)timeS^*$ in $sta(D, \lambda)timeS$ gegeben. Die Relation „zustandsisomorph" zwischen Zustandsdarstellungen ist, wie man sich schnell überlegt, eine Äquivalenzrelation auf der Menge aller Zustandsdarstellungen linearer zeitinvarianter Differentialsysteme. Existiert also zwischen zwei Zustandsdarstellungen ein Zustandsisomorphismus, so können wir diese zueinander **zustandsisomorph** nennen.
Analoge Überlegungen bezüglich Verhaltensgleichheit und Zustandshomomorphie können auch für die linearen zeitinvarianten Differentialsystemen $(X, Y, Z, D, \lambda)$ zugehörigen Parzessoren $par(D, \lambda)timeS$ angestellt werden, und wir überlassen es dem Leser in einer Übungsaufgabe die Relationen „verhaltensgleich", „zustandshomomorph" und „zustandsisomorph" auf der Menge aller solcher Parzessoren zu definieren (12.7 Ü 8). Diese Definition werden wir später noch benutzen.
Wir wollen nun für den speziellen Fall der Zustandsisomorphie untersuchen, wie diese sich in den zugehörigen Darstellungen ausdrückt.
Gegeben seien also zwei Zustandsdarstellungen $sta(D, \lambda)timeS$ und $sta(D^*, \lambda^*)timeS^*$, die zueinander über $\gamma_0 \colon \mathbb{R}^n \to \mathbb{R}^n$ zustandsisomorph sein sollen. Da eine Simulation vorliegt, gilt stets

(1) $\phi^*(t, \gamma_0(q_0), x) = \gamma_0(\phi^*(t, q_0, x))$ und
(2) $\beta^*(t, \gamma_0(q), a) = \beta(t, q, a)$.

Sind $[\mathbf{A}, \mathbf{B}, \mathbf{C}, \mathbf{D}]$ und $[\mathbf{A}^*, \mathbf{B}^*, \mathbf{C}^*, \mathbf{D}^*]$ die zu $sta(D, \lambda)timeS$ bzw. $sta(D^*, \lambda^*)timeS$ gehörigen Matrizendarstellungen der entsprechenden Differentialsysteme und $\mathbf{P}$ die Matrix, die $\gamma_0$ bezüglich der Einheitsbasis in $\mathbb{R}^n$ darstellt, so können wir dafür auch schreiben

(1′) $$\exp(t\mathbf{A}^*)\mathbf{P}\mathbf{q}_0 + \int_0^t \exp((t-\tau)\mathbf{A}^*)\mathbf{B}^*\mathbf{x}(\tau)d\tau =$$

$$\mathbf{P}\exp(t\mathbf{A})\mathbf{q}_0 + \mathbf{P}\int_0^t \exp((t-\tau)\mathbf{A})\mathbf{B}\,\mathbf{x}(\tau)d\tau \quad \text{und}$$

(2′) $\mathbf{C}^*\mathbf{P}\mathbf{q} + \mathbf{D}^*\mathbf{a} = \mathbf{C}\mathbf{q} + \mathbf{D}\mathbf{a}$.

Für $x = 0$ folgt aus (1′) $\exp(t\mathbf{A}^*)\mathbf{P}\mathbf{q}_0 = \mathbf{P}\exp(t\mathbf{A})\mathbf{q}_0$ und äquivalent dazu $\exp(t\mathbf{P}^{-1}\mathbf{A}^*\mathbf{P})\mathbf{q}_0 = \exp(t\mathbf{A})\mathbf{q}_0$, woraus folgt, daß gilt $\mathbf{A} = \mathbf{P}^{-1}\mathbf{A}^*\mathbf{P}$. Für $q_0 = 0$ folgt aus (1′) wegen $\mathbf{P}^{-1}\exp((t-\tau\mathbf{A}^*)\mathbf{B}^* = \exp((t-\tau)\mathbf{A})\mathbf{P}^{-1}\mathbf{B}^*$ die

Beziehung $\mathbf{B} = \mathbf{P}^{-1}\mathbf{B}^*$. Schließlich bekommen wir aus (2′) für $a = 0$, $\mathbf{C} = \mathbf{C}^*\mathbf{P}$ und für $q = 0$, $\mathbf{D} = \mathbf{D}^*$. Offenbar gilt damit des weiteren $\mathbf{A}^* = \mathbf{PAP}^{-1}$, $\mathbf{B}^* = \mathbf{PB}$ und $\mathbf{C}^* = \mathbf{CP}^{-1}$.

Wir haben damit den Satz:

**Satz 1:** Ist $sta(D^*, \lambda^*)timeS^*$ ein zustandsisomorphes Bild von $sta(D, \lambda)timeS$, so bestehen zwischen den zugehörigen Matrizen $\mathbf{A}^*$, $\mathbf{B}^*$, $\mathbf{C}^*$, $\mathbf{D}^*$ und $\mathbf{A}$, $\mathbf{B}$, $\mathbf{C}$, $\mathbf{D}$ die Beziehungen

$$\mathbf{A}^* = \mathbf{PAP}^{-1},\ \mathbf{B}^* = \mathbf{PB},\ \mathbf{C}^* = \mathbf{C}\,\mathbf{P}^{-1},\ \mathbf{D}^* = \mathbf{D},$$

wobei $\mathbf{P}$ die Matrixdarstellung des Zustandsisomorphismus $\gamma_0: \mathbb{R}^n \to \mathbb{R}^n$ bezüglich der Einheitsbasis in $\mathbb{R}^n$ ist.

Wir sehen aus diesem Ergebnis, daß $\mathbf{A}^*$ aus $\mathbf{A}$ mittels einer Ähnlichkeitstransformation entsteht. In anderen Darstellungen findet man daher auch statt „zustandsisomorph" die Bezeichnung „ähnlich". Weiter haben wir damit Anschluß an die Standardverfahren der Linearen Algebra gefunden, die sich mit der Ähnlichkeitstransformation reeller quadratischer Matrizen in „kanonische" Formen („rational kanonische Form", „Jordan Normalform" u.a.) befassen. Dies ist für viele praktische Anwendungen (Programmierung am Analogrechner, Realisierung als „digitales Filter", verbesserte Empfindlichkeitseigenschaften) ein wichtiger Gesichtspunkt, da es uns damit gelingt, $\mathbf{A}$ in eine gewünschte Form zu transformieren. Auch wir werden bei der folgenden Strukturuntersuchung davon Gebrauch machen. Als erstes stellen wir fest:

**Satz 2:** Ist $sta(D, \lambda)timeS$ steuerbar (beobachtbar), so ist auch jedes zustandsisomorphe Bild $sta(D^*, \lambda^*)timeS^*$ davon steuerbar (beobachtbar).

*Beweis:* Dies folgt sofort aus der Tatsache, daß für die zugehörigen Steuerbarkeitsmatrizen $Q_s$ und $Q_s^*$ (Beobachtbarkeitsmatrizen $Q_b$ und $Q_b^*$) gilt

$$Q_s^* = \mathbf{P}Q_s\mathbf{P}^{-1}\ (Q_b^* = \mathbf{P}^{-1}Q_b\mathbf{P}).$$

Wie zu erwarten, sind also die Steuerbarkeits- und Beobachtbarkeitseigenschaften gegenüber Zustandsisomorphie invariant, denn der Rang von $Q_s$ und $Q_b$ bleibt, wie wir aus dem Beweis sehen, hier erhalten. Dies ist auch die Grundlage für den folgenden wichtigen Satz:

**Satz 3:** Jede nicht steuerbare Zustandsdarstellung $sta(D, \lambda)timeS$ von $[\mathbf{A}, \mathbf{B}, \mathbf{C}, \mathbf{D}]$ mit rang $Q_s = r$ und $r < n$ ($n$ die Dimension des zugehörigen Zustandsraumes) bekommt bei Wahl des Zustandsisomorphismus $\mathbf{P}: \mathbb{R}^n \to \mathbb{R}^n$ in der Form

$$\mathbf{P}^{-1} := [\mathbf{p}_1 | \mathbf{p}_2 | \ldots | \mathbf{p}_n]$$

(wobei $\mathbf{p}_1, \mathbf{p}_2, \ldots, \mathbf{p}_r$ linear unabhängige Spaltenvektoren aus $Q_s$ sind und die Spaltenvektoren $\mathbf{p}_i$, $r < i \leqq n$ so gewählt sind, daß $\mathbf{P}^{-1}$ Rang $n$ hat), ein zustandsisomorphes Bild $sta(D^*, \lambda^*) time S^*$ zugeordnet, für dessen zugehörige Matrizen $\mathbf{A}^*$, $\mathbf{B}^*$, $\mathbf{C}^*$ und $\mathbf{D}^*$ gilt

(1) $$\mathbf{A}^* = \begin{bmatrix} \mathbf{A}_1^* & \mathbf{A}_{12}^* \\ \mathbf{0} & \mathbf{A}_2^* \end{bmatrix} \begin{matrix} \}r \\ \}n-r \end{matrix}, \quad \text{(Spalten: } \underbrace{}_{r} \; \underbrace{}_{n-r}\text{)} \qquad \mathbf{B}^* = \begin{bmatrix} \mathbf{B}_1^* \\ \mathbf{0} \end{bmatrix} \begin{matrix} \}r \\ \}n-r \end{matrix},$$

$$\mathbf{C}^* = [\underbrace{\mathbf{C}_1^*}_{r} \mid \underbrace{\mathbf{C}_2^*}_{n-r}], \qquad \mathbf{D}^* = \mathbf{D}$$

(2) Die zu $[\mathbf{A}_1^*, \mathbf{B}_1^*, \mathbf{C}_1^*, \mathbf{D}]$ gehörige Zustandsdarstellung ist steuerbar.

(3) In der zu $[\mathbf{A}_2^*, \mathbf{0}, \mathbf{C}_2^*, \mathbf{0}]$ gehörigen Zustandsdarstellung ist kein Zustand steuerbar.

*Beweis:* Wir beweisen zuerst zwei Aussagen (L1) und (L2), die wir später brauchen werden.

(L1) rang $[\mathbf{B} \mid \mathbf{AB} \mid \ldots \mid \mathbf{A}^{n-1}\mathbf{B}] = r \Rightarrow$ rang $[\mathbf{B} \mid \mathbf{AB} \mid \ldots \mathbf{A}^{r-1}\mathbf{B}] = r$.

(L2) Gilt rang $Q_s = r$ und sind $\mathbf{p}_1, \mathbf{p}_2, \ldots, \mathbf{p}_r$ linear unabhängige Spalten von $Q_s$, dann sind die Vektoren $\mathbf{Ap}_1, \mathbf{Ap}_2, \ldots, \mathbf{Ap}_r$ von $\mathbf{p}_1, \mathbf{p}_2, \ldots, \mathbf{p}_r$ linear abhängig.

„(L1)": Wir betrachten die Matrizen $\mathbf{B}, [\mathbf{B} \mid \mathbf{AB}], \ldots, [\mathbf{B} \mid \mathbf{AB} \mid \ldots \mid \mathbf{A}^{n-1}\mathbf{B}]$. Für ihre zugeordneten Ränge gilt offenbar

$$1 \leqq \text{rang}\, \mathbf{B} \leqq \text{rang}\, [\mathbf{B} \mid \mathbf{AB}] \leqq \ldots \leqq \text{rang}\, [\mathbf{B} \mid \mathbf{AB} \mid \ldots \mid \mathbf{A}^{n-1}\mathbf{B}] = r,$$

wobei Gleichheit nur dann gilt, wenn der Vorgänger bereits Rang $r$ erreicht hat. Daraus folgt unmittelbar (L1).

„(L2)": Die Vektoren $\mathbf{Ap}_1, \mathbf{Ap}_2, \ldots, \mathbf{Ap}_r$ sind offenbar für $r < n$ Spaltenvektoren von $Q_s$ und somit von $\mathbf{p}_1, \mathbf{p}_2, \ldots, \mathbf{p}_r$ linear abhängig.

Wir können nun an den Beweis von Satz 3 herangehen.

„(1)": Wir schreiben $\mathbf{A}^*$ in der Form $\mathbf{A}^* = [\mathbf{a}_1^* \mid \mathbf{a}_2^* \mid \ldots \mid \mathbf{a}_n^*]$. Wegen

$$\mathbf{A}^* = \mathbf{PAP}^{-1} = \mathbf{PA}[\mathbf{p}_1 \mid \mathbf{p}_2 \mid \ldots \mid \mathbf{p}_n] = [\mathbf{PAp}_1 \mid \mathbf{PAp}_2 \mid \ldots \mid \mathbf{PAp}_n]$$

erhalten wir dafür

$$\mathbf{a}_i^* = \mathbf{PAp}_i \quad \text{für } i = 1, \ldots, n.$$

Für $i=1,\ldots,r$ können wir aber nach (L2) $\mathbf{Ap}_i$ in der Form $\mathbf{Ap}_i = \sum_{k=1}^{r} \alpha_{ki}\,\mathbf{p}_k$ darstellen. Beachten wir weiter, daß $\mathbf{P}\mathbf{p}_k = \mathbf{e}_k$ gilt, wobei $\mathbf{e}_k$ den $k$'ten Einheitsvektor in $\mathbb{R}^n$ bezeichnet, so erhalten wir damit für $i=1,\ldots,r$

$$\mathbf{a}_i^* = \mathbf{P} \sum_{k=1}^{r} \alpha_{ki}\,\mathbf{p}_k = \sum_{k=1}^{r} \alpha_{ki}\,\mathbf{e}_k.$$

Die ersten $r$ Spaltenvektoren von $\mathbf{A}^*$ sind also Linearkombinationen der Einheitsvektoren $\mathbf{e}_1,\ldots,\mathbf{e}_r$; somit hat $\mathbf{A}^*$ die im Satz behauptete Form.

Für $\mathbf{B}^*$ können wir ähnlich vorgehen. Wir stellen $\mathbf{B}$ und $\mathbf{B}^*$ in der Form $\mathbf{B} = [\mathbf{b}_1 | \mathbf{b}_2 | \ldots | \mathbf{b}_m]$ und $\mathbf{B}^* = [\mathbf{b}_1^* | \mathbf{b}_2^* | \ldots | \mathbf{b}_m^*]$ dar und bekommen wegen $\mathbf{B}^* = \mathbf{PB}$ für $i=1,2,\ldots,m$

$$\mathbf{b}_i^* = \mathbf{P}\mathbf{b}_i = \mathbf{P} \sum_{k=1}^{r} \beta_{ki}\,\mathbf{p}_k = \sum_{k=1}^{r} \beta_{ki}\,\mathbf{P}\mathbf{p}_k = \sum_{k=1}^{r} \beta_{ki}\,\mathbf{e}_k.$$

$\mathbf{B}^*$ hat also die im Satz angegebene Form. Bei $\mathbf{C}^*$ und $\mathbf{D}^*$ ist nichts zu beweisen.

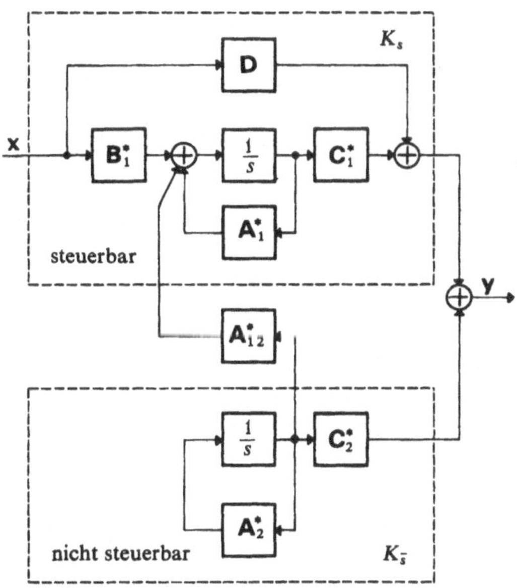


Abb. 27. Zerlegung nach Steuerbarkeit.

„(2)“: Es gilt $r = \text{rang}\, Q_s = \text{rang}\, Q_s^*$. Die Steuerbarkeitsmatrix $Q_s^*$ hat die Form

$$Q_s^* = \left[\frac{\mathbf{B}_1^*}{\mathbf{0}} \middle| \frac{\mathbf{A}_1^* \mathbf{B}_1^*}{\mathbf{0}} \middle| \dots \middle| \frac{\mathbf{A}_1^{*n-1} \mathbf{B}_1^*}{\mathbf{0}}\right],$$

sodaß auch die Matrix $[\mathbf{B}_1^* | \mathbf{A}_1^* \mathbf{B}_1^* | \dots | \mathbf{A}_1^{n-1} \mathbf{B}_1^*]$ den Rang $r$ hat. Mit (L1) folgt aber dann, daß auch $Q_{1s}^* = [\mathbf{B}_1^* | \mathbf{A}_1^* \mathbf{B}_1^* | \dots | \mathbf{A}_1^{*r-1} \mathbf{B}_1^*]$ den Rang $r$ hat.

„(3)“: Dies folgt sofort daraus, daß hier die Inputfunktionen keinen Einfluß auf die Zustandstransition haben.

Wir wollen uns das Ergebnis dieses Satzes noch an Hand der zugehörigen Differentialsysteme und deren Blockschaltbilder veranschaulichen.
Mit dem Zustandsisomorphismus $\mathbf{P}$ bekommen die zu $sta(D, \lambda) time S$ gehörigen Gleichungen

$$\mathbf{z}'(t) = \mathbf{A}\mathbf{z}(t) + \mathbf{B}\mathbf{x}(t) \quad \text{und}$$
$$\mathbf{y}(t) = \mathbf{C}\mathbf{z}(t) + \mathbf{D}\mathbf{x}(t)$$

die Gleichungen

$$\begin{aligned} \mathbf{z}_1'(t) &= \mathbf{A}_1^* \mathbf{z}_1(t) + \mathbf{A}_{12}^* \mathbf{z}_2(t) + \mathbf{B}_1^* \mathbf{x}(t), \\ \mathbf{z}_2'(t) &= \mathbf{A}_2^* \mathbf{z}_2(t) \qquad \text{und} \\ \mathbf{y}(t) &= \mathbf{C}_1^* \mathbf{z}_1(t) + \mathbf{C}_2^* \mathbf{z}_2(t) + \mathbf{D}\mathbf{x}(t) \end{aligned}$$

zugeordnet. Abbildung 27 zeigt das zugehörige Blockschaltbild.

Ein zu Satz 3 analog gebauter Satz gilt auch für die Beobachtbarkeit:

**Satz 4:** Jede nicht beobachtbare Zustandsdarstellung $sta(D, \lambda) time S$ von $[\mathbf{A}, \mathbf{B}, \mathbf{C}, \mathbf{D}]$ mit rang $Q_b = s$ und $s < n$ ($n$ die Dimension des Zustandsraumes) bekommt bei Wahl des Zustandsisomorphismus $\mathbf{Q}: \mathbb{R}^n \to \mathbb{R}^n$ in der Form

$$\tilde{\mathbf{Q}} := [\mathbf{q}_1 | \mathbf{q}_2 | \dots | \mathbf{q}_n]$$

(wobei die Spaltenvektoren $\mathbf{q}_{n-s+1}, \dots \mathbf{q}_n$ linear unabhängige Vektoren aus $Q_b$ sind und die übrigen Spaltenvektoren $\mathbf{q}_1, \dots \mathbf{q}_{n-s}$ so gewählt sind, daß $Q$ den Rang $n$ hat), ein zustandsisomorphes Bild $sta(\hat{D}, \hat{\lambda}) time \hat{S}$ zugeordnet, für dessen Matrizen $\hat{\mathbf{A}}$, $\hat{\mathbf{B}}$, $\hat{\mathbf{C}}$ und $\hat{\mathbf{D}}$ gilt:

$$(1) \quad \hat{\mathbf{A}} = \begin{bmatrix} \hat{\mathbf{A}}_1 & \hat{\mathbf{A}}_{12} \\ \mathbf{0} & \hat{\mathbf{A}}_2 \end{bmatrix} \begin{matrix} \}\, n-s \\ \}\, s \end{matrix}, \qquad \hat{\mathbf{B}} = \begin{bmatrix} \hat{\mathbf{B}}_1 \\ \hat{\mathbf{B}}_2 \end{bmatrix} \begin{matrix} \}\, n-s \\ \}\, s \end{matrix},$$
$$\qquad\qquad \underbrace{\phantom{\hat{\mathbf{A}}_1}}_{n-s} \; \underbrace{\phantom{\hat{\mathbf{A}}_{12}}}_{s}$$

$$\hat{\mathbf{C}} = [\underbrace{\mathbf{0}}_{n-s} \mid \underbrace{\hat{\mathbf{C}}_2}_{s}], \qquad \hat{\mathbf{D}} = \mathbf{D}.$$

(2) Die zu $[\hat{\mathbf{A}}_2, \hat{\mathbf{B}}_2, \hat{\mathbf{C}}_2, \mathbf{D}]$ gehörige Zustandsdarstellung ist beobachtbar.

(3) In der zu $[\hat{\mathbf{A}}_1, \hat{\mathbf{B}}_1, \mathbf{0}, \mathbf{0}]$ gehörigen Zustandsdarstellung ist kein Zustand beobachtbar.

Der Beweis von Satz 4 kann analog zu dem Beweis des Satzes 3 geführt werden. Wir wollen daher hier davon Abstand nehmen und in einer Übungsaufgabe darauf zurückkommen. Mit dem Zustandsisomorphismus $\mathbf{Q}$ werden hier den Gleichungen

$$\begin{aligned} \mathbf{z}'(t) &= \mathbf{A}\mathbf{z}(t) + \mathbf{B}\mathbf{x}(t) \quad \text{und} \\ \mathbf{y}(t) &= \mathbf{C}\mathbf{z}(t) + \mathbf{D}\mathbf{x}(t) \end{aligned}$$

die Gleichungen

$$\begin{aligned} \mathbf{z}_1'(t) &= \hat{\mathbf{A}}_1\mathbf{z}_1(t) + \hat{\mathbf{A}}_{12}\mathbf{z}_2(t) + \hat{\mathbf{B}}_1\mathbf{x}(t), \\ \mathbf{z}_2'(t) &= \hat{\mathbf{A}}_2\,\mathbf{z}_2(t) + \hat{\mathbf{B}}_2\mathbf{x}(t) \quad \text{und} \\ \mathbf{y}(t) &= \hat{\mathbf{C}}_2\,\mathbf{z}_2(t) + \mathbf{D}\mathbf{x}(t) \end{aligned}$$

zugeordnet. In Abbildung 28 ist das zugehörige Blockschaltbild gezeichnet.

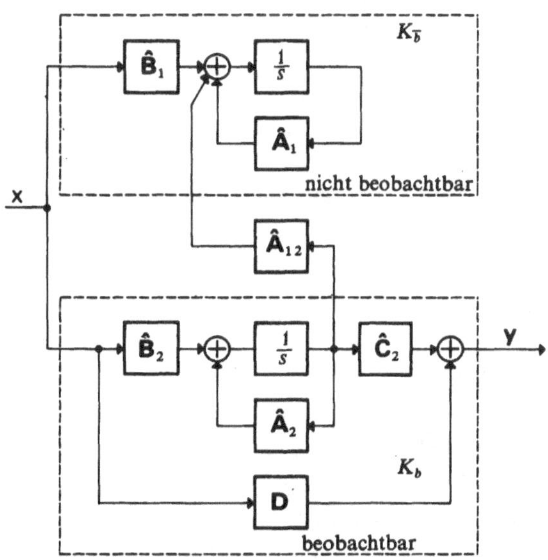


Abb. 28. Zerlegung nach Beobachtbarkeit.

Mit den Ergebnissen von Satz 3 und Satz 4 wird also folgende „Zerlegung“ einer nicht steuerbaren und nicht beobachtbaren Zustandsdarstellung *sta*$(D, \lambda)$ *timeS* in vier „Teile“ möglich: Mit Satz 3 zerlegen wir *sta*$(D, \lambda)$*timeS* in einen steuerbaren Teil $K_s = sta(D_s, \lambda_s) time S_s$ und einen Teil $K_{\bar{s}} = sta(D_{\bar{s}}, \lambda_{\bar{s}}) time S_{\bar{s}}$, in dem kein Zustand steuerbar ist. Mit Satz 4 zerlegen wir diese beiden Teile weiter und erhalten damit aus $K_s$ die Teile $K_{s\bar{b}} = sta(D_{s\bar{b}}, \lambda_{s\bar{b}}) time S_{s\bar{b}}$ und $K_{sb} = sta(D_{sb}, \lambda_{sb}) time S_{sb}$. $K_{s\bar{b}}$ ist dabei steuerbar, aber kein Zustand ist beobachtbar; $K_{sb}$ ist sowohl steuerbar als auch beobachtbar. Aus $K_{\bar{s}}$ erhalten wir $K_{\bar{s}\bar{b}} = sta(D_{\bar{s}\bar{b}}, \lambda_{\bar{s}\bar{b}}) time S_{\bar{s}\bar{b}}$ und $K_{\bar{s}b} = sta(D_{\bar{s}b}, \lambda_{\bar{s}b}) time S_{\bar{s}b}$. In $K_{\bar{s}\bar{b}}$ ist kein Zustand steuerbar und kein Zustand beobachtbar, $K_{\bar{s}b}$ ist beobachtbar, aber kein Zustand ist steuerbar. Alle vier Teile $K_{s\bar{b}}$, $K_{sb}$, $K_{\bar{s}\bar{b}}$, $K_{\bar{s}b}$ sind über ihre Zustände (linear und statisch) verkoppelt. Abb. 29 zeigt die damit erreichte Zerlegung in schematischer Weise sowie auch die Kopplungsrelation

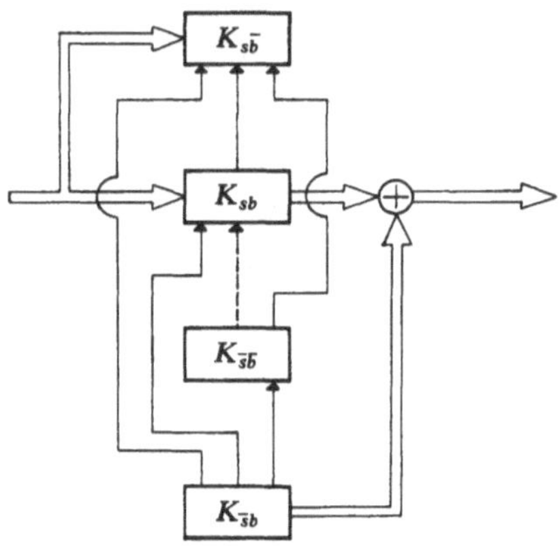


Abb. 29. Zerlegung nach Steuerbarkeit und Beobachtbarkeit.

Aus Abb. 29 sehen wir, daß $K_{\bar{s}\bar{b}}$ mit $K_{sb}$ zustandsgekoppelt ist (strichliert gezeichnet). Dies ist die allgemeine Situation, die wir mit dem von uns angegebenen Zustandsisomorphismus

$$\mathbf{U} = \left[\begin{array}{c|c} \mathbf{Q}(s) & 0 \\ \hline 0 & \mathbf{Q}(\bar{s}) \end{array}\right] \mathbf{P}$$

erreichen. ($\mathbf{Q}(s)$, $\mathbf{Q}(\bar{s})$ bezeichnen die nach Satz 4 konstruierten Transformationen für $K_s$, $K_{\bar{s}}$). Durch Nachschalten einer weiteren Transformation $\mathbf{V}$ kann man aber zu einer Transformation $\mathbf{T} = \mathbf{V}\mathbf{U}$ gelangen, so daß damit eine Zerlegung im obigen Sinne gegeben ist, in der aber weiter $K_{\bar{s}\bar{b}}$ mit $K_{sb}$ nicht mehr gekoppelt ist. Die Ähnlichkeitstransformation von $\mathbf{A}$ mit $\mathbf{T}$ führt dann auf eine Matrix $\mathbf{A}^+$ der Gestalt

$$\mathbf{A}^+ = \begin{bmatrix} \mathbf{A}_{11} & \mathbf{A}_{12} & \mathbf{A}_{13} & \mathbf{A}_{14} \\ 0 & \mathbf{A}_{22} & 0 & \mathbf{A}_{24} \\ 0 & 0 & \mathbf{A}_{33} & \mathbf{A}_{34} \\ 0 & 0 & 0 & \mathbf{A}_{44} \end{bmatrix} .$$

Der Nachweis dieser Tatsache soll Gegenstand einer Übungsaufgabe sein. Wir wollen im folgenden stets von dieser „besser" entkoppelten Situation ausgehen.

Die auf diese Weise erreichte Zerlegung einer Zustandsdarstellung $sta(D, \lambda)timeS$ eines linearen zeitinvarianten Differentialsystems nennen wir die **Kalman-Zerlegung**. Sie stellt ein außerordentlich wichtiges Ergebnis der „Linearen Systemtheorie" dar. Mit ihrer Kenntnis können viele Probleme in vorteilhafter Weise behandelt werden. Wir werden dies in den nachfolgenden Überlegungen erkennen können.

Als grundlegende Arbeit zu dem hier behandelten Teil der Strukturtheorie linearer zeitinvarianter Differentialsysteme erwähnen wir die von *Kalman* [KA 4]; die Beweise der Sätze 3 und 4 halten sich im wesentlichen an die Darstellung von *Chen* [CH 1].

Wir erörtern nun die Frage, in welcher Weise die Begriffe „steuerbar" und „beobachtbar" mit Begriffen zusammenhängen, die auf die Minimalität der Zustandsmenge abzielen. Zunächst führen wir dafür den Begriff der zustandshomomorphen Dimensionsreduktion ein.

Mit $\mathrm{HOM}(D, \lambda)$ wollen wir die Menge aller zu $sta(D, \lambda)timeS$ zustandshomomorphen Zustandsdarstellungen bezeichnen. Für jede natürliche Zahl $n^*$ bezeichne dann weiter $\mathrm{HOM}_{n^*}(D, \lambda)$ die Teilmenge von $\mathrm{HOM}(D, \lambda)$, die durch Zustandsdarstellungen der Dimension $n^*$ (bezogen auf die Dimension des Zustandsraumes) gebildet wird. $\mathrm{HOM}_{n^*}(D, \lambda)$ nennen wir die zu $sta(D, \lambda)timeS$ gehörige **Homomorphieklasse** von der Dimension $n^*$. Man kann sich klarmachen, daß die Zustandsdarstellungen einer Homomorphieklasse stets zueinander zustandsisomorph sind (vgl. die entsprechende Übungsaufgabe). Mit der Dimension ist eine natürliche Ordnungsrelation auf den Homomorphieklassen gegeben, indem wir setzen

$$\mathrm{HOM}_{n^*}(D, \lambda) \leqq \mathrm{HOM}_{n^\square}(D, \lambda) :\Leftrightarrow n^* \leqq n^\square .$$

Wir definieren dafür im besonderen:

**Definition 3:** $\mathrm{HOM}_{n^*}(D, \lambda)$ heißt **dimensionsreduziert**, wenn dafür gilt:

(1) $\mathrm{HOM}_{n^*}(D, \lambda) \neq \emptyset$.

(2) $\mathrm{HOM}_{n^*-1}(D, \lambda) = \emptyset$.

Zu jeder Zustandsdarstellung $sta(D, \lambda) time S$ eines linearen zeitinvarianten Differentialsystems ist damit eindeutig eine zugehörige minimale Homomorphieklasse $\mathrm{HOM}_{\mathrm{red}}(D, \lambda)$ festgelegt. Jede Zustandsdarstellung daraus nennen wir eine **dimensionsreduzierte zustandshomomorphe** Zustandsdarstellung von $sta(D, \lambda) time S$. Für deren Dimension red des Zustandsraumes gilt offenbar stets red $\leqq n$, wobei $n$ die Dimension von $sta(D, \lambda) time S$ angibt. Für red $< n$ nennen wir $sta(D, \lambda) time S$ **zustandshomomorph dimensionsreduzierbar**; gilt red $= n$, so heißt $sta(D, \lambda) time S$ **zustandshomomorph dimensionsreduziert.** Wir haben als erstes Ergebnis:

**Satz 5:** Für eine Zustandsdarstellung $sta(D, \lambda) time S$ eines linearen zeitinvarianten Differentialsystems sind folgende Aussagen äquivalent:

(a) $sta(D, \lambda) time S$ ist zustandsreduziert.

(b) $sta(D, \lambda) time S$ ist zustandshomomorph dimensionsreduziert.

(c) $sta(D, \lambda) time S$ ist beobachtbar.

*Beweis:*

„(a) ⇒ (b)“ (Kontraposition): trivial.

„(b) ⇒ (c)“ (Kontraposition): Ist $sta(D, \lambda) time S$ nicht beobachtbar, dann gibt es nach Satz 4 einen Teil $K_{\bar{b}}$ mit Dimension $n-s$ ($s$ der Rang von $Q_b$), der zum Input-Output Verhalten keinen Beitrag liefert; d.h. also, es gilt $\mathrm{HOM}_s(D, \lambda) \neq \emptyset$. $\mathrm{HOM}_n(D, \lambda)$ ist damit nicht dimensionsreduziert und somit auch $sta(D, \lambda) time S$ nicht.

„(c) ⇒ (a)“ (Kontraposition): Ist $sta(D, \lambda) time S$ nicht zustandsreduziert, so ist sie auch nicht initial zustandsreduziert, und es gibt zwei voneinander verschiedene Anfangszustände $q_0, \bar{q}_0 \in \mathbb{R}^n$, die das gleiche Verhalten erzeugen. Ist $(x, y)$ ein zu $q_0$ und $\bar{q}_0$ gehöriges Input-Output Paar von $S$, so gilt für alle Zeitpunkte $t \in [0, \infty)$ stets $q_0, \bar{q}_0 \in Q_0(x, y, t)$, so daß damit $sta(D, \lambda) time S$ nicht beobachtbar ist.

Wir ersehen aus diesem Satz, daß hier die dimensionsweise Reduktion bezüglich des Input-Output Verhaltens mit der früher eingeführten Zustandsreduktion zusammenfällt.

Des weiteren weist er auf die Gültigkeit der oftmals zitierten Formel „reduziert = beobachtbar“ hin.

Das Ergebnis des Satzes 5 legt nahe, ähnliche die Reduktion betreffende Überlegungen hinsichtlich der Steuerbarkeit durchzuführen. Wir werden sehen, daß hier der von uns in 5.6 eingeführte Begriff der Prozeßreduktion zum Tragen kommt. Wir können des weiteren zeigen, daß in unserem Falle von Zustandsdarstellungen linearer zeitinvarianter Differentialsysteme die Steuerbarkeit auch durch ein Dimensionskriterium gesichert werden kann.
Aus der Zeitinvarianz folgt sofort, daß es zur Feststellung, ob *sta*$(D, \lambda)$*timeS* prozeßreduziert ist, genügt zu untersuchen, ob *sta*$(D, \lambda)$*timeS* initial prozeßreduziert ist. Definitionsgemäß ist dies der Fall, wenn für die Prozeß-Zustandsäquivalenz $\underset{0}{\approx}$ gilt $\underset{0}{\approx} = \mathbb{R}^n \times \mathbb{R}^n$. Jeder Anfangszustand $q_0 \in \mathbb{R}^n$ erzeugt dann über der offenen „Zeitmenge" $(0, \infty)$ denselben Zustandsprozeß

$$Z_+(q_0) := \{z_+ : z_+ = z(., q_0, x) | (0, \infty) \wedge x \in X\}.$$

Es gilt damit das

**Lemma:** Eine Zustandsdarstellung *sta*$(D, \lambda)$*timeS* eines linearen zeitinvarianten Differentialsystems ist genau dann prozeßreduziert, wenn gilt

$$\bigwedge_{q_0 \in \mathbb{R}^n} Z_+(q_0) = Z_+(0).$$

Dieses Lemma zeigt im besonderen an, daß bei einer prozeßreduzierten Zustandsdarstellung *sta*$(D, \lambda)$*timeS* der Zustandsprozeß $Z$ über $(0, \infty)$ mit dem zum Nullzustand 0 gehörigen Prozeß $Z(0)$ übereinstimmt. Eine prozeßreduzierte Zustandsdarstellung *sta*$(D, \lambda)$*timeS* kann also im wesentlichen bereits vom Nullzustand aus den Zustandsprozeß $Z$ (= die Menge bestehend aus allen Zustandstrajektorien von *sta*$(D, \lambda)$*timeS*) erzeugen. Wir wollen nun eine weitere Eigenschaft für *sta*$(D, \lambda)$*timeS* einführen, die sich zu „prozeßreduziert" als äquivalent erweist.
Mit $U$ sei allgemein ein Teilraum des Zustandsraumes $\mathbb{R}^n$ von *sta*$(D, \lambda)$*timeS* gemeint. Zu jedem solchen Raum $U$ gehört eindeutig der Teilprozeß $Z_+(U)$ bestehend aus jenen Zustandstrajektorien von *sta*$(D, \lambda)$*timeS*, die in $U$ beginnen:

$$Z_+(U) := \{z_+ : \bigvee_{q_0 \in U} z_+ \in Z_+(q_0)\}.$$

Es gilt dafür stets

$$Z_+(0) \subset Z_+(U) \subset Z_+(\mathbb{R}^n).$$

Wir nennen $U$ **dimensionsmaximal** (in Bezug auf Prozeß-Zustandsäquivalenz), wenn dafür gilt:

(a) $Z_+(U) = Z_+(0)$,

(b) für alle Teilräume $V$ von $\mathbb{R}^n$ mit $\dim V > \dim U$ gilt $Z_+(V) \neq Z_+(0)$.

Es ist klar, daß eine Zustandsdarstellung $sta(D, \lambda)timeS$ genau dann prozeßreduziert ist, wenn der Zustandsraum $\mathbb{R}^n$ dimensionsmaximal ist. Diese Tatsache und die Beziehung dieser Eigenschaften zur Steuerbarkeit sind in dem folgenden Satz ausgedrückt.

**Satz 6:** Für eine Zustandsdarstellung $sta(D, \lambda)timeS$ eines linearen zeitinvarianten Differentialsystems sind folgende Aussagen äquivalent:

(a) $sta(D, \lambda)timeS$ ist prozeßreduziert.

(b) Der Zustandsraum $\mathbb{R}^n$ von $sta(D, \lambda)timeS$ ist dimensionsmaximal in Bezug auf Prozeß-Zustandsäquivalenz.

(c) $sta(D, \lambda)timeS$ ist steuerbar.

*Beweis:*

„(a) $\Leftrightarrow$ (b)": Die Äquivalenz von (a) und (b) wurde bereits vorher aufgezeigt.

„(b) $\Rightarrow$ (c)": Gilt (b), so kann in jedem beliebigen Zeitpunkt $t \in (0, \infty)$ jeder dort erreichbare Zustand auch von 0 aus erreicht werden. Der Nullzustand ist somit $T$-steuerbar und damit ist nach 12.4 Satz 1 auch $sta(D, \lambda)timeS$ $T$-steuerbar, also ebenfalls steuerbar.

„(c) $\Rightarrow$ (b)" (Kontraposition): Ist $sta(D, \lambda)timeS$ nicht steuerbar, so zeigt uns die Kalman-Zerlegung, daß dann $\mathbb{R}^n$ nicht maximaldimensional in Bezug auf Prozeß-Zustandsäquivalenz ist.

Wir hatten in 5.6 für den allgemeinen Fall einer Zustandsdarstellung $statimeS$ „minimal := zustandsreduziert und prozeßreduziert" definiert. Mit der Aussage von Satz 5 und Satz 6 haben wir nun für unseren Fall der Zustandsdarstellung $sta(D, \lambda)timeS$ den folgenden wichtigen Satz zur Verfügung:

**Satz 7:** Eine Zustandsdarstellung $sta(D, \lambda)timeS$ eines linearen zeitinvarianten Differentialsystems $(X, Y, Z, D, \lambda)$ ist genau dann minimal, wenn sie beobachtbar und steuerbar ist.

Mit diesem Satz sind wir auf einfache Weise imstande, eine Zustandsdarstellung $sta(D, \lambda)timeS$ in Bezug auf Minimalität zu untersuchen. Es genügt dazu, den Rang der Steuerbarkeitsmatrix $Q_s$ und der Beobachtbarkeitsmatrix $Q_b$ festzustellen.

## 12.6 Anwendungsbeispiele

Beispiele für die Anwendung linearer zeitinvarianter Differentialsysteme gibt es viele und in den verschiedensten Gebieten, vor allem aber in der Elektrotechnik, in der Nachrichtentechnik, im Maschinenbau und im Gebiet der Regelungstechnik. Da wir jedoch die Theorie der linearen zeitinvarianten Differentialsysteme nur in ihrem Grundansatz kennengelernt haben – im Vordergrund stand bei uns ihre Einbettung in die vorangegangenen allgemeineren Konstruktionen und der Zusammenhang der Begriffe der Steuerbarkeit und der Beobachtbarkeit mit dem Begriff der Minimalität – soll es hier nicht unser Ziel sein, Anwendungsbeispiele, die darüber hinausgehende Ansprüche verlangen, darzustellen. Unsere nachfolgend angegebenen Beispiele sind dementsprechend sehr einfach gehalten. Anspruchsvollere Beispiele können jedem guten Lehrbuch über „Lineare Systemtheorie" oder „Regelungstechnik" entnommen werden.

**Beispiel 1:** Differentialgleichung $n$'ter Ordnung

Wir betrachten folgende gewöhnliche lineare Differentialgleichung mit konstanten Koeffizienten $a_0, a_1, \dots, a_{n-1}$

$$y^{(n)} + a_{n-1} y^{(n-1)} + \dots + a_1 y' + a_0 y = x,$$

wobei $x$ die sogenannte „Störfunktion" und $y$ die gesuchte Lösungsfunktion darstellt. Eine Differentialgleichung dieser Art tritt häufig in den Anwendungen auf. Oft kann man auch $(x, y)$ als Ergebnis eines Input-Output Experiments deuten (z.B. bei elektrischen Netzwerken). Bekannt ist, daß für genügend „braves" $x$ und gegebene Anfangsbedingungen $y(0), y'(0), \dots, y^{(n-1)}(0)$ von $y$ die Lösungsfunktion $y$ eindeutig bestimmt ist. Mit den Anfangsbedingungen ist somit eine Parametrisierung der durch die Differentialgleichung gegebenen Relation erreicht.

Wir führen nun folgende neue Funktionen $z_i$ ein:

$$z_i := y^{(i-1)} \quad (i = 1, 2, \dots, n;\ y^{(0)} := y).$$

Dafür gilt dann

$$\begin{aligned}
z_1' &= z_2\\
z_2' &= z_3\\
&\vdots\\
z_{n-1}' &= z_n\\
z_n' &= -a_0 z_1 - a_1 z_2 \dots - a_{n-1} z_n + x \quad \text{und}\\
y &= z_1 .
\end{aligned}$$

Wir haben damit für diese Differentialgleichung ein zugehöriges lineares zeitinvariantes Differentialsystem [**A**, **B**, **C**, **D**] konstruiert. Die Matrizen **A**, **B**, **C** und **D** haben dabei die Gestalt:

$$\mathbf{A} = \begin{bmatrix} 0 & 1 & 0 & 0 & \dots & 0 \\ 0 & 0 & 1 & 0 & \dots & 0 \\ 0 & 0 & 0 & 1 & \dots & 0 \\ \vdots & \vdots & \vdots & \vdots & & \vdots \\ 0 & 0 & 0 & 0 & \dots & 1 \\ -a_0 & -a_1 & -a_2 & -a_3 & \dots & -a_{n-1} \end{bmatrix}, \qquad \mathbf{B} = \begin{bmatrix} 0 \\ 0 \\ 0 \\ \vdots \\ 0 \\ 1 \end{bmatrix},$$

$$\mathbf{C} = [\ 1 \quad 0 \quad 0 \quad 0 \ \dots \ 0\ ], \qquad \mathbf{D} = [0].$$

Man überzeugt sich leicht, daß jedes System dieser Art steuerbar und beobachtbar und somit minimal ist. Matrix **A** hat Begleitform. Wir sehen hier auch, daß die Anfangsbedingungen nun tatsächlich einen Anfangszustand $(y(0), y'(0), \dots, y^{(n-1)}(0)) \in \mathbb{R}^n$ von [**A**, **B**, **C**, **D**] festlegen. Das Schaltbild für die Programmierung dieses Systems (der Differentialgleichung) am Analogrechner kann ebenfalls direkt abgelesen werden. Wir bekommen dafür das folgende Bild:

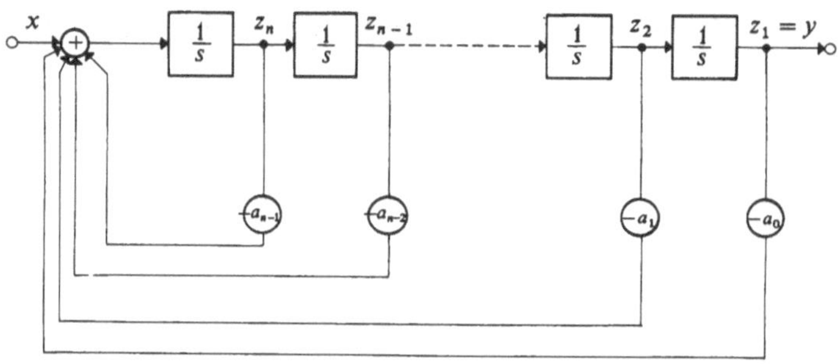


**Beispiel 2:** Serienresonanzkreis

Wir betrachten einen elektrischen Vierpol von folgender Art:

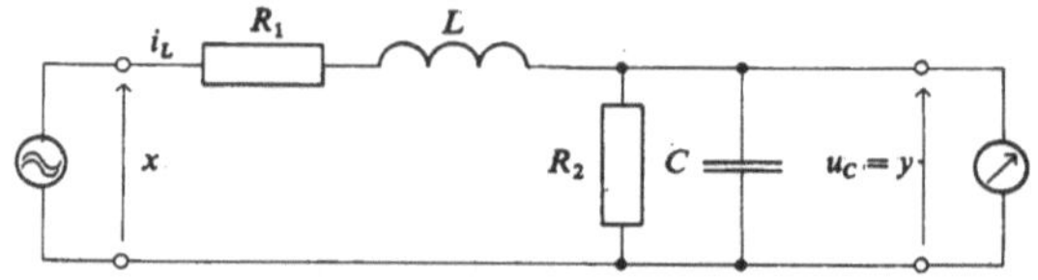


An den Eingangsklemmen wirkt eine Spannungszeitfunktion $x$; man mißt an den Ausgangsklemmen die Reaktion des Netzwerkes in Form der Ausgangsspannung $y$ mit einem idealen Spannungsmesser.

Wir haben dann folgende Maschen-Knotengleichungen:

(a) $x = R_1 i_L + L i_L' + u_C$,

(b) $i_L = \frac{1}{R_2} u_C + C u_C'$,

oder gleichwertig dazu

(a′) $i_L' = \frac{-R_1}{L} i_L - \frac{1}{L} u_C + \frac{1}{L} x$,

(b′) $u_C' = \frac{1}{C} i_L - \frac{1}{R_2 C} u_C$.

Für den Output $y$ gilt offenbar

(c) $y = u_C$.

Damit wird hier diesem elektrischen Vierpol das System [**A**, **B**, **C**, **D**] mit

$$\mathbf{A} := \begin{bmatrix} \frac{-R_1}{L} & \frac{-1}{L} \\ \frac{1}{C} & \frac{-1}{R_2 C} \end{bmatrix}, \qquad \mathbf{B} := \begin{bmatrix} \frac{1}{L} \\ 0 \end{bmatrix}, \qquad \mathbf{C} := [0 \quad 1], \quad \mathbf{D} := [0]$$

zugeordnet. Man sieht, daß die Zustände dieses Systems durch den die Spule $L$ durchfließenden Strom $i_L$ und durch die Spannung $u_C$ am Kondensator gebildet werden. Diese Darstellung der Zustände kann allgemein bei elektrischen $RLC$-Netzwerken herangezogen werden. Auch dieses System ist minimal, wie man leicht erkennt.

**Beispiel 3:** Stoßdämpfer

Wir betrachten folgendes mechanisches System (Stoßdämpfer an einem Fahrzeug):

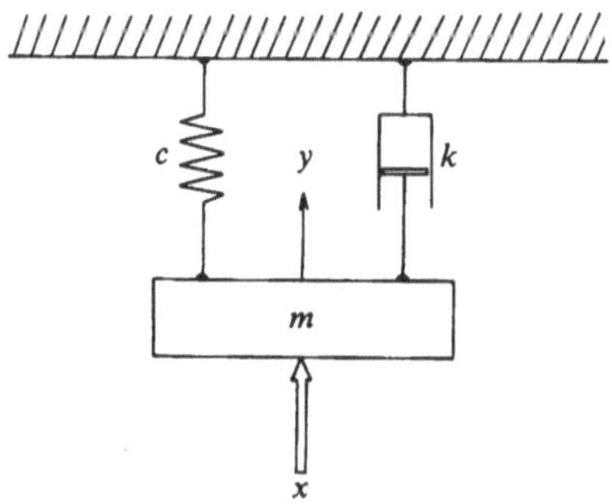

Bezeichnet $x$ die Kraftzeitfunktion (entstehend durch die Unebenheit der Fahrbahn), die als Input auf das System wirkt, und $y$ die Bewegungszeitfunktion, die sich als Reaktion des Systems auf $x$ als Output einstellt, so kann man dafür folgende Gleichungen ansetzen:

(a) $x = x_c + x_m + x_k$.

(b) $y = y_c = y_m = y_k$.

(c) $x_c - cy_c = 0$, $x_m - my_c'' = 0$, $x_k - ky_k' = 0$.

Daraus erhalten wir für $y$ die Differentialgleichung

$$y'' + \frac{k}{m}y' + \frac{c}{m}y = \frac{1}{m}x.$$

Setzen wir $z_1 := y$ und $z_2 := y'$, so erhalten wir daraus

$$z_1' = z_2, \quad z_2' = -\frac{c}{m}z_1 - \frac{k}{m}z_2 + \frac{1}{m}x \quad \text{und} \quad y = z_1.$$

Dem angegebenen mechanischen System entspricht daher das System $[\mathbf{A}, \mathbf{B}, \mathbf{C}, \mathbf{D}]$ mit

$$\mathbf{A} := \begin{bmatrix} 0 & 1 \\ -\frac{c}{m} & -\frac{k}{m} \end{bmatrix}, \quad \mathbf{B} := \begin{bmatrix} 0 \\ \frac{1}{m} \end{bmatrix}, \quad \mathbf{C} := [1 \quad 0], \quad \mathbf{D} := [0].$$

Auch dieses System ist steuerbar und beobachtbar und damit minimal.

**Beispiel 4:** Steuerungsmanöver

Auf einem Raketenwagen (siehe Bild) mit der Masse $m$, bei dem die Reibung mit dem Boden vernachlässigt ist, wirke eine Kraftzeitfunktion $x: [0, \infty) \to \mathbb{R}$. Wir wollen die Bewegungszeitfunktion, die sich darauf als Reaktion einstellt, als Output auffassen.

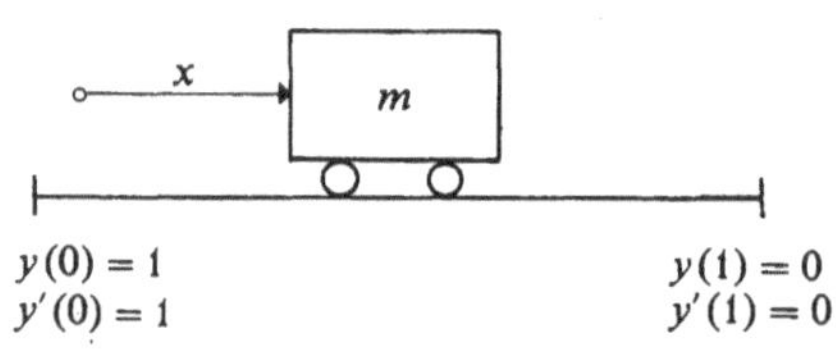


Es gilt hier $x - my'' = 0$.
Für $z_1 := y$ und $z_2 := y'$ bekommen wir damit

$$z_1' = z_2, \quad z_2' = \frac{1}{m}x \quad \text{und} \quad y = z_1.$$

Das zugeordnete System $[\mathbf{A}, \mathbf{B}, \mathbf{C}, \mathbf{D}]$ ist damit gegeben durch

$$\mathbf{A} := \begin{bmatrix} 0 & 1 \\ 0 & 0 \end{bmatrix}, \qquad \mathbf{B} := \begin{bmatrix} 0 \\ \frac{1}{m} \end{bmatrix}, \qquad \mathbf{C} := \begin{bmatrix} 1 & 0 \end{bmatrix}, \qquad \mathbf{D} := [0].$$

Dieses System ist ebenfalls steuerbar und beobachtbar. Wir wollen nun folgende Steuerungsaufgabe daran lösen: Ausgehend vom Anfangszustand $q_0 = (1, 1)$ soll eine Inputfunktion $x$ bestimmt werden, die den „Wagen" zum Zeitpunkt 1 in den Nullzustand $q_1 = (0, 0)$ überführt. Wir können $x$ nach der im Korollar zu Satz 2 angegebenen Formel bestimmen und erhalten damit

$$x : [0, \infty) \to \mathbb{R} : \tau \mapsto x(\tau) = 10m - 18m\tau.$$

Der Graph der Inputfunktion ist also eine Gerade, die bei $\tau = 0$ mit $10m$ beginnt und die Steigung $-18m$ hat. Von $\tau = \frac{10}{18}$ ab wird, um den gewünschten Zustand zur Zeit 1 zu erreichen, linear zunehmend gebremst.

**Beispiel 5:** Kalman Zerlegung

Die Kalman Zerlegung eines linearen zeitinvarianten Differentialsystems stellt für viele anwendungsorientierte Überlegungen (Programmierung am Analogrechner, Berechnung der Übertragungsfunktion, Zustandsreduktion im Modell) eine wichtige kanonische Form dar. Wir wollen deshalb ein Beispiel für eine solche Zerlegung durchführen. Vom aufgestellten Modell her sei *sta*$(D, \lambda)$*timeS* gegeben durch das folgende System von Zustandsgleichungen

$$\begin{aligned} z_1' &= 2z_1 - 4z_2 - 3z_3 + 10z_4 + x \\ z_2' &= 5z_1 - 7z_2 - 7z_3 + 15z_4 + 2x \\ z_3' &= 8z_1 - 8z_2 - 7z_3 + 13z_4 + x \\ z_4' &= 7z_1 - 7z_2 - 7z_3 + 12z_4 + x \end{aligned}$$

und durch die Outputgleichung

$$y = z_1 - z_2 - z_3 + 3z_4.$$

Eine Schaltung dieser Gleichungen an einem Analogrechner führt zu folgendem Bild:

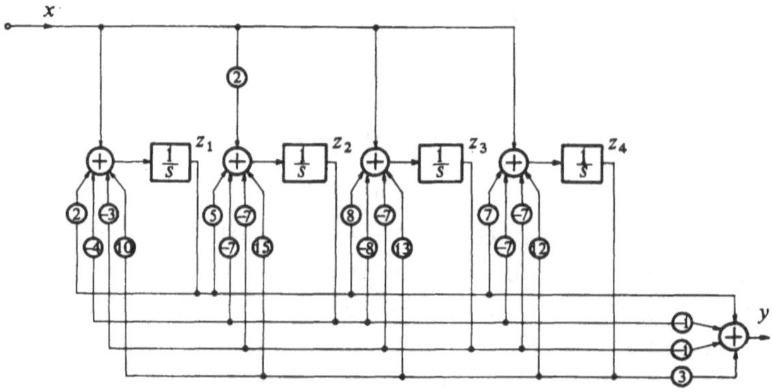

Die zugehörige Zustandsdarstellung $sta(D, \lambda) time S = [\mathbf{A}, \mathbf{B}, \mathbf{C}, \mathbf{D}]$ hat offenbar die Form

$$\mathbf{A} = \begin{bmatrix} 2 & -4 & -3 & 10 \\ 5 & -7 & -7 & 15 \\ 8 & -8 & -7 & 13 \\ 7 & -7 & -7 & 12 \end{bmatrix}, \quad \mathbf{B} = \begin{bmatrix} 1 \\ 2 \\ 1 \\ 1 \end{bmatrix}, \quad \mathbf{C} = [1 \ -1 \ -1 \ \ 3], \quad \mathbf{D} = [0].$$

Um zur Kalman-Zerlegung $[\mathbf{A}^+, \mathbf{B}^+, \mathbf{C}^+, \mathbf{D}^+]$ zu kommen, zerlegen wir zuerst $[\mathbf{A}, \mathbf{B}, \mathbf{C}, \mathbf{D}]$ mittels der durch Satz 3 angegebenen Methode nach der Steuerbarkeit. Die Steuerbarkeitsmatrix $Q_s$ errechnet sich zu

$$Q_s = [\mathbf{B} \mid \mathbf{AB} \mid \mathbf{A}^2\mathbf{B} \mid \mathbf{A}^3\mathbf{B}] = \begin{bmatrix} 1 & 1 & -8 & 28 \\ 2 & -1 & -4 & 20 \\ 1 & -2 & 4 & -8 \\ 1 & 2 & 4 & -8 \end{bmatrix}.$$

Man erkennt leicht, daß $Q_s$ Rang 2 hat und daß die beiden ersten Spaltenvektoren $\mathbf{B}$ und $\mathbf{AB}$ von $Q_s$ linear unabhängig sind.
Diese können nach Satz 2 zur Konstruktion der Transformationsmatrix $\mathbf{P}^{-1}$ verwendet werden. Man kann dazu jedoch auch jeweils zwei linear unabhängige Spaltenvektoren $\mathbf{p}_1$ und $\mathbf{p}_2$ heranziehen, die eine Linearkombination davon sind. Damit $\mathbf{P}^{-1}$ eine einfachere Gestalt bekommt, tun wir dies und wählen

$$\mathbf{p}_1 := \tfrac{1}{3}(2\mathbf{B} + \mathbf{AB}) = \begin{bmatrix} 1 \\ 1 \\ 0 \\ 0 \end{bmatrix}, \quad \mathbf{p}_2 := \tfrac{1}{3}(\mathbf{B} - \mathbf{AB}) = \begin{bmatrix} 0 \\ 1 \\ 1 \\ 1 \end{bmatrix}.$$

Die Matrix $\mathbf{P}^{-1}$ erhalten wir, indem wir $\mathbf{P}^{-1} := [\mathbf{p}_1 \mid \mathbf{p}_2 \mid \mathbf{p}_3 \mid \mathbf{p}_4]$ setzen, wobei wir $\mathbf{p}_3$ und $\mathbf{p}_4$ so wählen, daß $\mathbf{P}^{-1}$ regulär ist. Konkret wählen wir

$$\mathbf{P}^{-1} := \begin{bmatrix} 1 & 0 & 1 & 1 \\ 1 & 1 & 0 & 0 \\ 0 & 1 & 0 & 1 \\ 0 & 1 & 0 & 0 \end{bmatrix}.$$

Wir erhalten damit durch Inversion

$$\mathbf{P} = \begin{bmatrix} 0 & 0 & 0 & -1 \\ 0 & 0 & 0 & 1 \\ 1 & -1 & -1 & 2 \\ 0 & 0 & 1 & -1 \end{bmatrix}.$$

Die Matrix $\mathbf{P}: \mathbb{R}^n \to \mathbb{R}^n$ ordnet nun, wie man sich mühelos überzeugt, dem Differentialsystem $[\mathbf{A}, \mathbf{B}, \mathbf{C}, \mathbf{D}]$ das zustandsisomorphe Bild $[\mathbf{A}^*, \mathbf{B}^*, \mathbf{C}^*, \mathbf{D}^*]$ von nachfolgender Gestalt zu:

$$\mathbf{A}^* = \begin{bmatrix} 1 & 5 & -2 & 2 \\ 0 & -2 & 7 & 0 \\ 0 & 0 & 3 & 0 \\ 0 & 0 & 1 & 1 \end{bmatrix}, \quad \mathbf{B}^* = \begin{bmatrix} 1 \\ 1 \\ 0 \\ 0 \end{bmatrix}, \quad \mathbf{C} = [0 \quad 1 \quad 1 \quad 0], \quad \mathbf{D} = [0].$$

Die Zerlegung nach Steuerbarkeit in die Teile $K_s$ und $K_{\bar{s}}$ ist damit durchgeführt. Wir überprüfen nun jeweils die Beobachtbarkeit von $K_s$ und $K_{\bar{s}}$. Die zugehörigen Beobachtbarkeitsmatrizen $Q_b(K_s)$ und $Q_b(K_{\bar{s}})$ ergeben sich zu

$$Q_b(K_s) = \begin{bmatrix} 0 & 0 \\ 1 & -2 \end{bmatrix} \quad \text{und} \quad Q_b(K_{\bar{s}}) = \begin{bmatrix} 1 & 3 \\ 0 & 0 \end{bmatrix}.$$

Beide haben nur den Rang 1, so daß sowohl $K_s$ als auch $K_{\bar{s}}$ echt nach Beobachtbarkeit zerlegt werden können. Wir konstruieren nun nach der in Satz 4 angegebenen Vorschrift die beiden zu $K_s$ und $K_{\bar{s}}$ gehörigen Transformationsmatrizen $\mathbf{Q}(s)$ und $\mathbf{Q}(\bar{s})$

$$\mathbf{Q}(s) := \begin{bmatrix} 1 & 0 \\ 0 & 1 \end{bmatrix}, \quad \mathbf{Q}(\bar{s}) := \begin{bmatrix} 0 & 1 \\ 1 & 0 \end{bmatrix}.$$

Wir sehen, daß $K_s$ bereits die gewünschte Form hat und daß bei $K_{\bar{s}}$ dazu nur eine Umbenennung der Koordinaten notwendig ist. Bilden wir gemäß unserer früheren Ausführungen die Matrix **U** durch

$$\mathbf{U} := \left[\begin{array}{c|c} \mathbf{Q}(s) & \mathbf{0} \\ \hline \mathbf{0} & \mathbf{Q}(\bar{s}) \end{array}\right] \mathbf{P},$$

so erhalten wir dafür

$$\mathbf{U} = \begin{bmatrix} 0 & 1 & 0 & -1 \\ 0 & 0 & 0 & 1 \\ 0 & 0 & 1 & -1 \\ 1 & -1 & -1 & 2 \end{bmatrix} \quad \text{und} \quad \mathbf{U}^{-1} = \begin{bmatrix} 1 & 0 & 1 & 1 \\ 1 & 1 & 0 & 0 \\ 0 & 1 & 1 & 0 \\ 0 & 1 & 0 & 0 \end{bmatrix}.$$

Die Transformation $\mathbf{U}: \mathbb{R}^n \to \mathbb{R}^n$ führt nun $[\mathbf{A}, \mathbf{B}, \mathbf{C}, \mathbf{D}]$ in $[\mathbf{A}^{**}, \mathbf{B}^{**}, \mathbf{C}^{**}, \mathbf{D}^{**}]$ über wie folgt:

$$\mathbf{A}^{**} = \begin{bmatrix} 1 & 5 & -2 & 2 \\ 0 & -2 & 7 & 0 \\ 0 & 0 & 1 & 1 \\ 0 & 0 & 0 & 3 \end{bmatrix}, \quad \mathbf{B}^{**} = \begin{bmatrix} 1 \\ 1 \\ 0 \\ 0 \end{bmatrix},$$

$$\mathbf{C}^{**} = [\,0 \quad 1 \quad 0 \quad 1\,], \quad \mathbf{D}^{**} = [\,0\,].$$

Damit ist im wesentlichen $[\mathbf{A}, \mathbf{B}, \mathbf{C}, \mathbf{D}]$ in die vier Teile $K_{s\bar{b}}$, $K_{sb}$, $K_{\bar{s}\bar{b}}$, $K_{\bar{s}b}$ zerlegt. Wegen $a_{23} = 7 \neq 0$ sehen wir aber, daß hier noch $K_{\bar{s}\bar{b}}$ mit $K_{sb}$ zustandsgekoppelt ist. Es handelt sich also noch nicht um die gewünschte Kalman Zerlegung.

Wenn wir der Transformation **U** noch **V** mit

$$\mathbf{V} := \begin{bmatrix} 1 & 0 & 0 & 0 \\ 0 & 1 & 0 & -1 \\ 0 & 0 & 1 & 0 \\ 0 & 0 & 0 & 1 \end{bmatrix}$$

vorschalten, erhalten wir $\mathbf{T} = \mathbf{VU}$ mit

$$\mathbf{T} = \begin{bmatrix} 0 & 1 & 0 & -1 \\ -1 & 1 & 1 & -1 \\ 0 & 0 & 1 & -1 \\ 1 & -1 & -1 & 2 \end{bmatrix}.$$

Mit der Zustandstransformation $\mathbf{T}: \mathbb{R}^n \to \mathbb{R}^n$ wird aber die von uns gewünschte Kalman-Zerlegung $[\mathbf{A}^+, \mathbf{B}^+, \mathbf{C}^+, \mathbf{D}^+]$ von $[\mathbf{A}, \mathbf{B}, \mathbf{C}, \mathbf{D}]$ erreicht. Wir erhalten dafür

$$\mathbf{A}^+ = \mathbf{TAT}^{-1} = \begin{bmatrix} -2 & 3 & -2 & 1 \\ 0 & -2 & 0 & 2 \\ 0 & 0 & 1 & 1 \\ 0 & 0 & 0 & 3 \end{bmatrix}, \quad \mathbf{B}^+ = \mathbf{TB} = \begin{bmatrix} 1 \\ 1 \\ 0 \\ 0 \end{bmatrix},$$

$$\mathbf{C}^+ = \mathbf{CT}^{-1} = [\; 0 \quad 1 \quad 0 \quad 2 \;], \quad \mathbf{D}^+ = \mathbf{D} = [\,0\,].$$

Wir haben unser Beispiel so gewählt, daß jedes der Teile $K_{s\bar{b}}$, $K_{sb}$, $K_{\bar{s}\bar{b}}$ und $K_{\bar{s}b}$ tatsächlich auftritt. Dies ist natürlich nicht allgemein der Fall.
Die Inverse $\mathbf{T}^{-1}$ von $\mathbf{T}$, die wir für den letzten Schritt brauchen, ist gegeben durch

$$\mathbf{T}^{-1} = \begin{bmatrix} 1 & 0 & 1 & 1 \\ 1 & 1 & 0 & 1 \\ 0 & 1 & 1 & 1 \\ 0 & 1 & 0 & 1 \end{bmatrix}.$$

Vergleichen wir $\mathbf{T}^{-1}$ mit $\mathbf{P}^{-1}$ so sehen wir, daß sich beide Matrizen nur im 3. und 4. Spaltenvektor voneinander unterscheiden. Wir erkennen also, daß wir durch eine entsprechende Wahl der Vektoren $\mathbf{p}_3$ und $\mathbf{p}_4$ in $\mathbf{P}^{-1}$ sofort auf die Kalman-Zerlegung gekommen wären.
Man kann nun zeigen, daß die Übertragungsfunktion $H$ eines Differentialsystems $[\mathbf{A}, \mathbf{B}, \mathbf{C}, \mathbf{D}]$ gleich der des steuerbaren und beobachtbaren Teils $K_{sb}$ ist (vgl. z.B. [CH 1]). Für unser Beispiel gilt $K_{sb} = [-2, 1, 1, 0]$. Für die Übertragungsfunktion $H$ bekommen wir damit $H(s) = 1/s + 2$.
Zur erreichten Kalman-Zerlegung $[\mathbf{A}^+, \mathbf{B}^+, \mathbf{C}^+, \mathbf{D}^+]$ gehören die folgenden Gleichungen:

$$\begin{aligned} z_1' &= -2z_1 + 3z_2 - 2z_3 + z_4 + x \\ z_2' &= \phantom{-2z_1} - 2z_2 \phantom{- 2z_3} + 2z_4 + x \\ z_3' &= z_3 + z_4 \\ z_4' &= 3z_4 \\ y &= z_2 + 2z_4. \end{aligned}$$

Das folgende Bild zeigt deren Programmierung am Analogrechner. Wir können an diesem die gewonnene Vereinfachung gut sehen.

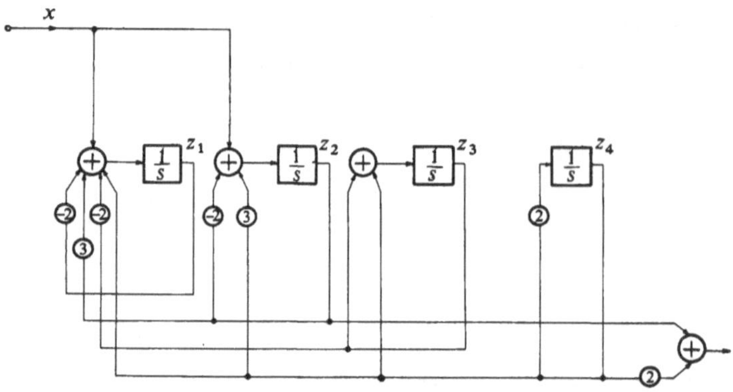


## 12.7 Übungsaufgaben

(Ü1) Berechne für die folgenden beiden Matrizen $\exp(t\mathbf{A})$

$$\begin{bmatrix} 0 & 1 \\ -2 & -3 \end{bmatrix}, \quad \begin{bmatrix} 0 & 0 & -1 \\ 0 & 1 & 0 \\ 2 & 0 & 1 \end{bmatrix}.$$

(Ü2) Überlege die Richtigkeit von

(a) $\mathbf{A}\exp(t\mathbf{A}) = \exp(t\mathbf{A})\mathbf{A}$.

(b) $\exp(t\mathbf{A})\exp(s\mathbf{A}) = \exp((t+s)\mathbf{A})$.

(c) $(\exp(t\mathbf{A}))^{-1} = \exp(-t\mathbf{A})$.

(d) $d(\exp(t\mathbf{A}))/dt = \mathbf{A}\exp(t\mathbf{A})$.

(Ü3) Die Input-Output Relation $S$ eines Zeitsystems sei gegeben durch

$$xSy :\Leftrightarrow y''' + 2y' - y + 2 = 3x + x'.$$

(a) Beschreibe dieses System in der Form $[\mathbf{A}, \mathbf{B}, \mathbf{C}, \mathbf{D}]$.

(b) Ist die gefundene Darstellung steuerbar (beobachtbar)?

(Ü4) Gegeben ist das folgende elektrische Netzwerk (überbrücktes $T$-Glied):

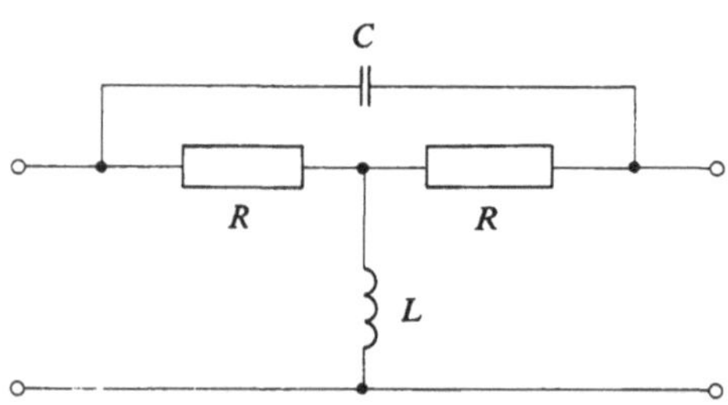

(a) Gib eine Zustandsdarstellung [**A**, **B**, **C**, **D**] dafür an.

(b) Ist diese steuerbar (beobachtbar)?

(Ü5) Gegeben ist [**A**, **B**, **C**, **D**] durch

$$\mathbf{A} := \begin{bmatrix} 5 & 1 \\ 8 & 3 \end{bmatrix}, \quad \mathbf{B} := \begin{bmatrix} 1 \\ 2 \end{bmatrix}, \quad \mathbf{C} := [1, 1], \quad \mathbf{D} := [0].$$

(a) Gib eine Kalman-Zerlegung [$\mathbf{A}^+$, $\mathbf{B}^+$, $\mathbf{C}^+$, $\mathbf{D}^+$] dafür an.

(b) Zeichne die zugehörigen Programmierpläne für den Analogrechner.

(Ü6) Gegeben ist das folgende elektrische Brücken-Netzwerk:

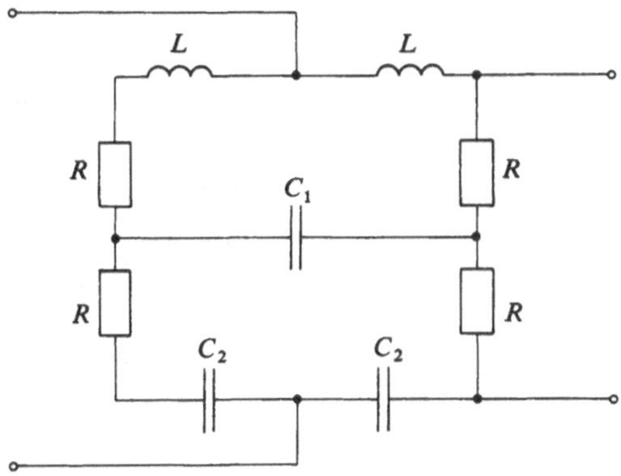


(a) Gib ein zugehöriges System [**A**, **B**, **C**, **D**] an, das den Leerlauffall beschreibt.

(b) Gib eine Kalman-Zerlegung an.

(Ü7) Beweise den folgenden Satz: Ist $sta(D, \lambda)timeS$ beobachtbar, so kann aus jedem „beobachteten" Anfangsstück $(0, y^t)$ mit $t > 0$ der zugehörige Anfangszustand $q_0$ mittels der Beziehung

$$\mathbf{q}_0 = \left[\int_0^t (\mathbf{C}\exp(\tau\mathbf{A}))^{\sim}\mathbf{C}\exp(\tau\mathbf{A})\,d\tau\right]^{-1}\int_0^t (\mathbf{C}\exp(\tau\mathbf{A}))\,\mathbf{y}(\tau)\,d\tau$$

berechnet werden.

(Ü8) Definiere für Parzessoren $par(D, \lambda)timeS$ die Begriffe „verhaltensgleich", „zustandshomomorph" und „zustandsisomorph".

(Ü9) Beweise Satz 4 (Zerlegung nach Beobachtbarkeit).

(Ü10) Beweise: Zustandsdarstellungen $sta(D, \lambda)timeS$, die in derselben Homomorphieklasse $\mathrm{HOM}_{n^*}(D, \lambda)$ liegen, sind zueinander zustandsisomorph.

(Ü11) Gib drei Modelle aus verschiedenen Disziplinen an, deren Beschreibung mit Hilfe einer minimalen Zustandsdarstellung $sta(D, \lambda) time S$ mit $\dim Q = \dim \mathbb{R}^n \geqq 2$ geschehen kann. Diskutiere an diesen jeweils die Bedeutung des Zustandes.

(Ü12) Blättere ein Buch über „Lineare Systemtheorie" durch und versuche dabei, unseren Stoff dort einzugliedern.

## 12.8 Bemerkungen und Literaturhinweise

Wenn wir den Inhalt dieses Kapitels noch einmal rekapitulieren, so erkennen wir darin zwei Schwerpunkte: Die systemtheoretische Einbettung der Klasse der linearen zeitinvarianten Differentialsysteme in unser allgemeines Gebäude von Teil I und die Darstellung der strukturellen Eigenschaften solcher Systeme, wie sie sich aus der Theorie der Steuerbarkeit und Beobachtbarkeit ergeben. Vom gesamten Thema der „Linearen Systemtheorie" ist dies nur ein kleiner, wenn auch sehr wichtiger Teil. Dem Leser, der sich eingehender mit den linearen zeitinvarianten Differentialsystemen befassen will, stehen zahlreiche Lehrbücher (auch deutschsprachige) zur Verfügung, von denen wir hier nur das von *Chen* [CH 1] anführen wollen. Um aber für eine gewisse Abrundung zu sorgen, möchten wir die hier nicht behandelten Teile der Theorie in aller Kürze skizzieren und Zusammenhänge aufzeigen.
Neben die Zustandsdarstellung $sta(D, \lambda) time S$ eines linearen zeitinvarianten Differentialsystems tritt die **Spektraldarstellung** (Frequenzdarstellung) mit Hilfe der zu $[\mathbf{A}, \mathbf{B}, \mathbf{C}, \mathbf{D}]$ gehörigen **Übertragungsfunktion** $H: \mathbb{C} \to \mathbb{C}: s \mapsto H(s) := \mathbf{C}(s\mathbf{I} - \mathbf{A})^{-1}\mathbf{B} + \mathbf{D}$. $H$ ist eine rationale Matrixfunktion bei der stets die Zählerpolynome von gleichem oder kleinerem Grad als die Nennerpolynome sind. Die Einschränkung $F := H \mid i\mathbb{R}$ von $H$ auf die imaginäre Achse von $\mathbb{C}$ heißt der **Frequenzgang** von $[\mathbf{A}, \mathbf{B}, \mathbf{C}, \mathbf{D}]$, der Betragsanteil davon **Amplitudengang,** der Phasenanteil **Phasengang**. Der Frequenzgang $F$ eines linearen zeitinvarianten Differentialsystems kann häufig durch Messung des Amplitudenganges und Phasenganges bestimmt werden; davon schließt man auf die Übertragungsfunktion $H$. Diesem meßtechnischen Bezug verdankt die Frequenzdarstellung letztlich das Augenmerk, welches man ihr seit jeher geschenkt hat und weiterhin schenken wird. Es können aber dafür noch mehrere Gründe angeführt werden. Die Klassifikation von linearen zeitinvarianten Differentialsystemen an Hand von Eigenschaften der Übertragungsfunktion (Allpässe, Minimalphasensysteme, Tiefpässe, Hochpässe, Bandpässe, ...) steht nahe den Klassifikationswünschen der Modellbauer und Ingenieure. Mit dem Konzept der Übertragungsfunktion hat man des weiteren in der Netzwerktheorie einen

Ausgangspunkt zu technischen Realisierungen zur Verfügung. Das mathematische Instrument für die Spektraldarstellung liefert die Theorie der komplexen Funktionen und die Theorie der Laplace- und Fouriertransformation, Theorien die in der Mathematik gut ausgebaut sind.

Solche Vorzüge der Spektraldarstellung haben dazu geführt, daß sie in der ersten Entwicklung der „Linearen Systemtheorie“, die vor allem von nachrichtentechnischer Seite vorangetrieben wurde (wir müssen hier auf das Pionierwerk von *Küpfmüller* [KÜ 1] verweisen), für sich allein stehen konnte. Erst mit der Entwicklung der Regelungstechnik wurde der Wunsch nach der Zustandsdarstellung dringender (als Anfang dafür steht das Buch von *Zadeh-Desoer* [ZA 1]). Heute sind beide Darstellungen gleich wichtig, und es gilt stets, je nach Problemstellung zwischen ihnen abzuwägen. Welche Unterschiede bestehen nun in den beiden Darstellungen und welche Übergänge gibt es zwischen diesen? Es kann uns hier nicht gelingen, eine vollständige Antwort darauf zu geben, wir werden aber versuchen, einige wichtige Besonderheiten zu erwähnen. Die Spektraldarstellung beschreibt, wenn wir an die Kalman-Zerlegung von $sta(D, \lambda)\, time\, S$ denken, nur den steuerbaren und beobachtbaren Teil $K_{sb}$. Die Teile $K_{s\bar{b}}$, $K_{\bar{s}\bar{b}}$ und $K_{\bar{s}b}$ werden von ihr nicht erfaßt. Dies ist auch nicht verwunderlich, da diese Teile durch Input-Outputmessungen (und Frequenzgangmessungen sind solche) nicht direkt erfaßt werden können. Mit der Aussage unseres Satzes 7 wissen wir, daß nur minimale Zustandsdarstellungen in der Spektraldarstellung mittels ihrer Übertragungsfunktion eine gleichwertige Beschreibungsform haben. Wenn in der Vergangenheit in den Ingenieurwissenschaften die Frequenzbeschreibung ausreichend war, so ist das nicht zuletzt darauf zurückzuführen, daß von den Ingenieuren (etwa der Nachrichtentechnik) stets „minimale“ Konstruktionen betrachtet wurden. Dies war möglich, solange die Konstruktionen noch relativ einfach gelagert waren (wie etwa bei einem Bandpaßfilter). Bei komplexeren Systemen, wie sie heute in der Regelungstechnik vielfach auftreten, ist es schon weit schwieriger „minimal“ zu konstruieren, so daß dann die Spektraldarstellung nicht ausreicht und eine Zustandsdarstellung notwendig erscheinen kann. Ein weiterer Umstand, der die Zustandsdarstellung in den Vordergrund rücken läßt, ergibt sich durch die Möglichkeiten, die die programmgesteuerten Digitalrechner heute bieten. Die Zustandsdarstellung kann häufig besser an einem solchen programmiert werden als die Frequenzdarstellung. Gerade diese Vorteile haben beispielsweise dazu geführt, daß die Wiener-Kolmogoroff'sche **Theorie der Optimalfilter** (*Wiener* [WIE 1]) durch ihre Formulierung in der Zustandsdarstellung in Form der Kalman-Bucy Theorie (vgl. etwa *Neuburger* [NEU 1], *Parkus* [PA 1]) eine neue Belebung erfahren und erst richtig Eingang in die Praxis gefunden hat. Ähnliches gilt für **volkswirtschaftliche Modelle** und deren Frequenzdarstellung bei *Tustin* [TU 1] und die heute stark diskutierten Zustandsdarstellungen von *Forrester* [FO 1].

Hat man eine Spektraldarstellung in Form einer Übertragungsfunktion vorliegen, so kann man die Frage nach einer zugehörigen minimalen Zustandsdarstellung stellen. Man spricht in diesem Zusammenhang vom **Realisierungsproblem** für Übertragungsfunktionen. Man kennt heute algorithmische Methoden (Algorithmus von *Ho-Kalman* [HOK 1]), die dieses Problem lösen können. Weitere Vergleiche der beiden Darstellungen können im Rahmen der **Stabilitäts- und Rückkopplungstheorie** angestellt werden. Stabilitätsuntersuchungen können sowohl an der Zustandsdarstellung $sta(D, \lambda) time S$ als auch direkt an der Spektraldarstellung angestellt werden. Im ersten Fall ist es bekanntlich die Lage der Eigenwerte der Matrix $\mathbf{A}$, im zweiten Fall die Lage der Pole der Übertragungsfunktion $H$, die darüber Auskunft gibt. In der Rückkopplungstheorie untersucht man, wie das Verhalten eines Systems durch Beobachtung des Outputs oder des Zustandes und Zuschaltung eines „Reglers" in eine gewünschte Form gebracht werden kann. Dabei kann man zu Spektralmethoden greifen (Nyquistkurven, Wurzelortsverfahren u.ä.), für multivariable Systeme stehen aber mit den Konzepten der (statischen oder dynamischen) Zustandsrückkopplung zusätzlich Methoden zur Verfügung, die ausschließlich mit der Zustandsdarstellung arbeiten (vgl. etwa *Chen* [CH 1]).

Als letztes sei noch auf wichtige allgemeinere Theorien hingewiesen, die die Theorie der linearen zeitinvarianten Differentialsysteme als Spezialfall sehen und von uns nicht behandelt wurden. Als erstes erwähnen wir hier nochmals die von *Kalman* [KA 1, KA 2, KA 3] entwickelte algebraische Theorie. Das mathematische Instrument dafür ist die Theorie der R-Moduln (R = Ring). Die **Kalman-Theorie** ermöglicht es, Fragen der Steuerbarkeit, Beobachtbarkeit (und damit auch Fragen der Minimalität) von linearen zeitinvarianten Differentialsystemen auf rein algebraischer Basis zu behandeln. Solche Fragen standen auch an der Wiege ihrer Entstehung [KA 4]. Ihre Leistungsfähigkeit ist jedoch breiter, so daß in ihr etwa auch noch der Begriff der Übertragungsfunktion in fundamentaler Weise dargestellt werden kann. Des weiteren ist sie so allgemein, daß mit ihr auch lineare zeitinvariante Differenzensysteme und lineare Automaten in Bezug auf die analogen Fragestellungen erfaßt werden. Damit liefert diese Theorie auch eine Möglichkeit, die systemtheoretische Verwandtschaft dieser drei Systemtypen genau aufzuzeigen. Eine andere weiterführende Theorie, die Fragen der Steuerbarkeit und Beobachtbarkeit zu beantworten versucht, ist die von *Wonham-Morse* [WON 1, MO 1]. Diese Theorie behandelt in linear-algebraischer Weise das „Ausdividieren" der nichtsteuerbaren bzw. nichtbeobachtbaren Teile und gibt damit die Grundlage für die Rückkopplungstheorie und für Fragen der Entkopplung im nichtminimalen Fall einer Zustandsdarstellung. Beide Theorien, die Kalman-Theorie und die Wonham-Morse-Theorie beziehen sich auf die Zustandsdarstellung eines linearen zeitinvarianten Differentialsystems. Als letztes soll noch eine allgemeine Theorie erwähnt werden, die sich auf die Spektraldarstellung bezieht. Wir müssen dazu ein wenig ausholen. Da $sta(D, \lambda) timeS$ linear ist, wissen wir, daß für die zugehörige Zustandsfunktion $\phi$ stets gilt $\phi(t, q_0, x) = \phi(t, q_0, 0) + \phi(t, 0, x)$. In Satz 1 haben wir gesehen, daß $\phi(t, 0, x) = \int_0^t \exp((t-\tau)\mathbf{A})\mathbf{B}\,\mathbf{x}(\tau)d\tau$ gilt. In der Theorie der Laplacetransformation heißt dieses Integral ein **Faltungsintegral**. Die Matrixfunktion $g := \exp((.)\mathbf{A})\mathbf{B}$ darin heißt die **Gewichtsfunktion** des Faltungsintegrals. Bezeichnen wir das Faltungsintegral symbolisch mit $(g * x)(t)$, so gilt damit $\phi(t, 0, x) = (g * x)(t)$. Der Wert der Outputzeitfunktion $y$ zur Zeit $t$ ergibt sich damit in der Form $\mathbf{y}(t) = \mathbf{C}\,\phi(t, q_0, 0) + \mathbf{C}(\mathbf{g} * \mathbf{x})(t) + \mathbf{D}\,\mathbf{x}(t)$. Wegen $\mathbf{C}(\mathbf{g} * \mathbf{x})(t) = (\mathbf{C}\mathbf{g} * \mathbf{x})(t)$ sehen wir, daß für $q_0 = 0$ der Output $\mathbf{y}(t)$, abgesehen vom Anteil $\mathbf{D}\,\mathbf{x}(t)$, auch als Faltungsintegral auftritt. Erweitert man die Analysis auf Distributionen, so kann auch $\mathbf{D}\,\mathbf{x}(t)$ in die Faltungsoperation einbezogen werden, so daß dann die Nullzustandsantwort (Outputzeitfunktion für $q_0 = 0$) sich in der Form darstellen läßt $y(t) = (h * x)(t)$ mit $h := \mathbf{C}\exp((.)\mathbf{A})\mathbf{B} + \Delta(.)$, wobei $\Delta(.)$ die mit der Delta-Distribution $\delta(.)$ multiplizierte Matrix $\mathbf{D}$ bedeutet. Die Matrixfunktion $h$ heißt die **Impulsantwort** des linearen zeitinvarianten Differentialsystems. Man kann dann sagen, daß sich die Nullzustandsantwort $y$ durch **Faltung** der Impulsantwort $h$ mit der Inputfunktion $x$ ergibt; $y = h * x$. Von dieser auf den Nullzustand bezogenen Zeitbeschreibung erhält man mittels Laplacetransformation und Anwendung des **Faltungssatzes** der Laplacetransformation eine Spektralbeschreibung in der Form $Y = H \cdot X$, wobei nun $Y$, $H$ und $X$ die Laplacetransformierten von $y$, $h$ und $x$ sind. $Y$ heißt das **Outputspektrum**, $H$ die **Übertragungsfunktion** und $X$ das **Inputspektrum**. Wir können annehmen, daß der Leser mit diesen Bemerkungen den Anschluß an die Frequenzdarstellung linearer zeitinvarianter Differentialsysteme gefunden hat, so daß wir nun die allgemeine Theorie in ihrer Grundidee skizzieren können. Das Konzept der Faltung, der Laplacetransformation und der Fouriertransformation ist in der Mathematik für allgemeinere Verhältnisse im Rahmen der Funktionalanalysis bekannt, ebenso stehen dafür dort Sätze vom Typ des Faltungssatzes zur Verfügung. Es ist damit möglich, „Faltungssysteme" zu betrachten, die „linear" im üblichen Sinne und „zeitinvariant" im verallgemeinerten Sinne sind. Ebenso kann man bei diesen Systemen von „kausal" sprechen. Vergleichen wir diese Systeme mit *sta*$(D, \lambda)$ *time* $S$, so ist ihr wesentliches Charakteristikum, daß sie nicht mehr von der Windeknecht-Zeitmenge *W-time* $= (\mathbb{R}_+, +, <, 0)$ ausgehen, sondern von einer allgemeineren „Zeitmenge", die jedoch eine topologische Halbgruppe ist. Besonders einfach sind dabei die Verhältnisse im Falle, daß diese Zeitmenge eine abelsche lokalkompakte Gruppe ist. Dann kann der mathematische Apparat der „Abstrakten Harmonischen Analyse" benutzt werden.

Für das Studium der **allgemeinen Faltungssysteme** verweisen wir bezüglich der Mathematik auf *Gelfand–Raikow–Schilow* [GEL 1], *Hewitt-Ross* [HE 1], *Vilenkin* [VI 1]. Systemtheoretische Ansätze finden sich bereits bei *Wiener* [WIE 2], was besonders von *Masani* [MAS 1] hervorgehoben wurde. Ihre Systemtheorie ist Gegenstand des Buches von *Saeks* [SAE 1], wo auch ein ausführliches Literaturverzeichnis zu finden ist.

Ein Beispiel für solche Systeme stellen die **dyadischen Faltungssysteme** dar [PI 3, PI 4, PI 5], die in letzter Zeit eine gewisse Beachtung in verschiedenen Anwendungsbereichen, vor allem in der Nachrichtentechnik (vgl. z.B. das Buch von *Harmuth* [HAM 1]) gefunden haben. Eine der vielen für Anwendungen interessanten Besonderheiten dieser Systeme ist, daß hier (wie bei der Fouriertransformation) schnelle Algorithmen für die Berechnung der Spektralbeschreibung (schnelle Walsh-Fouriertransformation) zur Verfügung stehen.

Wir haben öfters schon erwähnt, daß die Theorie linearer zeitinvarianter Differenzensysteme (das sind Systeme, deren Zeitmenge $(\mathbb{N}_0, +, <, 0)$ ist und die durch ein System von gewöhnlichen Differenzengleichungen der Form $\mathbf{z}(t+1) = \mathbf{A}\,\mathbf{z}(t) + \mathbf{B}\,\mathbf{x}(t)$ (Zustandsgleichung) und einer Outputgleichung der Form $\mathbf{y}(t) = \mathbf{C}\,\mathbf{z}(t) + \mathbf{D}\,\mathbf{x}(t)$ beschrieben werden, weitgehend analog zu der Theorie linearer Automaten und der Theorie linearer zeitinvarianter Differentialsysteme ist. Wir konnten deshalb hier auf eine Einbettung dieser Systeme in unseren Aufbau verzichten. Für die Anwendungen sind diese Systeme aber ebenfalls sehr wichtig, so daß wir einen Literaturhinweis geben möchten. Die Theorie der Zustandsdarstellung linearer zeitinvarianter Differenzensysteme wird dargestellt von *Ackermann* [AC 1]. Ihre Bedeutung für die Nachrichtentechnik kann bei *Schüssler* [SCH 1] studiert werden.

# III. Zusammenfassung und Ausblick

Im Teil I stellten wir verschiedene Möglichkeiten der Konstruktion von „Maschinen" vor, die Input-Output Relationen erzeugen können. Im Falle der „allgemeinen Input-Output Systeme" und deren „Zustandsparametrisierungen" handelte es sich dabei im wesentlichen um eine systemtheoretische Interpretation einer zweistelligen Relation und deren Überdeckung mit funktionalen Relationen. Aus der Sicht des Mathematikers erscheinen die Kapitel 1 und 2 wegen ihrer elementaren mathematischen Konstruktionen fast überflüssig. Vom Standpunkt der mathematisch orientierten Systemtheorie und auch der angewandten Mathematik wiederum kann man jedoch selbst auf dieser einfachen Stufe der Systemkonstruktion die Interpretation mathematischer Begriffe als systemtheoretische Begriffe für gerechtfertigt halten. Mit den Begriffen Funktion, Operator, Relation, Gleichungssystem usw. wird dann automatisch eine „Input-Output Maschine" assoziiert, eine Situation, die wir für den Modellbauer anstreben. Hauptziel beider Kapitel ist es, Modellbauern das Konzept einer Input-Output Relation so interessant zu machen, daß er dieses in konkreten Modellen verwendet. Das gilt im gleichen Maße für Vertreter der wenig mathematisierten oder „weichen" Wissenschaften (etwa die Geisteswissenschaften) und der stärker mathematisierten oder „harten" Wissenschaften (z. B. die Physik oder die Elektrotechnik). Ähnliches kann zu den Kapiteln 3–6 gesagt werden, in denen die Konstruktion von „Maschinen" mit einem Zeitparameter behandelt wurde. Hier jedoch dürfte seitens der Mathematiker der Vorwurf der Trivialität weniger deutlich vorgebracht werden, da alle diese Konstruktionen ihr Vorbild in Modellen haben, die den Interessen der reinen Mathematik im allgemeinen fernstehen. Gerade in diesem Punkt scheint aber die Mathematik derzeit einen Wandel durchzumachen, so daß für die Zukunft eine bessere mathematische Durchdringung der systemtheoretischen Konstruktionen und eine umfassende Erweiterung der Betrachtungsweise zu erwarten ist. Hauptgrund dafür sind die Bedürfnisse der Informatik, für die eine exakte mathematische Sprechweise Grundvoraussetzung ist.

Im Teil II untersuchten wir die Probleme der Linearität und der Zeitinvarianz und daran anknüpfend die spezielleren Konstruktionen „endlicher Automat", „Schaltwerk", „linearer Automat" und „lineares zeitinvariantes Differentialsystem". In allen Fällen wurde die speziellere Konstruktion durch Einführen zusätzlicher mathematischer Strukturen (Halbgruppe, linearer Raum, Schaltalgebra, euklidischer Raum $\mathbb{R}^n$, usw.) aus den allgemeinen Konstruktionen von

Teil I erzielt. Obwohl die hier vorgestellten Konstruktionen bereits für viele Anwendungsfälle wichtige systemtheoretische Hilfsmittel darstellen, sollten unsere Ausführungen nur als Beispiel für die Verfolgung systemtheoretischer Ideen vom Allgemeinen zum Speziellen gewertet werden. Wir wollten damit vor allem die hierarchische Einbettung eines reicher strukturierten Systems in die Gesamtheit seiner damit verbundenen systemtheoretischen Substrukturen demonstrieren. Mit einer solchen Kenntnis wird man kaum versucht sein, Modelle mit aller Gewalt auf gerade zur Verfügung stehende systemtheoretische Konstruktionen aufzupfropfen, auch wenn deren Theorie noch so gut ausgebaut erscheint. Die Automatentheorie und die Theorie der linearen zeitinvarianten Differentialsysteme haben beispielsweise für viele Anwendungen eine gediegene Bedeutung; trotzdem können sie nicht universell eingesetzt werden. Tut man es dennoch, schadet man dem Modell wie der Theorie. Unsere Darstellung sollte gerade in der Richtung eine Hilfestellung anbieten, daß der Modellbauer nicht kritiklos eine Systemkonstruktion herausgreift, sondern ein modelladäquates System auswählt bzw. sich selbst konstruiert.
Sowohl Teil I als auch Teil II können nur als eine Einführung in die angeschnittenen Themenkreise angesehen werden. Viele wichtige Konzepte mußten unerwähnt bleiben. Trotzdem sollte ein aufmerksamer Leser damit bereits eine gute Vorbereitung für die noch notwendigen systemtheoretischen Studien, die er zur Bewältigung der konkreten Probleme seines Faches noch braucht, erhalten haben.
Als letztes sei, ergänzend zu den entsprechenden Bemerkungen am Schluß der einzelnen Kapitel, noch einmal die Frage nach anderen Möglichkeiten bei der Systemkonstruktion und des weiteren Ausbaues der Systemtheorie angeschnitten. Ziel dieses Buches war vor allem die Konstruktion dynamischer Input-Output Systeme; dementsprechend stand die Konstruktionslehre im Vordergrund unseres Interesses. Definitionen (= Konstruktionsvorschriften) kam dabei eine besondere Rolle zu; ein Charakteristikum jeder Konstruktionslehre. Wir begannen unsere „Konstruktionslehre" mit dem Grundkonzept eines allgemeinen Systems in Form einer zweistelligen Relation und konstruierten unter Berücksichtigung von Vorschriften speziellere Systeme. Unsere Vorgehensweise entsprach dabei jener, mit der man in der Mathematik von allgemeinen zu spezielleren Strukturen kommt, und so bedienten wir uns der gleichen Methodik. Verhalten und Struktur der Systeme studierten wir vornehmlich nur im Zusammenhang mit den angesprochenen speziellen Konstruktionen. Beides hätte man natürlich mehr in den Vordergrund der Betrachtung rücken können; aber es leuchtet ein, daß zugehörige Theorien einen grundsätzlich anderen Aufbau haben, als eine Konstruktionslehre selbst.

In der **Verhaltenstheorie** z. B. könnten qualitative Konzepte wie „tot" und „lebendig" oder die auf eine Zeitskala bezogenen Konzepte „absterbend" und „wachsend" eine dominierende Rolle spielen. Sie scheinen noch nicht die theoretische Würdigung erhalten zu haben, die heute gerechtfertigt erscheint, im Gegensatz zu dem für die Verhaltenstheorie fundamentalen Konzept eines „stabilen" Systems, das im Rahmen der „Stabilitätstheorie" von Systemen ausgiebig diskutiert wird. Für den Aufbau einer Verhaltenstheorie bleibt jedoch eines festzuhalten: Gehen wir davon aus, daß mit der Festlegung eines „Grundverhaltens" eines Systems begonnen wird, aus dem weitere spezielle Verhaltensweisen entwickelt werden, so setzt die Demonstration des Verhaltens an einem System zunächst die Konstruktion des Systems voraus; d.h. aus unserer Sicht, die Verhaltenstheorie bedingt die Konstruktionslehre oder die Konstruktionslehre steht vor der Verhaltenstheorie.
Die **Strukturtheorie** befaßt sich mit der Frage, aus welchen Teilen man sich ein System zusammengesetzt denken kann. Dieses Thema ist ein altes Anliegen, und deshalb besteht für spezielle Systeme hier eine gut ausgearbeitete Theorie. Bezüglich allgemeiner Systeme und bezüglich der Zerlegung eines Systems in Teile, die in ihrer Art sehr verschieden sind, ist die Strukturtheorie jedoch noch zu wenig ausgebaut. Daran zu arbeiten, ist deshalb eine wichtige Aufgabe der mathematischen Systemtheorie. An den Anfang der Strukturtheorie kann man, wie es vielfach geschehen ist, das Grundkonzept stellen „ein System besteht aus einer Menge von Objekten (Teilen) und einer darauf gegebenen Relation". Um die Strukturtheorie leistungsfähig zu gestalten, muß man jedoch mehr über die „Teile" darin und über die „Relation" wissen; das wiederum setzt eine Konstruktionslehre voraus – ein Umstand, der vielfach vergessen worden ist.
Überblicken wir heute die **Mathematische Systemtheorie** in ihrer Gesamtheit, so sehen wir, daß bereits Beachtliches erreicht wurde. Trotzdem bedarf es noch großer Anstrengungen, um die Forderungen erfüllen zu können, die schon heute an sie gestellt werden. Jeder Wissenschaftler kann hierzu einen Beitrag leisten, indem er seine Modelle systemtheoretisch erfaßt; insbesondere sollte der Systemtheoretiker stets das Gespräch mit dem Modellbauer suchen, denn durch eine solche Zusammenarbeit wäre der Ausbau der Mathematischen Systemtheorie zu einem Instrument sichergestellt, das allen Wissenschaften seinen Dienst anbieten kann.

# IV. Anhang

Die wesentlichste Aufgabe dieses Anhanges besteht darin, die Bedeutung der in den Teilen I und II verwendeten mathematischen Symbole zu präzisieren. Um dabei möglichst unabhängig zu sein, soll dies konstruktiv in Form von Erklärungen geschehen. Zugleich soll dem Leser, der die von uns benutzte mathematische Sprechweise nicht ausreichend kennt, eine gewisse Hilfe zur Einarbeitung gegeben werden. Wir verweisen diesbezüglich auch auf das Buch von *Birkhoff–Bartee* [BI 2] und zum Thema Graphentheorie auf die Darstellung von *Dörfler–Mühlbacher* [DÖ 1].

## A. Aussagen und Mengen

### A 1 Aussagen

Diejenigen Sätze $P$ einer Sprache (im weitesten Sinne), bei denen es einen Sinn hat zu fragen, ob sie wahr ($w$) oder falsch ($f$) sind, heißen **Aussagen**. Zum Beispiel ist der Satz „Dies ist ein interessantes Lehrbuch" eine Aussage. Hat man eine Aussage $P$ und eine weitere $Q$, so kann man diese in verschiedener Weise miteinander verbinden (= verknüpfen). Nachfolgend seien die wichtigsten Verknüpfungen genannt: Die Aussage „$P$ und $Q$" (die **Konjunktion** von $P$ und $Q$, symbolisch abgekürzt $P \wedge Q$), die Aussage „$P$ oder $Q$" (die **Disjunktion** von $P$ und $Q$, symbolisch $P \vee Q$), die Aussage „nicht $P$" (die Negation von $P$, symbolisch $\neg P$), die Aussage „wenn $P$, dann $Q$" (die **Implikation** von $P$ und $Q$, symbolisch $P \Rightarrow Q$) und die Aussage „$P$ ist gleichbedeutend mit $Q$" (die **Äquivalenz** von $P$ und $Q$, symbolisch $P \Leftrightarrow Q$). Mit diesen und weiteren Verknüpfungen und mit der Frage, wie sich die Wahrheitswerte der einzelnen Aussagen auf den Wahrheitswert der durch die Verknüpfung erhaltenen Aussage auswirken, befaßt sich die Logik im Rahmen der **Aussagenlogik**. Wir geben die **Wahrheitsfunktionen** der Verknüpfungen $\wedge$, $\vee$, $\neg$, $\Rightarrow$ und $\Leftrightarrow$ durch die folgende **Wahrheitstabelle** an:

| $P$ | $Q$ | $P \wedge Q$ | $P \vee Q$ | $\neg P$ | $P \Rightarrow Q$ | $P \Leftrightarrow Q$ |
|---|---|---|---|---|---|---|
| $w$ | $w$ | w | $w$ | $f$ | $w$ | $w$ |
| $w$ | $f$ | $f$ | $w$ | $f$ | $f$ | $f$ |
| $f$ | $w$ | $f$ | $w$ | $w$ | $w$ | $f$ |
| $f$ | $f$ | $f$ | $f$ | $w$ | $w$ | $w$ |

Will man definitionsgemäß die Aussage $P$ gleichbedeutend zur Aussage $Q$ setzen („$Q$ in $P$ codieren"), so schreibt man dafür $P :\Leftrightarrow Q$. Die Aussage $P \Leftrightarrow Q$ ist dann stets wahr. Durch wiederholte Anwendung der eingeführten Verknüpfungen erhält man komplexe zusammengesetzte Aussagen. Eine Aussage heißt ein logischer wahrer Satz (Tautologie), wenn ihre Wahrheitsfunktion stets den Wert $w$ hat.

## A 2 Mengen

**Mathematische Aussagen** sind Aussagen, die mit Hilfe der mathematischen Sprache formuliert sind. Im folgenden betrachten wir diejenigen Aussagen, die man in der Mathematik im Rahmen der **Mengenlehre** als zweckmäßig ansieht. Unter einem **Element** wollen wir jedes Symbol verstehen (unabhängig von dessen Bedeutung); $a, b, c, d, x, y$ sind Beispiele für Elemente. Eine **Menge** $M$ entsteht durch das Zusammenfassen von verschiedenen Symbolen zu einem Ganzen (gewissermaßen zu einem neuen Symbol). Die Menge, die durch das Zusammenfassen der Symbole $a, b, c, d, x, y$ entsteht, wird symbolisch durch $\{a, b, c, d, x, y\}$ beschrieben. Es ist klar, daß es darin auf eine Reihenfolge der Elemente nicht ankommt und daß dasselbe Element darin nicht mehrfach auftreten kann. Man kann zwischen **endlichen Mengen** und solchen, die nicht endlich sind (unendliche Mengen), unterscheiden. Die **Mächtigkeit** $card\, M$ einer Menge $M$ gibt in gewissem Sinne eine Größe an, die versucht, die „Anzahl" der in einer Menge enthaltenen Symbole zu beschreiben; für endliche Mengen bedeutet sie tatsächlich die Anzahl, für nicht endliche Mengen (z.B. die Menge $\mathbb{Z}$ der ganzen Zahlen oder die Menge $\mathbb{R}$ der reellen Zahlen) wird sie definitorisch festgesetzt. Zum Beispiel gilt $card\{a, b, c\} = 3$, $card\, \mathbb{Z} :=$Aleph-Null, $card\, \mathbb{R} := c$. Für die Aussage „$a$ ist in $M$ enthalten" schreiben wir $a \in M$; die Verneinung dieser Aussage wird durch $a \notin M$ ausgedrückt. Für $\{a, b, c\}$ ist offenbar $a \in \{a, b, c\}$ wahr und $a \notin \{a, b, c\}$ falsch. Ist eine Menge nicht endlich, so kann die bisherige Schreibweise dafür nicht angewandt werden; es gelingt ja dann nicht, alle Symbole tatsächlich nebeneinander niederzuschreiben. Man hilft sich in diesem Fall so, daß man nicht die Elemente selbst, sondern eine Eigenschaft angibt, die diese eindeutig charakterisiert. Eine **Eigenschaft** (Prädikat) kann dabei als eine sprachliche Form angesehen werden, die zu einer Aussage werden kann, wenn man darin gewisse „Leerstellen" (Platzhaltesymbole) durch Elemente für die Mengenkonstruktion ersetzt. „..... liegt in Afrika" und „$x \in \mathbb{R} \wedge 0 \leqq x$" sind Beispiele für Prädikate. Die Menge, die durch die Eigenschaft $P(x)$ charakterisiert ist, enthält genau die Elemente $m$, die $P(x)$ zu einer wahren Aussage $P(m)$ machen. Sie wird symbolisch in der Form $\{x:P(x)\}$ angeschrieben. Das Konzept eines Prädikates ermöglicht zusammen mit dem der Menge die Bildung zweier neuen Typen von Aussagen: die „Allaussagen" und die „Existenzaussagen". Es sei $P(x)$ ein Prädikat und $M$ eine Menge. Wir bilden dann die Aussage „alle Elemente von $M$ haben die Eigenschaft $P(x)$" (d.h., ist $m\in M$ wahr, so ist auch $P(m)$ wahr). Für diese Aussage schreiben wir symbolisch $\bigwedge_{x\in M} P(x)$. Für die Aussage „Es gibt ein Element aus $M$ mit der Eigenschaft $P(x)$" schreiben wir $\bigvee_{x\in M} P(x)$. Der „Operator" $\bigwedge_{x\in M}$, der aus dem Prädikat $P(x)$ die Aussage $\bigwedge_{x\in M} P(x)$ macht, heißt **Allquantor**, der „Operator" $\bigvee_{x\in M}$, der $P(x)$ in $\bigvee_{x\in M} P(x)$ überführt, heißt **Existenzquantor.**

Wir können nun darangehen, die in der Mengenlehre bekannten Aussagen, Verknüpfungen und Konstruktionen zu definieren. Die Aussage „$A$ ist eine **Teilmenge** von $M$", abgekürzt durch $A\subset M$, wird definiert durch

$$A\subset M :\Leftrightarrow \bigwedge_{x\in A} x\in M .$$

Die Aussage „$A$ ist eine **echte Teilmenge** von $M$", abgekürzt durch $A\subset M$ (echt), wird definiert durch

$$A\subset M\,(\text{echt}) :\Leftrightarrow A\subset M \wedge \bigvee_{x\in M} x\notin A .$$

Die Aussage „$A$ und $B$ sind **gleich**", abgekürzt $A=B$ wird definiert durch

$$A=B :\Leftrightarrow A\subset B \wedge B\subset A .$$

Für $\neg(A=B)$ schreibt man $A\neq B$.

Sind $A$ und $B$ Mengen, so ist die **Vereinigung** $A\cup B$ von $A$ und $B$ definiert als die Menge

$$A\cup B := \{x:\in A \vee x\in B\}$$

(das Zeichen $:=$ bedeutet allgemein, daß das Symbol, das auf der Seite des Doppelpunktes steht, als Abkürzung gesetzt wird).

Der **Durchschnitt** $A\cap B$ von $A$ mit $B$ wird definiert durch

$$A\cap B := \{x:x\in A \wedge x\in B\}.$$

Die **Differenz** $A\backslash B$ ist definiert durch $A\backslash B := \{x:x\in A \wedge x\notin B\}$. Damit diese Verknüpfungen tatsächlich stets zu Mengen führen, ist es notwendig, das Konzept der **leeren Menge** $\emptyset$, als dasjenige Objekt einzuführen, das keine Elemente enthält. Für jede Menge $M$ gilt dann beispielsweise $M\backslash M=\emptyset$. Gilt $A\cap B=\emptyset$, so heißen $A$ und $B$ **elementfremd** (disjunkt).

Eine Menge, deren Elemente wieder Mengen sind, heißt ein **Mengensystem.** Ist $\mathscr{M}$ ein Mengensystem, so bezeichnen wir mit $\cup\mathscr{M}$ die Menge, die durch die Vereinigung aller Mengen aus $\mathscr{M}$ entsteht, also $\cup\mathscr{M} := \{x: \bigvee_{M\in\mathscr{M}} x\in M\}$, und mit $\cap\mathscr{M}$ die Menge, die durch den Durchschnitt aller Mengen aus $\mathscr{M}$ entsteht, also $\cap\mathscr{M} := \{x: \bigwedge_{M\in\mathscr{M}} x\in M\}$.

Für jede Menge $M$ bildet die **Potenzmenge** $P(M)$, die gegeben ist durch $P(M) := \{U: U\subset M\}$, ein zugehöriges Mengensystem. Es gilt dafür $\cup P(M)=M$ und $\cap P(M)=\emptyset$. Unter einer **Partition** $\pi(M)$ einer Menge $M$ versteht man ein Mengensystem mit den Eigenschaften

(1) $\pi(M)\subset P(M)\setminus\{\emptyset\}$,

(2) $\cup\pi(M)=M$,

(3) $\bigwedge_{A,B\in\pi(M)} (A\neq B)\Rightarrow A\cap B=\emptyset$.

Das Element $(a, b)$, das man aus den Elementen $a$ und $b$ bilden kann, heißt ein **geordnetes Paar**. $(b, a)$ ist verschieden von $(a, b)$. Mit dem Konzept des geordneten Paares können wir zu zwei Mengen $A$ und $B$ das diesen zugeordnete **kartesische Produkt** $A\times B$ definieren: $A\times B := \{(a, b): a\in A\wedge b\in B\}$. $A\times B$ ist also die Menge bestehend aus allen geordneten Paaren, die man mit der Menge $A$ und der Menge $B$ bilden kann. Die Mengen $A$ und $B$ heißen die beiden Faktoren von $A\times B$. Kartesische Produkte können mit einer beliebigen endlichen Zahl von Faktoren erklärt werden. Für $n$ Elemente $a_1, a_2, \ldots, a_n$ heißt $(a_1, a_2, \ldots, a_n)$ ein **geordnetes n-Tupel.** Für $n$-Mengen $A_1, A_2, \ldots, A_n$ ist dann ihr kartesisches Produkt $A_1\times A_2\ldots\times A_n$ erklärt durch $A_1\times A_2\times\ldots\times A_n := \{(a_1, a_2, \ldots, a_n): a_1\in A_1\wedge a_2\in A_2\wedge\ldots\wedge a_n\in A_n\}$. Gilt $A_1=A_2=\ldots=A_n$, so schreiben wir dafür auch $A^n$.

# B. Relationen und Funktionen

## B 1 Relationen

Jede Teilmenge $R$ eines $n$-fachen kartesischen Produkts $A_1\times A_2\times\ldots\times A_n$ heißt eine **n-stellige Relation.** Im speziellen heißt eine Teilmenge von $A\times B$ auch eine **Relation von A in B.** $P(A\times B)$ stellt damit die Menge aller Relationen von $A$ in $B$ dar. Gilt $R\subset A\times B$, so heißt $A$ der **Definitionsbereich** und $B$ der **Wertebereich** der Relation $R$. Für die Aussage $(a, b)\in R$ schreiben wir auch $aRb$. Die Mengen

${}_1R$ und ${}_2R$, die gegeben sind durch ${}_1R := \{x : \bigvee_{y \in B} xRy\}$ und ${}_2R := \{y : \bigvee_{x \in A} xRy\}$, heißen der **Vorbereich** bzw. der **Nachbereich** von $R$. Bei einer Relation $R$ von $A$ in $B$ betrachten wir folgende Eigenschaften

**voreindeutig** $:\Leftrightarrow \bigwedge_{x, \bar{x} \in A} \bigwedge_{y \in B} xRy \wedge \bar{x}Ry \Rightarrow x = \bar{x}$.

**nacheindeutig** $:\Leftrightarrow \bigwedge_{x \in A} \bigwedge_{y, \bar{y} \in B} xRy \wedge xR\bar{y} \Rightarrow y = \bar{y}$.

**vorvollständig** $:\Leftrightarrow {}_1R = A$.

**nachvollständig** $:\Leftrightarrow {}_2R = B$.

Statt nacheindeutig sagen wir auch **funktional**. Die **inverse** Relation $R^{-1}$ einer Relation $R$ von $A$ in $B$ ist definiert durch $R^{-1} := \{(b, a) : aRb\}$. Es gilt also $R^{-1} \subset B \times A$. Für zwei Relationen $R$ und $S$ mit $R \subset A \times B$ und $S \subset C \times D$ ist die **Komposition** (das Produkt) $R \circ S$ definiert durch
$R \circ S := \{(a, d) : \bigvee_{b \in B} aRb \wedge bSd\}$.
Es gilt dann $R \circ S \subset A \times D$. Gilt $B \cap C = \emptyset$, so haben wir offenbar $R \circ S = \emptyset$. Aus ${}_2R \cap {}_1S \neq \emptyset$ folgt aber offenbar auch $R \circ S \neq \emptyset$.
Es gilt stets $(R \circ S)^{-1} = S^{-1} \circ R^{-1}$ und des weiteren der **Satz:** Ist $R$ funktional und auch $S$ funktional, dann ist auch $R \circ S$ funktional. Gilt $R \subset A \times A$, so heißt $R$ auch eine **Relation auf** $A$. Für solche Relationen betrachten wir die Eigenschaften

**reflexiv** $:\Leftrightarrow \bigwedge_{x \in A} xRx$.

**symmetrisch** $:\Leftrightarrow \bigwedge_{x, y \in A} xRy \Rightarrow yRx$.

**transitiv** $:\Leftrightarrow \bigwedge_{x, y, z \in A} xRy \wedge yRz \Rightarrow xRz$.

**antisymmetrisch** $:\Leftrightarrow \bigwedge_{x, y \in A} xRy \wedge yRx \Rightarrow x = y$.

**vollständig** $:\Leftrightarrow \bigwedge_{x, y \in A} xRy \vee yRx$.

Eine Relation $R$ auf $A$ heißt eine **Äquivalenzrelation**, wenn sie reflexiv, symmetrisch und transitiv ist. Bei einer Äquivalenzrelation $R$ auf $A$ definieren wir zu jedem Element $a$ aus $A$ die zugehörige **Äquivalenzklasse** $[a]$ durch $[a] := \{\bar{a} : \bar{a} \in A \wedge aR\bar{a}\}$. Das Mengensystem $A/R$, das gegeben ist durch $A/R := \{[a] : a \in A\}$, heißt die **Quotientenmenge** von $A$ bezüglich $R$. Es gilt dafür der **Satz:** $A/R$ stellt eine Partition von $A$ dar. Umgekehrt erzeugt jede Partition

$\pi(A)$ von $A$ eine Äquivalenzrelation $R_\pi$ durch

$$R_\pi := \{(a, \bar{a}) : a, \bar{a} \in A \wedge \bigvee_{U \in \pi(A)} a, \bar{a} \in U\}.$$

Eine Relation $R$ auf $A$ heißt eine **Ordnungsrelation**, wenn sie reflexiv, antisymmetrisch und transitiv ist.

## B 2 Funktionen

Eine vorvollständige und nacheindeutige Relation $f$ von $A$ in $B$ heißt eine **Funktion** von $A$ in $B$. Ist $f$ eine Funktion von $A$ in $B$, so wird dafür auch das Symbol $f: A \to B$ und $A \xrightarrow{f} B$ verwendet. Für $afb$ schreiben wir auch $a \overset{f}{\mapsto} b$, $a \mapsto b$ und $f(a) = b$. Statt Funktion sagt man auch **Abbildung, Operator, Transformation.** Mit $A \to B$ bezeichnen wir die Menge aller Funktionen von $A$ in $B$. Eine nachvollständige Funktion heißt auch **surjektiv,** eine voreindeutige auch **injektiv.** Ist eine Funktion nachvollständig und voreindeutig, so heißt sie auch **bijektiv.** Es gilt trivialerweise der **Satz:**
Die inverse Relation $f^{-1}$ einer bijektiven Funktion $f: A \to B$ ist eine bijektive Funktion $f^{-1}: B \to A$.
Für eine Relation $R$ von $A$ in $B$ sind die zugehörigen mengenwertigen Funktionen $(.)R: A \to P(B)$ und $R(.): B \to P(A)$ erklärt durch

$$(.)R: \{(a, U): a \in A \wedge U = \{b: b \in B \wedge aRb\}\} \quad \text{bzw.}$$
$$R(.) := \{(b, U): b \in B \wedge U = \{a: a \in A \wedge aRb\}\}.$$

Im Falle einer Funktion $f: A \to B$ heißt $f(.): B \to P(A)$ die zugehörige **Urbildfunktion**. Statt $f(.)$ wird in diesem Falle stets das Symbol $\overset{-1}{f}$ gewählt. Auf jeder Menge $A$ stellt die Relation $\{(a, a): a \in A\}$ eine Funktion $id_A: A \to A$ dar. Sie heißt die **Identität** auf $A$. Ist $f: A \to B$ eine Funktion von $A$ in $B$, so kann für jede Teilmenge $U$ von $A$ die **Einschränkung** $f|U$ von $f$ auf $U$ definiert werden durch $f|U := \{(u, b): u \in U \wedge b \in B \wedge ufb\}$. Im allgemeinen wird die Komposition $f \circ g$ von Funktionen keine Funktion mehr sein. Ist dies jedoch der Fall, so schreiben wir statt $f \circ g$ auch $gf$.
Folgende Anwendung der Quotientenbildung auf eine Funktion $f: A \to B$ wollen wir erwähnen:
Es sei $f: A \to B$ eine gegebene Funktion. Wir definieren dann folgende Relation $\sim$ auf $A: a \sim a' :\Leftrightarrow f(a) = f(a')$. Offensichtlich ist $\sim$ eine Äquivalenzrelation auf $A$. Wir kennen somit $A/\sim$. Wir definieren dann zu $f: A \to B$ die Funktionen $[\,]: A \to A/\sim$ durch $a \mapsto [a]$ und $\bar{f}: A/\sim \to B$ durch $[a] \mapsto \bar{f}([a]) := f(a)$.

Offenbar ist [] surjektiv und $\tilde{f}$ injektiv. Wir betrachten nun $[]\circ\tilde{f}: A \to B$. Für alle $a \in A$ gilt nun $[]\circ\tilde{f}(a) = \tilde{f}([a]) = f(a)$. Wir haben somit $[]\circ\tilde{f} = f$. Damit ist es uns gelungen, die Funktion $f: A \to B$ durch die Komposition der surjektiven Funktion $[]: A \to A/\sim$ mit der injektiven Funktion $\tilde{f}: A/\sim \to B$ darzustellen.

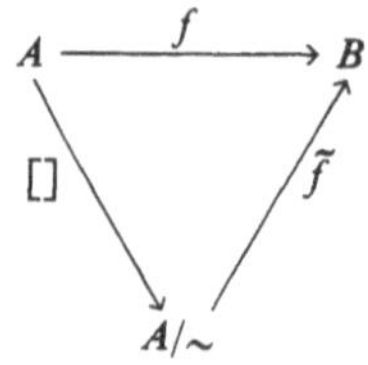


Als letztes sei noch das Konzept der Parametrisierung (der funktionalen Überdeckung) einer zweistelligen Relation $R \subset A \times B$ besprochen. Ein Mengensystem $\mathscr{P}$ heißt eine **Parametrisierung** von $R \subset A \times B$, wenn dafür gilt

(1) $\bigwedge\limits_{f \in \mathscr{P}} f \subset R \wedge f$ ist funktional.

(2) $\cup\mathscr{P} = R$.

Jedes Element einer Parametrisierung $\mathscr{P}$ von $R \subset A \times B$ nennen wir eine **Parameterlinie.** Mit (1) wird gefordert, daß die Parameterlinien einer Parametrisierung funktionale Teilrelationen sind; (2) verlangt, daß die Vereinigung aller Parameterlinien genau die Relation ergibt. Jede Funktion $p: Z \to P(A \times B): z \mapsto p(z)$ mit der Eigenschaft, daß $\{p(z): z \in Z\}$ eine Parametrisierung von $R \subset A \times B$ ist, heißt eine **Parametrisierungsabbildung**. Die dabei zugrundeliegende Menge $Z$ heißt dann die zugehörige **Parametermenge.**

## C. Algebraische Grundbegriffe

Nachfolgend untersuchen wir, in welcher Weise wir für die Elemente einer Menge $A$ „Vorschriften" angeben können, um damit „rechnen" zu können. Zur Angabe dieser Vorschriften werden uns Funktionen dienen. Wir erreichen damit mathematische Objekte, die allgemein als algebraische Systeme bezeichnet werden; spezielle algebraische Systeme sind etwa die Halbgruppen, die Gruppen, die Ringe, die Galoisfelder, die linearen Räume, die Verbände, die boole'schen Algebren. Zusammen mit den mengentheoretischen Begriffen bilden sie wichtige mathematische Werkzeuge zur Konstruktion von Systemen.

## C 1 Algebraische Systeme

Wie in vielen Gebieten der Mathematik, so können auch hier die reellen Zahlen als Beispiel dienen. Wir nehmen an, daß wir von der Menge $\mathbb{R}$ der reellen Zahlen eine gute Vorstellung haben und daß wir damit rechnen können.
Betrachten wir z. B. die Addition in $\mathbb{R}$. Gilt $a \in \mathbb{R}$ und $b \in \mathbb{R}$, so können wir $a + b$ berechnen, und es gilt auch $a + b \in \mathbb{R}$. Das gleiche gilt für die Multiplikation; es ist auch $a \cdot b \in \mathbb{R}$. Die Addition und die Multiplikation in $\mathbb{R}$ können wir deshalb als eine Vorschrift ansehen, die jedem Paar $(a, b)$ die Summe $a + b$ bzw. das Produkt $a \cdot b$ zuordnet. Diese Vorschrift kann als eine Funktion von $\mathbb{R} \times \mathbb{R}$ in $\mathbb{R}$ aufgefaßt werden. Im Falle der Addition haben wir die Funktion $+ : \mathbb{R} \times \mathbb{R} \to \mathbb{R}$ mit $(a, b) \mapsto +(a, b) := a + b$; im Falle der Multiplikation die Funktion $\cdot : \mathbb{R} \times \mathbb{R} \to \mathbb{R}$ mit $(a, b) \mapsto \cdot\,(a, b) := a \cdot b$. Wir sagen, daß $\mathbb{R}$ zusammen mit den Funktionen $+$ und $\cdot$ eine algebraisches System darstellt und schreiben dafür $(\mathbb{R}, +, \cdot)$. Die Funktionen $+$ und $\cdot$ haben, wie wir wissen, ganz spezielle Eigenschaften; z. B. gilt stets $+(a, b) = +(b, a)$ oder für $a \neq 0$ stets $\cdot\,(a, 1/a) = 1$. $(\mathbb{R}, +, \cdot)$ stellt deshalb ein spezielles algebraisches System, Körper genannt dar. Das folgende Konzept eines algebraischen Systems stellt eine Verallgemeinerung dieses Beispiels dar.
Gegeben sei eine Menge $A$ und $R \subset A \times A$. Jede Funktion $i: R \to A$ heißt eine **innere Verknüpfung** in $A$. Im Falle $R = A \times A$ nennen wir eine innere Verknüpfung **vollständig**, sonst **unvollständig**. Für jede Menge $M$ heißt eine Abbildung $\times : S \to A$ mit $S \subset M \times A$ eine **äußere Verknüpfung** in $A$. $M$ heißt der dazugehörige **Operatorenbereich**. Für $S = M \times A$ heißt $\times$ wieder vollständig, sonst unvollständig. Die Menge $A$ zusammen mit einer Menge $I$ von inneren Verknüpfungen und einer Menge $O$ von äußeren Verknüpfungen heißt ein **algebraisches System**. Wir schreiben dafür $(A, I, O)$.

## C 2 Halbgruppen

Ein algebraisches System $(A, I, O)$ mit $I = \{\circ\}$ und $O = \emptyset$, wobei $\circ$ vollständig und assoziativ ist, d. h. daß stets gilt $\circ(\circ(a, b), c) = \circ(a, \circ(b, c))$, heißt eine **Halbgruppe**. Eine Halbgruppe ist also ein algebraisches System mit einer vollständigen assoziativen inneren Verknüpfung. Man schreibt dafür einfacher $(A, \circ)$.

**Beispiele:**

(a) $(P(A), \cap)$,

(b) $(P(A), \cup)$,

(c) $(P(A \times B), \circ)$,

(d) Für eine Menge $A$ bezeichne $A^*$ die Menge aller endlichen „Wörter", die man aus den Elementen aus $A$ bilden kann (für $a, b, c, d, e \in A$ ist z. B. $ab \in A^*$, $cabd \in A^*$ usw.). Die innere Verknüpfung $\circ$ in $A^*$ wird durch das Aneinandersetzen (Konkatenation) von Wörtern erklärt $(\circ(ab, cabd) = abcabd)$. Dann ist $(A^*, \circ)$ eine Halbgruppe.

Eine Halbgruppe $(A, \circ)$ mit der Eigenschaft

$$\bigvee_{e \in A} \bigwedge_{a \in A} \circ(e, a) = \circ(a, e) = a$$

heißt ein **Monoid**. Ein Element $e \in A$ mit der obigen Eigenschaft heißt ein **neutrales Element**. Man erkennt leicht, daß es in einem Monoid nur ein neutrales Element geben kann: Wären nämlich $e \in A$ und $e' \in A$ neutrale Elemente und $e \neq e'$, so folgt daraus, daß gilt $e' = \circ(e, e') = \circ(e', e) = e$; ein Widerspruch.

## C 3 Gruppen

Ein algebraisches System $(A, \circ)$ heißt eine **Gruppe**, wenn gilt:

(1) $(A, \circ)$ ist ein Monoid mit dem neutralen Element $e$.

(2) $\bigwedge_{a \in A} \bigvee_{b \in A} \circ(a, b) = \circ(b, a) = e$.

In einer Gruppe ist es gebräuchlich, für $\circ(a, b)$ einfach $a \circ b$ oder $a + b$ (additive Schreibweise) oder ab (multiplikative Schreibweise) zu setzen. Jedes Element $b \in A$ mit $\circ(a, b) = \circ(b, a) = e$ ist eindeutig, denn ist für $a \in A$ mit $b \in A$ auch $b' \in A$ von dieser Eigenschaft, so gilt $b' = \circ(b', e) = \circ(b', \circ(a, b)) = \circ(\circ(b', a), b) = \circ(e, b) = b$. Es ist somit jedem $a \in A$ eindeutig ein solches Element $b \in A$ zugeordnet; wir schreiben dafür $-a$ (additiv) oder $a^{-1}$ (multiplikativ) und nennen es das **inverse Element** von $a$. Statt $a + (-b)$ schreibt man einfacher $a - b$.

**Beispiele:**

(a) $(\mathbb{Z}, +)$; $e = 0$.

(b) $(Z_4, \oplus)$; $Z_4 := \{0, 1, 2, 3\}$

| $\oplus$ | 0 | 1 | 2 | 3 |
|---|---|---|---|---|
| 0 | 0 | 1 | 2 | 3 |
| 1 | 1 | 2 | 3 | 0 |
| 2 | 2 | 3 | 0 | 1 |
| 3 | 3 | 0 | 1 | 2 |

Eine Gruppe $(A, +)$ heißt **abelsch**, wenn $+$ kommutativ ist, d.h. wenn gilt

$$\bigwedge_{a,b \in A} a + b = b + a.$$

**Auflösen von Gleichungen in Gruppen:** Es sei $(A, +)$ eine Gruppe. Für beliebiges $a, b \in A$ haben dann die Gleichungen $a + x = b$ und $y + a = b$ eindeutig die Lösungen $x = -a + b$ bzw. $y = b - a$.

*Beweis:* $a + (-a + b) = (a - a) + b = e + b = b$ und ähnlich $(b - a) + a = b + (-a + a) = b + e = b$. Eindeutigkeit: $a + x = b \Rightarrow x = e + x = (-a + a) + x = -a + (a + x) = -a + b$ und $y + a = b \Rightarrow y = y + e = y + (a - a) = (y + a) - a = b - a$.

**Untergruppe** $(U, \square)$ **einer Gruppe** $(A, \circ)$: Eine Gruppe $(U, \square)$ heißt eine Untergruppe einer Gruppe $(A, \circ)$, wenn gilt:

(1) $U \subset A$.

(2) $\bigwedge_{a,b \in U} \square(a, b) = \circ(a, b)$.

Eine Untergruppe $(N, \square)$ von $(A, \circ)$ heißt **normal** (ein **Normalteiler** von $(A, \circ)$), wenn gilt:

$$\bigwedge_{u \in N} \bigwedge_{a \in A} a^{-1} \circ u \circ a \in N.$$

Jede Untergruppe einer abelschen Gruppe ist normal. Eine Gruppe $(A, \circ)$ heißt **einfach**, wenn sie nur die trivialen Normalteiler $(\{e\}, \square)$ und $(A, \square)$ besitzt. Normalteiler ermöglichen die Konstruktion von **Quotientengruppen** (Faktorgruppen) und treten bei **Gruppenhomomorphismen** auf. Wir kommen darauf später zurück.

## C 4 Ringe

Ein algebraisches System $(A, +, \cdot)$ mit zwei inneren Verknüpfungen heißt ein **Ring**, wenn gilt:

(1) $(A, +)$ ist eine abelsche Gruppe.

(2) $(A, \cdot)$ ist ein Monoid.

(3) $\bigwedge_{a,b,c \in A} \big(a(b + c) = ab + ac\big) \wedge \big((a + b)c = ac + bc\big)$.

**Beispiele:**

(a) $(\mathbb{Z}, +, \cdot)$.

(b) $(R[x], +, \cdot)$.

(c) $(Z_5, \oplus, \odot)$

| $\oplus$ | 0 | 1 | 2 | 3 | 4 |
|---|---|---|---|---|---|
| 0 | 0 | 1 | 2 | 3 | 4 |
| 1 | 1 | 2 | 3 | 4 | 0 |
| 2 | 2 | 3 | 4 | 0 | 1 |
| 3 | 3 | 4 | 0 | 1 | 2 |
| 4 | 4 | 0 | 1 | 2 | 3 |

| $\odot$ | 0 | 1 | 2 | 3 | 4 |
|---|---|---|---|---|---|
| 0 | 0 | 0 | 0 | 0 | 0 |
| 1 | 0 | 1 | 2 | 3 | 4 |
| 2 | 0 | 2 | 4 | 1 | 3 |
| 3 | 0 | 3 | 1 | 4 | 2 |
| 4 | 0 | 4 | 3 | 2 | 1 |

Ein Ring $(A, +, \cdot)$ heißt **kommutativ**, wenn die Verknüpfung $\cdot : A \times A \to A$ kommutativ ist, d.h., wenn stets gilt $ab = ba$. Ein Ring $(U, \boxplus, \boxdot)$ heißt ein **Unterring** eines Ringes $(A, +, \cdot)$, wenn gilt:

(1) $U \subset A$.

(2) $\bigwedge_{a, b \in U} a \boxplus b = a + b$.

(3) $\bigwedge_{a, b \in U} a \boxdot b = a \cdot b$.

Ein Unterring $(U, \boxplus, \boxdot)$ eines Ringes $(A, +, \cdot)$ heißt ein **Ideal**, wenn gilt

$$\bigwedge_{u \in U} \bigwedge_{a \in A} a \cdot u \in U \wedge u \cdot a \in U.$$

Jedes Ideal eines gegebenen Ringes ermöglicht die Konstruktion des zugehörigen **Quotientenringes** (Faktorringes) und tritt bei **Ringhomomorphismen** auf. Die Ideale sind damit in ihrer Bedeutung für die Ringtheorie vergleichbar mit der der Normalteiler für die Gruppentheorie. Wir kommen darauf noch zurück. Ein Ring $(A, +, \cdot)$ heißt ein **Integritätsbereich**, wenn gilt:

(1) $\bigwedge_{a, b \in A} ab = ba$ (kommutativ).

(2) $\bigwedge_{a \in A \setminus \{0\}} \bigwedge_{b, c \in A} ab = ac \Rightarrow b = c$ (kürzbar).

(0 bezeichne das neutrale Element in der Gruppe $(A, +)$).

**Beispiele:**

(a) $(\mathbb{Z}, +, \cdot)$.

(b) $(\mathbb{Q}[x], +, \cdot)$.

**Satz:** $(A, +, \cdot)$ ist Integritätsbereich $\Leftrightarrow \bigwedge_{a,b \in A \setminus \{0\}} ab \neq 0$.

*Beweis:*

„$\Rightarrow$" (Kontraposition) $\bigvee_{b \neq 0} \bigvee_{a \neq 0} ab = 0 \Rightarrow ab = a0 \Rightarrow b = 0$.

„$\Leftarrow$" (Kontraposition) $\bigvee_{a \neq 0} \bigvee_{b,c \in A} (ab = ac \wedge b \neq c) \Rightarrow ab - ac = a(b - c) = 0 \wedge a \neq 0 \wedge (b - c) \neq 0$.

Ein Ring $(A, +, \cdot)$ heißt ein **Körper**, wenn $(A \setminus \{0\}, \boxdot)$ eine abelsche Gruppe bildet. Dabei bezeichnet 0 das neutrale Element in der Gruppe $(A, +)$ und $\boxdot$ ist die auf $A \setminus \{0\}$ eingeschränkte Ringmultiplikation, also es ist stets $a \boxdot b = a \cdot b$.

**Beispiele:**

(a) $(\mathbb{R}, +, \cdot)$.

(b) $(\mathbb{Q}, +, \cdot)$.

(c) $(Z_5, \oplus, \odot)$.

## C 5 Galoisfelder

Jeder Körper $(A, +, \cdot)$, bei dem $A$ eine endliche Menge ist, heißt **endlich**, oder wie man auch sagt, ein **Galoisfeld**. Gilt $card A = k$, so bezeichnet man das Galoisfeld $(A, +, \cdot)$ auch mit $GF(k)$. Es ist eine Tatsache, daß nur für Primzahlpotenzen $k = p^n$, $n \in \mathbb{N}$, Galoisfelder existieren. Wir geben zuerst die Konstruktion der Galoisfelder der Art $GF(p)$ an, wo $p$ eine Primzahl ist.
Es sei $\mathbb{N}_0 := \{0, 1, 2, \ldots\}$ gegeben. Für ein beliebiges $m \in \mathbb{N}$ definieren wir dann das algebraische System $(\mathbb{N}_0, \overset{+}{m}, \overset{\circ}{m})$ durch $\overset{+}{m}: \mathbb{N}_0 \times \mathbb{N}_0 \to \mathbb{N}_0 : (a, b) \mapsto a \overset{+}{m} b := r$, wobei $r$ gegeben ist durch $a + b = km + r$ mit $0 \leqq r < m$ und $k \in \mathbb{N}_0$. $\overset{\circ}{m}: \mathbb{N}_0 \times \mathbb{N}_0 \to \mathbb{N}_0 : (a, b) \mapsto a \overset{\circ}{m} b := r$, wobei $r$ gegeben ist durch $a \cdot b = km + r$ mit $0 \leqq r < m$ und $k \in \mathbb{N}_0$.
Wir nennen $\overset{+}{m}$ die **modulo** $m$ **Addition** und $\overset{\circ}{m}$ die **modulo** $m$ **Multiplikation** in $\mathbb{N}_0$.
Wir erzeugen nun aus $(\mathbb{N}_0, \overset{+}{m}, \overset{\circ}{m})$ auf folgende Weise einen Ring $(Z_m, \oplus, \odot)$, den Restklassenring modulo $m$:
Wir definieren zuerst die Äquivalenzrelation $\tilde{m} \subset \mathbb{N}_0 \times \mathbb{N}_0$ durch $a \tilde{m} a' :\Leftrightarrow \bigwedge_{b \in \mathbb{N}_0} a \overset{+}{m} b = a' \overset{+}{m} b$. Mit $Z_m$ sei die Quotientenmenge von $\mathbb{N}_0$ modulo $\tilde{m}$ bezeichnet; also $Z_m := \mathbb{N}_0 / \tilde{m}$. Jede Äquivalenzklasse $[a]$ in $Z_m$ sei als **Restklasse modulo** $m$ bezeichnet. Das algebraische System $(Z_m, \oplus, \odot)$ ist dann definiert

durch

$$\oplus : Z_m \times Z_m \to Z_m : ([a], [b]) \mapsto [a] \oplus [b] := [a \overset{+}{m} b] \quad \text{und}$$
$$\odot : Z_m \times Z_m \to Z_m : ([a], [b]) \mapsto [a] \odot [b] := [a \overset{\circ}{m} b] .$$

Man prüft leicht nach, daß $(Z_m, \oplus, \odot)$ einen kommutativen Ring darstellt, den **Restklassenring modulo** $m$. Man erkennt des weiteren leicht, daß, falls $p$ eine Primzahl ist, $(Z_p, \oplus, \odot)$ sogar einen Körper bildet; er heißt der **Restklassenkörper modulo** $p$, den wir, da er ein Galoisfeld ist, mit $GF(p)$ bezeichnen wollen. (Wir lernen im nächsten Abschnitt den Begriff Isomorphie kennen, und wir werden dann genauer sagen, daß der Restklassenkörper modulo $p$ isomorph zum (abstrakten) Galoisfeld $GF(p)$ ist.) Wir haben schon mit $(Z_5, \oplus, \odot)$ vorher ein Beispiel für $GF(5)$ angegeben.

Wir wollen nun darangehen, für ein beliebiges $n \in \mathbb{N}$ das zur Primzahl $p$ gehörige Galoisfeld $GF(p^n)$ zu konstruieren. Eine genauere mathematische Begründung dieser Konstruktion wollen wir jedoch nicht durchführen; es sei hier dazu nur soviel gesagt, daß $GF(p^n)$ durch die Bildung der Quotientenstruktur des euklidischen Ringes $GF(p)[x]$ nach einem Hauptideal $(m(x))$ entsteht, das von einem irreduziblen Polynom $m(x) \in GF(p)[x]$ vom Grade $n$ erzeugt wird. Für die Anwendung der Galoisfelder im Bereich der Codierung und der Automatentheorie kommen vor allem solche der Art $GF(2^n)$ in Frage.

Gegeben sei $GF(p) := (A, +, \cdot)$ mit $A := \{0, 1, 2, \ldots, p-1\}$. $A^n$ bezeichne das $n$-fache Produkt von $A$. Jedem $n$-Tupel $a = (a_0, a_1, \ldots, a_{n-1}) \in A^n$ können wir eindeutig das Polynom $a(x) = a_0 + a_1 x + \ldots + a_{n-1} x^{n-1}$ vom Grade $<n$ aus dem Polynomring $GF(p)[x]$ zuordnen. Das Rechnen in $A^n$ wird mittels der zugeordneten Polynome erklärt:

Die Addition $\oplus : A^n \times A^n \to A^n$ wird definiert durch $(a, b) \mapsto a \oplus b$, so daß $a \oplus b(x) = a(x) + b(x)$.

Um die Multiplikation $\odot : A^n \times A^n \to A^n$ zu definieren, müssen wir erst ein irreduzibles Polynom $m(x) \in GF(p)[x]$ vom Grade $n$ kennen. Damit wird dann die Multiplikation in $A^n$ erklärt durch $(a, b) \mapsto a \odot b$, so daß $a(x) \cdot b(x) = q(x) m(x) + a \odot b(x)$ und $a \odot b(x)$ vom Grade $<n$ ist. $a \odot b(x)$ ist somit gleich dem Rest, der bei Division von $a(x) \cdot b(x)$ durch $m(x)$ bleibt. Das damit definierte algebraische System $(A^n, \oplus, \odot)$ bildet einen Körper, das **Galoisfeld** $GF(p^n)$.

**Beispiel:** $p = 2, n = 2$; Konstruktion von $GF(4)$.

$$A := \{0, 1\}; \quad A^2 := \{00, 01, 10, 11\}; \quad a = a_0 a_1 \mapsto a(x) = a_0 + a_1 x .$$

Addition:

| $\oplus$ | 00 | 01 | 10 | 11 |
|---|---|---|---|---|
| 00 | 00 | 01 | 10 | 11 |
| 01 | 01 | 00 | 11 | 10 |
| 10 | 10 | 11 | 00 | 01 |
| 11 | 11 | 10 | 01 | 00 |

Multiplikation: $m(x) = 1 + x + x^2$ (irreduzibel)

| $\odot$ | 00 | 01 | 10 | 11 |
|---|---|---|---|---|
| 00 | 00 | 00 | 00 | 00 |
| 01 | 00 | 11 | 01 | 10 |
| 10 | 00 | 01 | 10 | 11 |
| 11 | 00 | 10 | 11 | 01 |

## C 6 Morphismen

Es seien $\mathscr{A} = (A, +, \cdot, \times)$ und $\mathscr{B} = (B, \oplus, \odot, \otimes)$ algebraische Systeme, wobei die beiden ersten Abbildungen innere Verknüpfungen darstellen sollen; $\times$ und $\otimes$ sollen äußere Verknüpfungen mit gleichem Operatorenbereich $M$ sein. Wir nennen dann eine Funktion $\phi: A \rightarrow B$ einen **Morphismus** von $\mathscr{A}$ in $\mathscr{B}$, wenn stets gilt $(a, b \in A, m \in M)$:

(1) $\phi(a + b) = \phi(a) \oplus \phi(b)$.

(2) $\phi(a \cdot b) = \phi(a) \odot \phi(b)$.

(3) $\phi(m \times a) = m \otimes \phi(a)$.

Ein surjektiver Morphismus $\phi: A \rightarrow B$ heißt auch **Epimorphismus**, ein injektiver Morphismus $\phi: A \rightarrow B$ heißt auch **Monomorphismus**. Ein bijektiver Morphismus $\phi: A \rightarrow B$ heißt **Isomorphismus**.
Über den praktischen Wert eines Morphismus $\phi: A \rightarrow B$ befragt, könnte man sagen, daß dieser durch die Möglichkeit gegeben ist, das „Rechnen" in $\mathscr{A}$ durch das „Rechnen" in $\mathscr{B}$ auszutauschen. Damit ist oft eine Vereinfachung verbunden.
Wichtig sind Morphismen, die im Zusammenhang mit Äquivalenzrelationen vorkommen. Wir wollen dies kurz ausführen: Es sei $(A, f)$ ein algebraisches

System mit innerer vollständiger Verknüpfung $f: A \times A \to A$. Von einer Äquivalenzrelation $\sim \subset A \times A$ sagen wir, sie besitze die **Substitutionseigenschaft** bezüglich $f$, wenn gilt:

$$\bigwedge_{a,b,c,d \in A} a \sim b \wedge c \sim d \Rightarrow f(a,c) \sim f(b,d).$$

Wir können nun folgenden Satz beweisen:

**Satz:** Es sei $(A,f)$ ein algebraisches System mit $f: A \times A \to A$ und $\sim \subset A \times A$ eine Äquivalenzrelation mit Substitutionseigenschaft bezüglich $f$. Es sei $A/\sim$ die Quotientenmenge von $A$ modulo $\sim$ und $(A/\sim, \bar{f})$ das algebraische System mit $\bar{f}: A/\sim \times A/\sim \to A/\sim : ([a],[b]) \mapsto \bar{f}(([a],[b])) := [f(a,b)]$. Dann stellt die kanonische Abbildung $[\,]: A \to A/\sim : a \mapsto [a]$ einen Epimorphismus von $(A,f)$ in $(A/\sim, \bar{f})$ dar.

*Beweis:* $[f(a,b)] = \bar{f}([a],[b])$.

**Beispiele:**

(a) Es sei $(\mathbb{N}_0, \overset{+}{m}, \overset{\circ}{m})$ das in C 5 eingeführte algebraische System und $(Z_m, \otimes, \odot)$ der Restklassenring modulo $m$. Dann hat die in C 5 eingeführte Äquivalenzrelation $\tilde{m}$ die Substitutionseigenschaft bezüglich $\overset{+}{m}$ und $\overset{\circ}{m}$. Damit ist die kanonische Abbildung $[\,]: \mathbb{N}_0 \to Z_m: a \to [a]$ ein Epimorphismus von $(\mathbb{N}_0, \overset{+}{m}, \overset{\circ}{m})$ in $(Z_m, \oplus, \odot)$.

(b) Es seien $(A, +)$ und $(B, \oplus)$ abelsche Gruppen und $f: A \to B$ ein Morphismus von $(A, +)$ in $(B, \oplus)$. Es bezeichne 0 das neutrale Element in $B$. Die Menge $U := \{u : u \in A \wedge f(u) = 0\}$ bildet dann zusammen mit der von $(A, +)$ induzierten Addition $+$ eine Untergruppe von $(A, +)$. Für ein beliebiges $a \in A$ heißt die Menge $a + U := \{a + u : u \in U\}$ die von $a$ erzeugte **Nebenklasse** von $(A, +)$ bezüglich $U$. Man erkennt leicht, daß die Menge $A_U := \{a + U : a \in A\}$ eine Partition von $A$ bildet. Definieren wir in $A_U$ die Addition $\boxplus : A_U \times A_U \to A_U$ durch $a + U \boxplus b + U := (a+b) + U$, so ist $(A_U, \boxplus)$ eine abelsche Gruppe. Sie heißt die **Quotientengruppe** von $A$ modulo $U$. Man kann dann leicht folgern, daß die Äquivalenzrelation $\sim \subset A \times A$, die gegeben ist durch $a \sim b :\Leftrightarrow a + U = b + U$, bezüglich $+$ die Substitutionseigenschaft hat und daß gilt $A/\sim = A_U$. Damit ist die Abbildung $[\,]: A \to A_U : a \mapsto a + U$ ein Epimorphismus von $(A, +)$ in $(A_U, \boxplus)$. Weiter ist die nach B 2 definierte Funktion $\bar{f}: A_U \to B$ ein Monomorphismus. Der Morphismus $f: A \to B$ ist damit zerlegt in einen Epimorphismus $[\,]: A \to A_U$ und einen Monomorphismus $\bar{f}: A_U \to B$.

## C 7 Lineare Räume

Ein algebraisches System, das bei vielen Anwendungen der Mathematik zur Konstruktion von Modellen vorkommt, wird durch den linearen Raum gebildet. Wir können annehmen, daß der Leser mit diesem mathematischen Begriff bereits in der einen oder anderen Form konfrontiert worden ist (Vektorrechnung). Ähnliches wird für die zugehörigen Morphismen, den linearen Abbildungen, gelten können (Matrizenrechnung). Wir wollen deshalb hier und im nächsten Abschnitt nur das für uns Wichtigste besprechen.
Ein algebraisches System $(V, +, \cdot)$ heißt ein **linearer Raum** (Vektorraum) über den Körper $(K, \boxplus, \boxdot)$, wenn gilt:

(1) $(V, +)$ bildet eine abelsche Gruppe.
(2) $\cdot$ ist eine vollständige äußere Verknüpfung $\cdot : K \times V \rightarrow V$.
(3) Es gelten folgende „Distributivgesetze" ($\alpha, \beta \in K$ $v, w \in V$):

(3a) $\alpha \cdot (v + w) = \alpha \cdot v + \alpha \cdot w$.
(3b) $(\alpha \boxplus \beta) v = \alpha \cdot v + \beta \cdot v$.

(4) Es gilt folgendes „Assoziativgesetz" ($\alpha, \beta \in K, v \in V$):

$$\alpha \cdot (\beta \cdot v) = (\alpha \boxdot \beta) \cdot v.$$

(5) Bezeichnet 1 das Einselement des Körpers $(K, \boxplus, \boxdot)$, so gilt

$$1 \cdot v = v.$$

Es ist üblich, für die Addition $\boxplus$ in $K$ auch das Symbol $+$ der Addition in $V$ zu nehmen. Weiter wird in der Symbolik auch nicht zwischen „Skalarmultiplikation" $\cdot$ und der Körpermultiplikation $\boxdot$ unterschieden: Beide Multiplikationen werden meistens ohne Punkt geschrieben.
Wir besprechen nun eine Standardform eines linearen Raumes: den linearen Raum der $n$-Tupel mit Komponenten aus einem Körper $K$.
Es sei $(K, +, \cdot)$ ein gegebener Körper (z.B. $\mathbb{R}, \mathbb{C}, GF(p^n)$) und $V$ das $n$-fache kartesische Produkt der Menge $K$, also $V := K \times K \times \ldots \times K$ ($n$-mal).
Das algebraische System $(V, +, \cdot)$ definieren wir durch

$$+ : V \times V \rightarrow V: ((v_1, \ldots, v_n), (w_1, \ldots, w_n)) \mapsto (v_1, \ldots, v_n) + (w_1, \ldots, w_n) := (v_1 + w_1, \ldots, v_n + w_n),$$

$$\cdot : K \times V \rightarrow V: (\alpha, (v_1, \ldots, v_n)) \mapsto \alpha (v_1, \ldots, v_n) := (\alpha v_1, \ldots, \alpha v_n).$$

Man überzeugt sich leicht, daß damit ein linearer Raum über $(K, +, \cdot)$ definiert ist, er heißt der ***n*-dimensionale Raum** über $K$. Die speziellen Elemente $e_i :=$

$(e_{i1}, \ldots, e_{in}) \in V$, $i = 1, 2, \ldots, n$, die gegeben sind durch $e_{ij} = 1$ für $i = j$ und $e_{ij} = 0$ für $i \neq j$, sind linear unabhängig und bilden damit eine **Basis**. Jedes Element (Vektor) aus $V$ kann damit in der Form $(v_1, \ldots, v_n) = v_1 e_1 + \ldots + v_n e_n$ dargestellt werden.

Ein linearer Raum $(U, \boxplus, \boxdot)$ heißt ein **Unterraum** eines linearen Raumes $(V, +, \cdot)$, wenn gilt
(1) $(U, \boxplus)$ ist eine Untergruppe von $(V, +)$.
(2) Beiden Räumen liegt der gleiche Körper zugrunde.
(3) Es ist stets $\alpha \boxdot v = \alpha \cdot v$.

Es sei $(U, +, \cdot)$ ein Unterraum von $(V, +, \cdot)$ mit Körper $(K, +, \cdot)$. Der **Quotientenraum** $(V/U, \oplus, \odot)$ wird dann definiert durch:
(1) $(V/U, \oplus)$ ist die Quotientengruppe von $(V, +)$ modulo $(U, +)$ (vgl. C 6 Beispiel (b)).
(2) $(V/U, \oplus, \odot)$ liegt ebenfalls der Körper $K$ zugrunde.
(3) Die Skalarmultiplikation $\odot$ ist definiert durch

$$\odot : K \times V/U \to V/U : (\alpha, [v]) \mapsto \alpha \odot [v] := [\alpha v].$$

Bemerkung: Jeder Körper $(K, +, \cdot)$ stellt einen linearen Raum über sich selbst dar.

## C 8 Lineare Abbildungen

Es seien $(V, +, \cdot)$ und $(W, \oplus, \odot)$ lineare Räume über dem Körper $(K, +, \cdot)$. Ein Morphismus von $(V, +, \cdot)$ in $(W, \oplus, \odot)$ heißt dann auch eine **lineare Abbildung**. Für eine lineare Abbildung $f: V \to W$ gilt also stets $(v, v' \in V, \alpha \in K)$:

(1) $f(v + v') = f(v) \oplus f(v')$.
(2) $f(\alpha v) = \alpha \odot f(v)$.

Es sei 0 das neutrale Element (Nullvektor) in $(W, \oplus, \odot)$ und $f: V \to W$ eine lineare Abbildung von $(V, +, \cdot)$ in $(W, \oplus, \odot)$. Die Menge $ker(f) := \overset{-1}{f}(0)$ bildet dann zusammen mit der von $(V, +, \cdot)$ induzierten Addition $+ : ker(f) \times ker(f) \to ker(f)$ und Skalarmultiplikation $\cdot : K \times ker(f) \to ker(f)$ einen Unterraum von $(V, +, \cdot)$. $ker(f)$ heißt der **Kern** der linearen Abbildung $f$. Die kanonische Abbildung $[\,] : V \to V/ker(f)$ ist linear und surjektiv. Die Abbildung $\bar{f}: V/ker(f) \to W$, die definiert ist durch $[v] \mapsto \bar{f}([v]) := f(v)$, ist ebenfalls linear; sie ist des weiteren injektiv. Wir haben demnach auch für eine lineare Abbildung (Vektorraummorphismus) eine Zerlegung in eine surjektive lineare Abbildung

(Vektorraumepimorphismus) und eine injektive lineare Abbildung (Vektorraummonomorphismus) nach folgendem Diagramm

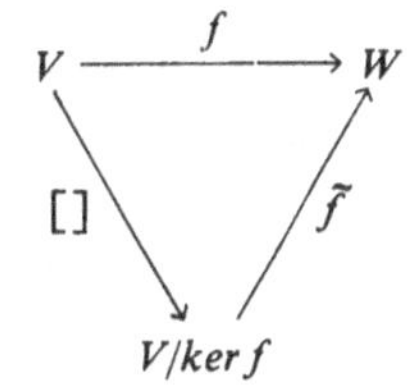


Die lineare Abbildung $f: V \to W$ ist genau dann bijektiv, wenn ihr Kern $\overset{-1}{f}(0)$ nur aus dem Nullelement von $(V, +, \cdot)$ allein besteht. Sie stellt dann einen Isomorphismus zwischen $(V, +, \cdot)$ und $(W, \oplus, \odot)$ dar. Es bezeichne $L(V, W)$ die Menge aller linearen Abbildungen von $(V, +, \cdot)$ in $(W, \oplus, \odot)$. Wir definieren in $L(V, W)$ eine Addition $\boxplus$ durch $(f, g \in L(V, W))$:

$$(f, g) \mapsto f \boxplus g: V \to W: v \mapsto f \boxplus g(v) := f(v) \oplus g(v)$$

und eine äußere Verknüpfung $\boxdot$ mit dem zugrundeliegenden Körper $K$ als Operatorenbereich durch $(f \in L(V, W), \alpha \in K)$:

$$(\alpha, f) \mapsto \alpha \boxdot f: V \to W: v \mapsto \alpha \boxdot f(v) := \alpha \odot f(v).$$

$(L(V, W), \boxplus, \boxdot)$ stellt dann einen linearen Raum über $(K, +, \cdot)$ dar (Raum $\mathrm{Hom}(V, W)$ der linearen Funktionen von $(V, +, \cdot)$ in $(W, \oplus, \odot)$). Für $W = K$ heißt dieser lineare Raum der zu $(V, +, \cdot)$ gehörige **duale Raum.**

**Zusammenhang mit Matrizen:** Es seien $(V, +, \cdot)$ der $n$-dimensionale lineare Raum über $(K, +, \cdot)$ und $f: V \to W$ eine lineare Abbildung von $(V, +, \cdot)$ in den $m$-dimensionalen linearen Raum $(W, +, \cdot)$ über $(K, +, \cdot)$. Für ein beliebiges $v = v_1 e_1 + \ldots + v_n e_n \in V$ gilt dann

$$f(v_1 e_1 + \ldots + v_n e_n) = v_1 f(e_1) + \ldots + v_n f(e_n).$$

Kennen wir für die Funktion $f: V \to W$ die Bilder $f(e_1), \ldots, f(e_n)$ der „Basisvektoren" $e_1, \ldots, e_n$, dann können wir also damit das Bild $w = f(v)$ für einen beliebigen Vektor $v \in V$ einfach berechnen. Es sei

$$\begin{aligned} f(e_1) &= (f_{11}, \ldots, f_{m1}) \\ f(e_2) &= (f_{12}, \ldots, f_{m2}) \\ &\vdots \\ f(e_n) &= (f_{1n}, \ldots, f_{mn}). \end{aligned}$$

Dann bekommen wir für das Bild $f(v)$ des Vektors $v$

$$\begin{aligned}f(v) = w_1 e_1' + \ldots + w_m e_m' = & f_{11} v_1 e_1' + f_{12} v_2 e_1' + \ldots + f_{1n} v_n e_1' \\ & + f_{21} v_1 e_2' + f_{22} v_2 e_2' + \ldots + f_{2n} v_n e_2' \\ & + \ldots \\ & + f_{m1} v_1 e_m' + f_{m2} v_2 e_m' + \ldots + f_{mn} v_n e_m',\end{aligned}$$

wobei $\{e_1', e_2', \ldots, e_m'\}$ die entsprechende „Standardbasis" von $(W, +, \cdot)$ bezeichnet. Mit Hilfe der Matrizensymbolik läßt sich dann schreiben

$$\begin{bmatrix} w_1 \\ w_2 \\ \vdots \\ w_m \end{bmatrix} = \begin{bmatrix} f_{11} & f_{12} & \ldots & f_{1n} \\ f_{21} & f_{22} & \ldots & f_{2n} \\ \vdots & & & \vdots \\ f_{m1} & f_{m2} & \ldots & f_{mn} \end{bmatrix} \begin{bmatrix} v_1 \\ v_2 \\ \vdots \\ v_n \end{bmatrix}$$

oder dafür kürzer $\mathbf{w} = \mathbf{F}\mathbf{v}$. Die lineare Abbildung $f: V \to W$ wird also durch die Matrix $\mathbf{F} := [f_{ij}]$ dargestellt. $\mathbf{F}$ hat das Format $(m, n)$; ihre Koeffizienten $f_{ij}$ hängen von der Wahl der Basisvektoren (des Koordinatensystems) in $(V, +, \cdot)$ bzw. $(W, +, \cdot)$ ab. Zwischen linearen Abbildungen und Matrizen gelten folgende Entsprechungen:

| lineare Abbildungen | Matrizenrechnung |
|---|---|
| $f \boxplus g$ | $\mathbf{F} + \mathbf{G}$ |
| $\alpha \boxdot f$ | $\alpha \mathbf{F}$ |
| $gf$ | $\mathbf{G}\mathbf{F}$ (Matrizenprodukt) |
| $f$ bijektiv | $\mathbf{F}$ regulär (Det $\mathbf{F} \neq 0$) |
| $f^{-1}$ | $\mathbf{F}^{-1}$ (inverse Matrix) |

**Zusammenhang mit linearen Gleichungssystemen:** Jedem linearen Gleichungssystem $\mathbf{F}\mathbf{x} = \mathbf{b}$, gegeben durch $m$ lineare Gleichungen in $n$ „Unbekannten" $x_1, x_2, \ldots, x_n$, entspricht in der Sprache der linearen Abbildungen die Gleichung $f(x) = b$. Die Lösungsmenge wird damit durch das Urbild $\overset{-1}{f}(b)$ dargestellt. Die Lösungen des „homogenen" Systems $\mathbf{F}\mathbf{x} = \mathbf{0}$ werden durch den Kern *ker f* der linearen Abbildung beschrieben. Ist $a$ eine Lösung von $f(x) = b$, gilt also $f(a) = b$, so kann jede andere Lösung $c$ in der Form $c = a + a'$, mit $a' \in \overset{-1}{f}(0)$, dargestellt werden. Die Menge aller Lösungen wird also durch die Nebenklasse $a + \overset{-1}{f}(0)$, mit $f(a) = b$, gebildet.

**Eigenwertproblem:** Es sei $f: V \to V$ eine lineare Abbildung von $(V, +, \cdot)$ in sich selbst (man nennt $f$ dann auch einen Vektorraumendomorphismus) und

$(K, +, \cdot)$ der zugrundeliegende Körper. Wir nennen dann ein Element $v \in V$ einen **Eigenvektor** von $f$, wenn gilt:

(1) $v \neq 0$.

(2) $\bigvee_{\lambda \in K} f(v) = \lambda v$.

Die bei einem Eigenvektor $v$ von $f$ auftretende Zahl $\lambda \in K$ heißt der zu $v$ gehörige **Eigenwert**. Das Aufsuchen von Eigenvektoren einer linearen Abbildung entspricht folgendem Urbild-Problem:

Bestimme die Menge $\{x : x \in V \wedge x \neq 0 \wedge \bigvee_{\lambda \in K} (f - \lambda\, id_V)(x) = 0\}$.

Diese Menge ist nur dann nicht leer, wenn es ein $\lambda \in K$ gibt, so daß $f - \lambda\, id_V$ nicht bijektiv ist. Ist $(V, +, \cdot)$ der $n$-dimensionale Raum über $(K, +, \cdot)$, so ist dies gleichbedeutend damit, daß $\mathbf{F} - \lambda \mathbf{I}$ ($\mathbf{I}$ die Einheitsmatrix vom Format $(n, n)$) eine nichtreguläre Matrix ist oder daß gilt $\operatorname{Det}(\mathbf{F} - \lambda \mathbf{I}) = 0$ (charakteristische Gleichung der Matrix $\mathbf{F}$). Alle Lösungen $\lambda \in K$, also alle Eigenwerte von $f$, heißen auch Eigenwerte der Matrix $\mathbf{F}$; ebenso heißen dann die Eigenvektoren von $f$ Eigenvektoren der Matrix $\mathbf{F}$.

Obwohl wir mit unseren Ausführungen nur einige wenige Konzepte aus der Theorie der linearen Räume und linearen Abbildungen gestreift haben, wollen wir damit abschließen.

## C 9 Verbände

Für die mathematische Systemtheorie gewinnt das algebraische System des „Verbandes" zunehmend an Bedeutung. Es erscheint deshalb gerechtfertigt, wenn wir diesem hier etwas mehr Augenmerk schenken.

Eine kommutative Halbgruppe $(A, \square)$, deren Verknüpfung $\square$ idempotent ist (d.h. für alle $a \in A$ gilt $a \square a = a$), heißt ein **Halbverband**. Beispiele für Halbverbände sind $(P(A), \cap)$ und $(P(A), \cup)$. Die Relation $|$ auf der Grundmenge $A$ des Halbverbandes $(A, \square)$ wird definiert durch:

$$a \mid \bar{a} :\Leftrightarrow \bigvee_{x \in A} a \square x = \bar{a}$$

(lies $a \mid \bar{a}$ als „$a$ teilt $\bar{a}$"). Man stellt fest:

**Satz:** Die Relation $|$ auf einem Halbverband $(A, \square)$ ist eine Ordnungsrelation.

*Beweis:* Wir haben zu zeigen, daß $|$ reflexiv, antisymmetrisch und transitiv ist.
(a) Es gilt stets $a \mid a$, denn wegen der Idempotenz von $\square$ gilt $a \square a = a$.

(b) Gilt $a|b$ und $b|a$, so gibt es Elemente $x, y \in A$, so daß $a \,\square\, x = b$ und $b \,\square\, y = a$ gilt. Wir haben dann $a = (b \,\square\, b) \,\square\, y = b \,\square\, (b \,\square\, y) = b \,\square\, a = (a \,\square\, x) \,\square\, a = a \,\square\, (x \,\square\, a) = a \,\square\, (a \,\square\, x) = (a \,\square\, a) \,\square\, x = a \,\square\, x = b$. | ist somit antisymmetrisch.

(c) Aus $a|b$ und $b|c$ folgt, daß es Elemente $x, y \in A$ gibt, so daß $a \,\square\, x = b$ und $b \,\square\, y = c$ gilt. Wir haben dann $(a \,\square\, x) \,\square\, y = c$ und somit auch $a \,\square\, (x \,\square\, y) = c$. Es gilt daher $a|c$.

Der angeführte Satz zeigt, daß jeder Halbverband $(A, \square)$ die geordnete Menge $(A, |)$ induziert.

**Beispiel:** Der Halbverband $(A, \square)$ sei gegeben durch $A := \{a, b, c, d\}$ und $\square$ gegeben durch die nachfolgende Tabelle:

| $\square$ | $a$ | $b$ | $c$ | $d$ |
|---|---|---|---|---|
| $a$ | $a$ | $a$ | $a$ | $a$ |
| $b$ | $a$ | $b$ | $b$ | $b$ |
| $c$ | $a$ | $b$ | $c$ | $b$ |
| $d$ | $a$ | $b$ | $b$ | $d$ |

Die dazugehörige Ordnungsrelation | lautet dann

$$| = \{(a, a), (b, b), (c, c), (d, d), (b, a), (c, b), (c, a), (d, a), (d, b)\}.$$

Es ist zweckmäßig, sich die geordnete Menge $(A, |)$ und den Halbverband $(A, \square)$ an folgenden Diagrammen zu veranschaulichen

Graph von $(A, |)$

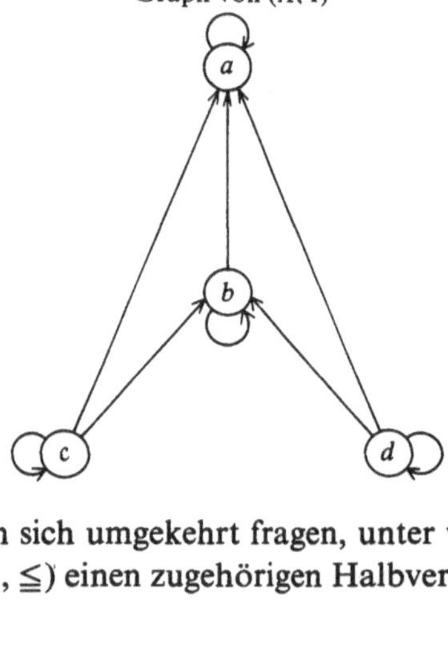


Diagramm von $(A, \square)$

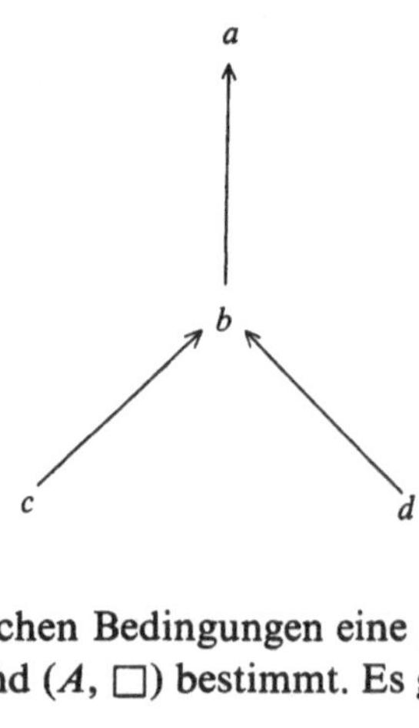


Man kann sich umgekehrt fragen, unter welchen Bedingungen eine geordnete Menge $(A, \leqq)$ einen zugehörigen Halbverband $(A, \square)$ bestimmt. Es gilt dafür:

**Satz:** Für eine geordnete Menge $(A, \leqq)$ gilt:

(1) Ist die Relation $\sqcap \subset (A \times A) \times A$, die gegeben ist durch

$$(x, y) \sqcap z :\Leftrightarrow z \leqq x \wedge z \leqq y \wedge \bigwedge_{a \in A} a \leqq x \wedge a \leqq y \Rightarrow a \leqq z$$

eine Funktion $\sqcap : A \times A \to A$, so ist $(A, \sqcap)$ ein Halbverband.

(2) Ist die Relation $\sqcup \subset (A \times A) \times A$, die gegeben ist durch

$$(x, y) \sqcup z :\Leftrightarrow x \leqq z \wedge y \leqq z \wedge \bigwedge_{a \in A} x \leqq a \wedge y \leqq a \Rightarrow z \leqq a$$

eine Funktion $\sqcup : A \times A \to A$, so ist $(A, \sqcup)$ ein Halbverband.

Der Beweis ist leicht durchzuführen, so daß er hier übergangen sei.

**Beispiel:** Gegeben sei die geordnete Menge $(A, \leqq)$ mit $A := \{a, b, c, d, e\}$ und $\leqq := \{(a, a), (b, b), (c, c), (d, d), (e, e), (b, a), (c, a), (d, b), (d, a), (e, d), (e, c), (e, b), (e, a)\}$.

Sowohl die Relation $\sqcap$ als auch die Relation $\sqcup$ ist hier, wie man sich leicht überzeugt, funktional, so daß $(A, \sqcap)$ und $(A, \sqcup)$ Halbverbände sind. Wir haben hier die folgenden graphischen Darstellungen:

Graph von $(A, \leqq)$

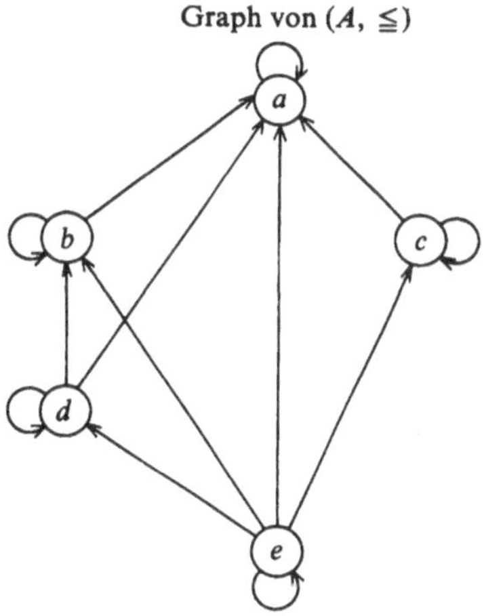


Diagramm von $(A, \sqcap)$

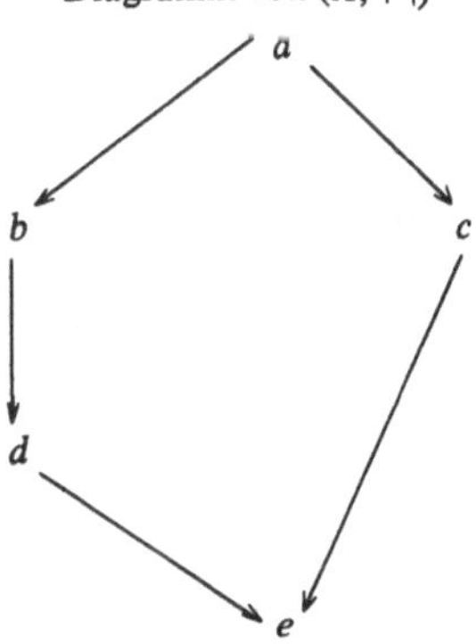


Diagramm von $(A, \sqcup)$

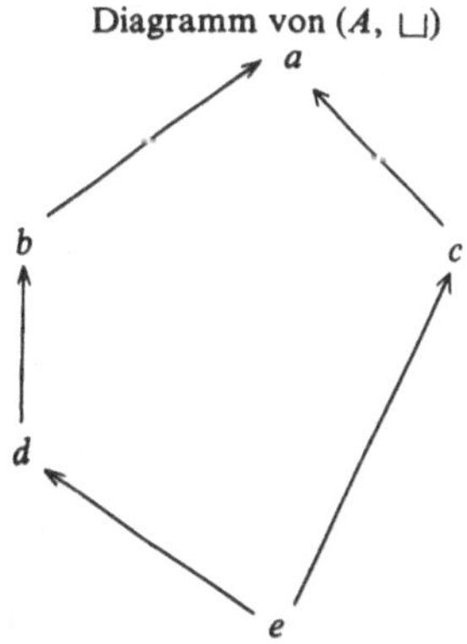

Eine geordnete Menge $(A, \leqq)$, in der beide Relationen $\sqcap$ und $\sqcup$ Funktionen sind, heißt ein **Verband**. Man verwendet dafür das Symbol $(A, \sqcap, \sqcup)$.
Für Verbände gilt der folgende Satz:

**Satz:** Für die Verknüpfungen $\sqcap$ und $\sqcup$ eines Verbandes $(A, \sqcap, \sqcup)$ gilt stets das folgende „Absorptionsgesetz“:

$$a \sqcup (a \sqcap b) = a \sqcap (a \sqcup b) = a \quad (a, b \in A)$$

Der Beweis dieses Satzes sei dem Leser überlassen. Beispiele von Verbänden sind $(P(A), \cap, \cup)$, $(Z, \text{Min}, \text{Max})$, $(F, \sqcap, \sqcup)$, wobei $F := \{f : f : M \to [0, 1]\}$, $\sqcap : F \times F \to F$ und $\sqcup : F \times F \to F$ gegeben sind durch

$$(f \sqcap g)(x) := \text{Min}\{f(x), g(x)\} \quad \text{und}$$
$$(f \sqcup g)(x) := \text{Max}\{f(x), g(x)\}.$$

Einen Verband $(A, \sqcap, \sqcup)$ nennt man **distributiv**, wenn stets gilt:

(1) $a \sqcap (b \sqcup c) = (a \sqcap b) \sqcup (a \sqcap c)$ und

(2) $a \sqcup (b \sqcap c) = (a \sqcup b) \sqcap (a \sqcup c)$.

Es gilt folgender Satz:

**Satz:** Ist $(A, \sqcap, \sqcup)$ ein Verband und gilt darin das „Distributivgesetz“ (1), so gilt auch das „Distributivgesetz“ (2).

*Beweis:*

$$\begin{aligned}
(a \sqcup b) \sqcap (a \sqcup c) &= [(a \sqcup b) \sqcap a] \sqcup [(a \sqcup b) \sqcap c] && \text{(wegen (1))} \\
&= [a \sqcap (a \sqcup b) \sqcap [c \sqcap (a \sqcup b)] && \text{(da } \sqcap \text{ kommutativ)} \\
&= a \sqcup [c \sqcap (a \sqcup b)] && \text{(wegen „Absorptionsgesetz“)} \\
&= a \sqcup [(c \sqcap a)] \sqcup (c \sqcap b)] && \text{(wegen (1))} \\
&= [a \sqcup (c \sqcap a)] \sqcup (c \sqcap b) && \text{(da } \sqcup \text{ assoziativ)} \\
&= a \sqcup (c \sqcap b) && \text{(„Absorptionsgesetz“)}
\end{aligned}$$

**Beispiel:** $(P(A), \cap, \cup)$ ist distributiv.

Für distributive Verbände gilt folgendes Lemma:

**Lemma:** Ist $(A, \sqcap, \sqcup)$ ein distributiver Verband, so gilt stets:

$$a \sqcap x = a \sqcap y \wedge a \sqcup x = a \sqcup y \Rightarrow x = y.$$

*Beweis:*

$$\begin{aligned} x &= x \sqcup (x \sqcap a) = x \sqcup (a \sqcap x) \\ &= x \sqcup (a \sqcap y) = x \sqcup (y \sqcap a) = (x \sqcup y) \sqcap (x \sqcup a) \\ &= (y \sqcup x) \sqcap (a \sqcup x) = (y \sqcup x) \sqcap (a \sqcup y) \\ &= (y \sqcup x) \sqcap (y \sqcup a) = y \sqcup (x \sqcap a) = y \sqcup (a \sqcap x) \\ &= y \sqcup (a \sqcap y) = y. \end{aligned}$$

Eine Element $0 \in A$ heißt eine **Null** des Verbandes $(A, \sqcap, \sqcup)$, wenn für alle $a \in A$ gilt $0 \sqcap a = 0$. Des weiteren heißt ein Element $1 \in A$ eine **Eins** von $(A, \sqcap, \sqcup)$, wenn für alle $a \in A$ gilt $1 \sqcup a = 1$. Man stellt leicht fest, daß es in einem Verband höchstens eine Null und höchstens eine Eins geben kann: Nehmen wir an, 0 und $\bar{0}$ seien Nullen in $(A, \sqcap, \sqcup)$ und es sei $0 \neq \bar{0}$. Wir haben dann $0 = 0 \sqcap \bar{0} = \bar{0} \sqcap 0 = \bar{0}$, einen Widerspruch. In analoger Weise wird die Eindeutigkeit einer Eins 1 in $(A, \sqcap, \sqcup)$ gezeigt.
Ein Verband $(L, \sqcap, \sqcup)$ der eine Null 0 und eine Eins 1 besitzt, heißt **beschränkt**; wir verwenden für ihn das Symbol $(L, \sqcap, \sqcup; 0, 1)$. Für beschränkte Verbände gilt folgender Satz:

**Satz**: In einem beschränkten Verband $(L, \sqcap, \sqcup; 0, 1)$ gilt stets

$$a \sqcup 0 = a \quad \text{und} \quad a \sqcap 1 = a.$$

*Beweis:* Aus $0 = 0 \sqcap a$ folgt $a \sqcup 0 = a \sqcup (0 \sqcap a) = a \sqcup (a \sqcap 0) = a$. Des weiteren folgt aus $1 = 1 \sqcup a$, $a \sqcap 1 = a \sqcap (1 \sqcup a) = a \sqcap (a \sqcup 1) = a$. In einem beschränkten Verband $(A, \sqcap, \sqcup; 0, 1)$ nennt man ein Element $\bar{a} \in A$ das **Komplement** eines Elementes $a \in A$, wenn dafür gilt:

$$a \sqcap \bar{a} = 0 \quad \text{und} \quad a \sqcup \bar{a} = 1.$$

Man nennt einen beschränkten Verband $(A, \sqcap, \sqcup; 0, 1)$ **komplementär**, wenn jedes Element daraus mindestens ein Komplement besitzt. Für distributive beschränkte Verbände gilt aber:

**Satz:** Ist $(A, \sqcap, \sqcup; 0, 1)$ distributiv, so gibt es zu jedem Element daraus höchstens ein Kompliment.

*Beweis:* Dies folgt unmittelbar aus dem vorhin für distributive Verbände angegebenen Lemma.
Einen distributiven komplementären Verband nennt man **boole'sch**. Nach dem vorhin angegebenen Satz existiert in einem boole'schen Verband die Komplementoperation $- : A \to A$, die jedem $a \in A$ als Bild $-(a)$ das Komplement $\bar{a}$ von $a$ zuordnet. Wir bezeichnen einen boole'schen Verband mit dem Symbol $(A, \sqcap, \sqcup, -; 0, 1)$. Es gilt der Satz:

**Satz:** In einem boole'schen Verband $(A, \sqcap, \sqcup, -; 0, 1)$ gilt stets

(1) $\bar{\bar{a}} = a$

(2) $\overline{a \sqcap b} = \bar{a} \sqcup \bar{b}$

(3) $\overline{a \sqcup b} = \bar{a} \sqcap \bar{b}$

*Beweis:*
(1) Aus $a \sqcap \bar{a} = 0$ und $a \sqcup \bar{a} = 1$ folgt $\bar{a} \sqcap a = 0$ und $\bar{a} \sqcup a = 1$. Es gilt somit $\bar{\bar{a}} = a$.

$$
\begin{aligned}
(2)\ (a \sqcap b) \sqcap (\bar{a} \sqcup \bar{b}) &= [(a \sqcap b) \sqcap \bar{a}] \sqcup [(a \sqcap b) \sqcap \bar{b}] \\
&= [a \sqcap (b \sqcap \bar{a})] \sqcup [a \sqcap (b \sqcap \bar{b})] \\
&= [(a \sqcap (\bar{a} \sqcap b)] \sqcup [a \sqcap (b \sqcap \bar{b})] \\
&= [(a \sqcap \bar{a}) \sqcap b] \sqcup [a \sqcap (b \sqcap \bar{b})] \\
&= [0 \sqcap b] \sqcup [a \sqcap 0] \\
&= 0 \sqcup 0 = 0 \\
(a \sqcap b) \sqcup (\bar{a} \sqcup \bar{b}) &= [a \sqcup (\bar{a} \sqcup \bar{b})] \sqcap [b \sqcup (\bar{a} \sqcup \bar{b})] \\
&= [(a \sqcup \bar{a}) \sqcup \bar{b}] \sqcap [(b \sqcup \bar{b}) \sqcup \bar{a}] \\
&= [1 \sqcup \bar{b}] \sqcap [1 \sqcup \bar{a}] \\
&= 1 \sqcap 1 = 1
\end{aligned}
$$

(3) Kann analog zu (2) bewiesen werden.

Der Verband $(P(A), \cap, \cup, {}^c; 0, 1)$, wobei $^c$ die Komplementoperation $^c: P(A) \to P(A): U \mapsto U^c := A \setminus U$ bedeutet, kann als Beispiel für einen boole'schen Verband dienen.

## C 10 Boole'sche Algebren

Ein algebraisches System $(B, \cdot, +, ^-)$, wobei $\cdot$ und $+$ zweistellige innere Verknüpfungen darstellen und $^-$ eine einstellige innere Verknüpfung darstellt (also $\cdot: B \times B \to B$, $+: B \times B \to B$ und $^-: B \to B$) heißt eine **boole'sche Algebra**, wenn stets folgende Gesetze gelten:

| | | |
|---|---|---|
| (1) | $(xy) = x(yz)$ | $(x+y)+z = x+(y+z)$ |
| (2) | $xy = yx$ | $x+y = y+x$ |
| (3) | $xx = x$ | $x+x = x$ |
| (4) | $x(y+z) = xy+xz$ | $x+yz = (x+y)(x+z)$ |
| (5) | $0 \in B$ und $0x = 0$ | $1 \in B$ und $1+x = 1$ |

(6) $1 \cdot x = x$ $\qquad$ $0 + x = x$

(7) $\bar{\bar{x}} = x$

(8) $\overline{xy} = \bar{x} + \bar{y}$ $\qquad$ $\overline{x + y} = \bar{x}\bar{y}$

Aus diesem Axiomensystem für eine boole'sche Algebra lesen wir aber sofort ab, daß es sich hierbei um nichts anderes als einen boole'schen Verband $(B, \cdot, +, {}^-; 0, 1)$ handelt (Axiome (1)–(5)). Die Axiome (6)–(8) sind redundant, da sie, wie wir vorhin gesehen haben, aus den vorhergehenden Axiomen abgeleitet werden können.

**Beispiele:**

(a) $(P(A), \cap, \cup, {}^c)$ ist eine boole'sche Algebra

(b) Bezeichne $\mathbb{B}$ die Menge $\mathbb{B} := \{0, 1\}$. Die Funktionen $\cdot : \mathbb{B} \times \mathbb{B} \to \mathbb{B}$, $+ : \mathbb{B} \times \mathbb{B} \to \mathbb{B}$ und $^- : \mathbb{B} \to \mathbb{B}$ definieren wir durch folgende Tafel

| · | 0 | 1 | + | 0 | 1 | ‾ | |
|---|---|---|---|---|---|---|---|
| 0 | 0 | 0 | 0 | 0 | 1 | 0 | 1 |
| 1 | 0 | 1 | 1 | 1 | 1 | 1 | 0 |

Dann bildet $(\mathbb{B}, \cdot, +, {}^-)$ eine boole'sche Algebra, sie heißt die **Schaltalgebra**. Sie ist sehr wichtig für die Anwendung in der Technik; die Funktion $\cdot$, $+$, und $^-$ heißen auch die **UND-Funktion**, die **ODER-Funktion** und die **Negation**. Ihre technische Verwirklichung erfolgt mittels Gatter (elektronisch, pneumatisch, hydraulisch), dem **UND-Gatter,** dem **ODER-Gatter** bzw. dem **NICHT-Gatter.** Dafür sind folgende Schaltsymbole eingeführt

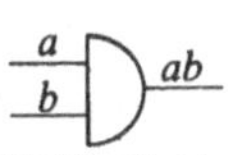

UND-Gatter

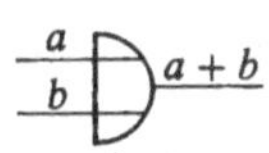

ODER-Gatter

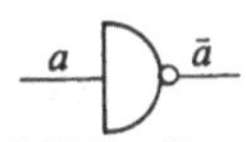

NICHT-Gatter

Neben diesen Funktionen haben sich noch folgende zwei Verknüpfungen $|$ und $\downarrow$ als wichtig erwiesen:

$$| : \mathbb{B} \times \mathbb{B} \to \mathbb{B} : (a, b) \mapsto a \,|\, b := \overline{ab} \quad \text{und}$$

$$\downarrow : \mathbb{B} \times \mathbb{B} \to \mathbb{B} : (a, b) \mapsto a \downarrow b := \overline{a + b}$$

$|$ heißt die **NAND-Funktion**; $\downarrow$ heißt die **NOR-Funktion**. Andere Namen dafür sind noch Sheffer-Funktion bzw. Peirce-Funktion. Als Schaltbildsymbole für die zugehörigen Gatter sind folgende in Verwendung

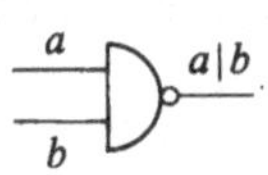

*NAND*-Gatter

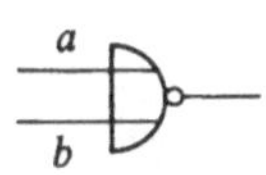

*NOR*-Gatter

# Literaturverzeichnis


[AC 1] Ackermann, J.: Abtastregelung. Springer-Verlag. Berlin 1972.

[AR 1] Arbib, M. A.: A common framework for automata theory and control theory. In: SIAM J. Control, Ser. A, Vol. 3, No. 2 (1965) S. 206–222.

[AR 2] Arbib, M.A., H.P. Zeiger: On the Relevance of Abstract Algebra to Control Theory. In: Automatica, Vol. 5 (1969) S. 589–606.

[BA 1] Banerji, R.B.: The state space in Systems Theory. In: Information Sciences, Vol. 1 (1969) S. 335–342.

[BE 1] Bertalanffy, L.: General System Theory. Georg Braziller. New York 1968.

[BI 1] Birkhoff, G.D.: Dynamical Systems. Amer. Math. Soc. Coll. Publ., Vol. 9. Amer. Math. Society. New York 1927.

[BI 1] Birkhoff, G., T.C. Bartee: Modern Applied Algebra. McGraw-Hill Book Company. New York 1970.

[BL 1] Blomberg, H.: On set theoretical and algebraic systems theory – Part 1. In: Advances in Cybernetics and Systems Research (ed. F. Pichler and R. Trappl). Proceedings of the European Meeting. Vienna 1972. Transcripta Books, 30 Craven Street, London WC2, London 1973. S. 17–39.

[BÖ 1] Böhling, K.H., K. Indermark: Endliche Automaten I. BI-Hochschulskriptum H 703. Bibliographisches Institut. Mannheim 1969.

[BÖ 2] Böhling, K.H., D. Schütt: Endliche Automaten II. BI-Hochschulskriptum 704. Bibliographisches Institut. Mannheim 1970.

[BÖ 3] Böhling, K.H., G. Dittrich: Endliche stochastische Automaten. BI-Hochschulskriptum 766/766a*. Bibliographisches Institut. Mannheim 1972.

[BR 1] Brauer, W.: Zu den Grundlagen einer Theorie topologischer sequentieller Systeme und Automaten. Gesellschaft für Mathematik und Datenverarbeitung Bonn, Bericht Nr. 31. Bonn–Birlinghoven 1970.

[BR 2] Brauer, W.: Ein elementarer Beweis des Kaskadenzerlegungssatzes für endliche Automaten. Tagungsberichte Math. Forsch. Inst. Oberwolfach MFO 3. Bibliographisches Institut. Mannheim 1970.

[BU 1] Buchberger, B.: Certain decompositions of Goedel numberings and the semantics of programming languages. Proc. Symp. of theoretical programming. Novosibirsk 1972. In: Lecture Notes in Computer Science, Vol. 5, Springer Verlag. New York 1974. S. 152–171.

[BU 2] Buchberger, B.: Werkblätter zur Vorlesung Einführung in die Automatentheorie, WS 1973/74. Institut für Informatik und Numerische Mathematik, Universität Innsbruck.

[CO 1] Cornacchio, J. V.: Topological Concepts in the Mathematical Theory of General Systems. In: Trends in General Systems Theory (ed. George Klir). Wiley-Interscience. New York 1972.

[CH 1] Chen, C. T.: Introduction to Linear System Theory. Holt, Rinehart and Winston, Inc. New York 1970.

[DA 1] Dal Cin, M.: Fuzzy State Automata. Their Stability and Fault-Tolerance. Universität Tübingen, Institut für Informationsverarbeitung, Tübingen Juni 1973.

[DE 1] Deussen, P.: Kausale Operatoren. Universität Karlsruhe, Fakultät für Informatik. Interner Bericht Nr. 15. November 1973.

[DÖ 1] Dörfler, W., J. Mühlbacher: Graphentheorie für Informatiker. Walter de Gruyter. Berlin, New York 1973.

[E 1] Ehrig, H., K. D. Kiermeier, H. J. Kreowski, W. Kühnel: Axiomatic Theory of Systems and Subsystematics. Technische Universität Berlin, Fachbereich 20-Kybernetik, Bericht Nr. 73-05. März 1973.

[FO 1] Forrester, J. W.: World Dynamics. Wright-Allen Press, Inc., Cambridge, Mass. 1971.

[FO 2] Forrester, J. W.: Industrial Dynamics. The M.I.T. Press, Cambridge, Mass. 1961.

[FÖ 1] Föllinger, O., W. Weber: Methoden der Schaltalgebra. R. Oldenbourg. München, Wien 1967.

[GE 1] Genrich, H. J.: Einfache nicht-sequentielle Prozesse. Gesellschaft für Mathematik und Datenverarbeitung Bonn, Bericht Nr. 37. Bonn–Birlinghoven 1971.

[GEL 1] Gelfand, I. M., D. A. Raikow, G. E. Schilow: Kommutative Normierte Algebren. Deutscher Verlag der Wissenschaften. Berlin 1964.

[GI 1] Giloi, W., H. Liebig: Logischer Entwurf digitaler Systeme. Springer Verlag Berlin, Heidelberg, New York 1973.

[GO 1] Goguen, J. A.: Categorial foundations for general sytems theory. In: Advances in Cybernetics and Systems Research (ed. F. Pichler and R. Trappl). Proceedings of the European Meeting. Vienna 1972. Transcripta Books, 30 Craven Street, London WC 2, London 1973. S. 121–130.

[GOL 1] Golomb, S. W.: Shift register sequences. Holden-Day. San Francisco 1967.

[GOT 1] Gottschalk, W.H., G.A. Hedlund: Topological Dynamics. Amer. Math. Soc. Coll. Publ., Amer. Math. Society. Providence, Rhode Island 1955.

[GR 1] Grass, W.: Entwurfsverfahren für Schaltnetze und Schaltwerke. Manuskript SEL Hochschulkolleg Standard Elektrik Lorenz AG. Stuttgart 1972.

[GR 2] Grass, W.: Entwurfsverfahren für Schaltnetze und Schaltwerke. Teil 2: Flanken- und pegelgesteuerte asynchrone Schaltwerke. Manuskript SEL Hochschulkolleg Standard Elektrik Lorenz AG. Stuttgart 1973.

[HA 1] Hammer, P.: Advances in Mathematical System Theory. The Pennsylvania State University Press. University Park and London 1969.

[HAC 1] Hack, M.H.T.: Analysis of Production Schemata by Petri Nets. Massachusetts Institute of Technology, Project MAC, Cambridge, Mass. Februar 1972.

[HAM 1] Harmuth, F.H.: Transmission of Information by Orthogonal Functions. Springer-Verlag. New York 1969.

[HAR 1] Hartmanis, J., R.E. Stearns: Algebraic Structure Theory of Sequential Machines. Prentice Hall, Inc. Englewood Cliffs, N.J. 1966.

[HE 1] Hewitt, E.H., K.A. Ross: Abstract harmonic analysis. Bd. 1 u. 2. Springer-Verlag. Berlin 1963.

[HO 1] Hotz, G.: Informatik: Rechenanlagen. B.G. Teubner. Stuttgart 1972.

[HO 2] Hotz, G.: Schaltkreistheorie. Walter de Gruyter. Berlin, New York 1974.

[HOK 1] Ho, B.L., R.E. Kalman: Effective construction of linear state-variable models from input/output functions. In: Regelungstechnik, 14, 1966. S. 545–548.

[HOP 1] Hopcroft, J.E., J.D. Ullman: Formal Languages and their Relation to Automata. Addison-Wesley. Reading, Mass. 1969.

[IS 1] Islam, S.: Toward Integration of two System Theories by Mesarovic and Wymore. In: Int. J. General Systems, Vol. 1, 1974 (Gordon and Breach Publishers) S. 35–40.

[KA 1] Kalman, R.E., P.L. Falb, M.A. Arbib: Topics in Mathematical System Theory. Mc-Graw-Hill Book Company. New York 1969.

[KA 2] Kalman, R.E.: Lectures on Controllability and Observability. C.I.M.E. Bologna Juli 1968.

[KA 3] Kalman, R.E., M.L.J. Hautus: Realization of continuous-time linear dynamical systems: Rigorous theory in the style of Schwartz. In:

Ordinary Differential Equations (ed. Leonhard Weiss). Academic Press. New York 1972. S. 151–164.
[KA 4] Kalman, R. E.: Canonical Structure of Linear Dynamical Systems. In: Proc. Nat. Acad. Sci. USA, Vol. 48. (1962) S. 596–600.
[KÄ 1] Kämmerer, W.: Digitale Automaten. Akademie-Verlag. Berlin 1973.
[KAU 1] Kautz, W. H.: Linear Sequential Switching Circuits. Holden-Day. San Francisco 1965.
[KL 1] Klir, G.: An Approach to General Systems Theory. Van Nostrand Reinhold Company. New York 1969.
[KL 2] Klir, G.: Trends in General Systems Theory. Wiley-Interscience. New York 1972.
[KO 1] Kohavi, Z.: Switching and Finite Automata Theory. McGraw-Hill. New York 1970.
[KR 1] Krohn, K., R. Langer, J. Rhodes: Algebraic Principles for the Analysis of a Biochemical System. I. Comp. Syst. Sci. 1 (1967) S. 119–136.
[KÜ 1] Küpfmüller, K.: Die Systemtheorie der elektrischen Nachrichtenübertragung. S. Hirzel Verlag. 3. Auflage, Stuttgart 1968.
[LA 1] Lautenbach, K.: Exakte Bedingungen der Lebendigkeit für eine Klasse von Petri-Netzen. Gesellschaft für Mathematik und Datenverarbeitung Bonn, Bericht Nr. 82. Bonn–Birlinghoven 1973.
[LAN 1] Lange, F. H.: Signale und Systeme, Bd. 1, 2 u. 3. VEB Verlag Technik. Berlin 1965, 1968 u. 1971.
[LE 1] Lewin, D.: Logical Design of Switching Circuits. Thomas Nelson. London 1968.
[LE 2] Lewin, D.: Theory and Design of Digital Computers. Thomas Nelson. London 1972.
[LI 1] Lin Shu: An Introduction to Error-Correcting Codes. Prentice Hall, Inc. Englewood Cliffs, New Jersey 1970.
[LU 1] Lucas, P.: Introduction to the method used for the formal definition of PL/1. Technical Report TR 25.081, IBM Laboratory Vienna, 1967.
[MA 1] Macko, D.: Natural States and Past-Determinacy in General Time Systems. In: Information Sciences, Vol. 3, No. 1 (1971) S. 1–16.
[MAS 1] Masani, P.: Wiener's contributions to generalized harmonic analysis, prediction theory and filter theory. In: Bull. Amer. Math. Soc. 1/II (1966) S. 73–125.
[ME 1] Mesarović, M. D.: Towards the Development of a General Systems Theory. In: Neue Technik Zürich, Vol. 5, No. 7 (1963) S. 370–377.
[ME 2] Mesarović, M. D.: Systems Theory and Biology – View of a Theoreti-

cian. In: Systems Theory and Biology (ed. M. D. Mesarović). Springer-Verlag. Berlin, Heidelberg, New York 1968, S. 59–87.

[ME 3] Mesarović, M. D.: A Mathematical Theory of General Systems. In: Trends in General Systems Theory (ed. George Klir). Wiley-Interscience. New York 1972, S. 251–269.

[ME 4] Mesorvić, M. D.: Auxiliary Functions and Conctructive Specification of General Systems. In: Math. Syst. Theory, Vol. 2, No. 3 (1968) S. 203–222.

[ME 5] Mesarović, M. D.: Foundations for a General Systems Theory. In: Views on General Systems Theory (ed. M. D. Mesarovic). John Wiley. New York 1964.

[ME 6] Mesarović, M. D. (ed.): Systems Theory and Biology. Springer-Verlag. Berlin, Heidelberg, New York 1968.

[MO 1] Morse, A. S., W. M. Wonham: Decoupling and pole assignment by dynamic compensation. In: SIAM J. Control, Vol. 8, No. 3 (1970) S. 317–337.

[NE 1] Nemytskii, V. V., V. V. Stepanov: Qualitative Theory of Differential Equations (Übersetzung aus dem Russischen) Princeton University Press. Princeton N. J. 1960.

[NEU 1] Neuburger, E.: Einführung in die Theorie des linearen Optimalfilters. R. Oldenbourg. München, Wien 1972.

[OR 1] Orava, P. J.: Causality and state concepts in dynamical systems theory. In: Int. I. Systems Sci., Vol. 4, No. 4 (1973) S. 679–691.

(PA 1] Parkus, H.: Optimal Filtering. CISM 94. Springer Verlag. Wien, New York 1972.

[PE 1] Peterson, W. W.: Prüfbare und korregierbare Codes. R. Oldenbourg. München, Wien 1967.

[PES 1] Peschel, M., G. Wunsch: Methoden und Prinzipien der Systemtheorie. VEB Verlag Technik. Berlin 1972.

[PET 1] Petri, C.A.: Concepts of Net Theory. Proceedings of the Symp. and Summer School on „Mathematical Foundations of Computer Science". High Tatras September 1973.

[PF 1] Pfaffelhuber, E.: A Note on Reversibility and Causality of General Time Systems. Presented at the Second European Meeting on Cybernetics and Systems Research, Vienna, April 1974.

[PI 1] Pichler, F.: On causality of general dynamical systems. In: Advances in Cybernetics and Systems Research. Proceedings of the European Meeting, Vienna 1972, S. 40–47. Transcripta Books, 30 Craven Street, London WC2, London 1973.

[PI 2] Pichler, F.: Dynamische Darstellung von Input-Output Prozessen. Seminarbericht Nr. 67 des Instituts für Theorie der Automaten und Schaltnetzwerke. Gesellschaft für Mathematik und Datenverarbeitung. Bonn–Birlinghoven 1973.

[PI 3] Pichler, F.: Synthese linearer periodisch zeitvariabler Filter mit vorgeschriebenem Sequenzverhalten. Archiv der Elektrischen Übertragung, 22, 1968) S. 150–161.

[PI 4] Pichler, F.: Walsh functions and linear system theory. In: Applications of Walshfunctions. 1970 Proceedings, Symposium and Workshop, Naval Research Laboratory and University of Maryland. Washington D. C. AD 707 431, (1970) S. 175–182.

[PI 5] Pichler, F.: Zur Theorie verallgemeinerter Faltungsssysteme. In: Elektr. Informationsverarbeitung und Kybernetik EIK 8 (1972) S. 197–210.

[PI 6] Pichler, F.: Walsh Functions-Introduction to the Theory. In: Signal Processing (ed. J. W. R. Griffiths, P. L. Stocklin and C. van Schooneveld). Academic Press. London, New York 1973. S. 23–41.

[PO 1] Posner, E. C.: Combinatorial Structures in Planetary Reconnaissance. In: Error Correcting Codes (ed. H. P. Mann). John Wiley & Sons, Inc. New York 1968. S. 15–46.

[RE 1] Reusch, B.: Lineare Automaten. BI-Hochschulskriptum 708. Bibliographisches Institut. Mannheim 1969.

[RE 2] Reusch, B.: On Boolean Function Minimization. Seminarbericht Nr. 51 des Instituts für Theorie der Automaten und Schaltnetzwerke. Gesellschaft für Mathematik und Datenverarbeitung. Bonn–Birlinghoven 1972.

[SA 1] Salovaara, S.: On Set Theoretical Foundations of System Theory. Acta Polytechnica Scandinavia, Mathematics and Computing Machinery Series No. 15. Helsinki 1967.

[SAE 1] Saeks, R.: Resolution Space, Operators and Systems. Lecture Notes in Economics and Mathematical Systems, 82. Springer-Verlag. Berlin, Heidelberg, New York 1973.

[SCH 1] Schüßler, H. W.: Digitale Systeme zur Signalverarbeitung. Springer-Verlag. Berlin 1973.

[TU 1] Tustin, A.: The Mechanism of Economic Systems. Harvard University Press. Cambridge, Mass. 1953.

[VA 1] Valk, R.: Topologische Wortmengen, topologische Automaten, zustandsendliche, stetige Abbildungen. Mitteilung der Gesellschaft für Mathematik und Datenverarbeitung Bonn Nr. 19. Bonn-Birlinghoven 1972.

[VI 1] Vilenkin, N.Ya.: Special functions and the theory of group representations. Amer. Math. Soc. Providence, R. I. 1968.

[WE 1] Wendt, S.: Entwurf komplexer Schaltwerke. Springer-Verlag. Berlin, Heidelberg, New York 1974.

[WI 1] Windeknecht, T. G.: General Dynamical Processes. A Mathematimatical Introduction. Academic Press. New York 1971.

[WI 2] Windeknecht, T. G.: Mathematical System Theory: Causality. Math. Syst. Th., Vol. 3 (1967) S. 279–288.

[WI 3] Windeknecht, T. G.: General Dynamical Processes II. The State Space Approach. Lecture Notes in Operations Research and Mathematical Systems. Springer-Verlag. In Vorbereitung.

[WIE 1] Wiener, N.: Extrapolation, Interpolation and Smoothing of Stationary Time Series. Wiley. New York 1949.

[WIE 2] Wiener, N.: Kybernetik. Rowohlt. Hamburg 1968.

[WO 1] Woschni, E.-G.: Informationstechnik. VEB Verlag Technik. Berlin 1973.

[WON 1] Wonham, W. M., A. S. Morse: Decoupling and pole assignment in linear multivariable systems: A geometric approach. SIAM J. Control, Vol. 8, No. 4 (1970) S. 1–18.

[WY 1] Wymore, A. W.: A Mathematical Theory of Systems Engineering: The Elements. John Wiley. New York 1967.

[ZA 1] Zadeh, L. A., C. A. Desoer: Linear System Theory: The State Space Approach. McGraw-Hill. New York 1963.

[ZA 2] Zadeh, L. A.: Toward a Theory of Fuzzy Systems. In: Aspects of Network and System Theory (ed. R. E. Kalman and N. De Claris) Holt, Rinehart and Winston, Inc. 1971.

[ZA 3] Zadeh, L. A.: The concept of state in System Theory. In: Views on General Systems Theory (ed. M. D. Mesarović). John Wiley. New York 1965.

[ZA 4] Zadeh, L. A.: The concepts of system, aggregate and state in system theory. In: System Theory (ed. L. A. Zadeh and E. Polak). McGraw-Hill. New York 1969. S. 3–43.

[ZI 1] Zierler, N.: On a Variation of the First Order Reed-Muller Codes. M.I.T. Lincon Laboratory. Group Report 34–80. Lexington, Mass. Oktober 1958.

# Namen- und Sachverzeichnis